Higuchi Yoshiaki
樋口喜昭

日本ローカル放送史

「放送のローカリティ」の理念と現実

青弓社

日本ローカル放送史——「放送のローカリティ」の理念と現実

目次

装丁――Malpu Design［清水良洋］

凡例

［1］引用文中の著者による補足は〔　：引用者注〕と明記し、省略は（略）と表記する。

［2］読者の読みやすさを考慮して、旧字体の漢字は原則的に新字体に改め、仮名遣いも現代仮名遣いに改めている。

［3］組織名のうち、原則として一九四六年三月四日以前は日本放送協会として、それ以降はＮＨＫとしている。

はじめに

背景――なぜ「放送のローカリティ」を問うのか

旅に出て宿に着き、テレビのスイッチを入れる。するとその土地でしか見られないローカル番組が流れていて、見慣れない出演者がその土地の話題や天気を伝えている。その瞬間、旅行者はその土地の空気にふれたような気がする。また、近場の定食屋に入ると、地元のラジオが流れていて店主や地元の客の姿とともに、その場の雰囲気を作り上げている。旅に出てその土地のローカル放送にふれると、どこか、その土地の生活に入り込んだような感覚になる。このように、その土地に住む人たちに向けて放送する放送局をローカル放送局という。日本ではおおむね都道府県ごとに事業体として独立して存在し、それぞれが日々、その土地の人々に向けて（全国向けに作られた番組を中継していることも多いのだが）電波を自ら出し続けている。近年、このようなローカル放送局を取り巻く環境が大きく変化している。情報通信技術の進歩とネットワークの普及はすさまじく、いつでもどこでも世界中に、映像、音、テキストといったあらゆるメディアが流れ込む時代になった。そのために、放送というメディアを担ってきたローカル放送局の番組が、ある特定の場所で、ある特定の時間にしか聞くことができないということ自体が、その場所のアイデンティティと結び付いているようにも感じられる。このようなローカル放送はどのような経緯で誕生し、そしてこれまで地域でどのような存在だったのだろうか。

ローカル放送と産業構造の変化

放送は、一度に多くの視聴者へ瞬時にかつ一斉に情報を伝えられる装置として、二十世紀前半から普及したメディアである。それは音声や映像によって人間の感覚へ直接訴える力の大きさから、先行する新聞や雑誌といったプリントメディアを押しのけて、二十世紀には中心的な存在として影響力をもち、産業として大きな成長を遂げた。日本では戦後、日本放送協会（ＮＨＫ）[1]と一般放送事業者[2]（いわゆる民間放送）[3]の二元体制[4]で営まれてきた。特に広告を主な収入源とする民間放送は、系列関係はあるものの、地元の経営主体が運営するそれぞれ独立した企業体（ローカル局）[5]として各地に存在している。このように各地で独立した放送局になっているのは、戦前に国家が一元的に管掌して言論を統制していたことへの反省もあって、戦後、放送の多様性・多元性・地域性を実現できるように放送制度が設計され、チャンネルプランに基づいて申請者に免許が与えられて放送局が各地に開局してきたからである。放送の多元性・多様性・地域性は、日本がモデルとしたアメリカをはじめ、言論の自由を尊重する民主主義国家で尊重されてきた理念だった。そして、地域で先行するプレス・メディアである地方紙と同様に、民主主義を支える重要なジャーナリズムの担い手として存在してきたのである。

そのようなローカルメディアのあり方が近年盛んに議論されている。背景には、いままで地域情報の中心的な担い手だった新聞や放送といった伝統メディアが欧米の先進諸国で廃業に追い込まれるケースが増えたことがある。特にローカルジャーナリズムを歴史的に重視してきた国では、その担い手の不在が問題視され、伝統的なローカルメディアを保護する方策が求められる一方、新たなローカルジャーナリズムのあり方が模索されている。例えばアメリカでは、地方の新聞社の廃業によって地元の議会や政治を十分に監視できず、地域住民に不利益があるといったことが問題視されるなか、インターネットを利用した非営利組織のローカルメディアの活躍が期待されている。日本では、アメリカほどではないにせよ、民間のローカル局の経営状況の悪化がたびたび指摘され、ローカル局をどのように支援できるかがここ数年議論の対象になってきた。[6]このような伝統的なメディアの経営難には、情報技術の急速な発展によって、メディア産業の仕組みが構造的に変化してきたことが影響している。具体的には、通信回線のブロードバンド化やモバイル端末の普及によって、それまで放送が独占していた音声や映像といった情報が、インターネットを通して大量にやりとりできるようになった。そのため、これまで免許が交付された事業者だけが独占的におこなっていた放送サービスの価値が相対的に下がり、多くの視聴者・聴取者を獲得することで広告収入を得てきたマスメディアは打撃を受けることになった。このような産業構造の変化によって、伝統的なメディアのあり方を根本から考え直さざるをえなくなったのである。

ローカルメディアの必要性とは

そもそも、なぜ、地域（あるいは地域コミュニティ）にローカルメディアが必要とされてきたのか。従来からローカルなメディアに期待されている主要な機能の一つが、地域関連情報の提供である。(7) 住民にとって生活の場である地域社会の状況を知ることは、快適に暮らしていくうえで重要であり、現在のように様々なメディアが登場する以前からその情報提供が求められてきた。(8) ハロルド・ラスウェルは、コミュニケーションの社会的機能として、①環境の監視、②環境に反応する場合の社会の構成要素間の相互作用、③世代間の社会的遺産の伝達という三つを挙げている。(9) ローカルメディアでは、①の「環境の監視」はある地域が置かれた環境を知ることを指し、具体的には地域の災害情報や公報などがそれにあたる。②は地域内社会の構成要素間で交わされるコミュニケーションであり、特に地方紙・地域紙やローカル放送局がそれを担っているといえる。また、③は主に教育機関が地域の伝統や歴史に関わるテーマとして社会的遺産を伝達しているが、新聞や放送といったメディアも地域の伝統や歴史に関する情報やイメージを伝達することに寄与しているといえるだろう。もちろん、今後、社会の流動性が高まっていった場合には、地域を超えて多くの社会的単位が複雑に相互作用するため、居住地域内のコミュニケーション過程を考慮するだけでは不十分なのだが、ラスウェルが示した社会的機能は、ローカルなメディアに求められる基本的な機能を包括している。また、マスメディアの重要な機能として挙げられるものに統合機能がある。特に放送は、大衆を動員するための宣伝や扇動の手段とされた歴史もあるように、強力な統合装置として機能する。ローカルメディアによっても同様に、地域社会内部でも、善かれ悪しかれ、統合機能が発揮されうる。特に戦後、産業構造の転換と都市への集中といった大規模な人口移動や流動性の高まりのなかで、ローカルメディアは混在化したコミュニティ間の相互交流を可能にして、コミュニケーションを活性化させる役割が期待されてきた。その際に、居住地を共有する住民の地域に対する愛着や誇りを育てることによって、地域社会に対する住民の帰属意識を高め、地域の絆を強めることが求められてきた。

地域性が特に求められてきた放送メディア

以上の機能は、プリントメディアである地方紙や地域紙が地域内で先行して担ってきたものでもある。戦後の新聞は、日本国憲法第二十一条で保障された「表現の自由」から、国民の「知る権利」を充足させるために「報道の自由」が認められていて、原則的に国からの規制は設けられず自由な表現活動をおこなえる媒体とされてきた。一方、放送では事情が異なる。放送は、放送法や電波法に基づいた免許制であり、エリアごとにチャンネルが割り当てられ、限られた事業者が営んできた。放送する番組にも、番組内容の調和や政治的公平性、論点の多角的解明といった規律を遵守することが求められてきた。プリントメディアとは違って放送に規制が設けられた根拠には、国民の財産である有限の電波（周波数）資源を独占的にすること、特にテレビジョン放送は、映像と音声によって強い伝達力をもつので社会的影響力が大きいことが挙げられている[10]。このような事情によって、放送エリアが分割され地域ごとに免許が交付され、また、番組内容も全国一律の番組に加えて、各エリアに向けた個別のローカル番組[11]が求められてきたのである。このような放送の多元化の方策として空間的に分割されたエリアが利用されたのは、もともと電波の特性である空間的な広がりとの関連から、それらを単位として考えるのが自然であり適切だったからである。その結果、放送は地域ごとに免許が交付されたし、地域住民の声を反映する組織や番組にすることが求められた。これは、社会の流動性が高まり場所とのつながりが薄れている現在、どの程度の妥当性があるのかは検討する余地があるが、これまで放送メディアは、事業体の性格や番組内容で、その社会基盤である地域に貢献するべきだとされてきたのである。これは放送の公共性[12]として、免許付与の方針でも、また番組のあり方の検討でも、日本では「放送のローカリティ」という用語によってたびたび議論されてきた。

日本の放送のローカリティの現実

そもそも、放送のローカリティという用語[13]は、放送または番組の地域特性（local characteristics）や、番組に対する聴取者や視聴者の主観的な意識の地域特性（local mindedness）を表す言葉として、特に一九六〇年代から七〇年代にかけて頻繁に使われた。現在でも、放送を論じる際に重要な論点の一つとしてたびたび用いられている。しかしこの言葉は、放送や番組の地理的・文化的な差異を述べる際に使われることもあれば、放送局のあり方や番組で取り扱うべき内容を論じる際に規範的用語として使われることもあり、論者の専門領域や立場の違いで異なっている。放送のローカリティとはいったい何を指し、そして、なぜ重要視されたのかについては、十分に検討されてきたとはいえない。日本でこのような放送のローカリティの理念が本格的に議論されるようになったのは、太平洋戦争後のことだった。前述したように、五〇年に新たな放送制度のもと、各地に誕生した民間放送と特殊法人として再出発した日本放送協会との二本立て体制（二元体制）によって、放送の多元的な運営がなされるようになった。免許方針では、原則的に三大都市圏ではエリア単位、それ以外では一部を除き道府県単位で免許が与えられ、ローカル放送局は民主主義の発展に資する言論機関として、中央に偏ることなく地域住民の手で営まれ、地域住民のための番組を放送することが求められてきたのであった。しかし、日本の放送は、こうした理念に基づいた形態でしっかりと地域のものになっているのかというと、その不十分性がたびたび指摘されてきた。例えば、ローカル情報の質的・量的な不十分性や、中央集権的な組織運営のあり方、そして、地元資本が営んでいたとしても同族企業による土着的な組織から脱皮できない点などが問題視された。戦後の民放ローカル放送の発展史は、全国に向けて多くの番組を供給している在京の民間放送局（キー局）[14]による系列化や全国紙の新聞社の資本参入による中央化の歴史だった。その結果、実際には経営的にみて独立的とはいえず、番組もキー局への依存が指摘されてきた。

このような放送のローカリティをめぐる様々な問題を考察するには、戦後日本の放送の歩みを詳細に分析する必要がある。その一方で、地域社会がどのように放送を受け入れ、放送のローカリティをどのように根づかせようとしたのかを合わせて考えなければならない。具体的には、戦後導入されたローカリティという理念や、それに基づいて制定された放送に関する諸制度を、地域社会がどのように生かして放送事業に取り組んできたのかという問題である。

結論からいえば、日本の放送のローカリティは、その理念と実態の間には常に大きな隔たりが存在してきた。そのことは、公共的な側面が特に強いメディアである放送を、民主主義国家に必要不可欠な独立した機関として成立させ、地域住民の手で自主的に運営するという理想を掲げてきたが、国全体としても地域社会としても民主主義という思想とセットになった放送というメディアの存在価値を十分に生かしきることができず、戦後の新興産業としての側面だけが注目されてきた結果でもあった。つまり、このような放送のローカリティの理念と現実の乖離は、戦後の日本の地域社会の問題でもあったのではないだろうか。敗戦によってローカリティの理念はもたらされたが、それを地域社会で受容できなかったのではないだろうか。このことが、いまの日本で放送のローカリティを語る際の歯切れの悪さにつながって、現在も横たわっているのではないか。日本での放送のこのようなローカリティの理念と実態の乖離を分析するには、日本の社会で地域や郷土といったものに対する思想や価値基準がどのように変化してきたのか、あるいはどのように守られてきたのかを知らなければならない。つまり、ローカル放送が、現実的に営まれた地域社会で、通時的にみてどのように受け止められてきたのかが問題になってくるのである。そこで、戦前から現在に至るまで地域社会で放送がどのように営まれ、それが戦後の放送のローカリティという理念とどのような摩擦を生じ、さらに、現在まで、それらがどのようなものとして埋め込まれてきたのかを明らかにする必要がある。

これまでのローカリティ研究

さて、放送のローカリティに関する学術研究では、これまで、どのようなアプローチが存在してきたのだろうか。まず日本では、一九二五年のラジオ放送開始以来、各地の聴取傾向をつかむため、日本放送協会によって地域性の調査がなされてきた。これらの調査は、地域の差異を明らかにして、ニーズを的確につかみ番組に反映させて契約者を増やすことを目的としていた。戦後にも、初期の放送局の置局政策に生かすことを目的にしたNHK放送文化研究所の五六年の「各地の地域性の調査」[15]があるが、あくまで受け手やその居住環境を対象とした調査だった。その後、大規模なものとして、六五年から三年間おこなわれたローカリティ研究[16]がある。この調査は、地域住民の生活と地域性との関連性、社会統計資料と個人面接調査の二側面から分析し、地域性の具体的内容や地域性を規定する諸要因の検出を試みた。この時期、各地で起こった公害や都市化・過疎化といった社会問題によって、それまでの地域研究が見直され、地域住民の連帯感や地域社会への愛着（帰属意識）を促進することを目的とした調査研究[17]がなされるようになった。八〇年代に入りＣＡＴＶ（Community Antenna TeleVision）や衛星放送などのニューメディアが登場して、その活用だけでなく、新たなメディアに対する既存の県域放送局の危機感から、地域メディアのあり方を論じる研究がなされた。各省庁が打ち出した地域情報化に関する研究[18]や、九〇年代から都市をエリアとして免許が与えられたコミュニティ放送に関する研究[19]、既存の放送メディアと、ＣＡＴＶやコミュニティ放送、そしてインターネットなどの新しいメディアとの相互作用を扱った研究[20]など、技術変容との関連で地域とメディアを扱った研究が進められている。

このように、これまでの研究では、主に送り手である企業側の実務的な要求からなされ、それぞれの時代状況で個別に分析されたものが多く、放送のローカリティそのものを通時的に分析した研究、さらに放送が開始された戦前・戦中期からの連続性を考慮してなされたローカリティ研究は見当たらない。

一方で国外に目を向ければ、アメリカでは、アメリカの社会的・文化的なルーツに根ざした理念として、昔から放送のローカリティに重きが置かれていたため、古くから放送でローカリティが重要な要素として議論されてきた。放送制度では一九三四年通信法で、放送事業者が免許を付与されたローカルコミュニティの利益に資するような番組編成をおこなうように取り組まなければならないとして、電波配分や内容規制とともにメディアの集中排除規制が設けられたこともあって、その理論的研究がなされてきた。[21]日本でも、放送制度のあり方を論じた先行研究[22]でローカリティや地域性が扱われてきたが、日本で放送のローカリティそのものを対象として総合的に論じたものは見当たらない。そこで、本書では、個別に論じられてきたローカリティ概念を整理するとともに、先行研究が論じてこなかった放送のローカリティそのものを対象にして、通時的にその理念と実態の両側面を明らかにする。

目的と方法

目的

本書の目的は、日本での放送のローカリティの理念と実態を通時的に明らかにすることである。そのためには、戦前からの放送局の地域社会での営みを総合的に分析する必要がある。そこで、放送組織のありようを規定している放送制度、その制度のもとで組織された放送事業体、そしてそれらによって送り出される番組内容のそれぞれの側面から分析を試みる。そのなかでも、理念として掲げられてきた放送のローカリティと、現実的な放送のローカリティとのギャップに注目して分析する。特に、戦前から戦後へと通底する放送に関する思想と行政機構の行動原理が、戦後に導入された民主的な放送制度をどのように取り込みながら戦後の放送を形作ってきたのか、そして、その後の社会変動のなかで摩擦を生じながら、どのように相互作用してきたのかを分析する。そのことによって、現在の放送のローカリティがどのようにして現在の状態に至ったのかを明らかにする。それはすなわち、日本の放送のローカリティの問題点を明らかにし、これからの公共的なメディアにおけるローカリティのあり方を描き出すことを目指すものである。

研究方法

本書は、ラジオ、テレビといった放送メディアに関する文献や史料の調査、インタビュー調査に基づく実証的方法によって研究した。特に対象とする史料は、放送局が発行する機関誌や年誌、社史や局史が中心だが、そのなかでも地域の放送局からの報告や地域番組に関するデータを中心に分析する。また、可能なかぎり関係者などへのインタビュー調査（半構造化インタビュー）もおこなった。

これらの調査を分析するにあたっては、日本の地域に維持・継続されてきた文化的特性[23]に着目して、放送が地域に受け入れられる際の反応によって、放送のローカリティを理解しようとする立場[24]をとる。さらに、個別の事象をつなぎ合わせ、動的な社会変動を捉えるため、マクロ的な分析をおこなう。ローカリティに関する制度や言説、ローカル番組の変容を、社会変動理論に基づいて分析する。

このなかで特に注目する論点は、戦後に頻繁に問われることになる放送のローカリティと同じものが、戦前・戦中期にも存在したのか、あったとすれば、それは戦後問われるものとどのように違うのか、また、それが戦後の放送とどのような関係にあるのかという点である。さらに、戦後、新たに制定された放送制度のなかで、放送のローカリティがどのように求められたのか、そして、その制定過程はどのようなものだったのかを確認する。また、それらの制度のもとで、戦後の放送事業や番組内容にみられるローカリティを確認する。加えて、このような放送のローカリティをめぐって、どのような論議が繰り広げられたのか、論議のなかで放送の免許やローカル放送局のあり方をどのように捉えていたのかといった点もみていく。さらに、ローカル局が制作した放送番組にはどのようなローカリティがみられたのか、全国番組のなかでみられるローカリティとはどのように違うのかといった点を中心に分析していく。

本書の構成

第1章「放送のローカリティへのアプローチ」では、本書で扱う放送のローカリティの概念を説明し、日本の放送制度で求められるようになった背景を述べる。さらに、日本の放送のローカリティに関してなされてきた研究を精査し、先行研究の限界と問題点を明らかにするとともに、通時的な分析を試みるために必要な理論にふれ、本書のアプローチについて述べる。次に、第2章「戦前・戦中期の放送のローカリティ」、第3章「日本型の放送のローカリティの形成」、第4章「日本型の放送のローカリティの変容」では、放送が開始されて以降、現在までの推移を段階を追って分析する。特に放送制度が大きく異なる理由で、戦前・戦中期（第2章）、戦後の各段階（第3章、第4章）に区切る。第2章の戦前・戦中期では、全国で一元的な組織による中央集権的な放送がなされていたが、特に、放送メディア自体やネットワークを可能にする中継技術の特性、各地の地理的・文化的条件が、放送の置局や運営のなかでどのように作用してきたのかに着目しながら特徴を確認する。第3章では、占領下の日本放送協会でおこなわれたローカル放送と、占領政策のなかでのローカリズムの展開について確認する。それを踏まえたうえで、戦後新たに制定された放送制度における地域免許の成立過程を分析して、全国に誕生した民間放送とNHKによるローカル放送の全体像を明らかにする。さらにテレビ放送が開始するに際して、放送のローカリズム原則がどのように確立し、全国各地にテレビ放送がどのように設置されていったのかを明らかにする。続く第4章では、一九六〇年代に入り、それまでのローカリズムの理念や放送のローカリティに対する論調が徐々に変化していったことを確認しながら、放送のローカリティが七〇年代を境に転換する経緯を分析する。さらに多メディア化、デジタル化による放送のローカリティの変容を明らかにする。第5章「県域免許をめぐる放送の従属と独立」では、前章までの総括的な分析を受けて、特徴的な事例（特徴的な県域のメディアとその組織）を取り上げて分析を試みる。放送組織の免許が全国的に都道府県という単位で付与されているため、その免許付与をめぐって中央政府―地方という権力構造と相関関係をもたざるをえず、その結果、中央集権的な統治構造が温存され続けていることや、全国紙と地方紙といったメディア産業における中央と地方の対立が激しく展開されてきたことを論じる。第6章「制度・組織・番組」では、日本における放送のローカリティの通時的な分析を、制度・組織・番組の側面から考察する。第7章「三つの放送のローカリティ」では、放送のローカリティの特徴を抽出して通時的な変容を描く。特に、ローカリティの差異が次第に薄まり均質化する一方で、それがたびたび見直され番組作りなどで頻繁に利用されてきたという側面をどのように解釈するのかを検討する。最後に、「おわりに」では、本書の知見をまとめながら、残された課題を述べる。

時代区分

時代区分については、放送のローカリティ研究の観点から、戦前・戦中期はⅠ期―Ⅳ期、戦後期はⅤ期―Ⅸ期と区切った。

最初のⅠ期（一九二二年から二八年）は、放送の胎動期で、東京・大阪・名古屋で開局した放送局が日本放送協会になって各地に地方局を誕生させるまでである。Ⅱ期（一九二八年八月から三四年五月）は、地方局が誕生して各地で地方番組を始めた時期から、一九三四年の大規模な組織改編によって中央統制が強まる時期までである。Ⅲ期（一九三四年五月から四一年十二月）は、中央化が進むなかで、太平洋戦争が勃発する四一年十二月までである。Ⅳ期（一九四一年十二月から四五年八月）は、それ以後、太平洋戦争が終結するまでである。

戦後、Ⅴ期（一九四五年八月十五日から五一年）は、玉音盤が放送された一九四五年八月十五日から、サンフランシスコ講和条約によって連合国軍総司令部（General Headquarters, the Supreme Commander for the Allied Powers：以下、GHQと略記）による占領が終了するまでである。Ⅵ期（一九五一年から六〇年）は、NHKと民間放送の二元体制が確立して、民間のラジオ放送が各地に誕生し、全盛を極める時代である。Ⅶ期（一九六〇年から八六年）は、ローカルテレビ局が各地に誕生し、テレビがメディアの中心に躍り出た時代である。また一方で、地方の産業構造が変化して、都市化の進展や公害が社会問題とされた時期でもある。この時期を転換点として、ローカリティに対する意識も大きく変化していった。Ⅷ期（一九八六年から二〇〇〇年）は、当時の郵政省が多くの府県で四局の民放の開局（全国四波化）を目指した時期から、民放によるBSデジタル放送が開始されるまでで、衛星放送[26]や都市型ケーブルテレビといったニューメディア[27]が台頭し、放送メディアが多元化した時代である。Ⅸ期（二〇〇〇年から一一年）は、BSデジタル放送開始から地上アナログ放送終了デジタル化完了までで、既存のローカル放送がその対応を迫られた時代である。以上のような時代区分で、以下の論述を進める。

使用する史料

戦前・戦中期については、日本放送協会が発行した機関誌[28]「調査時報」「調査月報」「放送」「放送研究」、年刊の『ラヂオ年鑑』を利用する。これらは、協会自身が発行したもので客観性については留意が必要だが、放送現場の実情を直接知ることができるため利用する。協会が発行した機関誌名がこのように複数存在した経緯は次のとおりである。「調査時報」は一九二六年一月二十日、「東京放送局調査係が部内職員に向けて二百部作成したのがはじまり[29]」といわれ、その後、日本放送協会の設立と同時に編集が協会関東支部業務課から本部事業部に移ったのと同じ二七年三月に「調査月報」と改題、三一年五月には月二回発行の「調査時報」と再び改題した。三四年四月からは、「放送」と誌名を改めて協会改組後の総務局計画部が編集した。さらに四一年には、別に発行していた「放送調査資料」と合わせて「放送研究」になり、四三年十二月号まで発行された[30]。なお、記事の引用に際して、漢字は常用漢字に、仮名遣いは原則そのままとする。また、数量的なデータについても同協会が発行した『業務統計要覧』を利用する。

戦後期については、ＮＨＫが発行してきた「文研月報」や「放送文化」などの機関誌を用いる。「文研月報」は、一九五一年五月に日本放送協会放送文化研究所が第一号を出版し、八三年四月には「ＮＨＫ放送研究と調査」と名前を変える。そして、九二年四月からは「放送研究と調査」になって現在に至っている。「放送文化」は、戦前の日本放送協会が発行していた雑誌「放送研究」「放送人」をＮＨＫが研究機関誌として四六年にリニューアルしたもの[31]である。

また民間放送連盟が発行した「月刊民放」や『日本民間放送年鑑』も使用する。そのほかには、民放各社から相次いで創刊された「ＣＢＣレポート」（中部日本放送、一九五七—六五年）、「YTV Report」（読売テレビ放送編、読売テレビ放送、一九五九—七五年）、「放送朝日」（朝日放送、一九五八—七五年）も参照する。これらの機関誌は、一九五〇年代後半に出版されて七〇年中頃まで発行され続けるが、その後廃刊になっている。これらの雑誌では、

表1　放送関係の機関誌・一般誌

放送関係の雑誌・機関誌
「文研月報」：日本放送協会放送文化研究所、日本放送出版協会（注1）、1951年5月―83年
「NHK 放送研究と調査」：NHK 総合放送文化研究所編、日本放送出版協会（注2）、1983年4月―92年3月
「放送研究と調査 = The NHK monthly report on broadcast research」：NHK 放送文化研究所編、日本放送出版協会、1992年4月―
『ラヂオ年鑑』：日本放送協会編、日本放送出版協会、1931―43年
『NHK 年鑑』：日本放送協会編、日本放送出版協会、1947年―
「放送文化」：日本放送出版協会、1948年1月―85年3月
「月刊民放」：日本民間放送連盟編、日本民間放送連盟、1971年―
『日本民間放送年鑑』：日本民間放送連盟編、コーケン出版、1981年―
「月刊放送ジャーナル――ミニコミとマスコミの総合誌」：放送ジャーナル編集部編、放送ジャーナル社、1980年―
「YTV Report」：読売テレビ放送編、読売テレビ放送、1966年2月―75年9月
「放送朝日」：朝日放送、1958年6月―75年12月
「マスコミ評論」：マスコミ評論社編、マスコミ評論社、1975年4月―84年5月

注1：責任表示は、日本放送協会放送文化研究所→日本放送協会総合放送文化研究所→ NHK 総合放送文化研究所と変更されている。第9巻第5号から第12巻第6号のタイトルは「NHK 文研月報」になっている

注2：責任表示は、NHK 総合放送文化研究所（―第34巻第8号）→ NHK 放送文化調査研究所（―第40巻第6号）→ NHK 放送文化研究所（第40巻第7号―第42巻第3号）になっている

当時新たにスタートを切ったばかりのテレビの可能性を梅棹忠夫や清水幾太郎、加藤秀俊らが論じ、政治や社会、文化や芸術などにテレビがどのような影響をもたらすのかという、放送以外のジャンルまで活発に議論する舞台になっていたという。[32]そのため本書でも、ローカリティに関する論議を中心に分析の対象としている。そのほかにも、「月刊放送ジャーナル――ミニコミとマスコミの総合誌」（放送ジャーナル編集部編、放送ジャーナル社）や「マスコミ評論」（マスコミ評論社編、マスコミ評論社）といった業界誌も合わせて使用する。さらに、ローカル各局の開局の経緯やデータの詳細については各社の社誌を参照する。

以上のような文献は、放送局の当事者や関係者による記述が多いために現場の生々しい声を拾い上げている一方で、扱っているテーマや論点が送り手側に寄ったものになっていることや、放送局の経営や産業の発展に関する視点が多いことには注意が必要である。また、廃刊やタイトルの変更も多くあり、継続的な調査を文献での記述内容に対しておこなうには不向きで、内容を比較する際には注意が必要で

ある。

これらの文献のなかでも、戦前・戦中期では、「文研月報」が放送の実態を分析する際の史料として先行研究でよく参照されているほか、戦後では、『NHK年鑑』『日本民間放送年鑑』が日本国内の放送の実態を分析するためによく利用されている。本書では、これらの基礎的な史料だけではなく、「YTV Report」といった放送局が刊行していた機関誌や「月刊放送ジャーナル」などの業界誌を組み合わせて分析を試みる。

注

(1) NHKという日本語の頭文字を利用するようになったのは、一九四六年の春からである。春日由三は、NHKという頭文字を使用した経緯を次のように話している。「宇田君〔宇田道夫企画部副部長：引用者注〕だったという説もありますが、日本放送協会だからNHKにすればいいんじゃないか。BCJとかJBCとか、丸い字で、日本語で発音しにくいのではなくて、エヌ・エッチ・ケイなら切れがよくて日本語の発音もできるし、字に書いてもみんな四角い字だからいいじゃないかという案が出て、それにしようということになり、NHKにさせてくれとCIEに言いにいったんです。そうしたら、明日からやれというんです。期の中途の三月四日から始めたんです」(春日由三／川上行蔵／大木貞一／国枝忠雄／松岡謙一郎、放送文化基金編、放送関係者聞き取り調査研究会監修『放送史への証言(II)――放送関係者の聞き取り調査から』日本放送教育協会、一九九三年、四一ページ)

(2) 二〇一一年六月三十日施行の放送法令に伴い「一般放送事業者」の意味は大きく変わり、従来からある地上波のラジオ放送とテレビジョン放送は「地上基幹放送事業者」と定義され、市場原理に委ねる無線と有線の放送である「一般放送」と区別されている。

(3) 商業放送が「民間放送(民放)」と呼ばれるようになったのは、高橋信三(元・毎日放送会長)が民間放送連盟を作るときに、「野にある放送という意味で民間放送にしようという話」がある(松田浩『ドキュメント放送戦後史I――知られざるその軌跡』双柿舎、一九八〇年、七七ページ)。

（4）荘宏によれば、NHKと民放が並立されたのは、放送を公共に最大の利益をもたらすようにするためにはまずNHKが必要不可欠で、これを独占者とする場合にはいくつかの欠点が予想され、NHKを常に望ましき状態に置くためには、これに並立する一般放送事業者が必要だとされたためとしている（荘宏『放送制度論のために』日本放送出版協会、一九六三年）。
（5）ローカル局は、「一部の地域」を放送エリアとする放送局を指して呼称される。一方で、国土全体を放送エリアとする「全国局」と呼ぶ。日本での放送は、おおむね県単位で免許が交付されていて、ネットワークを介して全国放送がおこなわれていたとしても、各エリアではローカル局が放送をおこなっている。
（6）ローカル局を税制面などで支援する試みが検討されている。例えば「地域における情報流通の確保等に関する分科会」での総務省の資料は、ローカル局を対象にした税制・融資・保証などの支援制度の整備状況をまとめている（総務省「放送を巡る諸課題に関する検討会」［http://www.soumu.go.jp/main_sosiki/kenkyu/housou_kadai/index.html］［二〇一七年八月二十二日アクセス］）。
（7）「機能」という用語は様々な意味で用いられているが、辻村明はマートンの「機能」概念を援用しながら、放送の機能をフォーマルな機能とインフォーマルな機能に分けたうえで、後者を、政治的・経済的・社会的・文化的領域に分類して論じている（辻村明「放送の本質と機能」、NHK放送学研究室編『放送研究入門』所収、日本放送出版協会、一九六四年、三八ページ、ロバート・K・マートン『社会理論と社会構造』森東吾／森好夫／金沢実／中島竜太郎訳、みすず書房、一九六一年）。
（8）竹内郁郎／田村紀雄編著『新版・地域メディア』日本評論社、一九八九年、九ページ
（9）ハロルド・D・ラスウェル「社会におけるコミュニケーションの構造と機能」、W・シュラム編『新版 マス・コミュニケーション――マス・メディアの総合的研究』所収、学習院大学社会学研究室訳、東京創元新社、一九六八年、六七ページ
（10）放送メディアに著しい違反があった場合は、一定期間の停波や免許の剝奪もありうる。日本では現在、その権限は総務大臣が保持している。
（11）ローカル番組は、日本では次のように分類される。NHKでは、放送センターのTOC（Technical Operation

Center）から全国に送出されている「ネット番組」に対して各地の放送局で制作した番組を「ローカル番組」と呼び、全国中継番組（全中）、ブロック中継番組（管中）と、ローカル番組の三つに分けて編成をおこなっている。また、民間放送事業者は放送免許区域ごとに別個の事業者になっているため、ニュース系列（ニュースネットワーク）や番組供給ネットワークが組織され、その利用を目的として制作された番組を「ネット番組」と呼び、他社に供給せず、自社の放送区域だけに放送する番組を「ローカル番組」と呼んでいる。

（12）齋藤純一は、現代の公共性の意味合いを一般的に次の三点にまとめている。第一には、「国家に関係する公的な（official）ものという意味」、第二に「特定の誰かにではなく、すべての人びとに関係する共通のもの（common）という意味」、第三に、「誰に対しても開かれている（open）という意味」である（齋藤純一『公共性』〔思考のフロンティア〕、岩波書店、二〇〇〇年、viiiページ）。日本の「公共」とは、「民が形成する公共」ではなく、「国や市町村（役場）、齋藤の分類による一に近い意味合いであり、「官」と同義語だった。日本の多くの人々はそれを住民自身と関係があるものと考えておらず、それらをお上のものに近い意味で「官のもの」「言論報道の自由を制限するためのもの」であり、自ら実践しなければならないことという考えに結び付かなかった（早稲田大学メディア文化研究所編『メディアの地域貢献――「公共性」実現に向けて』一藝社、二〇一〇年、一九ページ）。

（13）放送のローカリティでのローカリティという言葉については、第1章第3節「放送のローカリティをどのように問うのか」で郷土、地方、地域などの言葉の使用と合わせて分析する。

（14）民間放送で、番組制作の中心になって制作した番組を他地域の放送局に供給する在京各局を「キー局」と称し、これに準じる在阪各局は「準キー局」と称される。「キー局」と「準キー局」が自社の放送区域だけに放送する番組は、「関東広域圏及び近畿広域圏以外の地上民放事業者が放送する番組」として、ローカル番組とは区別する見方もある。

（15）ＮＨＫ放送文化研究所資料調査部「各地の地域性の調査」、ＮＨＫ総合放送文化研究所編「ＮＨＫ文研月報」一九五六年三月号、日本放送出版協会

（16）総合文研・番組研究部ローカリティ研究会「ローカリティ研究――その理論と調査（1）」、ＮＨＫ総合放送文化研究所編「ＮＨＫ文研月報」一九六七年一月号、日本放送出版協会、同「ローカリティ研究――第2年度中進地域調査（2）」、ＮＨＫ総合放送文化研究所編「ＮＨＫ文研月報」一九六八年八月号、日本放送出版協会

(17) 辻村明「テレビ番組におけるローカリティの研究」、東京大学新聞研究所編「東京大学新聞研究所紀要」第二十九号、東京大学新聞研究所、一九八一年
(18) 大石裕『地域情報化――理論と政策』(SEKAISHISO SEMINAR)、世界思想社、一九九二年
(19) 浅田繁夫「日本におけるコミュニティFMの構造と市民化モデル」「創造都市研究e」第三巻第一号、大阪市立大学大学院創造都市研究科、二〇〇八年
(20) 松浦さと子編『日本のコミュニティ放送――理想と現実の間で』晃洋書房、二〇一七年
(21) アメリカの所有規制とローカリズムについては、小林レミの研究が詳しい。小林レミ「2003年のメディア所有規制の緩和とローカリズムの確保――全米テレビ局複数所有規制の緩和を中心に」、慶応義塾大学メディア・コミュニケーション研究所編「メディア・コミュニケーション――慶応義塾大学メディア・コミュニケーション研究所紀要」第六十二号、慶応義塾大学メディア・コミュニケーション研究所、二〇一二年、同「米国の放送産業の成立とローカリズム」、立教大学経済学研究会編「立教経済学研究」第六十六巻第一号、立教大学経済学研究会、二〇一二年
(22) 大森幸男/服部孝章/大谷堅志郎/東山禎之/岩田温/林進/高木教典「マス・メディアの集中排除――放送制度との関連において」、日本マス・コミュニケーション学会編「新聞学評論」第三十五号、日本新聞学会、一九八六年
(23) 山内健治は、このような特質を「社会変化への抑制要因」と見なして分析することの有用性を述べている(山内健治「「日本の地域性」研究に関する一考察――南・北、二つの社会構造とその変化をめぐって」「政経論叢」第六十六巻第三号、明治大学政治経済研究所、一九九八年、二四四ページ)。
(24) 社会人類学は、放送というメディア組織や関連産業を、地域社会がどのように受け入れたのか、またどのように主体的に関わり、取り込んでいったのかという環境適応プロセスと見なして研究する方法論を提供してくれる。このような環境適応という観点から地域社会の変化を捉えるというのは重要な指摘である。放送産業だけでなく制度を地域社会がどのように取り込んだのか、あるいは反発したのかを分析することで、地域社会の差異が浮き彫りになり、それらの全体像が明らかになる可能性もあるからである。このようなことからも、例えば、放送が社会に導入された時期(一九二五年のラジオ放送開始)や、戦後に民主主義国家として出直して放送を言論機関として再出発させた時期(一九五一年の新放送制度制定)のように、いくつかの大きな変革期を境にして、地域社会が様々な外部変動に対し

てどのように反応し、放送と関わりをもっていったのかをたどる必要があるだろう。また、放送が導入された時期の日本の社会的な背景も重要な要素になってくるのである。

(25) 放送局同士による番組交換や中継映像の相互的なやりとりの仕組みを本書では（放送）ネットワークと呼んでいる。ネットワークの詳細については、第3章で述べる。

(26) 放送は、電波が発射される場所による分類によって「地上放送」「衛星放送」に分類される。「地上波放送（または地上放送）」で、受信可能な地域は送信所のアンテナが見通せる範囲の近隣地域に限られ、送信所から遠ざかるにつれて電波が弱くなる特徴がある。AMラジオ放送が利用している中波に比べて、テレビ放送が利用してきた超短波（VHF）・極超短波（UHF）の周波数帯域は、電波の直進性が高いため障害物に弱く、複数の送信所を立てて補う必要があり、設備の維持・管理のコストが大きい。一方、「衛星波」を利用した「衛星放送」は放送衛星（Broadcasting Satellite：BS）や、通信衛星（Communications Satellite：CS）を用いた無線通信の送信の総称であり、高度約三万六千キロ上空の静止衛星に中継器（トランスポンダ）を設置して地球上から送信した電波を受信し、異なる周波数で地上に向けて再送信して、視聴者と聴取者に向けて放送するものである。特徴としては、国家・超国家エリアにほぼ同じ強度の電波を届けられるため難視聴地域の解消が期待できる。日本の放送法では、「衛星放送」についても基幹放送（同法に規定する衛星基幹放送）と一般放送（放送法施行規則に規定する衛星一般放送）が存在している。

(27) 通信・放送・新聞・郵便・出版などの分野で、電子技術の発達によって生じた新しい情報伝達媒体を呼んだ語（新村出編『広辞苑 第七版』岩波書店、二〇一八年）とされ、本書では、衛星放送やケーブルテレビ、インターネットを利用した放送などを総称する。

(28) 日本放送協会の見解などの広報や各種データの収集、放送職員の情報交換を目的として発行されているものである。

(29) 尾山和安「〝放送〟物語」、日本放送協会編「放送」一九三五年四月号、日本放送協会、七五―七七ページ

(30) 竹山昭子『史料が語る太平洋戦争下の放送』世界思想社、二〇〇五年、一〇七ページ

(31) 米倉律「テレビ・ジャーナリズムの可能性と課題はどう捉えられていたか――一九五〇～六〇年代半ばの放送業界誌における議論を中心に」、メディア史研究会編「メディア史研究」第三十五号、ゆまに書房、二〇一四年、二ペー

ジ

(32)同論文三ページ。この時代には、名古屋や大阪の放送局以外にも地方の民放事業者が同様の雑誌を発行していた可能性があり、ローカル放送による出版物がどのような広がりをみせていたのかはさらに研究が必要である。

第１章　放送のローカリティへのアプローチ

本章ではじめに、放送のローカリティが日本の放送でどのように求められるようになったのかという歴史的背景を述べる。特に放送とローカリティに関連した先行研究をみると研究分野によってその定義が定まってはおらず、郷土や地方、そしてローカリティなどの語句が使用されてきた。その経緯を踏まえて、放送が開始されてから現在に至る通時的な分析を試みるための理論を準備して、本書のアプローチを提示する。

１　放送のローカリティとは何か

放送[1]のローカリティを知るためには、日本よりもラジオ放送の普及が先行し、戦後日本の放送制度に影響を与えたアメリカの放送についておこなわれてきた議論が手がかりになるだろう。アメリカでは、放送が利用する有限の電波を「パブリック・インタレスト（公共の利益）」を満たすよう公平に割り当てるなかで、地域のコミュニティ[2]に対して免許を与えてきた。そして、一九四〇年代から五〇年代にはラジオ放送の全国ネットワークの拡大によってメディアが集中化し、低俗番組に対する批判が高まるにつれて、放送の公共性を根拠にしてローカル番組の質や量が問われていった。このようなタイミングで、日本では戦後の新たな放送制度のなかで地域性が求められてきたのである。

放送のローカリティの端緒

放送のローカリティという概念が生まれたのは、放送が日本よりひと足早く普及したアメリカでであった。アメリカでは当初、放送は民間の手に委ねられ、多種多様な放送局が各地で乱立していた。多くのアマチュア無線家が自主的にラジオ放送をおこない、混沌とした状況だった。そのため、放送電波は頻繁に混信を引き起こしていた。一九二一年にウォレン・ガメイリアル・ハーディング政権の商務長官に任命されたハーバート・フーバーは、放送用周波数を区分してすべての放送局申請者に免許を付与する対策を取った。[3]この時点で放送は、電信・電話といったインフラ設備と同等のものと見なされていて、言論・表現の自由を保障する修正憲法第一条によって保護されるべきものとは理解されていなかった。しかし、二四年の第三回全米無線会議で、フーバーが初めて、放送は「公共サービス」だとする考え方を提出し、アメリカの放送制度の基本理念が生じた。すなわち、ラジオは「パブリック・インタレスト（公共の利益）」を満たすためのサービスであると考え、そのためには放送規制をおこなう行政機関が必要だという現在に通じる放送制度の骨格が、このときに誕生したのである。その後、世界恐慌の影響もあって、中小の放送局は次第に淘汰され、巨大な放送ネットワークが勢力を拡大していった。その結果、地域のニーズや個別のラジオ局の事情が無視されることがたびたび起こり、放送産業の独占・集中化が問題視されるようになった。このとき、放送の地域コミュニティでの社会的機能をどのように維持するかという問題や地域的な番組の質や量の問題がクローズアップされるようになったのである。[4]

そもそも、多様な文化的・政治的・経済的背景をもつ州の集合体であるアメリカでは、それぞれの州や地域の個性が重んじられている。そのため、ラジオがパブリック・インタレストを満たすためのサービスであるとされた場合に、アメリカの社会的・文化的なルーツに根ざした理念として放送のローカリティに重きが置かれるようになったのである。放送制度上は、一九三四年通信法で放送事業者は免許を付与されたローカルコミュニティ[5]の利益に資するような番組編成に取り組まなければならないと定め、電波配分や内容規制とともに、メディアの集中排除規制が設けられ多様性の確保が図られてきた[6]。五二年の電波配分規則の制定[7]が、アメリカでの放送の地域的な規制の確立期だった[8]。この配分規則では、各コミュニティに対するチャンネルは、優先順位を定める五つの原則[9]に基づき、各コミュニティに対して最低一局のテレビ放送局が割り当てられ、チャンネル数は割り当て地域の中心にある市の人口を基準に決められて分配された。この配分表は軽微な変更を重ねるもその基本思想はその後も受け継がれ、この原則は「ローカリズム原則」と呼ばれるようになった。

さらに、番組の内容に関しても地域性を重んじて規制がおこなわれてきた。一九三〇年代の大恐慌時代を通じて、ニューディール政策による政府の企業活動への積極的な関与が放送分野にも影響を与えた。また、三〇年代後半から四〇年代前半にかけて、アメリカではラジオ放送の全国ネットワークの拡大に伴って、メディアの集中化や低俗番組に対する批判が高まった。そのような社会状況を背景に、四六年三月、FCC（Federal Communications Commission：連邦通信委員会）によって、「放送被免許者の公共的サービスの責任（通称：ブルーブック）[10]」が出される。ここでは、ローカリズムと公共の利益との関連を強調していて、公共の利益に寄与するように番組内容に地域の利益・活動・人材を反映することを求めていた。具体的には、免許の付与・更新に際して、以下の四つの要件（公共の利益基準）を番組編成で考慮するよう求めることで公共の利益、すなわちコミュニティの利益が番組編成に反映されることを目指した。

(1)自主番組の放送
(2)地域の生番組の放送
(3)公共の問題についての議論に特化した番組
(4)過剰な広告の排除[11]

(1)は、①放送局の番組構成の不均衡是正、②性質上、民間スポンサーによる提供が適切ではない番組の提供、③少数派の嗜好や利益への対応、④非営利団体へのサービス、⑤スポンサーの意向に紐づけられない新しい番組提供といったものが含まれる。(2)は、その地域の利益や活動、人材が活用されている番組、宗教、教育、市民の問題を適切な時間配分で盛り込んだ番組、地域の市況、農業問題、市民活動や政治活動を扱ったローカルニュースなどの番組が盛り込まれていることを求める。(3)は、公共の問題に関する番組の放送について適切な時間(量)を求める。

その後、FCCは、一九六〇年に「番組政策に関する文書」[12]を公表し、具体的に公共の利益を満たすために必要な主な要素として十四の事項を提示した。これには、免許を付与された放送事業者に、免許が与えられたコミュニティのニーズや特性を満たすよう嗜好や需要、要望などを測定し、十四の事項を組み合わせて番組を提供させ、公共の利益を担保する狙いがあった[13]。さらに六一年二月に、放送局免許申請に関する規制制定案を告示した。これによって、調査報告などの結果に基づいて免許付与の決定がなされるようになった。七六年には免許申請の際に非娯楽番組の編成に関するガイドラインが公表され、そこでは少なくともローカル番組とニュースや公共の議論といった情報番組を五パーセント盛り込むという編成基準が示され、申請者はその基準を満たすことが求められるようになった。

このようなアメリカの放送のローカリティをめぐる規制方針をみると、放送が公共の利益に資するために、企業による独占・集中を排除して各地域コミュニティへと分散するような免許制度を整備してきたことが見て取れる。また、言論・表現の自由との兼ね合いに留意しながらも番組内容に対する規制をおこない、市場原理に支配されやすい番組内容にローカル番組を一定量義務づけることで地域コミュニティに奉仕させようとしてきたのである。

放送メディアの特性

そもそも放送というメディアは、新聞などのほかのマスメディアと比較した場合、その技術的特性と制度に大きな違いがある。放送は、新聞や雑誌などの紙媒体とは違って当初から電波を利用した電子的メディアだったが、そのため電波の技術的特性と国家間および国内的な規制が放送メディアの特徴を大きく規定していた。

放送メディアの特徴は、同時に大多数の聴取者や視聴者に対して、音声や映像を瞬時に伝達することにある。歴史的には、音声によるラジオ放送がスタートし、[14]その後、映像と音声によるテレビジョン放送が始まった。この二つは、伝達される情報と利用形態の面では質的には異なるが、それらの歴史をみれば、どちらも技術が先行してそのあとに利用形態が検討されたという特徴をもつ。[15]そのため、初期の放送はアマチュアによる自主的な放送も多数おこなわれた。しかし、放送局数が増えて電波が混信するといった問題や、放送の影響力の大きさを懸念する声が出るようになってくると、限られた電波を割り当てる場合、どのような規制が妥当かが議論されるようになった。こうして公的な規制が根拠づけられることになる。

デニス・マクウェールによれば、放送メディアは次のような特徴が指摘されている。放送の第一の特徴として挙げられるのは、公的機関による厳格な規制や統制、免許付与が存在することである。こうした制約は当初、電波利用の増大による混信への対策という技術的必要性から生じたが、のちには民主主義に基づく選択、国家の自己利益、経済的利便性、さらには純然たる制度的習慣などの諸要因が様々に結び付くことで課せられるようになった。[16]第二の特徴は、全国向けのテレビ放送が政治活動や権力の中枢と結び付く事態になったことである。これは、放送メディアの情報伝達のパターンが、中央統制と非常に深く結び付いていたことによる。またテレビは各国で最大の広告チャンネルであり、それによってテレビが果たす大衆娯楽機能は確実なものになった。[17]多くの人にとってテレビの魅力とは、人々に経験を共有させ、一体感をもたせる点にあった。このような国家による中央統制と放送の親和性については、ラジオ期でも指摘されていた。[18]

このようなことから、放送は常にその活動がおこなわれている社会内部で、社会的・政治的構造に応じた形態をとる。とりわけそれは、社会統制システムを反映している。[19]すなわち、国家の政治体制が放送のあり方に影響を与える。

特にアメリカの放送は、自由主義理論によって特徴づけられた。しかし、マクウェールは、自由主義理論は放送全般、なかでも公共放送モデルに対応することが困難だと述べている。すなわち、自由主義理論では個人の権利や消費者の自由よりも、社会のニーズや市民の集合的なニーズが優先されてしまう。その結果、全国あまねくおこなう放送や、マイノリティに配慮した情報の提供、情報の多様性の確保や、国民文化、母語、国民的アイデンティティに対する関心を向上させるような公共サービス放送といった目標を満たすことが難しくなってしまうのである。そのためアメリカでも、一九六九年には交付金や寄付金で運営される公共放送サービス、PBS(Public Broadcasting Service)が設立され、これを補う試みがなされてきた経緯がある。

放送のローカリティと民主主義

このように、放送のあり方は、その技術発展に伴う変化だけではなく国家の政治体制や放送免許の方針によって差異が生じる。アメリカのように、自由主義理論に重きを置く国家では商業放送を中心にして拡大し、公共放送はその弊害を補うために発展してきたのに対して、イギリスのように公共放送を主とした国家も存在する。いずれにしても、放送を市場に委ねすぎると放送の公共性を守ることはできず、結果的に健全な民主主義の発展を損ねるといったことがたびたび指摘されていた。[20]そのため、特に放送の多様性、[21]多元性[22]の確保が免許方針で示され、放送のローカリズム原則といった施策が形成されてきたのであった。このような事情から、公共性を有する放送の免許制度や番組内容で「ローカル」や「コミュニティ」といった視点が重要視されてきた。

では、放送の公共性で述べられるローカルやコミュニティの範囲とは、どの程度のものか。加藤秀俊によれば、「放送の公共性」は「地域社会」という単位への奉仕として求められるという。[23]そして、ここから放送が地域社会に対して貢献する義務を負う根拠が生まれるとしている。加藤は、放送と私的な会話や印刷媒体と比較した結果、様々なコミュニケーション・メディアのなかで、特に放送が「公共性」を強く要求されているのは放送というコミュニケーション回路が技術的理由によって有限だからだと述べている。一方、私的な会話の回路は無限であり、またあらゆる情報を載せる「私的自由」をもっている。それは、①私人としての人間はそれぞれに異なった信条、生活、利害をもっていて、②多元的な利害や価値の交換ルートが用意されていて、③そのルートがおおむね閉ざされた小規模な回路だからである。一方、印刷物も媒体数が無限だから「私的自由」であってもいいが、そのルートが開かれている点で私的な会話とは違い、それによって印刷物の公共性の問題が発生する。いくつかの社会では検閲制度が採用され、性描写などの表現に関しては出版規制がはたらいている。

放送メディアの場合には、印刷メディアと同様にルートが開かれている点で公共性の問題が発生するが、それだけではすまない。放送は、有限の電波を使用している以上、多元的な回路形成の自由が技術的に不可能である。そのため、印刷メディア以上に公共性が求められることになるというのである。つまり、印刷物のように、多元的な情報を多元的な主体で生産することが放送メディアにはできないために公共性がことさら強調されることになるのである。

このような放送という有限のルートしかもちえないメディアで、全体社会と様々な利害関係をもつ多元的な部分社会との関係はどのように調整されるだろうか。加藤は「放送は全体社会をいくつかの「部分社会」に分割して考える習慣をもっていて、それは「地域社会」という観念である」として、放送メディアは物理的な空間によって分割された地域社会を部分として採用していることを説明している。すなわち、印刷メディアでは政党や宗教、業界向けといった様々な部分社会への分割が可能だが、放送は電波の技術的必然によって「地域的ひろがり」以外の方法で拡散することができない。そのため、伝統的にみて地域社会という分割の方法だけが唯一の選択だったというのである。[24] 一方で、電波の到達範囲という放送の技術的特性と、地域社会とが必ずしも一致しないエリアも存在している。例えば、瀬戸内海エリアや関東平野は、障害物がなく電波の到達範囲が地域社会の領域を超えてしまうために、放送独自の地域社会が生じてしまう地域とみることができる。

つまり、放送は（電波を直接使用する場合は）地上の空間的・地形的広がりと宿命的に関係し合った媒体として考えられていて、放送の公共性は地域社会という単位への奉仕として求められ、これによって放送のローカリズムという根拠が生じる。このようなことから、民主主義国家の放送制度のなかで「放送のローカリズム」が重要な地位を占めてきたのである。

日本の放送制度のなかのローカリティ

戦後日本の放送制度制定の経緯

日本で放送のローカリティが本格的に扱われるようになるのは、太平洋戦争後である。ＧＨＱによって、連合国の対日管理の基本原則の一つだった民主化政策に基づき日本の放送についても民主的な国家にふさわしいものとするよう改革がおこなわれた。戦前の日本では、放送が国家によって管掌され、国民を戦争に駆り立てる積極的役割を果たしたという反省もあって、言論機関として独立した機関になるように制度変更が求められたのである。

具体的には、一九五〇年の放送関連法の制定によって、特殊法人として再出発した日本放送協会（ＮＨＫ）と、広告を主たる財源とした放送事業者（民間放送）の二元体制になった。特に、地域ごとに免許が与えられた民間放送には、地域性が強く求められることになった。当時、強い影響力をもつと目されていた放送と政府の結び付きを断ち切り、全国へ分散させることで「放送の民主化」を達成させようというＧＨＱの狙いもあって、日本で放送のローカリズムに基づいた制度が設計されたのであった。

戦前の放送は、電気通信の政府管掌を規定した無線電信法（大正四年法律第二十六号）によって政府の強力な統制監督下に置かれていたが、一九五〇年には新たに放送法・電波法・電波監理委員会設置法（いわゆる電波三法）[25]が制定され、独立機関である電波監理委員会が放送行政を担った。これは、ＧＨＱが放送と政府を分離するための措置として強力に進めた放送の民主化のたまものだったが、その後、当時の吉田茂内閣は、占領後に電波監理委員会を解体して郵政省（当時）の管轄とした。このことは、言論機関としての放送のあり方に現在まで大きな影を落としている（この経緯については、第3章「日本型の放送のローカリティの形成」で詳細に分析する）。

そもそも、放送が免許事業で法的規制を受ける理由には、被免許者は電波法によって技術的規制を受ける。放送に使統的に挙げられている。[26] ①電波の希少性に関しては、被免許者は電波法によって技術的規制を受ける。放送に使用できる電波は限られていて、それを有効に活用するためである。これはまた、放送局や無線局が相互の混信を防ぎ、チャンネルの能率的な使用を図るための規制でもある。この規制によって、放送局をある場所で開局しようとした場合、その場所に割り当てられたいくつかのチャンネルでだけ放送が可能になる。②は、放送が社会的に大きな影響力をもつためその内容には公共性が強く求められ、その結果、放送主体の表現の自由を確保しながらも、事業者の性格や番組内容に関して、放送法や施行規則によって法的規制を受けている。この規制について、長谷部泰男は「伝統的規制根拠論の妥当性は疑わしい[27]が、自律的な生を支える基本的情報の社会全体への公平な提供という目的からすると、従来型の総合編成の放送については、内容および組織に関する一定の規律を維持する理由がある[28]」と述べる。公共の電波の割り当てを受けた少数のチャンネルを利用する放送局は、結果的に社会的な影響力が大きくなるため、その番組内容に関しても基本的情報の公平な提供などの義務が課せられているのである。

日本の放送制度は、主に次の二つの特徴がある。

(1)放送事業固有の広範な内容および主体に関する規制
(2)ＮＨＫと民間放送の二元体制[29]

(1)について、番組内容の規制[30]をみると、放送法では「番組編集準則」「番組調和原則」「番組基準制定義務」

「放送番組審議機関の設置義務」の四つがある。これらの制定の経緯をみると、放送法制定時の一九五〇年には「番組編集準則」[31]だけだったが、放送番組の向上適正化を受けて五九年の法改正でほかの三つが加わった。なお、「番組基準」と「放送番組審議機関」は、放送事業者が自主自律によって放送番組の適正を図るためのものとされている。

(2)については、全国的な放送組織である公共放送のNHK以外に商業放送が許され、かつ地域免許制として放送局の多元性が実現するようにこのような体制が設計された。

折衷形態

日本の放送制度の設計にも関わったとされる鳥居博は、当時の他国の制度を比較して日本が公共放送と商業放送の折衷形態であることを説明している[32]。

すなわち、イギリスでは当時、放送における「公共」の基準に、国際、ヨーロッパ、全イギリス、地方の四つの尺度を設けていたという。この四つの尺度に照らして、それぞれの立場で公共の利益に合うように番組を編成して、海外放送（Over-seas Service）、自治領放送（Commonwealth Service）、ヨーロッパ放送（European Service）、全国放送（Light Program Service）、地方放送（Home Service）、第三放送（Third Program Service）の六系統の放送をおこなうようにして、これらの四つの尺度にかなって成立する公共性に、イギリス国内の実情に合わせて放送を運営するためBBCが設立されたと述べている。一方、アメリカは、一九三四年通信法によって放送分野を自由競争のもとに置くことを規定し、「公共」の基準に国際・全国・地域・地方の四つの尺度を設けた。そして、国際放送だけは国営としたが、そのほかすべては私企業の競争企業としたという。そして鳥居は、二国を対比して次のように述べる。

注意すべきは、英国が公共の尺度としては、「国民」即ち全国的公共に最も重点を置いているのに対して、米国では、「地方」local 即ち自治体 community に重点を置いている点である。イギリスでは全国放送と地方放送（アメリカでいう地域放送）のバランスによって複雑な公共の利益の満足を図っているのに対して、アメリカでは全国的ネットワークに対してむしろ地方各都市の Local 放送局の充実に重点を置き、公共の利益を満たすのに細心のフレームワークを組み立てている(33)。

そして、日本は独占企業形態と競争企業形態との折衷だと述べている。すなわちＮＨＫにイギリス的な「全国的公共」を担わせ、民間放送にアメリカ的な「「地方」local 即ち自治体 community」的公共を担わせることを狙ったものと考えられる。

このようなことから、戦後の放送制度の設計は、ＮＨＫにおける範域の軸足は全国単位に重きを置き、民放は自治体単位として考えられていたとみるのが妥当だろう。現在でも特に民放でローカリティが重視される理由はこのような制度設計にあると考えられる。

放送制度における地域性

以上のような経緯で、日本の放送制度は、折衷形態と呼ばれるようにＮＨＫと民間放送の二元体制で営まれてきた。それでは現在の地域に関する規制を具体的にみてみよう。まず、ＮＨＫに関しては、放送法第八十一条二（改正：平二十二法六十五）で、「全国向け放送番組のほか地方向けの放送番組を有するようにすること」として、放送番組編集上の要請事項を定めている。これは、画一的な全国向け番組だけでなく、地方の特性に応じた放送番組を有することによって国民の要望を満たすことができ、放送の効用をあまねく普及させることができると考えているからである。その結果、ＮＨＫの地上系の総合放送では原則的に県単位を放送対象地域と定めて、単独での放送が可能になるように各地で電波が割り当てられている。

一方、民間放送はＮＨＫと違って営利の視点から逃れられないことや、新聞など既存のローカルメディアと資本的に深い関係をもち、そのこともまた、地域の政治経済学的力学に無縁ではないこと、そして、在京キー局を中核とするネットワーク秩序のもとに置かれ経営的な圧力にさらされていることなどから、NHKとは異なり、地域密着性(34)がより強く求められる。具体的には、総務省の基幹放送基本計画（改称：平二十三総省告二百四十二）は「情報の多元的な提供及び地域性の確保並びに地域間における基幹放送の普及の均衡に適切に配慮しつつ、基幹放送の計画的な普及及び健全な発達を図ることが必要」とし、「放送事業者の構成および運営において地域社会を基盤とするとともにその地上基幹放送を通じて地域住民の要望に応えることによって、地上基幹放送に関する当該地域社会の要望を充足すること」という基本を示して、周波数の具体的な割り当てをおこなっている。

次に、放送事業主体に関する規制を具体的にみると、有限の電波を割り当てる際の「電波割当の方針」と「送信場所（エリア）の指定」、また免許を与える際の条件としてその運営の「株主構成や所有」に条件が課せられている。前者の電波割り当ての方針はおおむね県単位だったため、これを県域原則と呼ぶこともある。(35)後者の地元資本要件や複数メディアの所有規制に関するものは、「マスメディア集中排除原則(36)」と呼んでいる。この二つが日本の「放送の地域性」を構造的に特徴づけているといえるだろう。本書では、これらを日本での「放送のローカリズム（Broadcast Localism）」原則と呼ぶことにする。これらの原則によって、放送事業主体の地域的な性格が決定づけられるため、放送組織のローカリティはこの放送のローカリズム原則によって規定される。

戦後、日本の放送制度はアメリカに影響を受けたもの(37)と目されている。後述するが、一九六〇年代に放送法の改正論議が起こったが、そのときの論点の一つがローカリティだった。(38)アメリカでのローカリズム原則は、国の社会的・文化的なルーツに根ざした理念であり「コミュニティ単位」というエリア設定の方式をとっているが、日本の場合は、エリア設定は従来から行政単位になっていて地域社会のエリア設定とは必ずしも重なっていない。

日本の放送事業の実際

以上では、特に民主主義国家で主要なマスメディアの一つに発展してきた放送メディアが放送のローカリティという理念と密接に関係しながら展開してきたことを示した。次に日本での放送事業が、政治体制の変化や技術的発展に伴うメディア技術の変化のなかで、どのように展開してきたのかを述べる。

表2には、技術的な進展に伴う放送メディアの拡大期を中心に、日本での放送事業の概略を示した。日本の放送事業は、一九二五年に東京・大阪・名古屋でラジオ本放送が開始され、その後これら三つの放送局は日本放送協会として合併した。協会は各地に放送局を設立しながら全国的なネットワークを構築していった。よく知られているように当時の放送は国家管掌であり、ラジオという強力なメディアを政府は国家統制の重要機関として認識して、独占放送形態を取ってきた。敗戦後はGHQの管理下に置かれ、放送の民主化を理念とした新たな放送関連法（電波関係三法案）が国会で成立し、世界的にみればカナダやオーストラリアと似た公共放送と民間放送の折衷形態をとることになった。折衷形態とは、イギリス式の公共企業による独占放送と、私企業による商業放送の折衷によっておこなわれるものを指し、オーストラリアと日本では、公共企業体と民間企業とが全く別個の体系を組織して番組競争を展開する形態をとっているのが特徴である。[39]

そのような歴史的な背景のなかで、メディア技術の変遷でみれば、最も初期にはラジオ放送（AM放送）が営まれ、戦後、地上アナログテレビジョン放送（VHF帯、UHF帯）、FMラジオ放送、衛星放送（BS・CS放送）、地上デジタル放送（UHF帯）とサービスが拡大してきた。特に衛星放送は、一波で全国を放送対象地域とすることができるニューメディアとしてインパクトを与えた。さらに質的にみれば、放送方式の技術的な進歩によって、一九六〇年からカラー放送や文字多重放送などが実現して、多様なサービスを伴う新たな放送が誕生してきた。また、より多元的な放送サービスを目指して、CATVによるコミュニティチャンネルや、低出力による狭いエリアに向けたサービスであるコミュニティFM放送、またインターネットを使用したIPTV(Internet protocol television)が誕生して、従来の放送のサービス枠を拡大している。

次に組織の面からみると、現在では、全国に取材拠点と放送所をもつNHKと、各地で免許が交付された民間の地上波放送、衛星放送などが事業を営んでいる。表3は、民間の地上波テレビ放送会社を都道府県別に示した

表2　日本の放送史概略

年	主な出来事
1925年	日本初のラジオ局、東京放送局（芝浦）仮放送開始（3月22日)、大阪放送局、仮放送開始（6月1日)、名古屋放送局、試験放送開始（6月23日）
1926年	一般社団法人日本放送協会発足
1931年	ラジオ第2放送開始
1950年	電波法、放送法、電波監理委員会設置法制定 一般社団法人日本放送協会を解散、放送法に基づく特殊法人日本放送協会設立
1951年	民放ラジオ放送開始（中部日本放送〔現・CBC ラジオ〕と新日本放送〔現・毎日放送〕が開局）
1953年	テレビ放送開始
1960年	カラーテレビ本放送開始
1963年	日米テレビ衛星中継実験受信成功 CATV：岐阜県の郡上八幡テレビ（GHK-TV）1963年に開局（1966年廃止）
1969年	FM 本放送開始
1971年	総合テレビ全面カラー化
1978年	初の実験用放送衛星打ち上げ
1983年	聴力障害者向け文字放送開始
1984年	放送衛星試験放送開始
1986年	放送衛星 BS-2b 打ち上げ、衛星波による試験放送開始
1989年	衛星放送本放送開始、CS アナログ放送開始（業者向け）
1991年	放送衛星 BS-3b 打ち上げ、ハイビジョン試験放送開始
1992年	CS アナログ放送、一般個人向けの放送が開始 コミュニティ FM 局初の「FM いるか」開局
1994年	ハイビジョン実用化試験放送開始
1996年	武蔵野三鷹ケーブルテレビが日本初の CATV インターネットサービスを開始
1997年	CS デジタル放送開始
2000年	BS デジタル本放送開始
2003年	地上デジタルテレビ放送開始
2006年	全国県庁所在地地上デジタル放送開始
2008年	NHK オンデマンド番組配信サービス開始
2011年	地上テレビ放送完全デジタル化（アナログ放送停波）

（出典：放送文化研究所ウェブサイト〔http://www.nhk.or.jp/bunken/about/history.html〕［2012年1月1日アクセス］から筆者作成）

ものである。

表3が示しているように、一部を除いておおむね県単位で免許が交付され、五系列の構成でネットワーク[40]を組んで放送が営まれていることがわかる。山間地が多いとはいえ、狭い国土に多くの地上波放送局がひしめき合っているのが日本の放送局の特徴だといえるだろう。このほかに、道府県単位ではＡＭ（中波帯域）やＦＭ（ＶＨＦ帯域）のラジオ放送が存在し、また市町村単位ではコミュニティＦＭ放送やケーブルテレビが、そして全国単位ではＢＳ・ＣＳ放送が存在している。

では、これらの民間放送は、地域のどのような担い手が構成しているのだろうか。二〇〇九年のみずほコーポレート銀行産業調査部の調査[41]は、デジタル化による再編に備えて、事業者の株主状況や株主構成の変化を詳細に分析している。それによれば、「地上波放送局では、設立時の経緯などから、新聞社（全国紙、地方紙）、放送局（キー局、ローカル局）、地元企業等が主な株主となってきた[42]」のであり、具体的には、〇八年三月期末の段階での地上波放送局百二十五局[43]の株主構成（平均）は、全国紙一〇パーセント、金融機関八パーセント、地元企業六パーセント、キー局五パーセントになっているという。また、総じて設立以来の株主が多く、株主構成に大きな変化はみられない[44]と述べている。初期の放送局は、設立時期が一九五〇年代から六〇年代だから、五十年近くその組織構成の変化が乏しいということになる。さらに、キー局を除いた地上波ローカル局でみると、株主構成は地元企業一一パーセント、キー局八パーセント、全国紙七パーセント、地方紙五パーセントになっていて、ローカル局の株主としての最大の担い手は、地元企業、キー局、全国紙、そして地方紙だと指摘している。

また、地上波放送局の株主構成を一般事業法人と比較した場合の大きな特徴は「非常に分散している[45]」ことであり、この理由として「メディアとしての中立性を維持するために特定の大株主が存在することを回避してきたこと」「マスメディア集中排除原則のためにキー局やキー局の大株主となっている全国紙によるローカル局への出資比率が制限されてきたこと」と述べている。そのため、「株主を強く意識することなく、比較的現在の経営陣の独立性・自由度が高く、その意向が反映されやすい傾向が強い」とも述べている。もちろん、これら分散し

表3　日本の民放テレビ局

放送対象区域	放送局名	開局日	開局時の周波数帯 V:VHF、U:UHF 帯 ラテ：ラジオ・テレビ兼営	系列 2008年
北海道	北海道放送	1957年4月1日	V、ラテ	JNN
北海道	札幌テレビ放送	1959年4月1日	V	NNN
北海道	北海道テレビ放送	1968年11月3日	U	ANN
北海道	北海道文化放送	1972年4月1日	U	FNN
北海道	株式会社テレビ北海道	1989年10月1日	U	TXN
青森	青森放送	1959年10月1日	V、ラテ	NNN
青森	青森テレビ	1969年12月1日	U	JNN
青森	青森朝日放送	1991年10月1日	U	ANN
岩手	IBC 岩手放送	1959年9月1日	V、ラテ	JNN
岩手	テレビ岩手	1969年12月1日	U	NNN
岩手	岩手めんこいテレビ	1991年4月1日	U	FNN
岩手	岩手朝日テレビ	1996年10月1日	U	ANN
宮城	東北放送	1959年4月1日	V、ラテ	JNN
宮城	仙台放送	1962年10月1日	V	FNN
宮城	宮城テレビ放送	1970年10月1日	U	NNN
宮城	東日本放送	1975年10月1日	U	ANN
秋田	秋田放送	1960年4月1日	V、ラテ	NNN
秋田	秋田テレビ	1969年12月1日	U	FNN
秋田	秋田朝日放送	1992年10月1日	U	ANN
山形	山形放送	1960年3月16日	V、ラテ	NNN
山形	山形テレビ	1970年4月1日	U	ANN
山形	テレビユー山形	1989年10月1日	U	JNN
山形	さくらんぼテレビジョン	1997年4月1日	U	FNN
福島	福島テレビ	1963年4月1日	V	FNN
福島	福島中央テレビ	1970年4月1日	U	NNN
福島	福島放送	1981年10月1日	U	ANN
福島	テレビユー福島	1983年12月4日	U	JNN
関東	TBS テレビ	1955年4月1日	V	JNN
関東	日本テレビ放送網	1953年8月28日	V	NNN
関東	テレビ朝日	1959年2月1日	V	ANN
関東	フジテレビジョン	1959年3月1日	V	FNN

放送対象区域	放送局名	開局日	開局時の周波数帯 V:VHF、U:UHF 帯 ラテ：ラジオ・テレビ兼営	系列 2008年
関東	テレビ東京	1973年11月1日	V	TXN
東京	東京メトロポリタンテレビジョン	1995年11月1日	U	独立
群馬	群馬テレビ	1971年4月16日	U	独立
栃木	とちぎテレビ	1999年4月1日	U	独立
埼玉	テレビ埼玉	1979年4月1日	U	独立
千葉	千葉テレビ放送	1971年5月1日	U	独立
神奈川	テレビ神奈川	1972年4月1日	U	独立
新潟	新潟放送	1958年12月24日	V、ラテ	JNN
新潟	新潟総合テレビ	1968年12月16日	U	FNN
新潟	テレビ新潟放送網	1981年4月1日	U	NNN
新潟	新潟テレビ21	1983年10月1日	U	ANN
長野	信越放送	1958年10月25日	V、ラテ	JNN
長野	長野放送	1968年12月20日	U	FNN
長野	テレビ信州	1980年10月1日	U	NNN
長野	長野朝日放送	1991年4月1日	U	ANN
山梨	山梨放送	1959年12月20日	V、ラテ	NNN
山梨	テレビ山梨	1970年4月1日	U	JNN
静岡	静岡放送	1958年11月1日	V、ラテ	JNN
静岡	テレビ静岡	1968年12月24日	U	FNN
静岡	静岡朝日テレビ	1978年7月1日	U	ANN
静岡	静岡第一テレビ	1979年7月1日	U	NNN
富山	北日本放送	1959年4月1日	V、ラテ	NNN
富山	富山テレビ放送	1969年4月1日	U	FNN
富山	チューリップテレビ	1990年10月1日	U	JNN
石川	北陸放送	1958年12月1日	V、ラテ	JNN
石川	石川テレビ放送	1969年4月1日	U	FNN
石川	テレビ金沢	1990年4月1日	U	NNN
石川	北陸朝日放送	1991年10月1日	U	ANN
福井	福井放送	1960年6月1日	V、ラテ	NNN、ANN
福井	福井テレビジョン放送	1969年10月1日	U	FNN
中京	CBC テレビ	1956年12月1日	V	JNN

放送対象区域	放送局名	開局日	開局時の周波数帯 V:VHF、U:UHF 帯 ラテ：ラジオ・ テレビ兼営	系列 2008年
中京	東海テレビ放送	1958年12月15日	V	FNN
中京	名古屋テレビ放送	1962年4月1日	V	ANN
中京	中京テレビ放送	1969年4月1日	U	NNN
中京	テレビ愛知	1983年9月1日	U	TXN
岐阜	岐阜放送	1968年8月12日	U	独立
三重	三重テレビ放送	1969年12月1日	U	独立
滋賀	びわ湖放送	1972年4月1日	U	独立
京都（ラジオは滋賀も含む）	京都放送	1969年4月1日	U、ラテ	独立
近畿	毎日放送	1959年3月1日	V、ラテ	JNN
近畿	朝日放送	1956年12月1日	V、ラテ	ANN
近畿	讀賣テレビ放送	1958年8月28日	V	NNN
近畿	関西テレビ放送	1958年11月22日	V	FNN
近畿	テレビ大阪	1982年3月1日	U	TXN
奈良	奈良テレビ放送	1973年1月27日	U	独立
兵庫	サンテレビジョン	1969年5月1日	U	独立
和歌山	テレビ和歌山	1974年4月1日	U	独立
鳥取（島根）	山陰放送	1959年12月15日	V、ラテ	JNN
鳥取（島根）	日本海テレビジョン放送	1959年3月3日	V	NNN
島根（鳥取）	山陰中央テレビジョン放送	1970年4月1日	U	FNN
岡山（香川）	山陽放送	1958年6月1日	V、ラテ	JNN
岡山（香川）	岡山放送	1969年4月1日	U	FNN
岡山（香川）	テレビせとうち	1985年10月1日	U	TXN
広島	中国放送	1959年4月1日	V、ラテ	JNN
広島	広島テレビ放送	1962年9月1日	V	NNN
広島	広島ホームテレビ	1970年12月1日	U	ANN
広島	テレビ新広島	1975年10月1日	U	FNN
山口	山口放送	1959年10月1日	V、ラテ	NNN
山口	テレビ山口	1970年4月1日	U	JNN
山口	山口朝日放送	1993年10月1日	U	ANN
徳島	四国放送	1959年4月1日	V、ラテ	NNN
香川（岡山）	西日本放送	1958年7月1日	V、ラテ	NNN

放送対象区域	放送局名	開局日	開局時の周波数帯 V:VHF、U:UHF帯 ラテ：ラジオ・テレビ兼営	系列 2008年
香川（岡山）	瀬戸内海放送	1969年4月1日	U	ANN
愛媛	南海放送	1958年12月1日	V、ラテ	NNN
愛媛	テレビ愛媛	1969年12月10日	U	FNN
愛媛	あいテレビ（伊予テレビ）	1992年10月1日	U	JNN
愛媛	愛媛朝日テレビ	1995年4月1日	U	ANN
高知	高知放送	1959年4月1日	V、ラテ	NNN
高知	テレビ高知	1970年4月1日	U	JNN
高知	高知さんさんテレビ	1997年4月1日	U	FNN
福岡	RKB 毎日放送	1958年3月1日	V、ラテ	JNN
福岡	九州朝日放送	1959年3月1日	V、ラテ	ANN
福岡	テレビ西日本	1958年8月28日	V	FNN
福岡	福岡放送	1969年4月1日	U	NNN
福岡	TVQ 九州放送	1991年4月1日	U	TXN
佐賀	サガテレビ	1969年3月15日	U	FNN
長崎（ラジオだけ佐賀含む）	長崎放送	1959年1月1日	V、ラテ	JNN
長崎	テレビ長崎	1969年4月1日	U	FNN
長崎	長崎文化放送	1990年4月1日	U	ANN
長崎	長崎国際テレビ	1991年4月1日	U	NNN
熊本	熊本放送	1959年4月1日	V、ラテ	JNN
熊本	テレビ熊本	1969年4月1日	U	FNN
熊本	熊本県民テレビ	1982年4月1日	U	NNN
熊本	熊本朝日放送	1989年10月1日	U	ANN
大分	大分放送	1959年10月1日	V、ラテ	JNN
大分	テレビ大分	1970年4月1日	U	NNN、FNN
大分	大分朝日放送	1993年10月1日	U	ANN
宮崎	宮崎放送	1960年10月1日	V、ラテ	JNN
宮崎	テレビ宮崎	1970年4月1日	U	NNN、FNN、ANN
鹿児島	南日本放送	1959年4月1日	V、ラテ	JNN
鹿児島	鹿児島テレビ放送	1969年4月1日	U	FNN

放送対象区域	放送局名	開局日	開局時の周波数帯 V:VHF、U:UHF帯 ラテ：ラジオ・ テレビ兼営	系列 2008年
鹿児島	鹿児島放送	1982年10月1日	U	ANN
鹿児島	鹿児島読売テレビ	1994年4月1日	U	NNN
沖縄	琉球放送	1960年6月1日	V、ラテ	JNN
沖縄	沖縄テレビ放送	1959年11月1日	V	FNN
沖縄	琉球朝日放送	1995年10月1日	U	ANN

（出典：日本民間放送連盟編『日本民間放送年鑑2008』〔コーケン出版、2008年〕571、701―703ページから筆者作成）

た株主について詳細に分析して株主同士の関係性をみなければ独立性が高いと言いきれるかどうかはわからないが、この分析ではそのように読み取っている。

さらに、この調査では、地上波放送局の経営陣の出身母体についても調査している。具体的には、経営上の意思決定に最も強い影響力をもつと考えられる社長の出身母体は、自局四〇パーセント、キー局一九パーセント、全国紙一八パーセント、地元企業八パーセントである。[46] そして、長い歴史を有する放送局ほど自局出身の社長が多く、また、キー局や全国紙出身の社長を有する放送局も、合計で自局出身社長と同じ比率になる約四〇パーセント弱存在している。キー局や全国紙出身の社長がいる局では当然のことながら、出身母体の意向を反映した意思決定がおこなわれている可能性も高いと述べている。

このように、民間の地上波放送局を株主構成や役員の出身母体という視点からみてみると、地元の企業、また中央の全国紙やキー局が関与した複合的な組織になっている。このような組織の状況にはローカル各局で違いがあり、多様であることが特徴だ。このような担い手の多様性は、戦前の国家管掌による一元的な放送への反省から、放送に対する独占を排除するため戦後新たに制定された放送制度によるものである。しかし、多様であっても変化が乏しいことは、経営面での安定化に寄与しているともいえ、組織としての継続性からは評価されるが、一方で、環境変化への柔軟な対応が難しいことや、新規参入がしづらく新陳代謝が起こりにくいといった問題も考えられ、自由競争の阻害要因ともいえる。

2　放送のローカリティに関連した先行研究

このように、日本の放送組織の形成史をみると、戦後に放送のローカリティの理念が尊重され、制度が整備されてきたことがわかった。では、日本の放送のローカリティに対して、学術研究はどのような貢献をしてきたのだろうか。ここでは、放送のローカリティに関連する先行研究の系譜を時系列で取り上げて、それらが重要視してきた論点と課題に着目する。加えて、放送のローカリティ研究と重なる部分が多い地域メディア研究を取り上げる。放送のローカリティという用語で研究がなされたのは一九六〇年代半ば以降であり、地域メディア研究の萌芽と重なっている[47]。一方で、放送はその時点で既に四十年の歴史を有していて（日本の放送開始は一九二五年である）、放送のローカリティの理念が戦後新たに持ち込まれたとはいえ、その導入に際して戦前から底流する思想が影響を与えているのではないかと考えた。そのため本書では、放送開始後、戦前・戦中期の地域に関連する放送研究も合わせて通時的に分析する。そこで、取り上げる先行研究の期間を、二五年の放送開始から四五年の太平洋戦争終結まで、四五年から六〇年代、七〇年代、八〇年から九〇年代、二〇〇〇年以降の五つに区切って論じる。

一九二五年の放送開始から四五年の太平洋戦争終結までの放送研究

初期の放送研究は、全体を見渡せば放送技術に関するものが多くを占めるのだが、番組内容の研究や聴取者の調査も海外の調査研究をベースにして進められていた。日本放送協会の放送文化研究所によれば、一九二五年、開局の五カ月後に、聴取者の好みを番組に反映させるためにはがきによる娯楽番組の嗜好調査を実施した[48]という。

当然、地域ごとの嗜好や聴取契約の動向も調べていて、聴取者も少ない状況のなかでニーズを的確につかむことで契約数の増加を狙ったものだった。放送研究での地域との関わりは、このように地域ごとの嗜好の差異を明らかにするニーズ調査によって始まった。日本放送協会は、二八年に機関誌である「調査月報」を発行し、聴取者数の統計、送信・受信技術、海外の動向、各局の放送時刻表などを掲載した。また、三一年には『ラヂオ年鑑』を創刊している。これらでは、各地の支局からの報告、ニーズ調査で明らかになる地域差について述べているものがある。各局の放送内容の記述からも、地域ごとに放送された番組を見つけることができる。また、太平洋戦争へと向かうなかで、各地の放送局でどのような取り組みをおこなうかといったものがみられた(49)。このように、ラジオ放送初期の地域的な研究は、番組開発をどのようにおこなうかという視点からの国内の地域的な差異の分析や各地の放送局での取り組みといったものが主だった。

一九四五年から六〇年代の放送研究

太平洋戦争後、日本国内は、戦後の復興とともに都市化や工業化が進み、生活様式も変容していく。そのなかでも放送を含む日本の電子産業は、戦後復興と足並みをそろえて発展していくのだが、放送研究に関しても、放送産業と足並みをそろえるように形成されていく。戦後初期の研究としては、一九五六年三月にNHK放送文化研究所資料調査部が「各地の地域性の調査」として、気候区分、農業地域、工業地域、都市分類、言語分布、人口配置、教育程度、犯罪と離婚件数、選挙地図、マスメディア普及率などを調べたものがある。これは置局計画や放送番組編成の参考資料として、各地域社会の文化的性格を明らかにする「文化地図」を作成するためにおこなわれたものであり、これらはいずれも県単位の官庁統計をもとに作成したものだった。また、六四年十一月と六五年、六六年に放送世論調査所がおこなった「ローカル意向調査」がある。これらは、いくつかの地域を選定して、テレビ視聴の概況、テレビローカル番組の視聴状況、NHKのテレビローカル放送の現状評価、NHKテレビローカル放送の意義、ローカル放送への期待・内容、各地域社会におけるマスメディアのなかのNHK

ビの位置、ラジオ聴取の概況、ラジオローカル番組の聴取状況、ローカル番組と地域社会との関連（実生活面と心理的側面）などを調べたものだった。

一九六五年、六六年、六七年には、ＮＨＫ総合放送文化研究所番組研究部から委託されたローカリティ研究会（岡部慶三、青井和夫、辻村明、松原治郎、綿貫譲治）が大規模なローカリティ研究をおこなっている。これは、高度経済成長に伴う全国規模の都市化・近代化によって希薄になった地域性を、地域住民がローカルメディアによって発掘し維持しようとする潮流や、それに呼応してＮＨＫと民放で高まったローカル放送に対する関心から調査研究がおこなわれ、三十回にわたる研究会が開かれた。実態調査でも、島根県・山梨県・愛知県の三地域を対象に、地域住民の生活と地域性との関連性を示した社会統計資料と個人面接調査の二側面から分析して、地域性の具体的内容と地域性を規定する諸要因の検出が試みられ、六七年に報告書を出している。

この時期の特異なものとしては、辻村明の研究(50)がある。辻村は、アメリカと日本では風土が違うとして、アメリカから導入された放送制度上の地域性を前提とする姿勢を問い直している。ローカリティに関する研究の多くが地域性の根拠にふれずにその存在を前提として議論するなかで、この論文は注目に値する。さらに辻村は、「近代化の度合いが進むほど、地方意識性は低くなる」という大胆な仮説を立てて検証している。いずれにしてもこれらの研究は、送り手である放送局の業務上の必要性からおこなわれたものだった。

一方で、そのほかの研究分野からのアプローチも存在している。田原音和は、農村社会学の視点から、これまでの放送のローカリティに対して方法論的批判を加えた(51)。すなわち、これまでの研究は「意識調査」に終始しがちであり、視聴態度や行動の特性をそこから引き出そうとする傾向が強かったと述べ、放送の「受け手」分析の方法論自体を批判的に検討した。田原によれば、「受け手」に関する調査研究はその対象が都市視聴者に集中していて、大量観察法に依存しがちな方法的限界が「受け手」分析を偏らせてしまったと批判し、大量な意識調査の方法とは別個に、いわば構造論的な接近を農民の視聴行動の分野に試みようとした。

そこで田原は、農村社会の構造が農民の意識やコミュニケーション行動をどのように枠づけているのかを、農民諸階層の動態を基軸にして調べ、意識やコミュニケーション行動の特性が放送視聴態度をどのように規制し、反対に後者がどのように前者を変えていくかを明らかにした。こうして、マスメディアが農民生活のなかでどのように位置づけられているかを解明しようとしたのである。それによると、村落内コミュニケーションの諸過程は、中農層によってその主流が形成されて富農層がそのリーダーシップをとる場合が多いこと、富農層は政治や行政上、あるいは部落自治機能のなかで重要な役職を占め、中農層をその執行機関的な位置に配置することで村落内コミュニケーションをリードする立場にあること、貧農層や脱農民化層は中農層とともにこれに追随するか、または村落内のコミュニケーションから次第に疎外されることを明らかにした。その結果、放送はこれらの村落内コミュニケーション構造とは無縁であるかのようにみえるが、その内容が村落外的な内容のものであっても、視聴者としての農民はこの構造のなかで位置づけられたおのおのの立場に基づいて放送を受け止めているとして、農村のなかでの放送メディアの埋め込み過程を描いたのであった[52]。このような研究は、農村社会が放送という近代化を促すメディア技術によってどのように変容させられたのかを実証的に捉えようというものであり、個別社会内部のメディア受容の変化を捉える画期的なものだった。一方で、その個別社会の上位にある府県や産業組織などを包括的に捉えるには、村落外の社会との関係も含めて分析する必要があるという課題も残された。

このように、この時代には、放送という近代化を促す装置によって地方を近代化することが前提とされ、そのために地域性を分析するための諸要因を特定する手法の開発がおこなわれた。一方で地域性を保持することは、過去の伝統や文化を保持するといった意味で捉えられるため、地方の近代化とは相反するものと考えられていた。この見方は、このあとに転換することになる。

一九七〇年代の放送研究

一九七〇年代は、UHF帯への大量免許によるチャンネルの複数化への対応や、各地で起こった公害や都市化・過疎化などの社会問題によって、それまでのローカリティが見直された時期である。放送研究でも、これに呼応するように地域に根ざしたローカル放送のあり方が問われた時代だった。また、ローカル放送の実際でも、七〇年に青森放送で始まったローカルワイドショー[53]が人気を呼び、全国的に同種のローカルワイドブームが広がったことも注目に値する。これを契機に「ニュー・ローカリズム」（第4章「日本型の放送のローカリティの変容」で詳細を述べる）という言葉が誕生し、大衆社会化によって地方文化や地域社会が危機的状況に陥ったことを問題視して、ローカル番組の取り組みでそれらの回復を図ろうと試みられた。

一九七八年と七九年に放送文化基金の助成を受けて東京大学新聞研究所がおこなった「テレビ番組におけるローカリティの研究[54]」では、地域住民の連帯感、地域社会への愛着（帰属感）を促進するのに役に立つ度合い（〝地域社会の崩壊〟のいわば反対にあたる概念）を「地方貢献度」と名づけ、これを中心に研究した。数あるローカル番組のなかから、地方（地域）への愛着・帰属意識などを特に高めるとされる番組を精選し、その番組を視聴できる地方の地元在住者、番組を視聴できる地方出身の東京在住者、番組とは無関係な東京在住者という三つのグループに対して番組の視聴実験調査を実施し、地方（地域）への愛着・帰属意識などを鼓舞する程度を測定して評価している。

この分析のなかでは、次の十項目から番組の地方貢献度が割り出された。つまり、これらの要素を放送で視聴することが地方への愛着を強化すると考えたのである。

辻村明の「地方貢献度」尺度

(1)地方の活動の単なる紹介。
(2)地方生活情報の提供。
(3)地方の苦悩・不便・後進性の指摘。
(4)地方の特色（長期的）の紹介。
(5)地方出身名士の紹介。

(6)地方の文化財・芸能・歴史の紹介。
(7)地方の問題解決への提案。
(8)地方への密着の必要性の指摘。
(9)地方住民の連帯性促進の提案。
(10)地方の誇り・独自性・文化創出の指摘。(55)

その後の急激な都市化や地域住民の流動化によって、このような尺度で地方をひとくくりにして分析することの妥当性が疑わしくなった。しかし、ローカル番組を分析するためにこのような尺度を生み出したことは画期的だった。これ以前の時代では、地方の近代化を速やかに達成することが重要だった。そのため、放送研究でも地域性を分析し、地域の特徴を踏まえて番組を作ることで地域の近代化を促進させることを目指していた。しかし、この時代の前後から次第に近代化自体への疑問が浮上してくると同時に、近代化と矛盾しない形態での地域性の保持が目指されるようになってきたのである。

一九八〇年から九〇年代の放送研究

ＮＨＫ総合放送文化研究所は、地域社会での放送の役割に関する研究プロジェクトを一九八〇年から三年にかけておこなった。この研究は、地域社会の変貌による人々の生活環境に対する意識の変化が、放送への要望や期待にも変化を及ぼしたという状況認識と、ニューメディアの登場による放送への今後の影響に備えるという実務的要請からおこなわれた。テレビローカル編成の変遷、地方自治体と地元民放の相互関係などについての全国的レベルでの情報収集のほか、福井県・静岡県・神戸市の三地域を対象に、番組視聴実態、地域メディアへの依存度や地元意識、地域事業への関心などに関する受け手調査、テレビや地方紙、広報誌などの内容分析をおこない、ローカル放送の役割を多面的に検討した。

さらに、東京大学新聞研究所の地域コミュニケーション研究グループによる『地域的情報メディアの実態』[56]では、新聞やテレビ・ラジオ、CATV、有線放送電話・有線ラジオ放送、自治体広報などの地域メディアの歴史的経過と現状を分析していて、事例研究としては長野県南信地方での地域調査をおこないその実像に迫っている。この研究は、放送局内での番組編成、取材・制作過程と組織、事業活動と営業・経営、災害時体制という送り手側の詳細な実態調査をおこなっている点が注目される。

この時期には、放送のローカリティ研究に関連するものとして「地域情報化」に関する研究がある。これらの研究は、各省庁が打ち出した様々な地域情報化政策と足並みをそろえておこなわれていることも注目に値する。これは技術の進展に伴ってメディア環境が変化し、個々人が自分の興味・関心に応じて様々な情報を複数のメディアから得ることができるようになるため、ケーブルテレビや通信網を利用して地域の情報網を整備しようとするものだった。一方で、個々のメディアで提供するサービスが類似してメディア間の境界が曖昧になり、地域メディアもその固有性を捉えにくくなった。そのため、この時期の地域メディアの研究にはメディア視聴・利用頻度をはじめ、役割や機能の比較、内容分析などをマスメディアやパーソナルメディアといった異なるメディアとも比べて検討してその差異を明らかにし、地域メディアの存在意義を問うものがみられた。

例えば、東京大学社会情報研究所のニュー・メディア研究会による多メディア・多チャンネル化の動向に着目した調査研究が挙げられる。[57]これは、CATV加入者の視聴行動に関する調査をもとに研究して、多チャンネル化に伴う視聴者の視聴・利用行動の変容、利用している視聴者全体の集合的形態、視聴者を取り囲む社会関係と視聴との相互作用に着目し、個人単位から集団単位まで視聴者に対して多角的に考察ができるように分析項目を構成している。また、技術的進展に伴って高度化していくCATVの現状を捉えようとするものとしては、林茂樹が、地域情報化の実態を地方のCATVを通して実証的に明らかにすることを目的に、MIPS（農村多元情報システム）に関する調査研究をおこなっている。[58]自主制作番組を核として地域住民の連帯やコミュニティ意識の醸成、地域活性化を意図して立ち上がったCATVの実態と評価、通信と放送の融合という課題への取り組みなどを分析を通して把握しようとした。

一方、この時期の特徴として、地域住民によるメディア参加に着目した研究が増加した。CATVのパブリック・アクセス・チャンネルや、一九九二年に始まったコミュニティFM放送における地域住民のメディア参加に関する研究、また、阪神・淡路大震災を契機として災害情報の提供などの側面からおこなわれた研究がある。

このように、この時期はメディア技術の進展によって従来の放送の機能が見直されると同時に、放送のローカリティ研究でもCATVやコミュニティFMを利用した新たな可能性が論じられた。一方で、既存のローカル放送に対しては、県域エリアに対したサービスを提供するメディアとしての役割だけでなく、外へと情報を発信するメディアとして評価する厳しい目が向けられるようになった。

二〇〇〇年以降の放送研究

二〇〇〇年以降の特徴は、前の時期に続いて地域住民のメディア参加に関する研究がみられるほか、災害時の地域メディアの役割に関する研究を引き継ぐものや、デジタル化の流れに対応して変化するコミュニケーション・メディアの動向を捉えようとするものが多くあった。この時期、日本ではデジタル化・IP化といった情報通信技術による世界規模の変革に対応するためにIT基本法が〇一年一月から施行され、高度情報通信ネットワーク社会推進戦略本部を中心にして、世界最先端のIT国家になることを五年以内に目指したe-Japan戦略を策定した。さらに〇四年には、先の政策に続く戦略としてユビキタスネット社会（u-Japan）実現に向けた政策を打ち出した。これは、「いつでも、どこでも、何でも、誰とでも」情報ネットワークにつながり、情報の自由なやりとりをおこなうことができる社会を指す。こうした政策を背景にした通信インフラの整備は、通信回線の伝送容量を増加させ、インターネット放送やIPマルチキャスト放送を技術的に可能にしたが、同時にメディア融合に対する法制度上の整備の必要も出てきた。その結果、従来のようなサービス対象地域に住む人々に限定した情報伝達だけではなく、その物理的なエリアを飛び越えて放送サービスが提供できるようになった。

このような急速な変化に対応して目立ってきた研究は、多様化するメディアの相互作用に関するものだった。例えば、坂田謙司のコミュニティFM放送局によるインターネット放送に関する調査研究[59]では、放送で流される「番組」というコンテンツが通信としてのインターネット上のコンテンツになったとき、放送と通信の相互浸透という現象がどのような可能性を生み出すのかという問題意識から、聞き取り調査をおこなっている。また、田村紀雄と牛山佳菜代もメディア間の関係に着目し、マスメディアの娯楽化に伴う報道機能軽視を受け、その代替メディアとしての地域メディアの可能性を分析した[60]。具体的には長野県に立地する地域メディアの制作者を対象にアンケート調査をおこない、地域メディアにおける政治情報の報道状況の把握と地域メディアの制作者が抱える問題点を抽出した。また、田村紀雄と染谷薫は、コミュニティFM放送の現状と県域放送との比較分析を、文献資料と三つの放送局のインタビューをもとにおこなった[61]。分析では、コミュニティFM放送が聴取率競争にさらされる従来の放送局とは異なった形態をもつ放送メディアである点や、地域の生活に根ざす実態を明らかにしている。松浦さと子は、商業性や政治権力からメディアのガバナンスを取り戻そうとするメディアの民主化に関する研究をおこなった[62]。神戸市のコミュニティFM放送である「FMわいわい」を事例に、運動論的視点で分析したものである。大石裕・岩田温・藤田真文は、日本のマス・コミュニケーション論での受け手の効果研究が数多くなされる一方、送り手研究があまりなされていないことを受けて、「茨城新聞」を事例に地方紙のニュースの制作過程を検討し、そのなかで明らかになったニュースバリューの形成過程についてヒアリング調査や参与観察、新聞社からの提供資料に基づいて分析した[63]。さらに、近年では地域を舞台としたテレビドラマやアニメに焦点を当てて、ご当地キャラクター、ご当地グルメ、ご当地アイドルと放送といった観点からの研究への関心が高まった。これらは、特に地域社会学や観光学などの分野で、「村おこし」や「町おこし」といった放送機能が分析されている。

二〇〇〇年代中頃からは、通信の動画サービスが国をまたいで爆発的に普及したことで多くの動画が流通した。その利用の面でも制度設計でも、また研究でも常に後追いせざるをえなかったというのがこの時期の特徴だろう。

また、東日本大震災などの大規模な災害は、結果的にソーシャル・メディア普及を促進したが、信頼性という点からローカルメディアの機能が見直されたのもこの時期だった。そして、バブル崩壊以後の長期的な景気の低迷は深刻さを増し、地域活性化が大きな課題になるなかでローカル放送がどう地域に貢献できるかがたびたび問われることになった。今後、人口減少がさらに進んだ場合に経営が厳しさを増すことが予想され、そのような社会で地域情報の担い手をどのように守っていくのかといった視点での研究(64)がみられるようになったのもこの時期の特徴である。

放送のローカリティ研究の特徴

以上のように放送のローカリティに関する研究史を振り返ると、次のような時代的な特徴があった。すなわち、戦前の放送開始時の研究は、放送局のニーズ調査としておこなわれた、協会による聴取者の郷土的な嗜好の差異の調査がみられた。戦後になると、初期の局の配置や番組内容への反映を意識したより実践的な要請からの調査から、地方の近代化に対するローカル局の態度が問題にされるようになる。また農村社会学や都市社会学などの各分野やNHKや東京大学新聞研究所におけるメディア研究からの取り組みが活発になされるようになったが、あくまで地方の近代化を推し進めることを前提にしていて、ローカリティはこれに対立するものとされていた。その後、農村の過疎化や各地の公害などの社会問題がクローズアップされるなかで、ローカル放送の役割が見直されるようになる。これは、近代化の装置とみてきた放送自体への反省も含んでいて、ローカル放送に地域的なメディアとして機能を果たすことが求められたのである。その後、一九八〇年代に入ると、各省庁が打ち出した様々な地域情報化政策と足並みをそろえるように地域情報化研究がおこなわれ、ニューメディアの可能性を取り上げたコミュニティメディアの研究が多くみられるようになった。この時代には、交通網の整備や都市への人口集中も進み、ローカリティという研究の枠組み自体への関心が低下する一方で、ローカルコミュニティに向けた研究を経て、空間性と切り離されたコミュニティ研究へとその軸足が移動していったことがみえてくる。現在でも、コミュニティ研究が旧来のローカリティ研究と同義で使われる場合もみられるが、旧来の空間的に縛られた共同体に向けられたものではなく、流動化した社会のなかでのローカリティを対象としている。そして、地元という言葉の近年の多用にみられるように、地域おこしや観光などの観点でローカリティが語られ、必ずしもローカリティ研究に対する関心が消えてはいないことは重要な点である。

　このように放送におけるローカリティ研究は、一九六〇年代から七〇年代を境にして、地方の近代化を推し進めるという観点からなされたものから、各地域の独自性を重視して経済的にも価値観でも自立を促すものへと変容した。このような変動を捉えるには、それらの研究の背景も含めて社会的な変動要因を探る必要がある。そのため、社会変動を捉えたマクロ的な理論が必要になるが、これまでの放送のローカリティに関連する研究では、そのような社会変動理論を結び付けて分析しようとしたものは少なく、前述したように、それぞれの時代の社会的・業務的要請に基づいて、各分野の研究者が当時の主流だった方法論[65]を用いておこなってきた。

3　放送のローカリティをどのように問うのか

　ここまで、放送のローカリティが日本でどのように問われてきたのかを先行研究を追いながらみてきた。戦後、日本が民主主義国家として再出発すると同時に、放送も民主化を目指したのだが、そのなかでも放送のローカリティは理念的に重要だった。そのため、民間放送が誕生して各地に分散して免許が与えられ、独占企業や政府による集中化を防ぐ工夫がなされた。しかし、ローカル放送の実際では、中央から送り出される情報を地方にどう伝えるかといったことが中心に置かれていた。このようなローカリティは、中央の情報によって遅れた地方を開くといった戦前・戦中期の中央集権的な見方と重なるところがある。つまり、戦前・戦中期から続く放送の地方でのあり方やそれに関する思想が、戦後も引き継がれてきたとみることもできる。そして、一九六〇年代後半から七〇年代にかけて、それまでの地方の近代化に対する懐疑的な見方が増えると同時に、地域の伝統や文化を見直すことや、地域独自の放送文化のあり方が議論されるようになった。これは一見すると中央集権的なものと対峙するようだが、地域を国と結び付けて語られる場合もあり一概にそうとはいえない（これに関しては、次章以降で詳細に分析する）。

そこでまず、このような放送のローカリティの時代性を分析するための準備として、ここまで使用してきたローカリティや地域、そして郷土や地方といった概念を整理して、その言葉の背景にある思想がどのように変容したのかを述べたうえで、本書のアプローチを提示しよう。

ローカリティ概念の多義性

日本の放送研究の領域では、一九六〇年代後半に放送のローカリティ研究がおこなわれるようになり、次第に放送のローカリティという用語が定着するようになったことは既に述べたとおりである。そのため、初期の放送研究におけるローカリティの定義は、必ずしも明確に定まっていなかった。例えば、六〇年代におこなわれた「ローカリティ研究[66]」は、「ローカリティ locality」とは、①客観的な地域特性（local characteristics[67]）と、②住民の主観的な意識としての地域特性（local mindedness[68]）の二つに分類できると定義して分析を進めている。しかし、この論文で使用される地域や地域性、ローカリティといった用語を注意深く観察すると、文脈によって意味が微妙に異なり、英語からの翻訳でも違いがみられ曖昧である。

> 最近では放送の分野においても「ローカル番組」ないしは「ローカリティ」をいかに考えるべきかが重要な課題となっている。しかし「地域性」とはいったい何であり、それはどうすれば把握しうるかについての基礎的な研究はまだその緒についたばかりであるといってよい[69]。（傍点は引用者）

このような地域性やローカリティといった概念の曖昧さは、放送研究の領域だけではなく、社会学、地理学、民俗学、文化人類学などでも指摘されている。[70] さらにその定義に関する研究も多数存在していて、この問題を研究する際の難しさがある。[71] 元来、名詞の「Locality」という英語は、名詞として「①（ある）場所：産地：土地、地方、現場：付近、②（ある場所に）いる（ある）こと：場所の感覚」[72] を示し、多義的なものとして扱われる。一方で、日本語の「地域」[73] は、一般的には「Region」と翻訳されることが多く、「地域性」は必ずしも「Locality」だけに対応するわけではなく、「Regionality」としてもおかしくはない。しかし、初期の研究領域で「地域性」に「Regionality」を当てなかった理由を推測してみると、「Region」は部分や境界、行政区などの空間的な位置取りといった意味合いが強い一方で、「Local」はある物が具体的に存在している場所（空間）に加えて、「土地の人」や「地方記事」「地方番組」も含意している。[74] 前述の「ローカリティ研究」で客観的な地域特性に加えて、主観的な意識としての地域特性も含めて定義していることから、この主観性を含ませるためにローカリティという用語を選んで使用してきたと考えられる。

さらに問題を複雑にするのは、これらのローカリティに関連した用語は、その背後にある思想や主義を背負っている点である。例えば田村紀雄はこの点を指摘[75]して、次のように「地域」という概念[76]の意味空間を分析している。すなわち、地域という用語の使われ方は、思想を表す「イズム」をつけて分類すれば「リージョナリズム」「コミュニティ主義」「ローカリズム」「プロビンシャリズム」の四つのパターンの組み合わせで捉えられるという。そして、「リージョナリズム←→コミュニティ主義」の軸では「全体←→個人」指向に対応し、「ローカリズム←→プロビンシャリズム」の軸では「過去←→未来」指向が対応するとした。例えば、過去のものへの郷愁を掘り起こす方向で視聴者へ訴えかけるものは「ローカリズム」[77] であり、将来への何らかの期待があるものは「プロビンシャリズム」である。そして「リージョナリズム」[78] はより大きな空間の相対的な細分化の方法論として生まれてきたのに対し、「コミュニティ主義」は個人の付き合いの場や人間関係の視点から議論されてきたという。田村がこの分析をおこなった一九七六年当時は、国内では「地域主義」「地方の時代」といったムーブメントが生まれてコミュニティ主義的な志向性が高まっていた時期でもあり、ローカリティの論議が交された時代だった。そのため、ローカリティに関連する用語が、それぞれの思想的な背景で使用されたのである。このように地域概念は、時代背景や思想によって使用法や解釈が変化し、コンテクストによって異なる思想を含みうる多義的な用語として考えることができるのである。

また、地方と地域の使い分けは日本独特の国内的な政治風土とも関係が深く、ことさら注意が必要である。例えば、畑仲哲雄も地方や地域はきわめて多義的な概念だと断ったうえで、二十一世紀に入ってから「地方分権」という表現が「地域主権」へと呼び直されたことを例に挙げ、「用語の使用は、多くの場合、論争的であり政治的でもある」と述べている。そして、二〇一〇年に政権与党だった民主党が、それまで「地方分権」としていた表現を地域主権という言葉に変えた理由を、「地方分権」という言葉に内在する「東京目線」「中央志向」を排して分権の主役が地域であることを強調する意図があったとして、次のように述べる。

かみ砕いていえば、従来からの地方分権という政策潮流を継承しつつも、中央が地方に「分け与えていく」という発想から脱し、各地の人々が主権者の意識をもって地域づくりに参加し行動することを促すべきであり、それが民主主義の理念にかなうという意味が込められており、地域住民を主体とする分権に転換していこうというスローガンとみてよい。(79)

畑仲は、地方という呼び方は明治以降、政府が中央集権制を強化するため東京を「中央」や「都」と呼ぶことでそれと対比し、その序列を明確にするために構築された政治的な概念だと批判している。一方、地域は「中央」や「都」から見下ろした概念ではないと好意的に述べている。そして、このような地方と地域の言葉をめぐる政治性を観察すると、例えば現在でもブロック紙と県紙をまとめて「地方紙」と呼ぶことや、小規模な〝地域〟紙をそれより下のヒエラルキーに置いて地域を地方よりも狭い領域を意味するかのように使用していることを批判している。

さらに畑仲は、鈴木栄太郎の「行政村」と「自然村」、フェルディナンド・テンニースの「ゲマインシャフト」と「ゲゼルシャフト」、ロバート・マッキーヴァーの「コミュニティ」と「アソシエーション」といった古典的な研究を引用したうえで、日本の地域に温存された互酬的・共助的な実践は明治以降の近代行政機構の後景で存在し続けていて「未来への可能性」を見いだすものだと論じ、欧米圏のコミュニティ概念は日本のこのような地域概念に近いと述べている。[80] 日本の地域に温存された互酬的・共助的な実践が欧米的なコミュニティ概念に近いという指摘には疑問が残るが、地方という言葉がもつ政治性に着目した点では重要な先行研究である。

一方で、この「中央―地方」の構図を、畑仲とは別の角度から分析した研究者もいる。三輪公忠は、「日本近代は地方主義の排除・抑圧からおこった」という研究仮説を立て、近代以前の伝統社会の自然村的な村落共同体の発生と存在の原因を重要視するとともに、人為的に地域共同体を再構築することの可能性にも注目して、中央集権化の強行以外にも〝地方〟分権的な連邦国家の建設というもう一つの選択肢があったことを述べている。[81] 三輪はあくまで中央―地方の図式のなかで中央集権の解決を図ろうとしたのである。彼によれば、「地方主義」とは次のように定義されている。

> 地方主義とは、国民国家と称される主権国家の国土内にありながら、一特定地方の住民が、その地方に固有な文化を共有しているという意識や、共通な歴史的体験の記憶のために、その地方の地域共同体に対して、特別な帰属意識を持ち、そのために政治的には中央集権化に抵抗し、地方的な自主自律の原則の回復・確立を追求すること。[82]（傍点は引用者）

三輪は、地方主義の中央集権化との対峙について、歴史的な事実を掘り起こしながら分析している点で注目に値する。例えば、三輪は「超国家主義」が「地方主義」の排除や抑圧の結果とも関係するとして、石原莞爾の

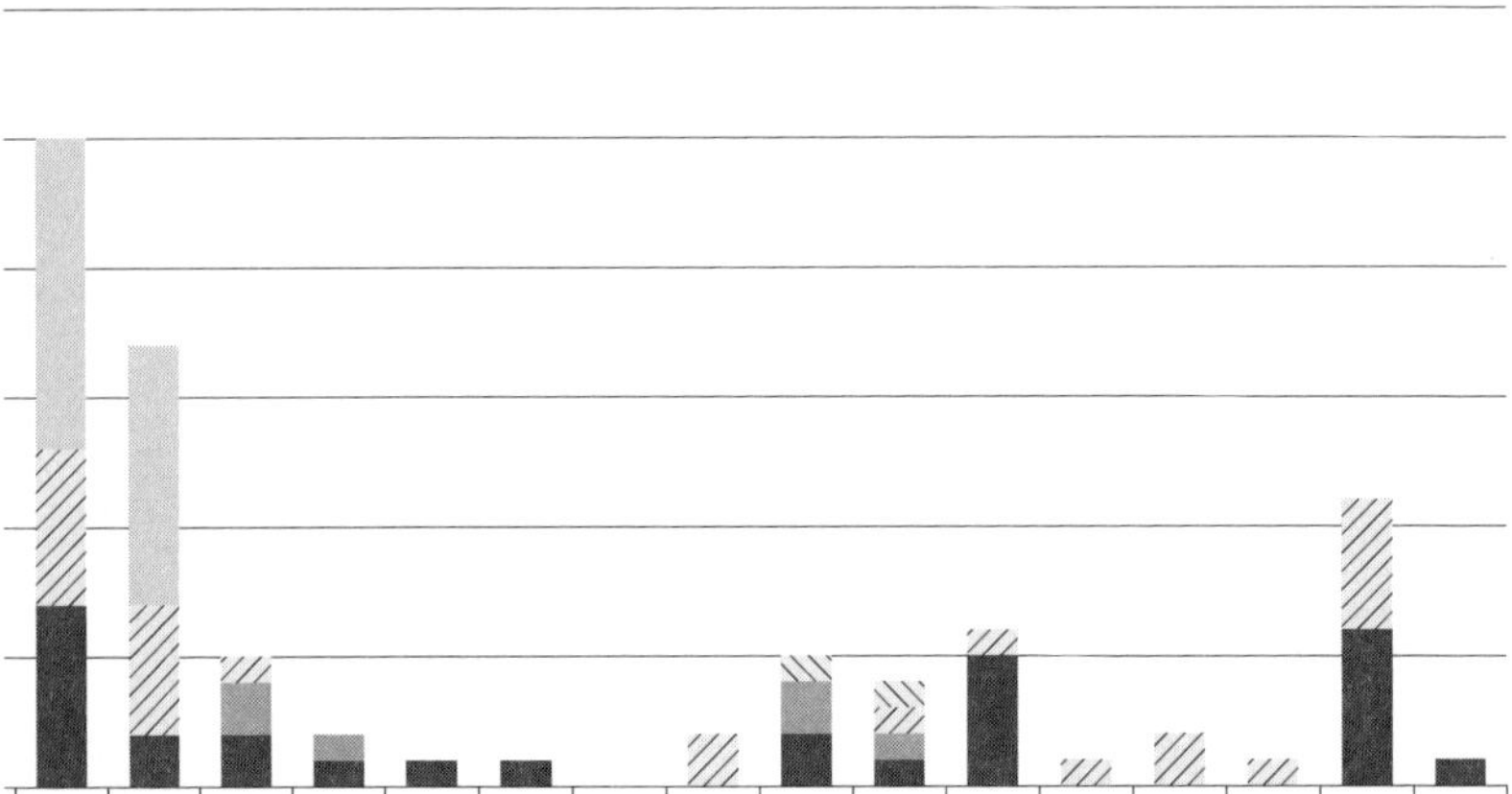

1967	1968	1969	1970	1971	1972	1973	1974	1975	1976	1977	1978	1979	1980	1981	1982
0	0	0	0	0	0	0	0	1	1	0	0	0	0	0	0
12	10	0	0	0	0	0	0	0	0	0	0	0	0	0	0
0	0	0	0	0	0	0	0	0	0	0	0	0	0	0	0
6	5	1	0	0	0	0	2	0	1	1	1	2	1	5	0
0	0	2	1	0	0	0	0	2	1	0	0	0	0	0	0
7	2	2	1	1	1	0	0	2	1	5	0	0	0	6	1

「東亜連盟」運動や、北一輝の「国家改造」を「地方主義」の変形と見なそうとした。地域に温存された互酬的・共助的な実践といった内に閉じた生やさしいものではなく、中央との関係のなかで地方で営まれてきた政治的な様々な実践も、歴史的な事実を掘り起こしながら考慮しなければ現実から目を背けることになるだろう。このように、地域や地方という用語は、きわめて政治的に使用されている。そして、放送との関わりのなかでこれらの用語が使用される際にも、コンテクストによって、また使用者によって様々な意図で使われるのである。

ローカリティ概念の変容

では、放送との関わりのなかで、前述したローカリティ関連語はどのように使用されてきたのだろうか。その手がかりを得るため、放送関連の雑誌での使用法を時代ごとに確認してみよう。分析方法としては、はじめに、戦後出版された入手可能な放送関連の月刊誌の目次から、地域性に関連した用語を抽出する。分析対象にする雑誌は、N

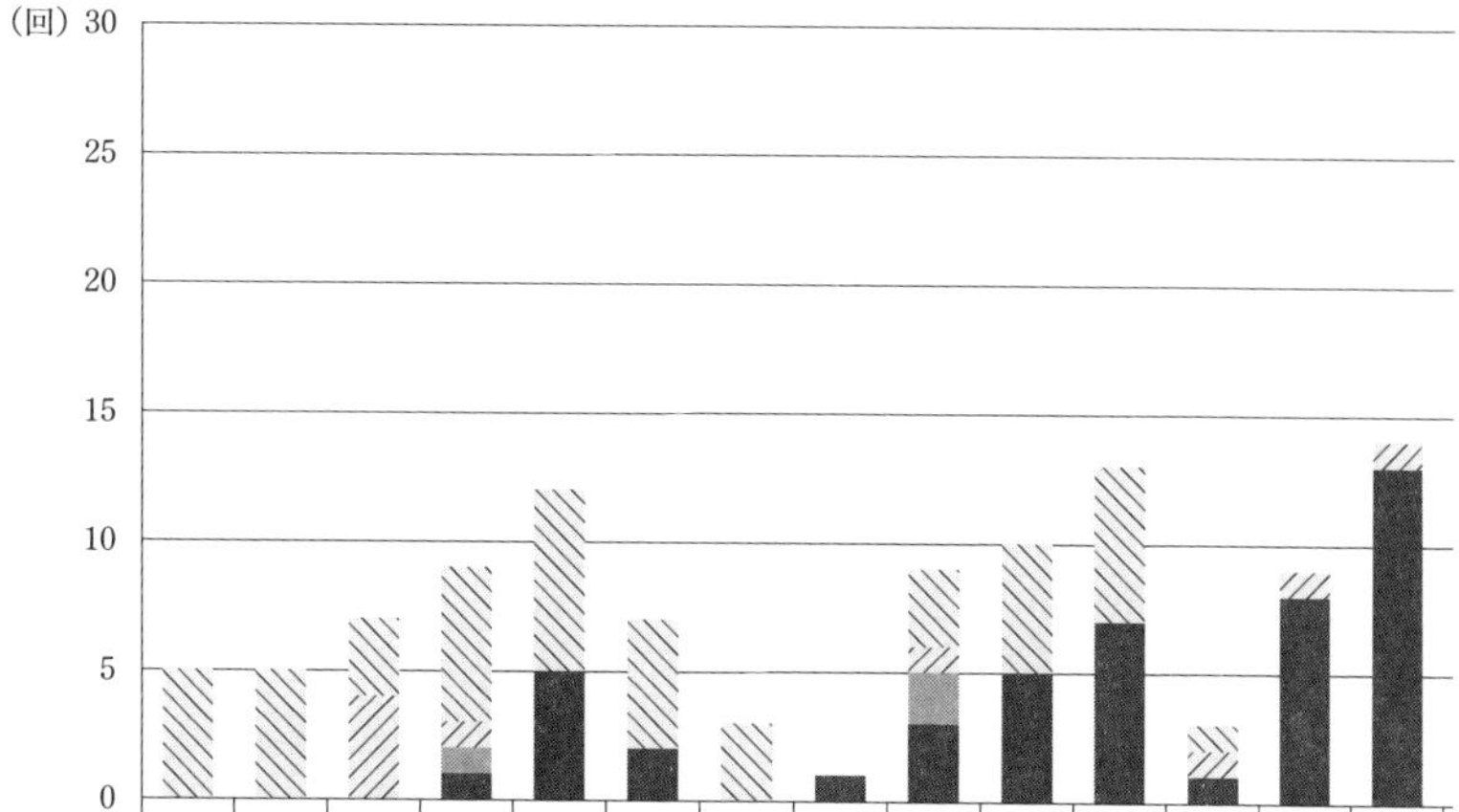

	1953	1954	1955	1956	1957	1958	1959	1960	1961	1962	1963	1964	1965	1966
郷土	5	5	3	6	7	5	3	0	3	5	6	1	0	0
ローカリティ	0	0	0	0	0	0	0	0	0	0	0	0	0	0
ローカリズム	0	0	0	0	0	0	0	0	0	0	0	0	0	0
地域	0	0	4	1	0	0	0	0	1	0	0	1	1	1
地方	0	0	0	1	0	0	0	0	2	0	0	0	0	0
ローカル	0	0	0	1	5	2	0	1	3	5	7	1	8	13

図1　「文研月報」のローカリティ関連語の頻度

HKの「文研月報」と日本民間放送連盟（以下、民放連と略記）の「月刊民放」である。リストアップしたのは年単位として、「文研月報」が一九五三年一月から八二年十二月、「月刊民放」が七二年一月から九七年十二月までである。各号の目次で、郷土、地域、地方、ローカル、ローカリティ、ローカリズムの使用回数をカウントした。

まず、NHKの「文研月報」の結果である。注目すべき点は、一九六〇年代初頭までは「郷土」という言葉が主に使用されていることである。しかし、六三年以降はその数は減り、ローカルや地域という言葉が使われるようになる。この郷土や郷土色という用語は、戦前・戦中期の日本放送協会の機関誌「調査時報」でも地方局の番組を語る際に用いられていて、それが六〇年代初頭まで残存していたと考えられる。ローカリティが使用されているのは、六七年と六八年の二年間だけだった。その具体的な内容をみると「ローカリティ研究」の論文の掲載であり、この時期にローカリティという用語が多く使われている。一方で、この雑誌ではローカリズムといった用語の頻度は少な

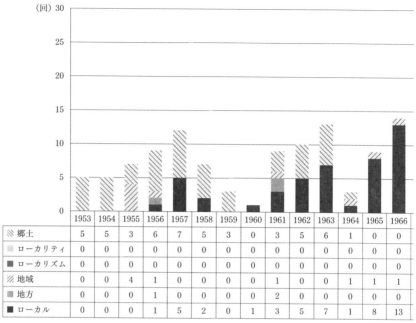

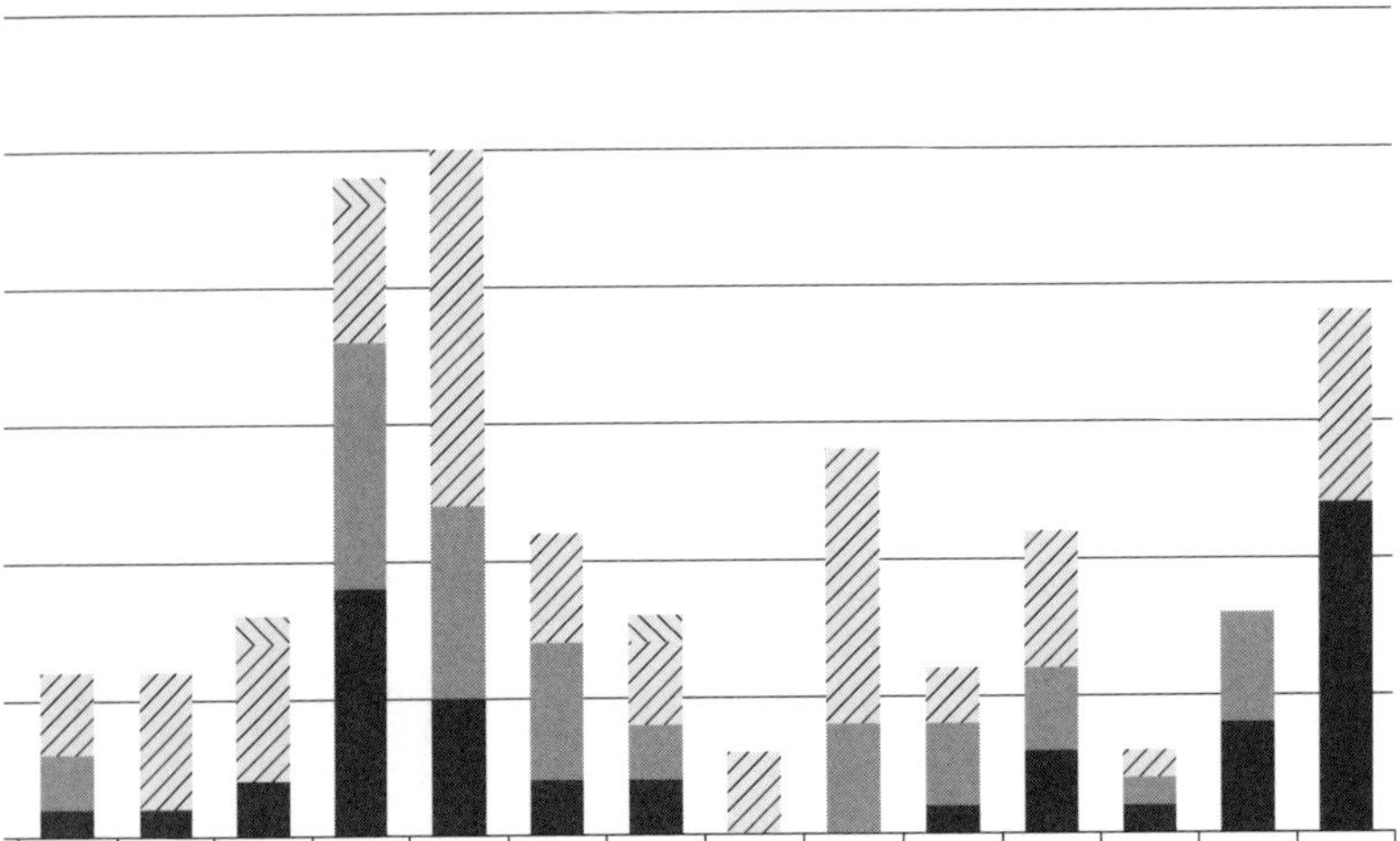

1984	1985	1986	1987	1988	1989	1990	1991	1992	1993	1994	1995	1996	1997
0	0	1	1	0	0	1	0	0	0	0	0	0	0
0	0	0	0	0	0	0	0	0	0	0	0	0	0
0	0	0	0	0	0	0	0	0	0	0	0	0	0
3	5	5	5	13	4	3	3	10	2	5	1	0	7
2	0	0	9	7	5	2	0	4	3	3	1	4	0
1	1	2	9	5	2	2	0	0	1	3	1	4	12

い。

次に、民放連の「月刊民放」の結果である。大きくみて使用頻度に関して一九七七年から八〇年、八七年から八八年の二つのピークが存在している。具体的にみていくと、一つ目のピークは一九七八年二月号の中谷鉄也「〝地域主義〟と放送について」、民放連・審議室「放送倫理情報 番組審議会ハイライト――県域放送と地域主義をめぐって」のように、当時提唱されていた「地域主義」との関連記事だった。また、一九七八年五月号の安田浄「ローカルワイドニュースに賭ける」や九州朝日放送「「ローカルの復権」にいどむ」のように、ローカル番組の現場からの報告に関する記事が多くみられ、ローカル特集も組まれている(一九七九年十月号)。また連載として「地域社会への窓」が一九七九年四月号から一九八一年三月号まで組まれていることからも、この時期の状況がつかめる。そし

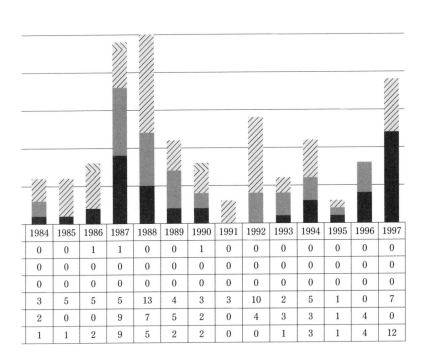

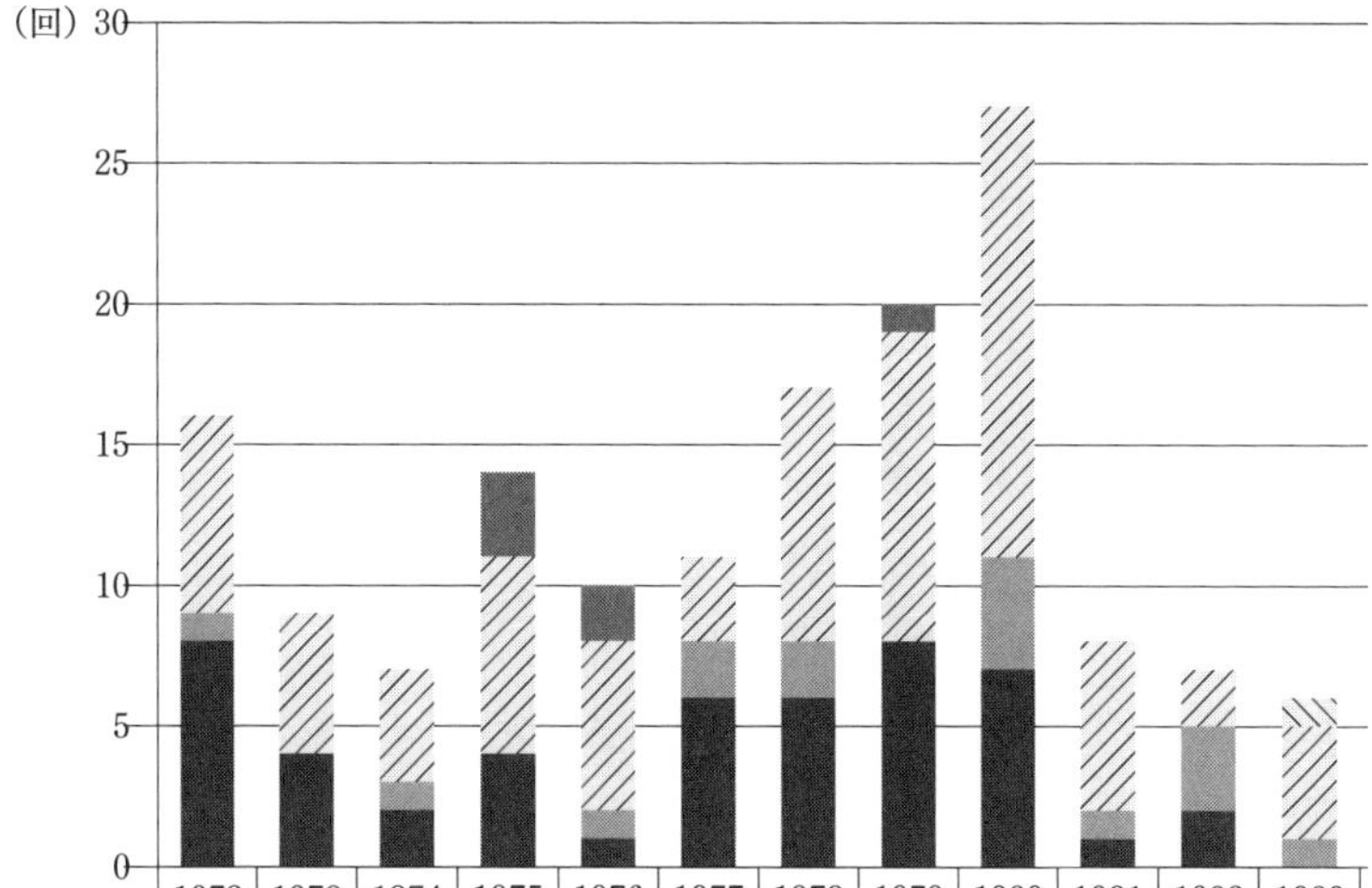

	1972	1973	1974	1975	1976	1977	1978	1979	1980	1981	1982	1983
郷土	0	0	0	0	0	0	0	0	0	0	0	1
ローカリティ	0	0	0	0	0	0	0	0	0	0	0	0
ローカリズム	0	0	0	3	2	0	0	1	0	0	0	0
地域	7	5	4	7	6	3	9	11	16	6	2	4
地方	1	0	1	0	1	2	2	0	4	1	3	1
ローカル	8	4	2	4	1	6	6	8	7	1	2	0

図2　「月刊民放」のローカリティ関連語の頻度

て、一九八〇年六月号では、柳治郎「「地方の時代」と編成の理念――ディスコミュニケーションを創造に」と、「地方の時代」というキーワードが登場する。

　次に一九八七年から八八年をみてみよう。一九八七年七月号では、「特集 開発すすむローカル・ワイドショー」という特集を組んでいる。その後も、柳治郎「地域の新しい地下水脈の流れを伝える「地方の時代」映像祭の八年を振り返って」（一九八七年十一月号）や、「地方から中央をどう撃つか」（一九八八年八月号）のように、地方やローカルといった言葉が頻出する。一九八八年十月号になると、齋藤守慶「地域重視の制作力強化が課題――地上民放は衛星系にどう対応すべきか」という衛星やCATVといった新たなメディアにふれた記事が掲載される。この時期、衛星放送の本放送（一九八九年六月一日開始）が予定されていたため、ローカル放送の存在が脅かされ

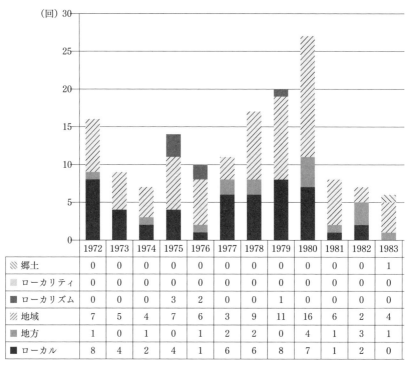

かねないとして、今後の民間放送のあり方やエリアごとに放送されるローカル番組の意義について活発に議論していたと考えられる。ちなみにローカリズムは、七五年、七六年、七九年にみられるが、いずれもニュー・ローカリズムという用語で使われている。

このように、NHKと民放連の機関誌に限ってではあるがローカリティ・地方・地域といった用語の頻度は年代によって違いがみられた。特に、一九五〇年代までの郷土を中心とした議論が、六〇年代で地域という言葉に置き換わっていること、また七〇年代にはローカリズムという言葉が頻発するようにローカリティに関わる思想的論議が活発におこなわれていること、そして八〇年代には衛星放送といった新たなメディアの登場がローカリティの論議を刺激して放送メディアについての危機感やあるべき姿が問われたという特徴がみられた。これらは、前述の放送のローカリティに関連した先行研究とも対応している。五〇年代から六〇年代には、放送でも地方の近代化が中心的な課題だった。そして、農村から都市へと人口が移動するといった社会背景のなかで、放送のローカリティに関連したテーマや使用される語句も、従来から使われてきた郷土から地域へと変化していったと考えられる。そして、六〇年代後半から七〇年代には放送のローカリティが一つのテーマとして確立し、中央へと追いつく対象としての地方という意味だけではなく、自律した主体的なあり方を含めたローカリティという用語が学術研究や機関誌で使われるようになったのである。先行研究ではその時代の社会的・実務的な要請に基づいた研究が多く、その結果、短期的な分析では威力を発揮するものの長期的な社会変動の分析に適応できないものが多かった。そのため、本書ではその問題を乗り越えるために、ローカリティを包括的な用語と位置づけ、前述のような用語の変化にも対応しうる通時的な理論を下敷きに議論を進める。具体的には、社会変動を扱うことができるマクロ理論としての近代化理論である。

日本の近代化

富永健一によれば、「近代化 modernization」とは「近代的 modern」になることを意味し、技術的・経済的領域では技術や経済といった産業が、政治的領域では法や政治が、社会的領域では社会集団や地域社会、社会階層が、そして文化的領域では知識や価値が、伝統的形態から近代的形態へと移行することを指すとしている[83]。明治以降の日本は、欧米に追いつき追い越すことを常に「目標」として、各領域でこの「近代化」を推し進めてきた。明治期の日本は欧米から技術や政治システム、文化などを貪欲に輸入して取り入れてきた。当時の科学技術をベースにした通信技術や、そのなかで誕生した「放送」もその一つだった。内山節によると、日本の近代化は「国民国家の形成」を第一の目標にしたという[84]。これは、それまでの地域の連合体としての国家を否定し、人々を国民という個人に変え、この個人を国家システムのもとに統合・管理することを目指した。第二の目標は、「市民社会の形成」で個人を基礎にする社会の創造であり、第三は、資本主義的な市場経済の形成だとした。そして、このような壮大な変革の壁になっていたのは、日本の共同体の存在だったとして、自然と人間を一体と見なして信仰や死生観に結び付いた根深いものだったと述べている。日本では、共同体は常に近代化との関係で論じられてきたという。封建時代から脈々と存在するこのような共同体に対峙する近代化は戦後も続き、高度成長期を経て一九六〇年代後半に入ると近代化された日本社会が急激に立ち現れることになる。六〇年代、人々の所得は大きく増加し、市場規模が拡大の一途をたどるのと同時に、農村から都市への人口移動が加速して過疎化や都市化が社会問題とされていく。教育面では進学率が向上し、核家族化も進行して、ライフスタイルも多消費型生活へと変化した。

このような日本の急激な成長によって、社会の近代化の形が立ち現れた一方で、環境の悪化や農山村の疲弊、公害、都市生活のひずみが意識され始めた。このような近代化の達成によって現れた様々な弊害は、明治以来の急速な日本の近代化を反省するきっかけになった。それは同時に、これまでの近代化をよしとする一元的な価値観が後退し、従来の国内に息づいていた共同体への再評価を求めることにもつながった。しかし、内山が述べるように、旧来の共同体へ逆戻りするという発想ではなく、自然と人間の関係を問い直そうという問題意識のなかで、新たな共同体を捉えるまなざしが生まれ、またこのような共同体の再評価は一九六〇年代後半の世界的な潮流ともシンクロしていたのである。[85]

このように日本の近代化の過程をみると、放送のローカリティは内山が述べる「共同体」と同様に、当初は近代化を妨げるものとして扱われ、速やかな近代化によってむしろ消滅することさえ期待されていた。しかし、一九六〇年代の日本の急激な成長で様々な弊害が噴出すると同時に、近代化に対する反省という立場が生まれた。このことが、放送によるローカリティの保持や再評価という見方を生じさせたのである。しかし、前述のように放送のローカリティは、アメリカではコミュニティ単位での多様性を求めるものとして制度的に要請されてきたものであり、共同体よりも機能体としての地域社会に期待されてきたものだった。このように、古来の共同体を評価するローカリティと、制度的要請として多様性を求めるローカリティの二つの意味が、放送のローカリティという言葉の使用に混在している。そのため、この二つのローカリティの意味を使い分けながら、そのどちらが放送局の実際のあり方をめぐる論議や番組内容の方針の変遷のなかで時代的な特徴として前面に現れ、どちらが消え去ったのか、あるいは一方が消え去ってしまうということではなく、これらの関係がどのように変動するのかという視点で分析する必要がある。

近代化理論

社会変動を扱う学説には様々なものがあるが、古典的であるマクロ社会学的な分析によれば、技術的・経済的領域、政治的領域、社会的領域、文化的領域の各領域で、伝統的形態から近代的形態へと移行してきたと考えられている。[86]これらの各領域は密接に関連しながら進行していて、技術的・経済的領域では一次産業から二次産業、三次産業へと移行し、政治的領域では封建制から近代国民国家へ、専制主義から民主主義へと移行し、社会的領域では村落共同体が解体され都市化が進行していく。放送をこのような視点でみると、三次産業（情報産業）としての放送産業の発展は近代化の必然であり、また、放送によって伝達された消費イメージが大量消費を促進し、伝統的な地域社会を消滅させて都市化を促したとすれば、それは近代化の流れにあるとみることができる。さらに、放送制度を整備して独占や専制を排除し、放送のローカリティの確保によって多様性や多元性を実現しようという思想は、政治領域の近代化の表れだと見なすことができる。

しかし、このような古典的な社会変動理論やそれに基づく解釈は壁にぶつかることになる。グローバル化が進展して、特にヨーロッパ文化を前提にした近代化が世界に広まっていくなかで地球規模の問題が露呈し、普遍性や合理性に基づいた理論を再考せざるをえなくなったのである。環境問題をはじめ、経済のグローバル化による格差問題は、各地で近代化の進展に反省を迫り、経済合理性だけでなく社会的な紐帯やローカルなものを見直す動きが現れ始めた。そのことによって、これまでの理論を超えた新たな枠組みが求められるようになった。また、社会学の各領域でもヨーロッパ中心の単純な近代化の解釈に疑問符がつけられ、それを乗り越える理論が模索されたのである。

このような背景のなかで、アンソニー・ギデンズはこれまでの構造機能主義的なマクロ理論を乗り越えるため、新たな理論を構築した(87)。ギデンズは、構造化理論(88)の方法論に基づいて、近代的制度が示す極度なダイナミズムと範域のグローバル化、そして伝統的文化と近代的制度の非連続性の本質について解明するため、近代化を循環的なものと捉えた新たな理論「近代化（モダニティ）理論」の構築を図った。ギデンズは、両極にあったり異なる次元にあったりするものを再帰性概念によって結び付け、二元的対立を循環させて解消しようと試みた（再帰的近代化）。このような螺旋状に循環する再帰性概念を社会科学の基礎理論に導入して、ヨーロッパ的近代化を乗り越えようとしたのである。

この理論によれば、「近代化（モダニティ）」の主要なダイナミズムは、①「時間と空間の分離」、②「脱埋め込み」、③「再帰的秩序化と再秩序化」の三つを源泉に生じているという。

時間と空間の分離

ギデンズは、社会システムが時間と空間をどのように切り離し、結び付けていくのかを問題として捉え直すべきだとして、いかにして社会秩序は可能かという秩序問題を時空間の拡大化の問題と見なした[89]。このような極度のダイナミズムをもたらした時間と空間の分離は、近代のどのような制度や技術と結び付いているのか。一日を正確に「帯状区分」するものとして登場したメディアとしては、まさに放送番組（プログラム）が当てはまるだろう。時報は初期の放送でも重要な番組だった。ラジオ技術は極度のダイナミズムを加速させると同時に、その制度は時間の区分を推し進めるように作用した。また中継放送は、場所を隔てて瞬時にそのイベントを伝える。そのため、イベントが起きていることが想像によってだけではなく、放送メディアを通したリアリティをもって体験できるようになった。まさに番組表として示された時間と空間を隔てたイベントが並立し、それぞれのローカルな脈略から切り離されて並列にプログラムされていったのである。初期のラジオは各エリア内で独自放送をおこなっていたが、全国同時の生放送の浸透とともにローカルなイベントは「普遍化」して、同時に全国の視聴者にはそれが「ローカル・コンテンツ」と見なされ、共通の理解を求めることになった。共通の理解が生じることは、ローカルな領域に住まうものにとって固有のものではなくなるのである。

放送の脱埋め込みメカニズム

放送されることでローカルな脈絡から切り離された様々な内容は、ローカルな意味合いが薄れて普遍化していく。一方で、ローカルなものが身の回りから消え去ったわけではない。この現実をどのように解釈すればいいのか。実は、この「ローカルなもの」は、普遍化されたローカルなものであることに注意が必要である。ギデンズによれば、「脱埋め込み化」とは「社会関係を相互行為の脈絡から引き離す」ことであり、「再埋め込み」はその社会関係を「時空間の無限の広がりのなかに再構築すること」を意味し、これらは相補関係にあるとした。例えば、特定の地域で固有の文脈に沿ってだけ解釈できるようなローカル番組（例えば方言による番組）でも、放送システムに乗って流通するとそれは時間・空間の無限の広がりのなかに再構築させられ、ローカルな脈絡からは切り離される。結果的にギデンズが事例として挙げた「貨幣」に相当する抽象的システムとしての側面が強調されるようになるのである。同時に、空間を超えて「ローカル的なるもの」が共有化されるということが起きる。そして、もともと結び付いていた現実の場所は、その切り離された「イメージとしての場所」に対応しようとして、再帰的に変容させられることになる。伝統文化が観光化によって描かれたイメージに追随して変容していくさまは、まさに極度のモダニティとして特徴づけられる再帰性である。

放送の制度的再帰性

ギデンズがいう「思考と行為」とは常に互いに反照し合うとされているが、放送システムの「送り手と受け手」の関係でも同じことがいえるだろう。番組は常に見られ聴かれることで受け手の行為に影響を与えると同時に、その行為から送り手は影響を受け続ける。マスメディアの機能として日常的モニタリングが挙げられるが、それを組織的・制度的に体現したシステムがマスメディアの組織体である。様々な映像表現や視覚的な効果、生放送と録画放送の差異が視聴者によって受け取られ解釈されること、また、番組嗜好調査や生活実態調査を用いて番組制作に生かすという行為も、「送り手と受け手」の間で常に再帰的に反照される。広告の世界でも、調査技術の進展とともにマーケティングの重要性が高まる一方で、調査が過大に重視された結果として内容の均一化が問題にされる。常に、受け手と送り手の間の再帰性が意識されるのである。

このようにギデンズの理論から放送を分析すると、再帰的な側面が確認できる。例えば、放送にローカリティを求めるという思想を問うのであれば、そのような流れに逆らい、旧来の伝統文化をそのままの形で残すという立場と同時に、これまでの伝統文化をどのように「再埋め込み」させるかを模索する立場が存在する。これまで放送のローカリティが議論される際のわかりにくさは、このような立場が混在しながら展開されてきたことによる。そのため先行研究でも、地域性やローカリティ、そしてコミュニティなどの言葉が混在し、時代的な変遷のなかでその意味や使用頻度が変化していた。本書ではこの近代化理論を下敷きにして、ローカリティという用語を軸にその再帰性に注目しながら放送のローカリティの変動を捉えていくことにしよう。

分析方法

これまでの放送のローカリティに関する先行研究を振り返ると、その時代における放送の業務上・制度設計上の必要性からおこなわれた研究がみられ、その結果、放送のローカリティ研究は個別的・断片的と受け取られるものが多かった。その背景には、時代ごとに地域社会のあり方が違い、放送に求められる機能も変化していたことがある。このような特徴をもった日本の放送のローカリティを通時的に分析するには、どのような方法があるだろうか。古典的な放送研究の分析モデル[90]では、「放送の研究にかかる問題領域としては、放送の送り手、受け手、放送内容、効果・影響、その他（国際放送、学校放送、有線放送、ローカル放送など）に大別されるが、それぞれ因果関係を持つものであって、研究の終着点は、その因果の理が明らかにされるのが一つの理想[91]」であるとされた。

⑴放送（というメディア自体）
⑵放送組織と放送産業
⑶放送制度
⑷放送内容（番組や編成）
⑸聴取者・視聴者（嗜好）

もちろん、これらは相互に作用し合っている。視聴者の番組嗜好や生活環境は、組織の番組作りへと影響を与えることもあり、作用の仕方も一方向ではない。このような伝統的な分析モデルを利用して放送のローカリティを明らかにするためには、制度や組織、番組を、その時代背景を考慮しながら通時的、また相互の連関を踏まえながら捉えていく必要がある。そこで、⑴から⑸のそれぞれのローカリティを分析するといった方法が考えられる。例えば、(1)は、放送というメディア自体がもつ特性、すなわちその空間的・地域的特性について考察することである。(2)は、その運営組織や出演者また放送システム、株主や役員構成、その地域の産業での位置づけといった問題を含む。(3)は、各国の様々な政治風土を背景に多様な放送制度が存在することから、その差異自体を問題とすることもあるが、民主主義諸国でみられる放送の公共性論に関する研究のなかで、特に弊害をもたらすメディア独占に対する規制として現れる放送のローカリズムに関する研究が挙げられる。例えば放送は、各国での放送政策で規制されているため多様な形態を示しているが、日本の制度によって各地の放送局がどのように根拠づけられていったのかといった問題である。(4)は、放送局が制作する番組や番組編成でみられる地域性である。また、ナショナル／グローバルな番組のなかでも地域的素材を利用した番組や、地域を表象した番組についてである。(5)は、聴取者・視聴者の番組嗜好の地域的な差異についてである。また、放送が全国展開していく過程で、それらはどのように変化していったのかといった問いである。

　このように、それぞれの要素を分析して、それらの間の関係性をも明らかにしていかなければならない。本書では、特に「①放送制度、②放送組織、③放送番組」といった送り手側からのローカリティを明らかにする。具体的にはまず、日本における放送制度の転換点を節目として、時期を戦前・戦中と戦後で分ける。

　放送制度については、戦後、新たに放送関連の法体制が整えられ放送の民主化が目指されて放送のローカリズムの理念が生まれた。一方、戦前・戦中期で放送は国家管掌であり、その結果、組織は一元的だったため、制度面で放送のローカリズムが求められるような構造にはなっていない。しかし現実的には、技術的制約や初期の番組編成方針から、個別のローカル番組も放送されていた。このような、戦前にも存在した放送のローカリティとはどのようなものなのか、どのような要請に基づいて求められたものなのか、それらが戦後の放送のロ

表4　分析対象

分析時期	戦前・戦中	戦後
放送制度	無線電信法	放送法・電波法・(電波監理委員会設置法)
放送組織	日本放送協会	NHK、民間放送
放送番組	単独番組、地方発番組	ローカル番組

ーカリティにどう影響を与えたのか／与えなかったのかといったことは、実ははっきりしていない。次に放送組織については、戦前の放送局はごく初期を除いて単一組織だったといえるが、戦後、特に民間放送は、ローカリズムが強く求められたため各地に独立した局が誕生して多元化した。それをもたらしたのは民主主義国家体制下の放送制度の根本的な理念だったが、これらを地域社会の側がどのように受け止め、また地方局が放送のなかに実質化していったのかは語られることが少ない。そして各時代で、放送局が番組をどのように編成し、そのなかでローカル番組をどのように位置づけていたのか、また具体的なローカルな番組内容をどのように考えて制作していたのかは、各種資料で個別に語られてはいるが、総合的に明らかにされていない。これらの点をそれぞれ解明して全体像を浮かび上がらせるのが、本書の分析方法の枠組みになる。放送事業者と番組、そして視聴者／聴取者の関係から放送のローカリティを整理すると図3のようになる。

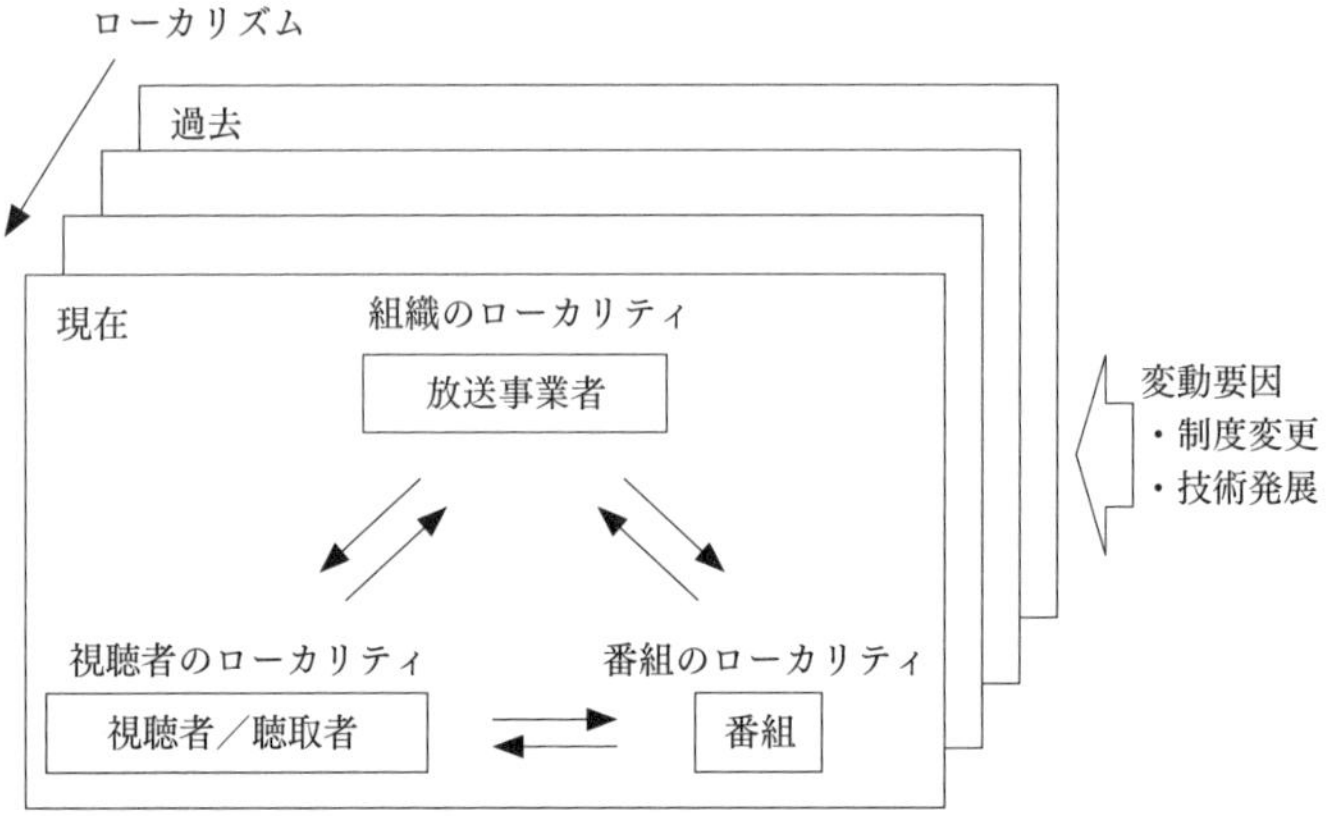

図3　分析方法の枠組みの概念図

　国家や地域に放送が導入されると、放送に関する制度が整備され、放送が事業として開始される。その際に、国家内で営まれる放送事業者には、その時点での技術や制度によって「組織のローカリティ」が現れる。その組織によって作られた番組には「番組のローカリティ」が現れ、それを見る視聴者や聴取者にはローカリティがそれぞれ現れる。これらのローカリティは、時代とともに制度変更や技術発展といった変動要因によって影響を受けて変化していく。これらがどのように変動するかは、その国家や地域に個別に存在し底流しているローカリズム（思想）に依存しているのである。これらを明らかにするには、個別に営まれている放送を時代背景や地域社会の状況と照らし合わせながら分析する必要がある。
そこで、次章からは、日本での放送開始以来のローカリティを通時的に分析し論じていくことにする。

注

（1）放送の定義は、日本の放送法によれば「公衆によって直接受信されることを目的とする電気通信の送信」（法第二条第一号）とされている。さらに放送は「基幹放送」――「電波法（昭和二十五年法律第百三十一号）の規定により放送をする無線局に専ら又は優先的に割り当てられるものとされた周波数の電波を使用する放送」（法第二条第二号）と、「一般放送」――「基幹放送以外の放送」（法第二条第三号）に分けられる。放送に対してこのような分類が生じたのは、当初、地上波を用いて普及してきた放送に対して、通信衛星を利用した専門チャンネルといった放送を制度上区別するためである。これらの区別は番組の内容に対する要請とも結び付いていて、多チャンネル化を可能にする技術の普及とともに、制度のなかの放送の定義も拡大してきている。一般には放送という言葉が意味するものは、放送局を表すだけではなく、番組内容や視聴者・聴取者を含めた放送のシステムすべてを指して使われる場合もある。本書で「放送」は、放送局、放送番組、視聴者、放送メディアそのものを含めて総称する場合に使用し、個別の意味で使用する場合は適宜説明する。また、放送制度を議論する場面では各用語が定義されているため、本書でもそれに沿った用語を使用する。

（2）コミュニティ（community）：「共同体」は、従来、ローカリティに基づく社会の相互作用の形態としてのコミュニティが強調されてきたが、意味やアイデンティティと結び付いたコミュニティへと焦点が移動し、認知的・象徴的な構造によってコミュニティが形成されているという指摘がある（ジェラード・デランティ『コミュニティ――グローバル化と社会理論の変容』山之内靖／伊藤茂訳、NTT出版、二〇〇六年）。

（3）水越伸『メディアの生成――アメリカ・ラジオの動態史』同文舘出版、一九九三年、一二九ページ

（4）このような地域をめぐる論議は、既存のマスメディアである新聞でも、その社会的機能や組織体のあり方において

問われたこともあった。小林によれば、アメリカでコミュニケーション分野でローカリティが議論されたのは、議会がローカルの新聞に対して郵便料金を優遇する制度を制定した一七九〇年代後半のことだったという（前掲「2003年のメディア所有規制の緩和とローカリズムの確保」一七四ページ）。

（5）地域ではなくコミュニティとしているところに注意が必要である。

（6）ナポリによれば、コミュニケーション政策の基本理念は、「公共の利益 Public Interest」のもとには「ローカリズム Localizm」「思想の自由市場 Marketplace of Ideas」「ユニバーサル・サービス Universal Service」の三つの理念があり、思想の自由市場はさらに「多様性 Diversity」と「競争 Competition」によって構成される（Philip M. Napoli, *Foundations of Communications Policy: Principles and Process in the Regulation of Electronic Media*, Hampton Press, 2001.）。

（7）ＦＣＣ「第6次報告と命令」一九五二年四月十一日、事案番号八七三六、八九七五、九一七五、八九七六

（8）菅谷実『アメリカの電気通信政策――放送規制と通信規制の境界領域に関する研究』日本評論社、一九八九年、六一ページ

（9）五つの原則とは、以下のようなものだった。「①米国の全地域に、最低一つのテレビ・サービスを与える。／②最低一局のテレビ局を、各コミュニティに割り当てる。／③米国の全地域に、最低二種類のテレビ・サービスを与える。／④最低二局のテレビ放送局を、各コミュニティに割り当てる。／⑤以上の優先順位で割当られなかったチャンネルは、各コミュニティの人口規模、地理的位置、ほかのコミュニティに割り当てられたテレビ局から送信されるテレビ・サービスのチャンネル数を勘案して、割り当てられる」（同書六六ページ）

（10）“Public Service Responsibility of Broadcast Licensees,” FCC, 1946.

（11）前掲「米国の放送産業の成立とローカリズム」一二三ページ

（12）“Program Policy Statement,” FCC, 1960.

（13）前掲「米国の放送産業の成立とローカリズム」一二六ページ

（14）世界最初のラジオ放送局は、一九二〇年十一月二日開局のアメリカ・ピッツバーグのＫＤＫＡ局だとされている。

（15）Raymond Williams, *Television: Technology and Cultural Form*, Technosphere Series, Collins, 1974, p. 25.

(16) デニス・マクウェール『マス・コミュニケーション研究』大石裕監訳、慶応義塾大学出版会、二〇一〇年、四三ページ

(17) 同書四四ページ

(18) 佐藤卓己は「ラジオの時代」の世論形成を、ユルゲン・ハーバーマスが『公共性の構造転換』(一九六二年) で定義した十九世紀モデル「ブルジョア的公共性」との対比で、「ファシスト的公共性」と呼んでいる。ファシスト的公共性とは、大衆が運動のなかに参加と自由を感じる社会関係 (空間) だとする。ラジオ時代の総力戦体制は、「財産と教養」というブルジョア的公共圏の壁を打ち破って、「言語と国籍」を入場条件とする国民的公共圏を成立させた。それは「理性的な討議により輿論を生み出す読書人のブルジョア的公共性」との対比で、「参加感覚とその共感により世論を生み出す社会関係」と定義できるという (佐藤卓己「ラジオ文明とファシスト的公共性」、貴志俊彦／川島真／孫安石編『戦争・ラジオ・記憶』所収、勉誠出版、二〇〇六年、一五ページ)。

そして、「メディア研究の発展から考察した場合、ニューディール民主主義の世論形成と、ファシズム運動の世論形成に本質的な相違は存在しない」(同論文一五ページ) と述べている点は注目に値する。民主主義とファシズムのどちらにとっても、ラジオは国家動員のために利用されるべき装置と見なせるということだ。コミュニティや地域の単位ではなく、国家と親和性が高く、それはどのような体制でも機能するという点で重要な指摘である。

(19) これは、古典的なモデルである「プレスの四理論」に沿って考えることができるだろう。この理論は、二世紀以上にもわたる様々な抑圧体制によるプレスの統制に関して説明している (前掲『マス・コミュニケーション研究』二三四ページ) が、それは新聞だけでなく、放送を含めたマス・コミュニケーション全体に適用されうる。この四理論は、「ソビエト共産主義理論」「権威主義理論」「自由主義理論」「社会的責任理論」に分類された。放送メディアもプレス同様、メディア組織の一形態と見なすことができ、このいずれかに位置づけられると考えられていた。

(20) 放送ネットワークが全盛を極めた一九四〇年代のアメリカで放送ネットワークの寡占化が、少数意見をつぶして言論の多様性を損ないかねないとして、アメリカ設立以来の州やコミュニティ単位のローカリズムが放送のローカリズムと結び付けて考えられていた。

(21) 本書では、主に放送される番組内容の多様性を指して用いる。

(22)同様に、放送局やチャンネルの多元性を指して用いる。
(23)加藤秀俊「民放の基盤としての公共性」、日本民間放送連盟放送研究所編『放送の公共性』所収、岩崎放送出版社、一九六六年、一〇ページ
(24)その後、放送技術の発展によってCATVや衛星放送などのニューメディアが誕生し、放送の多チャンネル化によって多元的な放送が可能になっているのは周知の事実であり、現在も有限の電波を有効に利用するための技術的改良は進んでいる。だが、放送チャンネルの有限性が取り払われたわけではなく、むしろ積極的に有限性が求められる場合も存在している。
(25)電波法は、「電波の公平且つ能率的な使用を確保することによって、公共の福祉を増進すること」、放送法は「放送を公共の福祉に適合するように規律し、その健全な発達を図ること」を目的にしていて、電波監理委員会設置法は「電波監理委員会の設置とその組織、権限、事務等を定めたもの」だったが、電波監理委員会設置法だけ、一九五二年七月三十一日に廃止され、郵政大臣に権限が移された。
(26)長谷部泰男『テレビの憲法理論——多メディア・多チャンネル時代の放送法制』(アメリカ法シリーズ)、弘文堂、一九九二年、一一六ページ
(27)伝統的な規制根拠に代わる理論として、「部分規制論」(Partial Regulation)がある。これは、規制されるメディアと規制されないメディアの並置が、言論の自由を確保するシステムとして適していると考え、規制されないメディアが規制の行きすぎを監視する基準点になり、規制されるメディアとの間に有益な緊張関係を生じさせうるという仕組みのものである(Lee C. Bollinger, *Images of a Free Press*, University of Chicago Press, 1991, pp. 108-132.)。
(28)前掲『テレビの憲法理論』一一七ページ
(29)同書一一五ページ
(30)これらの規制に対して、その前段の第三条では、「放送番組編集の自由」として、「放送番組は、法律に定める権限に基づく場合でなければ、何人からも干渉され、又は規律されることがない」としていることには注意が必要である。
(31)「公安及び善良な風俗を害しないこと」(第一号)、「政治的に公平であること」(第二号)、「報道は事実をまげないですること」(第三号)、「意見が対立している問題については、できるだけ多くの角度から論点を明らかにするこ

と」（第四号）。
（32）鳥居博『商業放送の理論と実際』丸善出版、一九五三年
（33）同書九二ページ
（34）地域密着性の要請については第4章第1節のローカリティの確保をめぐる論議の項で詳細に述べる。
（35）このような原則に基づいて免許が与えられた放送局を県域放送と呼んでいる。この定義は、総務省令放送法施行規則第六十条に基づく別表第五号の表の第八項放送対象地域による基幹放送の区分（3）にあり、同表の注9に「一の都道府県の区域又は二の県の各区域を併せた区域における需要にこたえるための放送」とある（北海道・東京都・京都府・大阪府の各域それぞれだけを放送対象地域としている場合でも県域放送と呼ぶ）。また、三つ以上の県の区域に向けた放送を「広域放送」と呼んでいる（二〇二一年二月二十八日現在）。
（36）マスメディア集中排除原則は、「無線局の開設の根本的基準」に求められる。一九八八年の電波法改正によって「郵政省令で定める放送をする無線局の開設の根本的基準に合致すること」（第七条第二項第四号）として電波法との関係が明確化されていた。これが、二〇〇八年の電波法改正によって「総務省令で定める放送による表現の自由享有基準（放送をすることができる機会をできるだけ多くの者に対し確保することにより、放送による表現の自由ができるだけ多くの者によつて享有されるようにするため、申請者に関し必要な事項を定める基準をいう）に合致すること」と改正。これを受け、放送局の開設の根本的基準から分離し、「放送局に係る表現の自由享有基準」になって独立した総務省令になり、さらに変更を経て、一六年七月、「基幹放送の業務に係る特定役員及び支配関係の定義並びに表現の自由享有基準の特例に関する省令」（総務省「基幹放送の業務に係る特定役員及び支配関係の定義並びに表現の自由享有基準の特例に関する省令」二〇一五年三月二十七日、総務省令第二十六号〔https://elaws.e-gov.go.jp/document?lawid=427M60000008026〕［二〇一九年三月一日アクセス］）になって、認定放送持株会社が認められることになった。
（37）日本民間放送連盟編『臨時放送関係法制調査会答申書』日本民間放送連盟、一九六四年、九〇ページ
（38）第4章第1節のローカリティの確保をめぐる論議の項を参照。
（39）前掲『商業放送の理論と実際』四〇、五六ページ

(40) 系列は放送のネットワークともいう。以下に主な民間放送の系列とその発足年を記載する(日本民間放送連盟編『日本民間放送年鑑2008』〔コーケン出版、二〇〇八年〕、日本民間放送連盟編『民間放送50年史』〔日本民間放送連盟、二〇〇一年〕、村上聖一「民放ネットワークをめぐる議論の変遷——発足の経緯、地域放送との関係、多メディア化の中での将来」〔NHK放送文化研究所編「NHK放送文化研究所年報」第五十四号、NHK出版、二〇一〇年〕の表5から筆者作成)。

・TBS系列(JNN)

一九五九年　JNNニュース協定締結

一九六〇年　五社連盟、業務協定締結

一九六五年　個別局と順次業務協定締結

・日本テレビ系列(NNN/NNS)

一九六六年　NNNニュース協定締結

一九六七年　日本テレビ=読売テレビ業務協定締結

・フジテレビ系列(FNN/FNS)

一九六四年　基幹四社業務協定締結

一九六六年　FNNニュース協定締結

一九六九年　FNS業務協定締結

・テレビ朝日系列(ANN)

一九六四年　日本教育テレビ=毎日放送、日本教育テレビ=九州朝日放送業務提携締結

一九七〇年　ANN発足

一九七四年　ANNニュース協定締結

・テレビ東京系列(TXN)

一九八二年　テレビ東京=テレビ大阪業務協定締結

一九九一年　TXNニュース協定締結

(41) 定岡祐二「地上波放送業界再編の展望――アナログ停波後を見据えた事業者再編の必要性」「Mizuho Industry Focus」Vol. 75、みずほコーポレート銀行産業調査部、二〇〇九年

(42) 同論文七ページ

(43) 株主構成についての開示情報がない静岡放送と瀬戸内海放送を除く地上波放送百二十五局であり、簿価純資産ベースでの株主構成である。

(44) 前掲「地上波放送業界再編の展望」七ページ

(45) 同論文九ページ

(46) 同論文一二ページ

(47) 川島安博「地域メディアに関する研究動向」、林茂樹／浅岡隆裕編著『ネットワーク化・地域情報化とローカルメディア――ケーブルテレビの今後を見る』所収、ハーベスト社、二〇〇九年、一四ページ

(48) ＮＨＫ放送文化研究所ウェブサイトの「ＮＨＫの歴史」。ＮＨＫ放送文化研究所「歴史」二〇一二年一月一日(http://www.nhk.or.jp/bunken/about/history.html)［二〇一九年三月一日アクセス］

(49) この研究に関しては第2章「戦前・戦中期の放送のローカリティ」で詳細に分析する。

(50) 辻村明「放送と地域性」「放送文化」第二十巻第十号、日本放送出版協会、一九六五年

(51) 田原音和「農民と放送――その階層とテレビジョン視聴態度」、日本放送協会放送文化研究所編「放送学研究」第五号、丸善プラネット、一九六三年、同「「農民と放送」再考――いわゆる「受け手」分析の方法論をめぐって」、日本マス・コミュニケーション学会編「新聞学評論」第十四号、日本新聞学会、一九六五年

(52) このように村落内コミュニケーションを丹念に調査することで「下からの放送」を描いたものは、のちに有山輝雄がおこなったエスノグラフィカルな研究もあり注目に値する（有山輝雄『近代日本のメディアと地域社会』吉川弘文館、二〇〇九年）。

(53) ローカル番組のなかで主に生の情報番組を指し、ローカルニュースのほか、生活に役立つ身近な話題を提供する番組のことである。

(54) 前掲「テレビ番組におけるローカリティの研究」

(55) 辻村明は、仮にローカル放送を充実させた場合に、「地域性の度合い（辻村はこれを地方意識性とした：引用者注）」と近代化の関係性についてある仮説を立てたうえで、その利用可能性を提案している。ここでいう近代化はさしあたりアメリカ社会学で使われる「都市化」「工業化」「マス・メディア普及率」「教育水準」「県民所得」を使って算出して近代化の指数とし、地方紙がどれだけ見られているか、テレビで放送する際に力を入れてほしい地域はどこかといった、NHKのローカル意向調査を用いて各県ごとの地方意識性を出し、「近代化の度合いが進むほど、地方意識性は低くなる」という大胆な仮説を立てた。その結果、「一応は仮説の通り近代化が進めば進むほど地方意識は低下する」として、その地域の地方意識性の違いに応じて、番組の質と量を決めるべきだとしている（前掲「放送と地域性」）。

(56) 東京大学新聞研究所編『地域的情報メディアの実態』東京大学出版会、一九八一年

(57) 東京大学社会情報研究所『多チャンネル化と視聴行動――日本・アメリカ・イギリスのCATV加入者の研究』東京大学出版会、一九九三年

(58) 林茂樹編著『日本の地方CATV』中央大学出版部、二〇〇一年

(59) 坂田謙司「コミュニティFMによるインターネット放送――インターネット時代における地域メディアの新しい展開」、日本マス・コミュニケーション学会編「マス・コミュニケーション研究」第六十二巻、日本マス・コミュニケーション学会、二〇〇三年

(60) 田村紀雄／牛山佳菜代「地域メディアにおける政治情報提供の可能性――長野県地域メディア送り手意識調査より」、東京経済大学コミュニケーション学会コミュニケーション科学編集委員会編「コミュニケーション科学」第十九号、東京経済大学コミュニケーション学会コミュニケーション科学編集委員会、二〇〇三年

(61) 田村紀雄／染谷薫「多様化するコミュニティFM放送」、東京経済大学人文自然科学研究会編「東京経済大学人文自然科学論集」第百十九号、東京経済大学人文自然科学研究会、二〇〇五年

(62) 松浦さと子「民主的コミュニティ放送の可能性とデジタル社会――社会運動を接地させる地域社会のメディア環境」、日本社会学会編「社会学評論」第五十七巻第二号、日本社会学会、二〇〇六年

(63) 大石裕／岩田温／藤田真文「地方紙のニュース制作過程――茨城新聞を事例として」、慶応義塾大学メディア・コ

ミュニケーション研究所編「メディア・コミュニケーション——慶応義塾大学メディア・コミュニケーション研究所紀要」第五十号、慶応義塾大学メディア・コミュニケーション研究所、二〇〇〇年

(64) 橋本純次「人口減少社会に調和する放送制度のあり方——民放構造規制を中心に」「情報通信学会誌」第三十三巻第四号、情報通信学会、二〇一六年

(65) 一九六〇年代から八〇年代初頭のローカリティ研究の方法論は、社会学的機能主義に依拠している。NHK放送文化研究所の「ローカル意向調査」(一九六四年)は、意識調査(層化無作為二段抽出法)を、辻村明の前掲「放送と地域性」は、機能主義的アプローチを方法論として選んでいる。また、田原音和の前掲「「農民と放送」再考」では限定効果モデルに近いモデルで村落内のコミュニケーション過程を分析している。前掲の総合文研・番組研究部ローカリティ研究会「ローカリティ研究——その理論と調査(1)」「ローカリティ研究——第2年度中進地域調査(2)」では、構造=機能分析(AGIL理論)に準じて分析をおこなっている。これらは、当時主流だったアメリカ社会学のタルコット・パーソンズ流の構造=機能主義に影響を受けたものと考えられる。このように、放送のローカリティ研究の方法論でも時代性がみられる。

(66) 前掲「ローカリティ研究——その理論と調査(1)」、前掲「ローカリティ研究——第2年度中進地域調査(2)」

(67) 客観的な地域特性は、①「同質性にもとづく地域性」(政治的・行政的・経済的・人口学的・文化的などの個人的属性面で共通性を有する人々の範囲)と、②「有機的関連性にもとづく地域性」(物財、情報、資本、労働力、サービス)、そして、③「施設および機関利用にもとづく地域性」(社会的諸機関のサービス圏、施設利用圏、住民の側からいえば通勤圏、通学圏、購買圏)と分けられる。

(68) 住民の主観的な意識としての地域特性は、①地域所属意識や地域特性の自覚など、②地域に対する利害関心、③地域に対する愛着や誇りに分類される。

(69) 前掲「ローカリティ研究——その理論と調査(1)」二ページ

(70) ジョン・アーリ『場所を消費する』(吉原直樹/大澤善信監訳、武田篤志/松本行真/斎藤綾美/末良哲/高橋雅也訳〔叢書・ウニベルシタス〕、法政大学出版局、二〇〇三年)によれば「ローカリティ(Locality)」は、社会科学の用語集でみられるそのほかの言葉同様、理論的述語であり、著作者によって多様な流儀で用いられ、異なる社会科

学的言説で多様なはたらきを演じているとして、少なくとも十通りの異なった形式があると指摘している。例えば藤田弘夫は、人間が作り出す社会は何らかの形態で大地と関係を結んでいるという観点から、「地縁の論理」を設定した（藤田弘夫「地域社会学の形成と展開――地域社会と地域社会学」、似田貝香門監修、町村敬志編集チーフ『地域社会学の視座と方法』〔「地域社会学講座」第一巻〕所収、東信堂、二〇〇六年、一二ページ）。それは、人間が地表を基盤としてだけ生活を営むことができるということから必然的に生じてくる最も基礎的な社会関係であり、この論理によって様々な〈空間〉をもって意味づけている。この意味づけられた空間が地域なのだという。地域の意味は、人間の絶えざる社会生活が歴史的に生み出した社会的・文化的産物といえ、歴史や文化の視点を離れては存在しえない。このことからも、地域の意味は問われ方によって変化せざるをえないことがうなずける。

(71) 岩本通弥「地域性論としての文化の受容構造論――「民俗の地域差と地域性」に関する方法論的考察」「国立歴史民俗博物館研究報告」第五十二集、国立歴史民俗博物館、一九九三年、四ページ

(72) 松田徳一郎監修『リーダーズ英和辞典』研究社、一九八四年、一二九三ページ

(73) 地域という言葉は多義的で、日常用語としても学術用語としても様々な使い方をされている。日常的な言葉では、近所、地区、村、町、郷土、地方、国、大陸など、また、市町村や都道府県など法的な区域を指して使われる。一方、学術用語としてはヨーロッパの言語に根拠が求められることが多く、コミュニティ、リージョン、ネイバーフッド、ディストリクト、エリア、ゾーン、プロヴィンス、カントリーなど、法的な区域ではヴィレッジ、タウン、ボロー、シティ、カウンティなどの意味で使用されることもある。

(74) 前掲『リーダーズ英和辞典』一二九三ページ

(75) 田村紀雄「「地域主義」とは何か――放送ローカリズム考序論」、日本民間放送連盟編「月刊民放」一九七六年十二月号、日本民間放送連盟、四―七ページ

(76) 地域という日本語そのものも、一九四六年に増田四郎によって名づけられたとされる（同論文六ページ）。

(77) 田村のこの解釈は、愛郷主義に近い。

(78) 「リージョナリズム」と名がつく概念の事例として、田村はフランスにおける都市計画の拡大としての運動やアメリカのTVAなど、社会空間の計画を挙げている。

(79) 畑仲哲雄『地域ジャーナリズム――コミュニティとメディアを結びなおす』勁草書房、二〇一四年、五七ページ
(80) 欧米圏におけるコミュニティの概念は日本の地方概念とは異なっていて、むしろ地域社会に近い。しかし、日本は明治以降、長らく中央集権的な統治をおこない、ジャーナリズムもこうした統治形態に対応してきたため、ナショナルな規模のマスメディアが支配力をもち、国―地方関係と相似形の産業的配置がなされてきた。こうした背景が、日本ではコミュニティとジャーナリズムを結び付けにくくしてきた一因ではないだろうか（同書六六ページ）。
(81) 三輪公忠『地方主義の研究』南窓社、一九七五年
(82) 同書六ページ
(83) 富永健一『近代化の理論』（講談社学術文庫）、講談社、一九九六年、三二ページ
(84) 内山節『共同体の基礎理論――自然と人間の基層から』（「シリーズ地域の再生」第二巻）、農山漁村文化協会、二〇一〇年、一五ページ
(85) 同書二八ページ
(86) 前掲『近代化の理論』三五ページ
(87) ギデンズの著作活動は大きく一九七〇年代、八〇年代、九〇年代と分けて考えることができるとされている（宮本孝二『ギデンズの社会理論――その全体像と可能性』八千代出版、一九九八年）。ギデンズは、七〇年代に、カール・マルクス、マックス・ウェーバー、エミール・デュルケムら古典的な社会学者の著作を読み込むことで、モダニティの社会理論への志向性を強固なものにし、次いで古典から現代に至る階級論の研究を踏まえて階級構造化の理論を提出し、多様な社会理論の研究から一般理論としての「構造化理論」の構築を開始した。そして八〇年代に入ると、中心問題の一つである階級や国家という課題を「構造化理論」の中心概念であるパワーを基軸として追求し、社会変動論を提示してマクロ社会理論の基盤を固めたとされる。九〇年代に入ると、現代社会論の新たな展開を開始して、『近代とはいかなる時代か？――モダニティの帰結』（松尾精文／小幡正敏訳、而立書房、一九九三年）、『モダニティと自己アイデンティティ――後期近代における自己と社会』（秋吉美都／安藤太郎／筒井淳也訳、ハーベスト社、二〇〇五年）、『親密性の変容――近代社会におけるセクシュアリティ、愛情、エロティシズム』（松尾精文／松川昭子訳、而立書房、一九九五年）、『左派右派を超えて――ラディカルな政治の未来像』（松尾精文／立松隆介訳、而立書

房、二〇〇二年）を発表。また、それまでの蓄積を整理した著作を発表している。
（88）倉田良樹によれば、ギデンズが喚起しようとしているのは、歴史での人間の行為主体性を説明する以下の三つの論点である（倉田良樹「構造化理論から知識の社会学へ（1）」、一橋社会科学編集委員会編「一橋社会科学」第七巻、一橋大学大学院社会学研究科、二〇〇九年）。①人間の行為は構造（Structure）によって一方的に決定されているのではない。人間の主体的な行為は、その結果として社会の構造を再生産したり変容させたりすることができる因果的な効力をもっている。②とはいえ人間は所与の社会構造から影響されることなく、フリーハンドで行為を選択できるわけではない。人間は構造を媒体とすることによって、つまり構造から制約され、また構造から可能性を付与されることによって、自らの行為主体性を発現させている。③以上のように、人間の行為は構造を媒体とすることによって実現され、その結果として構造を再生産したり、変容させたりする、という循環する繰り返しの、途切れることなく継続されている。構造が行為を作っているのか、それとも行為が構造を作っているのか、という二元論（dualism）のいずれからも、人間の社会を基礎づけることはできない。人間の社会は、それが通時的に継続する、構造と行為が循環しながら相互に作りあう（mutual sonstitution）関係として、つまり二重性（duality）の関係として把握することができる（これを二重の解釈学という）。「構造化理論」の提唱には、実証主義批判、相対主義批判、二重の解釈学といったいわゆる認識論的問題についてのギデンズの立場が随伴していた。
（89）前掲『近代とはいかなる時代か？』二七ページ
（90）このモデルは、ハロルド・ラスウェルによって一九四八年に示された初期のコミュニケーション過程のモデルだが、デニス・マクウェールによれば、近年の社会的・技術的変化によって、大量生産技術と工場のような組織形態といったマスメディアの原初的な特徴それ自体が衰退を余儀なくされてきたとして、公的なコミュニケーション過程に関して複数のモデル（概念）を考案する必要があるとし、四つのモデルを示している。
（91）ＮＨＫ放送学研究室編『放送研究入門』日本放送出版協会、一九六四年、一一―一二ページ

第２章　戦前・戦中期の放送のローカリティ

本章では、日本の初期の放送（ラジオ）が各地域でどのように開局して営まれてきたのかを通時的に概観しながら、特に日本でラジオ放送が誕生した一九二五年から太平洋戦争終結期まで、当時の放送制度・放送システム、そして放送番組では、ローカリティがどのように扱われたのかを明らかにする。戦前・戦中期の放送の経緯は、敗戦後の日本の放送事業に対して様々な面で影響を与えていた。戦後、日本放送協会の地方局の設備や番組形式、そして組織の一部は、民主化された新制度のもとでも継承されて現在に至っている。

本書では、地方局を対象にする観点からも、序章の時代区分でも述べたように扱う時期をⅠ期からⅣ期に区分し、制度、放送組織、番組や中継網によるネットワークをローカリティの観点から述べる。特にⅡ期とⅢ期の境を協会内部の機構改革の前後とした理由は、改革による地方局の自主的な編成への影響がみられるだろうという仮定に基づいている。また、Ⅲ期とⅣ期の境を開戦時としたのは、電波管制による影響によって、その前後で番組編成が変化したと考えられるためである。

Ⅰ期（一九二二―二八年）：放送の胎動期から東京・大阪・名古屋放送局が開局して、各地に地方局が開局するまで。

Ⅱ期（一九二八―三四年）：拠点局が開局した一九二八年以降、日本放送協会の機構改革によって統制が強められた三四年五月まで。

Ⅲ期（一九三四―四一年）：機構改革から太平洋戦争開戦まで。

Ⅳ期（一九四一―四五年）：開戦から終戦まで。

1　ラジオ放送の開始――Ⅰ期（一九二二―二八年）

放送の胎動

日本のラジオ放送は、一九二五年三月二十二日、公益社団法人である東京放送局が、芝浦にあった東京高等工芸学校の図書館を借りて仮放送を開始したのをもって創始とされる。このラジオ放送は、当初、官営放送としてではなく民間社団法人による「私設」放送として、東京・大阪・名古屋の三地区でそれぞれ別個の主体に対して免許が交付された。開局に際しては、各地で合わせて百件以上の出願(1)があったという。当初からラジオ放送開局を希望する事業者が全国にあまたいたことを示していて、ラジオ熱の高さがうかがえる。

当時、世界各国でのラジオの実用放送開始を受けて、日本国内でも陸・海軍が軍事技術的側面に注目するだけでなく、社会一般が放送に深い関心をもつようになっていた。公的な放送局開局の以前にも、民間レベルでラジオ放送をめぐる様々な試みがなされていたことはよく知られている(2)。新聞や雑誌などのプリントメディアが新しいメディアの登場を積極的に取り上げ、なかでも大手新聞社はラジオがもつ速報性・同時性というジャーナリズムとしての優れた機能に注目した。このような理由から、新聞社は政府がラジオ放送について具体的な検討を始めた一九二二年頃から、一般市民に向けてラジオに関する情報の紹介や知識の普及のための活動を積極的に展開していった(3)。

東京では、主に東京日日新聞社、報知新聞社、大阪では大阪毎日新聞社、大阪朝日新聞社が無線電話（ラジオ）の公開実験をおこない、イベント・キャンペーンに積極的に取り組んだ。なかでも一九二五年二月に「大阪朝日新聞」がおこなった無線電話展覧会[4]では、高出力のアメリカのウェスタン・エレクトリック社製の放送機を用いたこともあって、遠く離れた九州や東京、さらに朝鮮半島や台湾からも受信報告があり、放送の受信範囲がほぼ全国に及ぶことを実証した。プログラム面では、歌や芝居・邦楽などの娯楽にとどまらず、ニュースや相場などの報道番組、さらに講演など、実験段階とはいえ、報道・娯楽・教養といった現在の番組形式の萌芽をみることができる。

制度制定の過程

このような民間の動きに対して、逓信省は当初、放送事業体の経営形態を決めるために調査を始めた。当時の日本の通信法制では、「無線通信及無線電話ハ政府之ヲ管掌ス」（無線電信法第一条）という「無線通信政府専掌の原則」がとられ、送信だけでなく、無線の受信も政府の許可なくしてはおこなうことができなかった。このような法制のもとでは、放送内容と放送事業の「自由」という制度上の概念は、もちろん存在していない。しかし、この当時、大正デモクラシーと大正期後半のマス・カルチャーの勃興を背景として、「報知新聞」「大阪朝日新聞」「大阪毎日新聞」といった有力各紙や多くの民間人が、この新たなメディアに関心をもっていた[5]。一方、逓信省内部にも放送を文化的・報道的事業と捉え、官営とするのは不適当であるという意見があったという。当時、放送事業がどの程度見込みがあるものなのか不確かだったこともあって、逓信省側は経営の主導に自ら乗り出すよりも、当初は民間に任せたほうが得策と捉えていた向きもある。当時の放送制度の調査・立案の規定[6]である調査概要[7]からもその姿勢がうかがえる。一部を抜粋してみよう。

1放送事業ノ民営ヲ認ムル理由

放送事業ハ公共的性質ヲ有スルモノナルモ国民ノ社会生活上絶対的緊要ノ事業ニ非ス此ノ点於テ一般電信電話ト趣ヲ異ニスルモノアリ且今日ノ如ク多種多様ノ官営事業ヲ存シ之カ整備発達ニ殆ド余力ヲ残ササル時期ニ於テ斯ノ如キ正否隆替ノ逆睹ニ困難ナル新規事業ヲ政府ニ於テ経営スルハ策ノ宜ヲ得タルモノト称シ難シ、加之運用ノ如キ放送者ノ選定、雇用、報酬ノ決定等他ノ定則ニ従フ普遍的通信事業トハ大ニ経営方法ヲ異ニスルヲ要シ官営ヲ不適当トスル点多シ、之ヲ各国ノ例ニ見ルモ独乙ノ半官半民的ナルヲ除ケバ全部民営ニ委セリ[8]

また、「施設数ノ制限」については、「同一地域には一局を原則とすること」や「全国を一企業者に独占させるのは独占に伴う弊害があるので一企業一区域を原則とすること」「しかし前途未知数の事業だから、一企業者に二、三地区を兼営させることも考えられること」「中央局と地方局が相連合するコーポレーション形態に進むことも予想できること」などの考えを示している。このように、当初、逓信省は、放送事業に対して公共性はあるものの生活上不可欠の事業ではなく、採算も不明であり、官営には向かないという認識を示していた。そして、独占を回避させながら、経営的に破綻がない程度のエリア設定で、各地に免許を与えようともくろんでいたのだった。

そのようななか、一九二三年九月一日に関東大震災が発生する。震災の混乱のなかで流言が飛び交い、その対処策として、放送事業の急速な実現が求められた。二三年十二月二十日、当時の犬養毅逓信大臣によって日本で最初の放送に関する基本的な制度である「放送用施設無線電話規則[9]」が省令として公布される。この規則の公布で、放送事業を民営とすることは公に確定されたわけだが、民営の法的基礎が政府管掌を示した「無線電信法」の枠内に置かれたため、「放送事業は完全に民営にゆだねられたというのではなく、民営と並立して政府みずから《（ママ）》経営することも可能であり、民営施設を買収しあるいは特許機関の経過をまって《（ママ）》、これを国営に移すことも可能[10]」であるといった性格のものになったのである。

免許行政の確立

各局の免許をめぐって多数の出願があったことは前にも述べたが、多くの申請者のなかから免許人を選定する手法はどのようなものだったのか。結論からいえば、各地の申請者は、逓信省の指導のもとで申請を「一本化」するように調整することが求められた（以下、一本化調整と表記）。一九二四年五月、当時の藤村義朗逓信大臣は、東京・大阪・名古屋の有力出願者を呼び、次のような許可方針を示して円満に一本化することを説示した。

①さしあたり、東・阪・名の三都市に一局ずつ許可する。
②事業はなるべく各都市《（ママ）》ごとにその土地の有力者、新聞社、通信社および無線機器事業者をもって合同経営させる。
③さしあたり広告放送や報酬を得て他人に放送を利用させない。
④営利を主とせず、聴取料を安く、利益は資本の一割程度とする。[11]

仲佐秀雄は、この当時の逓信省による一本化調整について分析して、「地域ごとに有力出願者を網羅し、政府の行政指導で「統合一本化」を押し付けるという競願免許処理の方法は、戦後の新法制のもとでもいぜんとして、わが国の放送免許政策の基調となっている[12]」と指摘している。

逓信省は、東京・大阪・名古屋の三都市に原則各一局、出願団体は合同して出願することとしていた。そのため各地域で各社が統合して一本化しなければならなかったが、利害の一致は難しく、一本化作業は紛糾した。特に大阪では、経済的利権が原因で収拾困難な事態に至った。そこで当時の逓信大臣・犬養毅は当初の考えを改めて、営利を目的にしない公益社団法人[13]とすることに決定したのであった。

こうして新聞社がラジオを新たな媒体として掌握しようとした試みは不完全な結果に終わり、逓信省を中心にして三都市にラジオ放送局が開局されることになった。新聞社側からみれば速報性に勝るラジオはどうしても手に入れたいメディアだったが、入手できなかった以上、逓信省の影響を抑え込もうとするのは必然だった。東京放送局設立時の理事・監事二十人の内訳をみると、新聞・通信社を代表する役員が七人入っていて、新聞社の勢力がその後も放送局内部に存在し続けたことを見て取れる。

東京放送局の仮放送開始にあたって、総裁・後藤新平は、「無線放送に対する予が抱負」として日本初の放送の方針を述べている。そのなかで、放送の機能として、「文化の機会均等」「家庭生活の革新」「教育の社会化」「経済機能の敏活」の四つを挙げている。このなかに当初、当然視されていた「報道」の機能が入っていなかったことは重要な点だった。

竹山昭子は、この原稿を書いたとされる新名直和（東京放送局開始当時の常任理事）の調査から、新名が「理事会内に摩擦が生ずることを懸念[14]」し、「放送開始当初における放送局と新聞社の微妙な関係が反映されていた」として、「ジャーナリズム機能」を挙げなかったのは意図的なものだったと結論づけている。[15]このように、既存の新聞勢力にとっては、資本参入することで新聞への脅威にならないように抑え込む必要があったのだろう。

このような事情から、開局した放送局は独自のニュース番組を編成せず、新聞社・通信社からの情報提供を受けると同時に、娯楽や教養といったそれ以外の番組を主に制作することになったのである。放送が新聞と違って全国的な組織へと向かった背景には、放送メディアの特徴が広いエリアに対して情報を届けることができる点であり、その中央集権的な機能に政府が目をつけていたからだった。そして、開局一年後、東京・大阪・名古屋の三局は、日本放送協会として一本化され、当初、各地でそれぞれの個性をもちローカル局として始まった最初の放送局は、全国的な組織へと組み替えられたのであった。そのことによって、新聞勢力の影響力は弱体化していった。[16]

2　地方局の誕生――II期（一九二八―三四年）

地方放送局の開局と中継網の整備

東京や大阪という大都市以外の地方都市で放送が始まるのは、一九二八年のことである。表5には放送局開局の時期と普及率を時系列で示した。東京・大阪・名古屋以外の局をみると、二八年六月から七月にかけて、札幌・仙台・広島・熊本という日本の各ブロックに拠点になる局（第一グループ）が開局している。続いて三〇年から金沢、福岡、岡山、長野、静岡、新潟など、地方の都市での開局（第二グループ）が続いたあと、四一年の太平洋戦争直前にかけては小電力局の地方局（第三グループ）が大量に開局している。

これらのグループは、それぞれ異なった特色を持ち合わせている。第一グループは、中継網(17)が整備される一九二八年十一月以前に開局していたため、全番組を自局だけで制作・放送した経験をもつ。そのため、中継網完成後にできた局よりも自主編成能力が高い。二八年十一月に第一グループを結ぶ中継網が整備された理由は、昭和天皇の御即位の御大礼を全国に中継するためだった(18)とされていて、国民的行事に際して、政府が中継網の整備と各地の放送局開局を進めたと考えられる。第二グループは、中継網の整備が進むなかそれまで電波が行き届いていなかった地区を中心に置かれていて、どちらかといえば中継局としての役割を担った様子が垣間見える。第三グループは、戦時色が強まるなか、電波管制に伴う出力減に対応するため各地に増局されたものと推察される。

初期のラジオ放送の置局で注目すべき点は、県庁所在地だけではなく小倉、函館、浜松、郡山、弘前など、地理的に条件付けられたり産業的な集積がみられたりする土地に放送局が開局していることである。当時の各地の人口や産業の規模、軍事的な理由だけでなく、ラジオ放送が使用する周波数帯のエリア特性(19)などを勘案して置局されたものと考えられる。

表5　戦前のラジオ局の開局時期、全国放送局一覧

年※1	放送開始年月日（中継局除く）	局数	普及率（%）
1925年	3月22日：東京、6月1日：大阪、7月15日：名古屋※2	3	2.1
1928年	6月5日：札幌、6月16日：仙台・熊本、7月6日：広島、9月16日：福岡演奏所、福岡・熊本間中継線開通、11月5日：全国中継開始、11月5日：京都演奏所	7	4.7
1930年	4月15日：金沢、12月6日：福岡	9	6.1
1931年	2月1日：岡山、3月8日：長野、3月21日：静岡、4月6日：東京第2、11月11日：新潟、12月21日：小倉	14	8.3
1932年	2月6日：函館、2月16日：秋田、3月7日：松江、3月22日：高知、6月24日：京都	20	11.1
1933年	6月23日：前橋出張所、6月26日：名古屋第2・大阪第2、7月13日：福井、7月23日：徳島、7月19日：浜松、9月4日：旭川、9月10日：長崎	28	13.4
1935年	10月26日：鹿児島、12月13日：富山	30	17.9
1936年	11月22日：帯広、11月30日：山形、12月14日：鳥取	33	21.4
1937年	4月19日：宮崎、12月21日：甲府	35	26.4
1938年	2月26日：釧路、5月29日：弘前、8月7日：盛岡、12月19日：前橋廃止（東京大電力放送により）、12月24日：松本	38	29.4
1941年	2月12日：福島・郡山、2月18日：福山、3月9日：松山、4月17日：青森、4月19日：防府、6月20日：大分、9月24日：パラオ、12月26日：豊原、12月28日：佐賀出張所、12月30日：平出張所、12月31日：鶴岡※3	50	45.8
1942年	1月1日：北見出張所、2月21日：室蘭出張所、3月19日：沖縄、6月9日：八戸出張所	54	48.7
1944年	5月17日：高松出張所	55	50.4

※1：普及率は年度による
※2：1926年8月20日に東京・大阪・名古屋の3法人が解散。日本放送協会が施設や従業員など一切を継承した
※3：このほか、1945年までの間に、前橋・水戸・熱海・長府など全国47カ所の臨時放送所が開設されている
（出典：日本放送協会編『放送五十年史 資料編』日本放送出版協会、1977年、604―608ページ、「日本放送協会局所一覧」、NHK 放送文化研究所編『20世紀放送史 資料編』所収、NHK 出版、2003年、172ページ）

では、これらの局同士が中継網の整備によってどう接続されていったのか。第一グループが開局した直後の一九二八年十一月、東京、大阪、名古屋、広島、熊本、仙台、札幌（無線中継）の七局を結ぶ中継網（図4に一九三二年の全国中継網を示した）が完成し、これらの局間の同時中継が実質的に可能になった。その結果、中継網開通以前は各局が単独でおこなっていた放送（単独放送[20]）が徐々に他局（主に東京）からの中継（入中継）に差し替えられていくことになった。

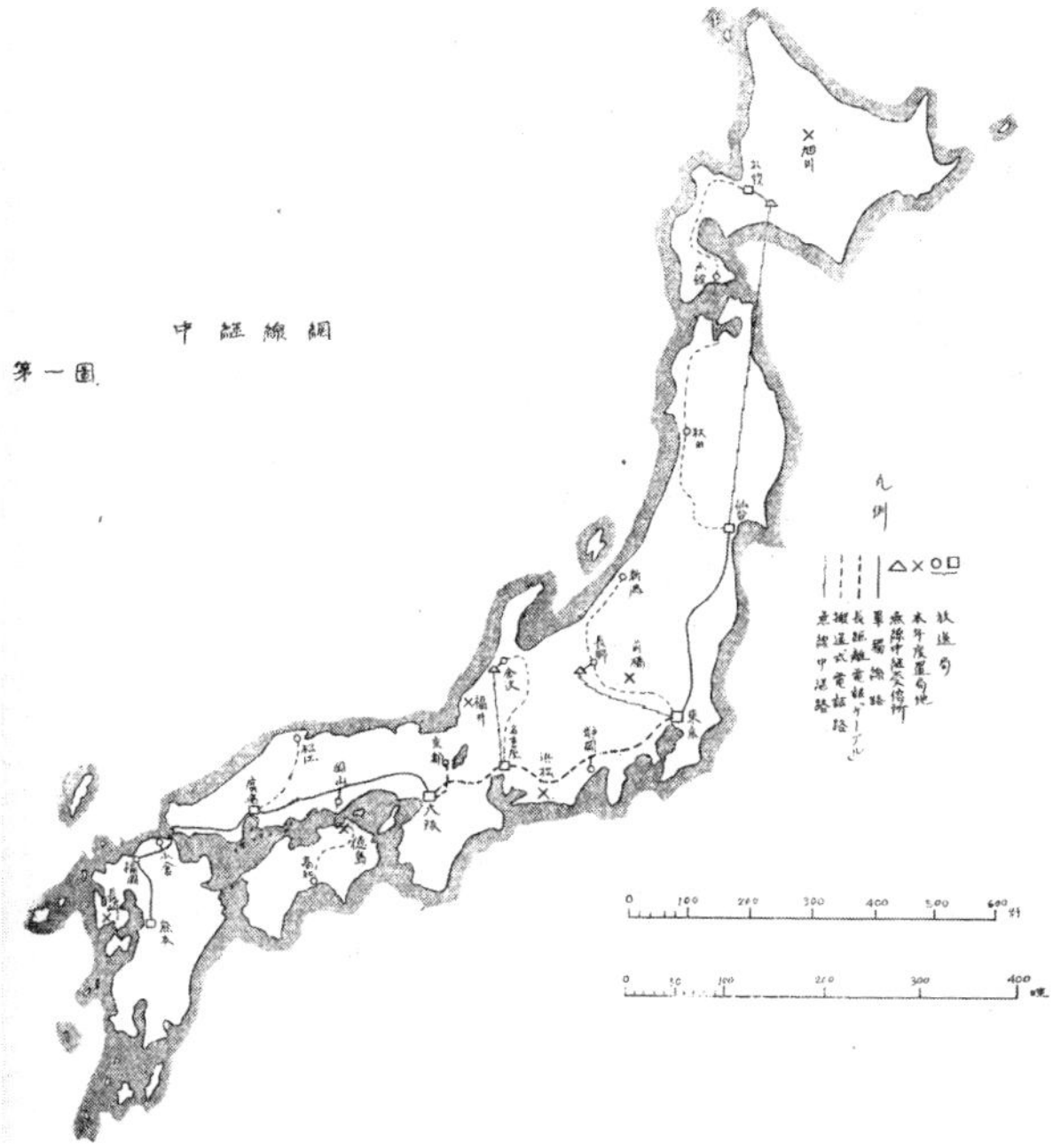

図4　全国中継網（1932年5月）
（出典：「調査時報」第2巻第10号、日本放送協会、1932年、52ページ）

図5に示したのは、一九二七年度から四〇年度までの東京と拠点局の全放送時間における自局編成の割合である。これによって明らかなように、東京以外の局では、中継網開局当初の単独放送の割合が七〇パーセント台と高く、その後、割合が徐々に減っていっている。例外的に高いのが大阪で、三三年度までは六〇パーセント台を維持していたが、その後三〇パーセント程度に低下している。名古屋も大阪より割合は低いが、同様の推移をみせている。そのほかの局は一〇パーセントを切る局も存在していて、多くの局が数年のうちに中継番組中心の編成に移行していったことがわかる。これは、単独放送が中継網が整備されるまでの〃つなぎ〃であるという、協会発足以前

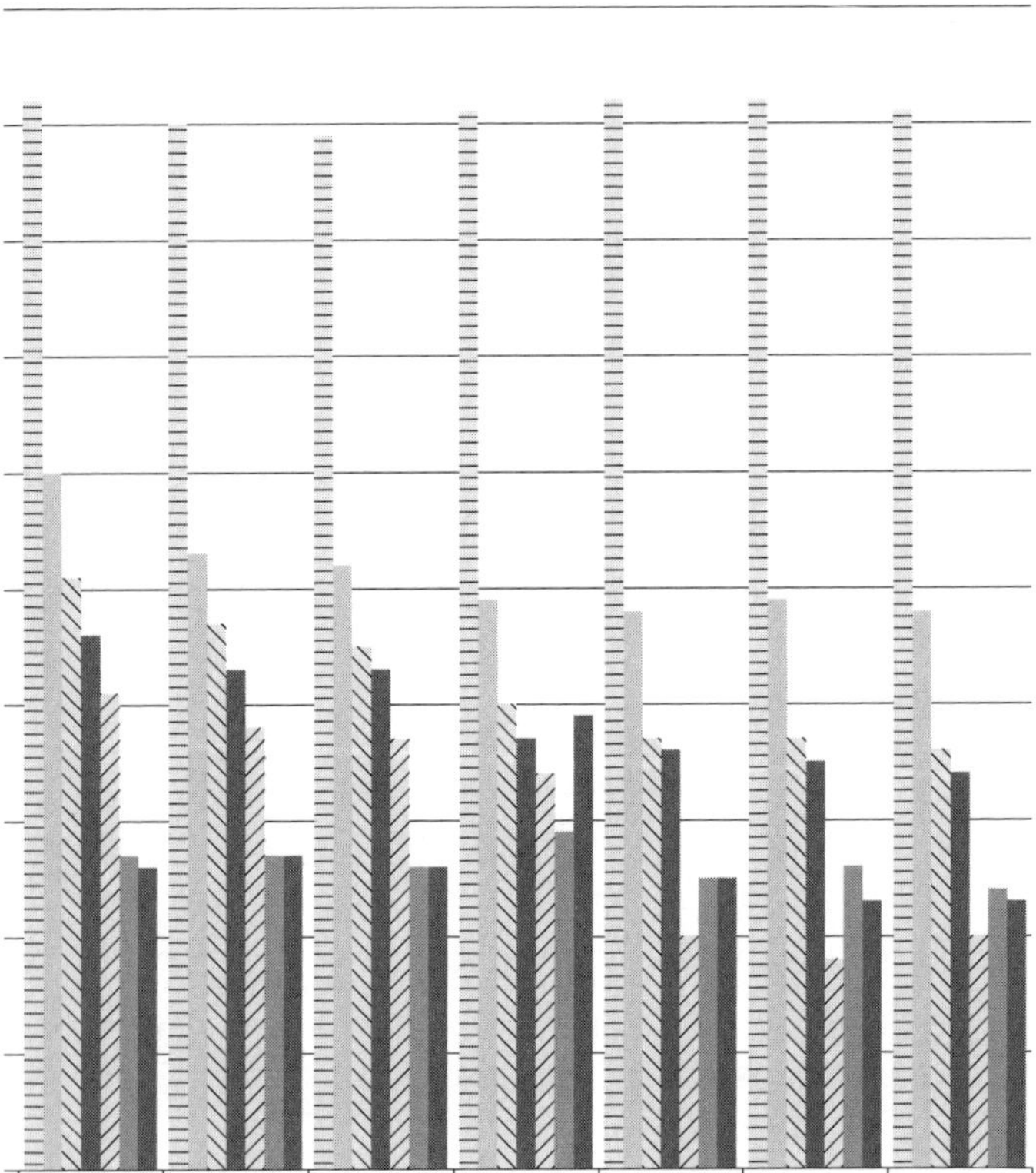

	1934年度	1935年度	1936年度	1937年度	1938年度	1939年度	1940年度
	0.92	0.90	0.89	0.91	0.92	0.92	0.91
	0.60	0.53	0.52	0.49	0.48	0.49	0.48
	0.51	0.47	0.45	0.40	0.37	0.37	0.36
	0.46	0.43	0.43	0.37	0.36	0.35	0.34
	0.41	0.38	0.37	0.34	0.20	0.18	0.20
	0.27	0.27	0.26	0.29	0.25	0.26	0.24
	0.26	0.27	0.26	0.30	0.25	0.23	0.23

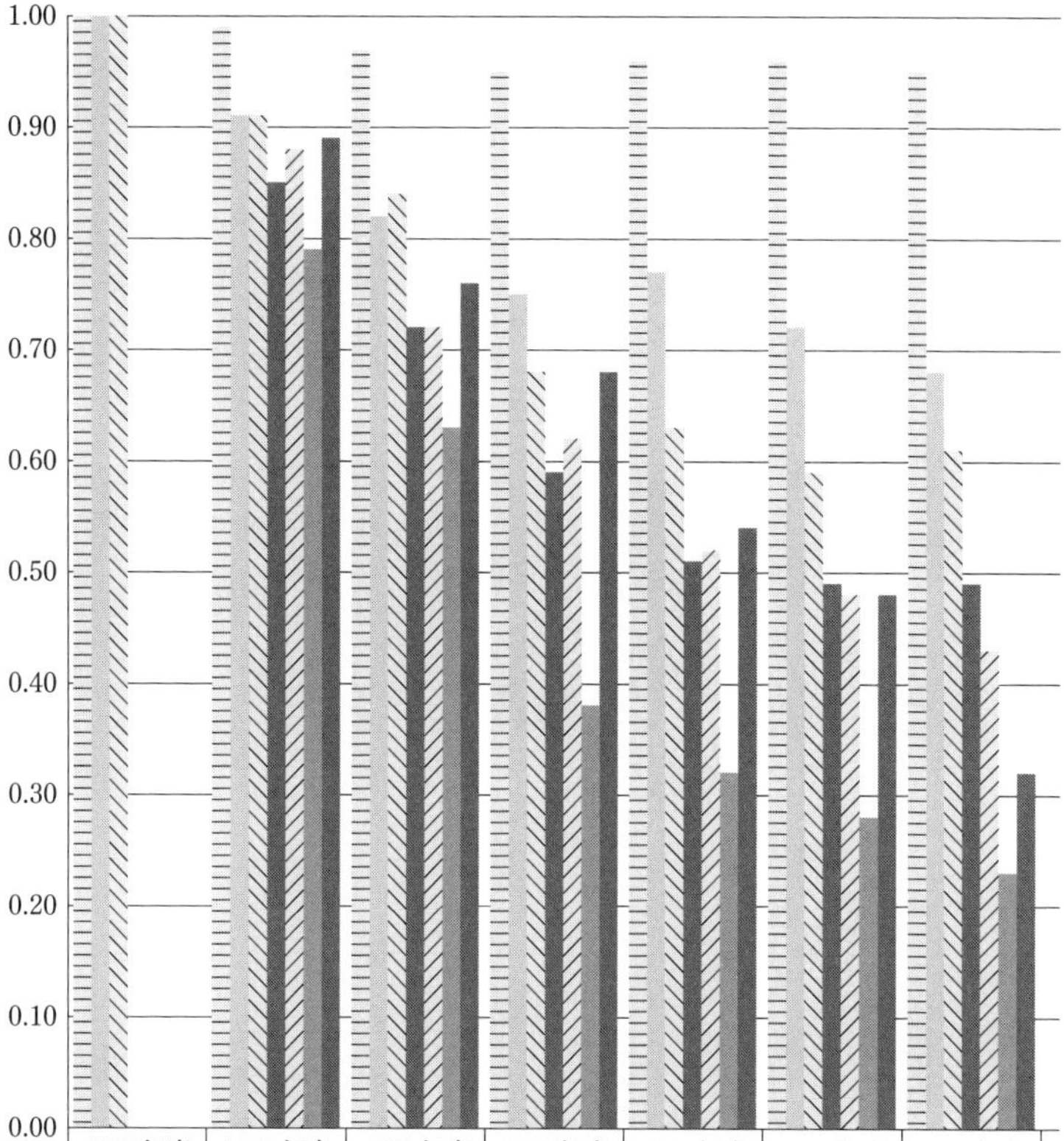

	1927年度	1928年度	1929年度	1930年度	1931年度	1932年度	1933年度
東京第1	1.00	0.99	0.97	0.95	0.96	0.96	0.95
大阪第1	1.00	0.94	0.82	0.75	0.77	0.72	0.68
名古屋第1	1.00	0.91	0.84	0.68	0.63	0.59	0.61
広島		0.85	0.72	0.59	0.51	0.49	0.49
熊本		0.88	0.72	0.62	0.52	0.48	0.43
仙台		0.79	0.63	0.38	0.32	0.28	0.23
札幌		0.89	0.76	0.68	0.54	0.48	0.32

図5　7局の自局編成比の推移（自局放送時間／全放送時間）
（出典：「種目別自局編成対入中継放送回数及時間類年度比較」、日本放送協会『業務統計要覧（昭和11年度）』所収、日本放送協会、1937年、160―201ページ、同『業務統計要覧（昭和15年度）』日本放送協会、1941年、135―136ページ）

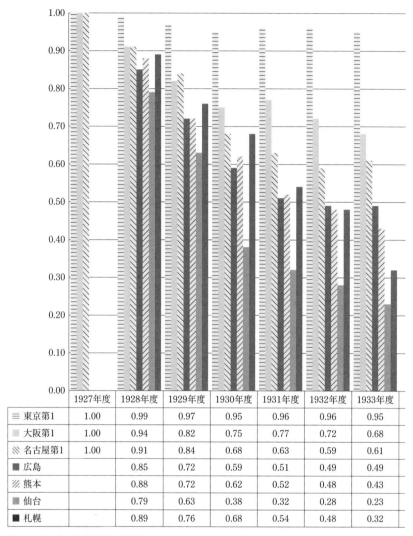

広島	熊本	仙台	札幌
経済市況（10） 15 経済市況（10） 25 料理献立（10） 40 講演・娯楽（20）	経済市況（10） 30 経済市況（10）	30 日用品値段（10） 40 料理献立（15）	30 料理献立（20） 50 経済市況（10）
	35 経済市況（10）	講座（30） 30 海外市況（10）	
経済市況 海外経済市況（15） 55 天気予報、時報（5）	経済市況 海外経済市況（10） 10料理献立（5） 15 日用品値段（5） 30 ニュース及び経済市況（10）	55 時報	20 海外市況（5） 45 経済市況（15）
時報 経済市況（5） 5 音楽、演芸（中継）（30）	経済市況（5） 5 音楽、演芸（中継） 35 天気予報（5） 40 講演、講座又は音楽、演芸（月、水、金（35））、児童の時間（火・木・土（15））	5 演芸、音楽（主として中継による） 35 ニュース公知事項、経済市況、気象通報（中継によること）	時報（2） 5 演芸、音楽（主として中継による） 35 講演講座（25）
15 経済市況（15）	30 経済市況（10）		40 経済市況（15）
10 経済市況（15）	10 天気予報（5） 15 経済市況（10）		
25 経済市況（5） 30 ニュース、公知宣伝（10） 40 経済市況（5）	15 経済市況（10） 30 経済市況、海外市況（10）		海外市況（5） 30 天気予報（5） 40 ニュース（10） 50 経済市況（5）
各地天気予報（10） 10 経済市況（5）	10 ニュース、経済市況（5） 20 経済市況（各市場のこり）	30 ニュース（10） 45 経済市況、海外市況（10）	
			30 講座（30）
子供の時間（火、木、土中継）（30） 30 講演、講座、音楽、ニュース暦（55）	子供の時間（30） 30 講演、講座（30）	子供の時間（30） 30 講演又は講座（主として中継による）（30）	子供の時間（火、水、土）中継（30） 35 天気予報、時報（5） 40 ニュースプロ発表公知宣伝（20）
25 講演、音楽、演劇（月火、水、金中継）（35）	天気予報、ニュース、講演・講座又は音楽、演芸（7:25-8:00 月、水、金中継）（60）	ニュース公知事項、気象通報（中継による事あり） 25 講演、演芸、音楽（主として中継による ただし講演は月、水、金は概して中継による）（135）	経済市況（10） 25 講演講座、音楽、娯楽講演は月、水、金中継
講演、音楽、演芸（8:40-9:40中継）（100）	音楽演芸（地方）（40） 40 音楽演芸（中継）（60）		40 演芸（中継）
40 時報、天気予報、海洋気象（中継）プログラム公知宣伝（20）	40 時報、全国天気予報、海洋気象（中継）臨時ニュース明日の暦プログラム情報（20）	40 時報、プログラム予告、公知事項（20）	40 時報全国天気概況及び海洋気象（中継）

表6　拠点7局の番組表（1928年12月〔平日〕）

1928年12月	東京	大阪	名古屋
7:00	ラヂオ体操（30）	ラヂオ体操、講演（30）	ラヂオ体操（20）
8:00			
9:00	気象通報（5） 5 経済市況（5） 10 料理献立、日用品値段（20） 30 経済市況（10）	経済市況（5） 5 日用品物価（10） 15 経済市況（5） 40 経済市況（15）	5 経済市況（5） 15 経済市況（5） 40 経済市況（10）
10:00	20 経済市況（20） 40 家庭講座（30）	経済市況（5） 30 経済市況（10）（海外市況を含む） 40 料理献立（10） 50 経済市況（5）	天気概況（5） 5 経済市況（5） 15 季節料理（15） 30 経済市況・海外市況（10） 50 経済市況（5）
11:00	40 経済市況（15）	経済市況（10） 40 天気予報、経済市況（10） 50 日用品物価（大阪市場全国農産物取引相場）（10）	10 日用品物価（10） 20 経済市況（10） 30 経済市況（10） 50 経済市況（5）
12:00	時報 5 演芸・音楽（35） 40 ニュース（20）	報時ニュース、告知事項、各市場残部（5） 5 音楽、演芸、講演（0:05-0:35中継）（60）	時報・天気予報（3） 5 娯楽又は講演（30）
13:00	30　経済市況（10） 40 婦人講座（30）	5 経済市況（5） 30 経済市況（10） 45 経済市況（5）	5 経済市況（5） 15 経済市況（5） 35 経済市況（5） 50 経済市況（10）
14:00	30 経済市況（15）	経済市況（10） 35 経済市況（15）	10 経済市況（10） 40 経済市況（5）
15:00	30 経済市況（10） 40 気象通報（10）	10 経済市況（10） 30 ニュース、経済市況（15） 45 経済市況（5）	10 経済市況（5） 25 経済市況（5） 30 家庭講座
16:00	40 経済市況（10）	5 各地天気予報、各市場残部	ニュース・天気予報（10） 20 経済市況残り（5） 30 こどもの時間（火・土に限る）（30）
17:00		30 講演、音楽、演劇（子供の時間）	
18:00	子供の時間（30） 30 講演（30）	講演、音楽、演劇（主として火、木、土に中継）（30） 30 講演、音楽、演劇（30）	子供の時間（35） 35ニュース・周知事項（15） 50 講演・講座（35）
19:00	ニュース（25） 25 講演、音楽、演芸（135）	10 ニュース、告知事項、音楽、演劇、講演（150）	25講演・講座（35）
20:00			娯楽（40） 40 娯楽（60）
21:00	40 時報、気象通報、 プログラム予告、告知事項（10）	40 報時、天気予報、ニュース、告知事項、生繭（20）	40 時報、天気予報、プログラム発表、周知事項（10）

※表中の括弧は番組時間（分）

（出典：日本放送協会編「調査月報」第1巻第7号、日本放送協会、1928年、53―56ページ）

からの地方局の位置づけに合致している。[21]また、後述するが、三四年度以降の大阪局の単独放送割合の低下に関しては、同年の協会の機構改革と番組統制の強化との関係で捉えることができる。

では、これらの地方局で、地方向けの番組がどのように放送されたのだろうか。また、協会はそれらをどのような方針で編成したのだろうか。

地方向け番組と編成方針

開局当時の各地方局の具体的な様子を当時の資料からみていこう。一九四三年の「放送研究」は「地方放送十五年」[22]と題した特集を組み、熊本、札幌、仙台の各局が自ら開局時の様子を報告している。熊本局の報告では、「何しろ総員九名という最小限の陣容で、全国中継線完成前の全放送時間を毎日一局の番組で編成するのである」とある。さらに、報道については「四名の放送員が宿直勤務の都合上輪番で報道放送編集をし、アナウンスをする本人が読む文章に書き直して放送した」と、当時の報道番組放送の様子を述べている。開局当時から太平洋戦争後まで、協会は基本的に独自取材をおこなっておらず、通信社と新聞社から報道資料を受け取ってそれを放送用に書き直して使用していたのである。[23]札幌局からの報告では、開局当日の様子を「国歌の吹奏、（略）祝辞に引き続き、神田伯山の講談、竹本素行の義太夫、柳家金三の落語、川本保雄の謡曲に加うるに、札幌芸妓連中の長唄常磐津を以て彩った」として、当時の著名人を招いて娯楽番組（慰安種目）を中心とするラインアップでスタートを切ったことがうかがえる。また、「道内主要都市の上空から飛行機で開局周知のビラ五万枚をまき散らすとともにトラックを装飾し札幌の町々を練り回った」ともあり、聴取者を獲得するための宣伝活動を地方局が活発におこなっていた様子もわかる。

各局の放送事項別放送時間（番組表）をみていこう。時期は、札幌、仙台、熊本など拠点局ができて間もない一九二八年の十二月である（表6）。この時期を選んだのは、全国中継がまだ浸透していない時期であり、局による内容に相違が残っている可能性が高いためである。

表7　放送種目別時間（1928年10月〔平日〕）

種目・項目		東京	大阪	名古屋	広島	熊本	仙台	札幌	計（時間）
報道		64.08	72.09	50.04	83.09	69.34	28.31	37.35	405.10
教養	子供の時間	51.37	46.36	48.15	32.10	49.22	58.04	42.59	329.03
	講演および講座	17.02	28.30	17.00	22.10	15.23	13.59	14.26	128.30
慰安	洋楽	16.33	25.30	23.05	35.20	25.12	19.36	25.53	
	和楽	29.26	24.31	28.56	18.05	19.54	30.59	21.08	
	演芸	9.14	10.31	3.43	1.45	2.59	2.04	3.53	
	演劇	10.34	13.24	13.32	9.35	9.02	8.12	11.53	459.34
合計		198.34	221.11	189.35	202.14	191.26	161.25	157.52	1322.17

※表の数値は時間
（出典：「放送種目別回数及時間」、日本放送協会編「調査月報」第2巻第1号、日本放送協会、1929年、25ページ）

番組表からは、放送開始時間が東京・大阪・名古屋が七時であるのに対して、それ以外の局は九時で二時間遅いこと、報道に関してはどの地域も経済市況が多く、ニュースは各局統一してはおらず二、三回程度であること、一部中継番組が横並びになっているが、各局がそれぞれ独自にプログラムを組んでいることがみえてくる。

次に、中継網完成以前の各拠点局の放送種目別時間（一九二八年十月〔平日〕）をみてみよう（表7）。まず、各局で多少ばらつきはあるが、和楽・演芸・洋楽・演劇などの慰安種目の放送時間が多いことがわかる。内訳を調べてみると、浪花節（五十二・〇六時間）、講談・人情噺（三十三・二八時間）、義太夫（三十二・五三時間）となっていて、浪花節が最も多く放送されている。また、局ごとにこれらの放送時間数を比べると、それぞれの地域で特色があり、浪花節は名古屋で、講談・人情噺は東京・大阪で多く、長唄は広島で、常磐津は広島と熊本で、琵琶は札幌で、民謡・俚謡は仙台と札幌で他地域よりも多く放送されている。これについては、「当初、一般の好みを反映させ、また事業経営面からみて、聴取者を獲得して財政的安定を図ることを急務としたところから、まず手っ取り早い既成娯楽芸能の番組が思いつくままに行われた」[24]という方針からであり、一九二八年度の普及率が四・七パーセント程度（表5）であることを合わせて考えると、各地で聴取者の嗜好をまず優先させたものとみられる。また、当時は基本的に生放送だったため、出演者も現地

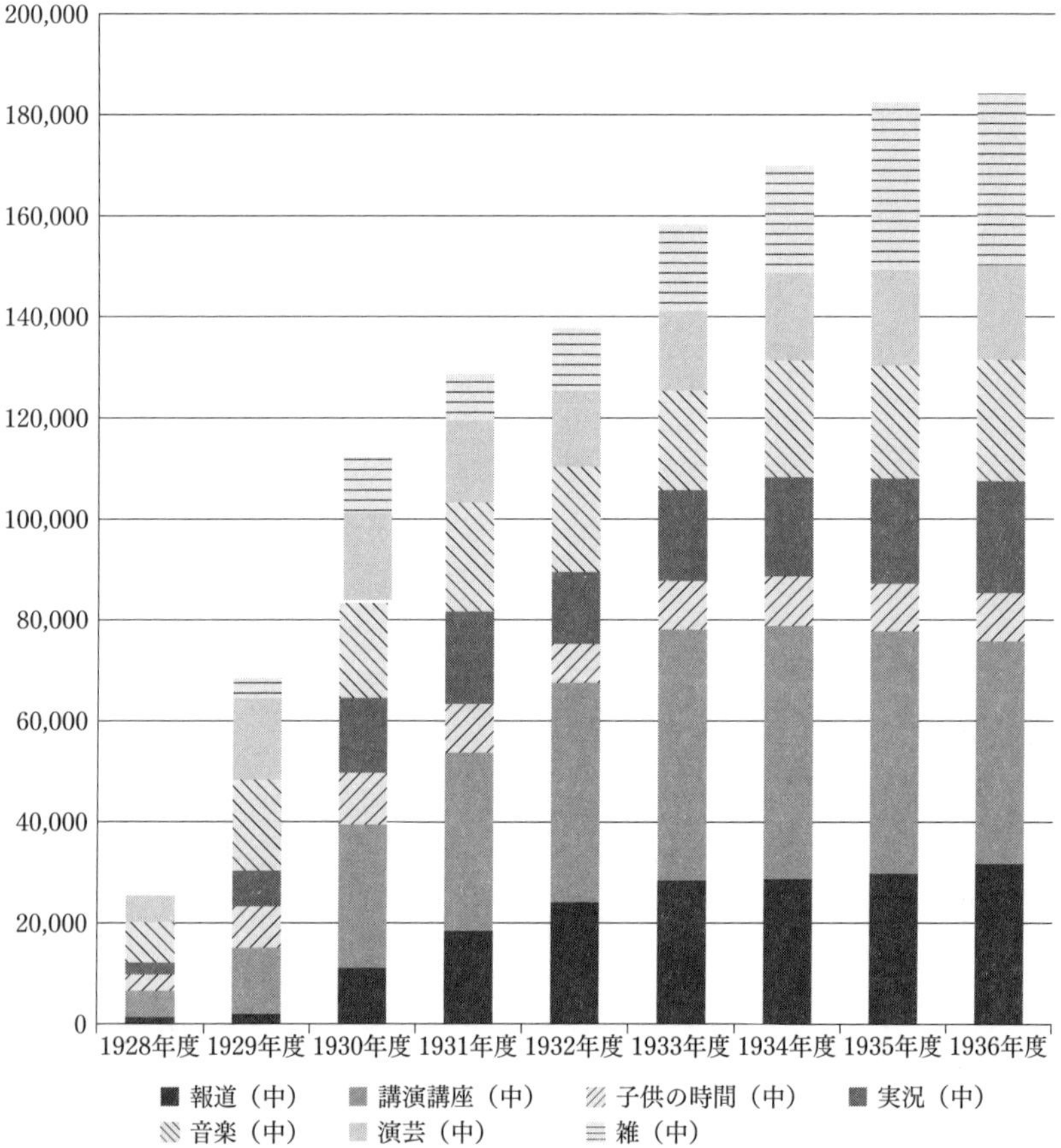

図6　広島局入中継種目別放送時間
※グラフ中の数値は分

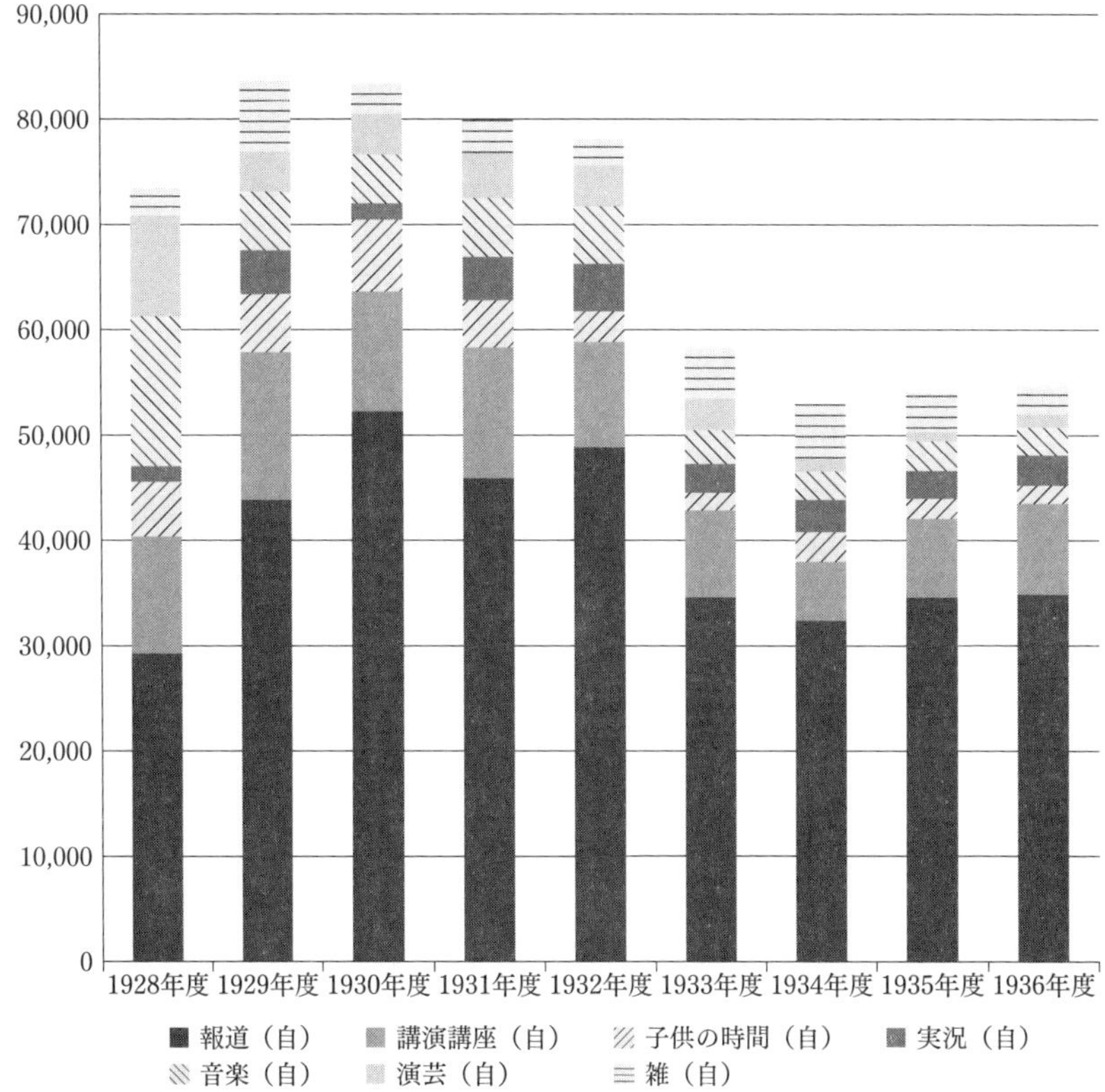

図7　広島局自局発種目別放送時間
※グラフ中の数値は分
（出典：「種目別自局編成対入中継放送回数及時間累年度比較」、前掲『業務統計要覧（昭和11年度）』所収、188―189ページ）

表8　広島市内外で聴取者希望比率が高い種目

市内聴取者希望比率が高いもの	市以外聴取者希望比率が高いもの
ニュース 修養講座、子供の時間、語学講座、音楽講座、文学・美術講座 浪花節、野球、長唄、ラヂオドラマ、映画物語、講談、管弦楽、放送舞台劇、ピアノ、ジャズ、新内、ハーモニカ	天気予報、経済市況、日用品物価 科学講座、趣味講座、衛生講座、料理献立、家政講座、体育講座、園芸講座、農事講座義太夫、謡曲、端唄類、琵琶、和洋合奏、落語、尺八、箏曲、新日本音楽、など

（出典：広島放送局同人「聴取希望種目の調査について」「調査時報」第1巻第7号、日本放送協会、1931年、17ページ）

で調達する必要があった[25]ということを考慮しなければならない。結果的に、地域の芸能を反映することで番組内容に差異が生じた。

次にこれらの放送時間がどのように変化したのかをみていこう。一例として広島局の種目別放送時間を一九二八年度から三六年度で図6（入中継）、図7（自局発）に示した。これによると中継開始翌年の二九年度の入中継時間は六万八千三百九十九分だったのに、三一年度では十二万八千五百五十九分と約一・九倍に膨れ上がっている。入中継のなかでも増加が著しい種目は、報道と講演講座である。ほかに音楽・演芸といった慰安種目もおおむね増加しているが、雑種目の増加も目立つ。これは特に、ラジオ体操と学校放送の時間の増加分になっている。一方、自局発放送は、二九年度の八万三千五百九十分から減少して三六年度には五万四千六百五十分になっている。その内訳をみると、報道は二九年度の四万三千七百六十三分から三〇年度ではいったん増加、そこから微減して三六年度に三万四千八百三十三分になっているが、その一方、音楽・演芸については二九年度の九千三百四十一分から三六年度は三千九百三十五分と激減している。その細目[26]をみると、最も多い民謡・俚謡でもわずかに二十八回で、入中継による歌謡曲[27]（九十八回）や洋楽（四百十六回）が急増しているのと合わせて考えると、地方局の放送での慰安種目が大きく減少したことが量的に見て取れる。

この時期の全国報道の増加[28]の理由としては、「元来ニュースは、官庁公示事項及新聞社、通信社の提供ニュースに依って、各局別に放送してきたのであるが、昭和五年十一月に放送局編集ニュースを全国中継とするほか、従来の新聞社・通信社のニュースは、ローカルとして併せて放送するに至った結果、昭和五年十一月以降放送量が著しく増加し、さらに昭和六年九月（満州事変関連）以来の時局ニュース頻発によって一層増加した」[29]とあるように、満州事変の勃発が挙げられる。

次いで教養種目の増加と慰安種目の減少の理由についてだが、山口誠は次のように説明している。「放送事業は逓信省が免許し管掌する公共事業であり、公共財としての放送電波を政府から借用している放送局が、落語や浪花節や音楽番組ばかりを大量に発信する「不真面目なる経営」は許されなかった。部門別の放送比率でも、放送事業が軌道に乗るにつれて娯楽番組の時間枠は削減されていき、それと対照的に教養番組が増加した」[30]。また、続いて山口は、教養番組はほかの種目よりも協会の方針と計画に沿った番組内容を制作できるプログラムであり、ラジオの普及がある程度進んだ段階で、報道・教養へと重点を移していったことも指摘している。いずれにしても、以上の通時的変化はこれらの指摘と合致している。

では、番組に対する聴取者の嗜好はどうだったのだろうか。また、それを協会側はどのように受け止めていたのだろうか。全国規模の嗜好調査[31]として最初のものは、一九三二年五月から八月に日本放送協会と逓信省が協力・実施した「第一回ラジオ調査」（逓信省・日本放送協会共編、一九三四年）だが、この調査についての本部の見解は、「調査時報」に下郡山信吉が「ラヂオ調査に現れたる視聴者の希望に関する一考察」として報告している。そこでは、「慰安に対する聴取者の希望数を見ると（略）その割合は、偶然か必然か、昭和六年度中に十八局で放送した時間の割合と略々似ている[32]」として、聴取者の嗜好と放送時間数の類似性にふれている。また、「慰安若しくは娯楽の愛好は、郷土的伝統的根源とか経済的原因とか様々な支配を受けるもの」として、聴取者嗜好の地域的差異についても指摘している。下郡山が指摘するように、慰安に対する嗜好調査の結果は、各地域の放送時間数の地域差とおおむね一致していて、慰安種目では聴取者との間に大きなギャップはないものと考えられる[33]。この理由については、地域ごとに積極的に放送された慰安種目を聴取者が嗜好するようになったとも受け取れるし、反対に各局が初期の段階で聴取者の嗜好を重視し、それを番組に反映した結果とみることもできる。

さらに、都市部と郡部を分けた嗜好調査が広島管内でおこなわれている。それによれば、都市部と郡部の聴取者の希望比率をみると、その希望種目に違いがみられたとして、特に郡部では「通俗的な娯楽に限り愛好せらる事実を察知し得し」[34]と述べている。そして、このような都市部と郡部の嗜好差を一九二九年と三〇年で比較したところ、「聴取者の嗜好が漸次全般に亘り普遍的に進みつつある傾向を有する」として、その差異が年ごとに徐々に狭まってきていることを指摘している。

以上をまとめると次のようになる。ごく初期の地方局は、娯楽番組を中心に据えた編成で聴取者獲得を目指した。そしてその結果、各地の聴取者の嗜好を反映した番組が放送された。しかし、全国中継網の整備が進むなか満州事変が勃発し、それらが重層的な要因になって時局報道への期待が高まることになり、全国報道や教養種目が増加したため、編成上各局の単独番組は低下していった。一方で、聴取者の嗜好についても、市内―市外といった居住地別にみえていた差異が徐々に狭まっていったことも指摘される。このように、Ⅱ期は初期に存在していた放送のローカリティが均質化していった時期だったといえるだろう。

3　組織改正後から太平洋戦争勃発まで――Ⅲ期(一九三四―四一年)

この時期の特徴は、先述したように全国網が整備され、それと同時に主に東京発の全国番組が多数を占めるようになったことである。このとき、協会本部の方針[35]に沿って各地方局の編成がおこなわれていった。また、そうなっていった背景には、開局以来問題とされていた地方局と中央の曖昧な関係が一九三四年の組織改変で解消[36]され、予算の画定、地方局員の人事、職員養成についても中央で一元的に管理するようになったこともある。三六年の「放送」一月号には、下郡山信吉が各局の番組の統制について論文「九年度に於ける番組統制の足跡」[37]を寄稿している。これによると、中継系統の統制とは「要するに曲線的系統を直線化することである」[38]として、中継回数をそろえ、種目で局ごとのばらつきを抑えることを示している。その結果、三四年度は前年に比べてローカル各局の入中継の割合は上昇して、「これは番組統制の一つの現れである」として評価している。特に番組内容については、「ラジオ体操、聖典講義、[39]衛生メモ、明日の歴史などを始め全国的性質の種目を東京発中継として統一せる結果東京発中継の著しい増加を示した」として、内容面でも統制の効果を強調している。その結果、四〇年度には、全中継時間のうち実に八二パーセントが東京発になり、大阪の一三パーセントという数字を除けば、他局は合計しても五パーセント程度になっていったのである。[40]このように中央＝東京発の全国中継がこの時期、多数を占めていたことが数値のうえでも確認できる。

では、このような統制の結果、番組内容では地域的な差異が完全に消され、均一なものへと置き換えられていったのだろうか。不思議なことに、この時期の機関誌上では、この流れと反比例するかのようにたびたび郷土や地方などの用語がみられるようになる。一例を示せば、尾高豊作「ラジオと郷土教育」[41]（一九三二年）、藤澤衛彦「ラジオと地方色」[42]（一九三四年）、小田内通敏・杉山榮・田邊尚雄・小寺融吉・東條操「放送番組に於ける郷土性」[43]（一九三五年）、権田保之助「慰安放送の都会性と地方性」[44]（一九三六年）、古瀬傳藏「地方文化の振興と放送」[45]（一九四〇年）、鈴木栄太郎「地方文化の振興と放送」[46]（一九四一年）といったように、各方面から著名な研究者や教育者が郷土や地方をテーマに寄稿していることがわかる。これらの論文を年代順に読んでみると、次のような論調の変化に気づく。すなわち、当初、放送における地方色は慰安種目での嗜好の地域的な差異を指し、それをどのように扱うかという視点が強調されていた。しかし、一九三五年頃から「郷土性」という語が誌面上で頻繁に躍るようになる。そのなかでも特に、講演講座といった教養番組が郷土的なものを番組素材として取り上げることの重要性が、訴えられるようになる。

例えば郷土学を提唱した人文地理学者の小田内通敏は、「教養放送における郷土性」のなかで「郷土性の認識は風土に育まれた主観に根ざしてはいるが、それが客観化されることによって、真実性が加わり、ここに人格化された郷土性の具現となる。（略）それが全日本に基づく国土性に啓沃され、ここに祖国の郷土性の確認から祖国愛の正しき認識が完成される」としている。さらに、その郷土性の客観化のためには「各地に適材を求め、全国中継によって、連絡を保ちながら、その関係を明らかにする方法によって実現したい」とし、「㈠季節と生活の関係、㈡労働と娯楽の関係、㈢風景の特質、㈣地方気質、㈤郷土人物など」を取り上げることを提案している。[47]注目すべきは、個別の主観的な郷土性が中央の基準で位置づけ直されたことによって、全国的に解釈可能な郷土性＝日本の国土性になり、祖国愛の認識につながるというロジックである。これは、郷土の個別性を、放送という統合装置によって全体性へと結び付けようとする思想の端緒が表出したものとして注目に値する。

さらに一九四一年の「放送」八月号では、「地方文化の再建と放送」という特集が組まれる。巻頭では大政翼賛会文化副部長（元・「都新聞」学芸部長）の上泉秀信が寄稿していることから、四〇年十月に結成された大政翼賛会（近衛文麿が初代総裁）の翼賛文化運動[48]との関連[49]を考慮する必要がある。上泉は「中央文化の欧米植民地的な要素を精算して、日本の正しい伝統に還ることが、第一に要望される」「地方文化の中に埋没している伝統精神を掘り起こして、これに新しい生命を通わせることは、中央の個人主義文化に代わって集団主義文化にするという大きな革新性が秘められている[50]」といった論調で、大政翼賛会地方部の活動の一環として放送を利用することを求めている。同号の座談会「地方文化振興と放送――座談会」でも次のような活発な意見が飛び交っている。

中澤「大政翼賛会で一月毎に目標を立てているが、そういうものに結びつけて放送していったらいい」
花岡「地方の優秀なる面は隣保精神という集団的側面である。しかし、衣食住といった方面が非常に因習的で劣っている」
崎山「文化機関の少ない地方で、文化機関としての放送局の使命は大きい」
小山「アナウンサーに地方文化の指導者であるという観念をたたき込む必要がある」
春日「地方に科学的な考えを入れていくという生活改善の問題がある[51]」

この特集号の前月には、大政翼賛会文化部長の岸田國士が「地方文化の新建設[52]」で、ラジオ放送を地方文化再建運動の宣伝・啓蒙活動に積極的に活用することを提起している。この時期の大政翼賛会の地方文化政策の強化の背景には、大政翼賛会文化部が「近衛―後藤―三木と連なる昭和研究会グループの最後の砦であったため、軍部・内閣情報部・観念右翼から批判が絶えなかった[53]」こと、そして「中央では成果を期待できないとわかり、もっぱら、地方文化運動に力を注ぐようになった[54]」ことがあったと指摘されている。また、一九四〇年の近衛新体制によって解体・再編を余儀なくされた各地の地方文化団体は、大政翼賛会文化部と情報局の統制下に置かれていた。しかし、当時の文化政策は、単に「上から」の統制の強化という一方向的なものだったわけではなく、様々な職能団体や地域集団の利害や思惑が絡まり合い、そのうえに国家レベルのヘゲモニーが確立されていった[55]ことにも注意しておく必要がある。このように、放送の郷土性は、中央だけでなく地方を含めた様々なアクターによって聴取者の嗜好や放送現場の意向を超えたところで議論され、求められるようになったのである。協会側は、こういった動きに応えて各地方局に番組内容をリストアップするように求め、機関誌上でも「地方文化振興と我が局の地方色放送資材[56]」というタイトルで二回にわたってその番組を報告している。

表9にその番組の一部を示した。表9をみると、各局で多少差はあるが、各地で開催された軍関係の行事、寺院・神社からの神事中継、工場や採掘現場からの中継、祭り・郷土芸能、各地の歴史に関する講演講座といったように、先に述べた小田内の提案と一致している。しかし、リストをよくみると、文豪ヴェンセスラウ・デ・モラエスの顕彰（徳島）、全日本華僑総会（長崎）のように、必ずしも先ほどの文化政策に一致しているといえないような素材も存在する。いずれにせよ、このように郷土的素材が番組制作で多数求められるようになったことは、日本での地域番組の発展過程からみれば重要な契機になったと考えられる。また、地域社会の側からみれば、地方の放送局が各地の文化団体や郷土史家と関わり合いながら番組を放送した[57]とすれば、地方局の文化機関としての位置づけが明確化されるという点でも、その後の地域の放送局のあり方に影響を与えた可能性がある。

表9　地方色放送番組

局名	番組の内容
静岡	実況：模範的共同作業、炊事託児所風景、子供隣組風景、音楽演芸：俚謡特に労作唄の現代化、郷土史の劇化
浜松	実況：凧揚祭、秋葉神社防火祭、音楽演芸：大念佛、伝楽舞。
京都	実況：運動競技・武道、年中行事、神社、寺院、講演：大学、専門学校、学術研究団体、文化団体、美術工芸、茶道、華道、短歌・俳句、宗教団体、産業関係、演芸音楽：地唄（生田流）、尺八（箏古流）、謡曲、狂言、雅楽、俚謡、映画、音楽など多数
高知	実況：瀧河洞、魚染瀬国有林、室戸岬、龍串、桂浜、講演講座：南学、武市半平太、青山文庫、演芸音楽：よさこい節、東天紅
徳島	講演講座：文豪モラエスの顕彰、八代弘賢、阿波国文庫、演芸音楽：阿波踊り、藍こなし唄、お姿麦踏唄、鐘鋳音頭たたら、阿波音頭、阿波浄瑠璃
長野	風土講話、満州開拓民青少年義勇軍、高原地開発、奥信濃路の山村、演芸：木曽節、伊那節、安曇節、信濃追分、小諸馬小唄、親澤追分、柏原甚句、柏原おけさ、古間音頭、大門踊、常田獅子、高梨牛獅子
福井	実況：藤島神社、氣比神社、御田植祭、総参祭、若狭彦神社の送水神事、永平寺、吉崎御坊の蓮如忌、越前の製紙、講演：佐久間艇長と佐久間書院、演劇：越前万歳
富山	報道実況：蜃気楼実況、録音：稱名峡・大岩・黒部渓谷を探る、立山を探る、鰤綱、講演講座：越の犬の話、鬼蓮の話、螢烏賊の話、埋没林の話、薬草の話、立山とお花畠、越中五カ山を探る、越中の民謡、大友の家持と越中、演芸音楽：おわら節、麦屋節
松本	木曽節、伊那節、安曇節、農村雑記
岡山	実況報道：農繁期の共同炊事上および託児所における婦人の勤労奉仕状況、藤田農場収穫期、香川県立榎井能事講習所の一日、備前西大事会陽裸祭、真言宗総本山善通寺の法要、金比羅の桜祭と紅葉祭、讃岐国分梵鐘、送球の実況、講演講座：大原農業研究所、岡山県知事常会向講演、青年学徒への放送、生活の科学常識、郷土の常識、われらの郷土、宗教、愛生園・光明園・大島療養所、演芸音楽：健全娯楽大会、部落常会美談佳話の演劇化、岡山新管弦社、郷土芸能、その他：郷土の偉人、史跡、国立公園瀬戸内海、かぶと蟹、山椒魚
松江	実況報道：神社参拝神事、生産方面の資料、心身鍛練に資するもの、講演講座：郷土出身偉人の偉業紹介にて青少年の奮起を促すもの、郷土出身勤王家、産業開発振興貢献者、地方文化振興功労者（柿本人麻呂、雪舟など）、近代人（森鴎外、島村抱月）、産業関係（隠岐の牧畑、和牛、出雲紙）、学術関係（隠岐のくろきづた）、神話、演芸：健全娯楽として（大社神話、佐蛇神能、神代神楽、三隅神楽）、俚謡民謡
鳥取	国立公園大山、大山市、追掛節、船上山、尚徳館、神緒、貝殻節、湯冠り唄、がんりき節、鳥取砂丘、二十世紀梨、因幡紙、伯州綿の栽培、松葉蟹の捕獲、海女の土用牡蠣採集、日野川上流の砂鉄精錬、亀井茲矩、稲村三伯、川合清丸
尾道	実況報道：鯛網、備後表、吉和踊、御手火祭、講演講座：尾道国実態帳、頼山陽と尾道、頼山陽と玉蘊、紀行・文芸に現れたる尾道、因島と村上水軍、廉塾と菅茶山、拳骨和尚伝、演芸音楽：花踊、荒神神楽。
長崎	実況報道：全日本華僑総会、講演講座：長崎郷土史物語、演芸音楽：勤労者の音楽、職場演芸（三菱関係の造船所他）

（出典：「地方文化振興とわが局の地方色放送資材」〔日本放送協会編「放送」1941年7月号、日本放送協会〕、日本放送協会編「放送」1941年8月号〔日本放送協会〕から一部抜粋）

4　太平洋戦争期——Ⅳ期(一九四一—四五年)

一九四一年十二月の太平洋戦争勃発に至る頃には、ラジオの普及率は四〇パーセントを超えるようになる。ここまで述べたように、国家的なメディアとしての地位を確立したラジオ放送は、初期の娯楽番組にみられたような地域的な差異が薄まっていきながらも郷土性が求められるという状況にあった。しかし、太平洋戦争が開始されると状況は一変する。開戦翌日の四一年十二月九日には電波管制が敷かれ、地方各局からの全国入中継[58]を中止し、原則として東京発の全国中継放送だけに制限して、単独放送は完全に停止することになった。

同年十二月二十五日からは軍情報を地域別に伝えるための利便性をもたせるという見地から、軍管区ごとに全国を五群に分けて、夜間に限って群別同一周波数放送をおこなうことになり、一応は群ごとに異種の番組が編成できるようになった[59]。一九四二年七月には七班に分けて班別放送になったが「生活環境・生活感情において一体をなす地方郡を形成するとはかぎらず、したがって自局の地方民には直接関係の薄い番組内容が盛られることもあった[60]」という。

一九四三年七月、情報局は「時局に関する報道方針」を決めたが、その方針は食料緊急増産、国民の決戦生活の確立を主軸としていた。当時、食糧事情は日増しに悪化し、政府は国内の食糧増産を躍起になって奨励していて、放送にもこれを求めてきた。これによって『農家の時間』は戦時下の食糧増産を推進するための重要な番組になり、『戦時家庭の時間』『家庭園芸』などの時間がローカル放送に移されて、それぞれの地域の実情に合った家庭での食糧増産の指針を伝えていった[61]。

一九四四年十月六日の閣議では、「決戦輿論指導方策要綱」が決定され、これに応じて十月の放送企画会議で『放送解説』『巷の声』が新設、地方報道が強化されることになった。これは、戦局が悪化の段階にいよいよ入り、それまでの硬直した観念論から柔軟路線への転換を計り、「国民の間より盛り上がる公正な言論はこれを尊重」することで、国民の気持ちを引き立てる狙いがあった[62]という。地方報道の強化に関しては、従来の同盟通信社のほかに新たに地元新聞社[63]からもローカルの報道資料の提供を受け、また地方官署とも緊密に連絡を取り、ことに「増産関係のローカル報道を強化しようとするもの[64]」だった。このように、戦時下の現実的な問題に対処するためのローカル放送が重視された。

では、Ⅲ期で求められていた郷土性はどのように扱われたのだろうか。「放送研究」一九四二年十月号で、山形局放送係長の熊谷幸博が戦時下の地方放送について次のように述べている。「かつて大政翼賛会設立当時地方文化振興と云うことは、翼賛会の運動の一つのスローガンとして掲げられ、様々の形や力がこの運動のために用意された。郷土史が新しく回顧されたし、地方の古い芸能が復活された。しかし、その多くは偏狭なる郷土精神の誇張に走り、ために国家的大乗的立場に背馳したり、あるいは骨董的歴史観の故に時代錯誤を感ぜしめた」「民謡等の農村の古い芸能の復活も行われたが、もともと民謡は昔の古い作業に発したものであり（略）現代農民の心情を打ち難かった」「その如きは一種の時局便乗であり又時代錯誤であり農村の勤労精神と終極に於いて背馳した[65]」。このように熊谷は、地方文化再建運動による郷土的な番組への反省を述べている。また、「地方文化の振興は他力による方法を待って中央からの後援に依るべきではないし、地方にあるものの文化運動も上述のように種々と再吟味されるべきである」「農山漁村に住む人たちの勤労生活は、非常にきびしくかつ激しいのであって、いい加減の思いつきや表面的な遊戯では到底彼らの血肉となる如き娯楽にも教養にもならぬ[66]」として、地方文化運動の見直しの必要性と地方民の厳しい実情を訴えている。

さらに名古屋中央放送局の報告では、「今時戦争を契機として報道放送の性格も改変を迫られ、今や言う所の地方文化振興よりもより地方与論の統一的指導に任ずるに至った[67]」とあり、地方文化運動で語られたような復古主義的な活動は後退し、地方でも統一的指導が求められるようになったことがうかがえる。これについては、一九四二年六月の大政翼賛会第二次改組に伴い、岸田部長・上泉副部長らが文化部を去って岸田路線が後退するとともに、地方文化運動は上意下達式の官製運動と化していった事情もある。

このようにⅣ期では、Ⅲ期にみられたような翼賛運動で示された観念的な部分は後退し、増産や国民の戦意高揚といった現実的な問題に即した放送が地方局に求められるようになった。これは、前述した二つの放送とはタイプを異にする。非常時には、地域ごとの現場判断が必要になると同時に、統一的な指導が求められる。結果的に、地域の放送の重要性が再び見直されることになる。つまり非常時には、Ⅱ期やⅢ期とはまた違った要因で、放送のローカリティが求められたと考えることができる。

まとめ

初期のラジオ放送では、中継網の未整備と聴取者獲得のためといった理由から、娯楽番組を中心に各地の聴取者の嗜好に沿った独自編成をおこなっていた。その結果、特に慰安項目の時間で当時の地理的な嗜好差を反映した番組編成がみられた（Ⅱ期）。これは、むしろラジオ創生期だったからこそ可能な展開だったと考えられる。その後、中継網の整備や協会の組織改正によって全国的な統制が進められると同時に、番組面では娯楽種目が減少して報道や講演講座などの指導的な番組の重要性が高まっていった。そのなかで、翼賛体制での地方文化運動などに呼応するように放送の郷土性がたびたび論じられるようになり、各局に対して郷土的番組が求められ、その結果、各地でそれが具体的に検討されることになった（Ⅲ期）。そして、太平洋戦争が始まると、それまでの理念的な郷土性は戦時下の地方生活と乖離し、不満や改良の声が上がるようになった。また、それと同時に、戦争が長期化するにつれて地方番組が見直され、空襲警報や農業生産性向上など実際的で性急な求めに応じた地方向け放送が求められるようになった（Ⅳ期）。このように放送のローカリティは、これら四つの時期でそれぞれ異なった様相をみせたのである。

注

（1）一九二四年五月の「放送事業主要出願者一覧」をみると、新聞社以外に無線機器メーカーや自治体首長（東京市）の名前がある（日本放送協会編『放送五十年史 資料編』日本放送出版協会、一九七七年、一六一ページ）。

（2）高橋雄造『ラジオの歴史――工作の〈文化〉と電子工業のあゆみ』（法政大学出版局、二〇一一年）に詳細が示されている。

（3）竹山昭子『ラジオの時代――ラジオは茶の間の主役だった』世界思想社、二〇〇二年、一二ページ

（4）一九二五年二月十一日から三月五日まで、大阪・長堀橋の高島屋呉服店屋上で開催され、実験放送を公開した。会場には、受話器でラジオを楽しむインスタレーション類や通信の変遷図、ラジオ商組合出品の受信装置類を多数展示したとされる（同書二〇ページ）。

（5）仲佐秀雄「戦前の放送――わが国の放送成立事情の特徴を中心に」、城戸又一編集代表『放送』（「講座現代ジャーナリズム」第三巻）所収、時事通信社、一九七三年、一八ページ

（6）日本放送協会放送史編集室編『日本放送史』上、日本放送出版協会、一九六五年、二六ページ

（7）一九二二年、逓信省は、通信局電話課長・今井田清徳らにアメリカ放送事情視察を命じて放送制度の調査研究に乗り出した。今井田と後任の戸川政治らはその「調査概要」を作成して、逓信省はこれとほかの関係書類に基づき、「放送用私設無線電話規則」を省令として作成した。そして、陸・海両省を説得して、二三年十二月二十日、これを公布した。

（8）前掲『放送五十年史 資料編』四三ページ

（9）この規則は、一九五〇年六月一日に電波三法施行に伴って廃止されるまで、長らく日本の放送の方針を示す基本的制度になった。

（10）前掲『日本放送史』上、三一ページ

（11）前掲「戦前の放送」二一ページ

（12）同論文二二ページ

(13) 一九二四年八月六日、当時逓信省の畠山敏行通信局長は、東京の放送局の許可について、多数の出願者を招致して株式会社と内示した方針を覆し、公益法人とする旨と伝えた。それに対して、来会者は詰責したところ「前内閣（政友会）の方針と現内閣（三派内閣）の方針の相違であるというだけで別に説明を加えなかった」とされる（「日刊ラヂオ新聞」一九三〇年三月二十五日付）。

(14) 前掲『ラジオの時代』三三ページ

(15) 多くの理事・監事を送り込みながら実際は放送局と一線を画す立場に変わり、計画段階での熱は冷却して、ラジオの速報性は新聞社にとってむしろ牽制しなければならないものになった（同書三二ページ）。

(16) 新聞社がラジオに積極的に取り組んできたにもかかわらず、政府の介入によってそれを阻まれたことは、その後、四半世紀たった戦後の制度刷新時に再燃することになる。大阪における民放ラジオ免許の一本化でその執念がよみがえったとみることもできるだろう。放送と新聞のその後の関係を知るうえで、このような事情を無視するわけにはいかない。

(17) 全国中継網は、一九二八年十一月に予定されていた天皇の即位大典の模様を全国に中継することを目標に、仙台から熊本に至る総延長千八百六十キロの連絡網を逓信省線の一部借用も含めて開通した。札幌―仙台間は無線中継だった。

(18) 一九四三年の「放送研究」七月号・十月号（日本放送協会編、日本放送協会）の「地方放送の十五年」の報告では、「昭和三年十一月には御即位の御大礼が行われることになったので（略）札幌を除き北は仙台から南は熊本まで六放送局が中継線で連絡されることになり（略）中継線及中継線を操縦するための中継操縦盤たるものが徹夜で演奏所に設備され、十月完成、十一月六日から二十日あまりにわたって御大礼模様を放送申し上げた」とし、また完成後は「種目の関係上東京、大阪方面からの入り中継が暫時増加したことは言うまでもない」として、中継線の完成後に中継番組が増加したことを述べている。

(19) 例えば山によって遮られるなど、送信所が設置される場所の空間的な特徴と使用する周波数帯域によって到達範囲は変化するため、それらを勘案してエリアは決定されている。

(20) 中継網の敷設によって、単一の放送局が自エリア内にだけ放送する「単独放送または自局発ローカル放送」という編成から、ほかの局の放送を中継網から引き込んで放送する「入中継」と、ほかの局や全国に向けて番組を送出する「出中継または自局発全中放送」という編成がおこなえるようになった。

(21) 越野宗太郎編『東京放送局沿革史』（東京放送局沿革史編纂委員会、一九二八年）によれば、東京放送局は一九二五年、全国放送網計画と大電力計画の要請を逓信大臣に提出したとして、地方放送の位置づけを次のように記している。「全国枢要なる地方に東京放送局の中継放送所を設置し有線若しくは無線の連絡に依り之を中継放送せんとするものにし（略）その完成を見るまでは当分の内単独放送をなし然して放送はできうるだけ中央の材料を供給し之に地方色を加味するものとす」（同書二二三ページ）。このように、東京放送局は当初から番組を全国中継することを提案していて、地域の単独放送は中継網が完成するまでの〝つなぎ〟であって、地域で放送される「地方色」は付加的なものとして位置づけていた。

(22) 熊本中央放送局／札幌中央放送局「地方放送の十五年」、日本放送協会編「放送研究」一九四三年九月号、日本放送協会、仙台中央放送局「地方放送の十五年（二）」、日本放送協会編「放送研究」一九四三年十月号、日本放送協会

(23) 放送局で独自取材がおこなわれなかった背景と新聞とラジオの相克に関しては前掲『ラジオの時代』二六―三三ページ、竹山昭子『太平洋戦争下 その時ラジオは』（朝日新聞出版、二〇一三年）五六―五九ページに詳しい。

(24) 前掲『日本放送史』上、一八ページ

(25) 日本放送協会編『昭和十一年 ラヂオ年鑑』（日本放送出版協会、一九三六年）八八―九四ページをみると「放送新人の募集」として各地域で慰安放送出演者の募集状況と採用の結果が記されていて、地域の放送局でそれぞれ演奏者などを採用していたことがうかがえる。

(26) 日本放送協会編『業務統計要覧 昭和11年度』（日本放送協会、一九三七年）二二八―二二九ページの「全国中継及ローカル番組種目別放送回数 音楽・演芸之部（5）」による。

(27) 業務局文芸部「慰安放送の十カ年」（日本放送協会編「放送」一九三五年四月号、日本放送協会）では、歌謡曲の台頭について「歌謡曲という名称は放送からレコードへ入っていったもので、その始めは「新小唄」と称せられまた「新俚謡」ともよばれて各地方及び花柳界の宣伝などに使われた。（略）放送においてはレコード歌謡曲歌手の放送によってラヂオファンを満足さえる《ママ》と同時に、間接にレコード会社の宣伝になることを慮ってここに放送局だけの放送

によって第一歩を踏み出す歌謡曲歌手を求めるまでに歌謡曲は放送種目の重要なものとなっていることは否定できない」（同論文三八ページ）と述べられている。

(28) 前掲『放送五十年史 資料編』二八四ページには「ニュース放送は放送開始以来、昭和四年（一九二九年）までは一日平均二十分から二十八分であった。しかし翌年には四十分になり、さらに昭和六年（一九三一年）には一時間以上に激増した」とあり、本書のデータを裏づけている。

(29) 日本放送協会編『放送五十年史』日本放送出版協会、一九七七年、二八四ページ

(30) 山口誠『英語講座の誕生――メディアと教養が出会う近代日本』（講談社選書メチエ）、講談社、二〇〇一年、二八―二九ページ

(31) ラジオ聴取者の嗜好調査の始まりは、一九二五年八月に慰安放送種目に関して東京放送局管内全聴取者を対象におこなったものとされる。

(32) 下郡山信吉「ラヂオ調査に現れたる視聴者の希望に関する一考察」「調査時報」第三巻第九号、日本放送協会、一九三三年、一六―二三ページ

(33) 当時の番組編成方針を日本放送協会編『日本放送史』（日本放送協会、一九五一年）二〇六ページでは、「時流に媚びず、俗悪に堕せず明朗健全」を旨としたと述べていることと、当時大流行した歌謡曲を一切無視したとして「民衆側の自由な娯楽番組への欲求との裂け目が既にあった」（津金澤聰廣『現代日本メディア史の研究』ミネルヴァ書房、一九九八年、七六ページ）ことも注意しておく必要があるだろう。

(34) 広島放送局同人「聴取希望種目の調査について」「調査時報」第一巻第七号、日本放送協会、一九三一年、一七ページ

(35) 一九二八年十一月の全国放送網の基幹線が完成した当初の編成方法をみると、「中継番組を中心とする編成が各支部の協議の形で定められるようなった」「もっとも、その決定には拘束力はなく、受入れ局の選択に任されている部分も少なくなかった」（前掲『日本放送史』上、一三四ページ）として、当初は地方局の編成にある程度の自由があったとしている。しかし、三三年八月に中継番組の高度利用と予算操作の能率化という名目のもとに「種目別放送基本回数」案が作成されると、全国一元化へ進んでいくことになる。

（36）協会は旧三法人の実体をほとんどそのまま踏襲して形式的な統合体として発足したために、事業の基本方針の運用さえも困難である場合が多かった（前掲『日本放送史』上、二九七ページ）として、支部制を廃止して経営の中枢機関として東京に本部を置くというものだった。

（37）下郡山信吉「九年度に於ける番組統制の足跡」、日本放送協会編「放送」一九三六年一月号、日本放送協会、八二―八三ページ

（38）各局の中継回数を、多い局は減らし少ない局は増やすことで、同程度にしてグラフ上で局毎の中継放送時間を直線的になるように調整すること。

（39）『聖典講義』は『宗教講座』が番組改編されてできた宗教番組で、一九三五年に終了して『朝の修養』になった（榎本香織「NHK宗教放送の歴史に関する一考察」、東京大学文学部宗教学研究室編「東京大学宗教学年報」第二十八号、東京大学文学部宗教学研究室、二〇一一年、六八ページ）。また、和漢洋各種の経典、聖賢、哲士の言葉をそれぞれ権威者に委嘱して解説放送している（前掲『昭和十一年ラヂオ年鑑』二七ページ）。

（40）拠点局以外の地方局発全国中継のなかで時間的にほかを圧倒しているのは京都局で、特に朝の講座、朝の修養、午後の講演・講座、家庭・婦人の時間といった講演講座（約四十三時間）が多くを占めている（日本放送協会編『業務統計要覧 昭和15年度』日本放送協会、一九四一年、一四〇―一六一、一九〇―二一七ページ）。

（41）尾高豊作「ラジオと郷土教育」「調査時報」第二巻第九号、日本放送協会、一九三二年、四―一〇ページ

（42）藤澤衛彦「ラジオと地方色」、日本放送協会編「放送」一九三四年二月号、日本放送協会、二五―二八ページ

（43）小田内通敏／杉山榮／田邊尚雄／小寺融吉／東條操「放送番組に於ける郷土性」、日本放送協会編「放送」一九三五年十一月号、日本放送協会、四―三一ページ

（44）権田保之助「慰安放送の都会性と地方性」、日本放送協会編「放送」一九三六年十月号、日本放送協会、一三―二一ページ

（45）古瀬傳藏「地方文化の振興と放送」、日本放送協会編「放送」一九四〇年十月号、日本放送協会、三九―四二ページ

（46）鈴木栄太郎「地方文化の振興と放送」、日本放送協会編「放送研究」一九四一年二月号、日本放送協会、七―一三

ページ

(47) 小田内通敏「教養放送に於ける郷土性」、日本放送協会編「放送」一九三五年十一月号、日本放送協会、一一ページ

(48) 日中戦争開始後の一九三七年八月から始まった国民精神総動員運動によって、数多くの文化的活動が抑圧されていた。その改善を目指して、地方文化と農村文化の振興に重点を置いて時局迎合的運動として登場したとされている(金子直樹「勝ち抜く行事――翼賛文化運動における祭礼行事・民俗芸能の「活用」」、「郷土」研究会編『郷土――表象と実践』所収、嵯峨野書院、二〇〇三年)。

(49) 大政翼賛会の初代総裁でもあった近衛文麿は、一九三六年に日本放送協会の総裁に就任した。以来、自殺を遂げる四五年十二月までその座にあった。

(50) 上泉秀信「地方文化再建運動の理念」、日本放送協会編「放送」一九四一年八月号、日本放送協会、六―一〇ページ

(51) 金川義之ほか「地方文化振興と放送――座談会」、同誌一一―三三ページ

(52) 岸田國士「地方文化の新建設」『生活と文化』青山出版社、一九四一年

(53) 河西英通「翼賛運動と地方文化」、馬原鉄男／掛谷宰平編『近代天皇制国家の社会統合』所収、文理閣、一九九一年、一八一―一八二ページ

(54) 同論文一八一―一八二ページ

(55) 吉見俊哉「一九三〇年代論の系譜と地平」、吉見俊哉編著『一九三〇年代のメディアと身体』(青弓社ライブラリー)所収、青弓社、二〇〇二年、五四ページ

(56) 前掲「放送」一九四一年八月号、日本放送協会編「放送研究」一九四一年一月号、日本放送協会

(57) 各地での地方文化運動と地方局の関わりについては、地方の翼賛文化協会の委員に地方局の局長が名を連ねていることなどからうかがい知ることができる(北河賢三「戦時下の地方文化運動――郡山翼賛文化協会を中心に」「社会科学討究」第三十九巻第三号、早稲田大学アジア太平洋研究センター、一九九四年)。

(58) 各地の局から回線を中央の局に入れ、全国へ向けておこなう中継放送のこと。

(59)前掲『日本放送史』上、四九四ページ
(60)同書五二四ページ
(61)前掲『放送五十年史』一六一ページ
(62)前掲『史料が語る太平洋戦争下の放送』五二ページ
(63)この時期、新聞の「一県一紙」の整理統合の影響や速報性の点でラジオが有利だったことが、ラジオが重要視されるようになった理由でもある。
(64)前掲『日本放送史』上、五六七ページ
(65)熊谷幸博「地方放送員と戦時放送」、日本放送協会編「放送研究」一九四二年十月号、日本放送協会、三五ページ
(66)同論文三六ページ
(67)名古屋中央放送局報道係編「地方報道放送の諸問題」、日本放送協会編「放送研究」一九四三年十一月号、日本放送協会、三四―三八ページ

第3章　日本型の放送のローカリティの形成

本章では、次の点に着目して分析する。戦後、新たに制定された放送制度でローカリズムがどのように体現されてきたのか、戦前には唯一の放送局だった日本放送協会は、戦後、どのようなローカリティを目指したのか、そして、新たな放送制度のもとで免許が交付された各地の民間のローカル放送局の特徴はどのようなものだったのか、それらのローカルな放送局が各地でどのようなローカル番組を放送してきたのか、である。特に、戦後に放送の民主化を進める際に、免許制度で免許の交付先を各地に分散させ、放送の多元性と番組の多様性を確保することは重要な問題だった。この理念は、戦後の現実世界ではどのように実現されたのか、あるいは実現されなかったのか。また、戦後の日本社会や地域社会は新たな放送のあり方をどのように受け止め、それを取り込んでいったのか、といったことにもふれる。

本章では、戦後放送史の時代区分を参考にして、占領期から日本の放送制度が改変され、各地に民間のラジオ放送がスタートするまでの時期をⅤ期（一九四五―五一年）、その後、急速な経済成長とともに、テレビ放送が急速に普及して全国的な放送ネットワークが形成されながら発展していった時期をⅥ期（一九五一―六〇年）として論じる。

1 放送の民主化とローカリティ――V期(一九四五―五一年)

V期では、日本放送協会がおこなった放送の民主化は番組における放送のローカリティのあり方に影響を及ぼしたのか、そして、民主主義的なメディア機関として主体的な組織になることができるのかを検討する。さらに、戦後の新たな民主主義的な理念のもとで放送制度が誕生し、民間放送にはローカリティが強く求められるのだが、その組織や制度の実際はそれを十分に実現できたのかを考える。

戦後の日本放送協会(NHK)

戦後の放送は、戦勝国である連合国側の意向に沿って展開することになる。敗戦直後の日本放送協会は、組織や設備は戦時中のそれを引き継ぎながらも、占領軍側が発する指令に基づいて改革をおこなって放送を実施した。

一九四五年八月十五日正午、ポツダム宣言の受諾を告げる〝玉音放送〟が東京中央放送局から全国中継された。その後の二日間は時報とニュースだけの放送になったが、十七日からは天気予報が加わり、軍人その他の軽挙妄動を戒める放送、農民に対して食糧増産を懇請する放送などがおこなわれた。八月三十日には、連合国軍最高司令官ダグラス・マッカーサーが厚木飛行場に降り立ち、連合軍の東京進駐とともに放送はその監督指揮下に置かれることになる。九月二日、ミズーリ号艦上で降伏文書の調印をおこない、日本政府に対して一切の電気・通信施設の現状のままの保持と運営を命令した。続いて、九月四日に外国語による海外放送を禁止し、十日には日本語による海外放送を禁止した。そして、九月十日付で「ニューズ頒布に関する覚書」が、九月二十二日付で「ラジオ・コードに関する覚書」が日本政府宛てに通告される。これらの指令は、これまで旧日本帝国政府がマスメディアに対して課してきた制限を排除して、言論・表現の自由を根づかせることを意図したものだった。これらの措置に対して、情報局は国内放送に関する措置を決定し、九月十三日付で番組検閲を主管していた各地方逓信局長宛てに通達を出している。一方で、九月二十二日付の「ラジオ・コードに関する覚書」では、連合国や占領軍に不利益を及ぼす事項の放送は厳重に禁止され、違反者は軍事裁判に付されることになった。十月四日からは、これに基づく放送原稿の事前検閲が実施され、翌年の二月十三日以降は同日付覚書によって東京・大阪・名古屋以外の四つの中央局のローカル番組にも適用されることになった。

占領軍によるこのような検閲に対して、日本放送協会内部の反応はどうだったのだろうか。内川芳美は「放送は「ラジオ・コード」によって、旧日本帝国政府にかわる新しい専制的権力を迎えた(1)」と評している。ラジオ・コードに準拠しておこなわれる番組検閲は民間検閲局（Civil Censorship Detachment：以下、CCDと略記）が主管し、番組の民主化を図るための指導は民間情報教育局（Civil Information and Education Section：以下、CIEと略記）のラジオ課が担当して、この両機関の事務所はいずれも東京放送会館内に置かれていた。当時の様子を、日本放送協会演芸部副部長だった春日由三が次のように語っている。

> 進駐軍が来てすぐのことですが、いきなり内幸町の放送会館に来て明日明け渡せという。しかし、放送施設があるから、建物がきれいに明け渡しはできない。じゃあ同居しようということで、三階と五階かなんかにNHKは全部押し込まれたわけです。四階は、今まで会長以下、偉い人がゾロッゾロッといた場所で、下っ端は行ったこともないような場所に全部CIEがはいってしまったんです。ですから極端なことを言えば、箸の上げ下ろしまで指導検閲。もっと正確に言えば、検閲しているCCDというのは六階にいたんです。(2)

このような変化に対して、現場の局員はどのように感じていたのだろうか。春日によれば、検閲は戦前では日常的におこなわれていたために（検閲する担当が情報局からCCDに変わっただけと考えれば）不自由感はなかったと話している。そして、敗戦後間もないこのような局面で、突然現れた占領軍にNHK職員が抵抗しなかった理由について次のように答えている。

私どもとしては大変な経験をしたわけですが、なぜ抵抗しなかったかと言われても、抵抗もしたことはあるけれども、もともと逓信省が検閲をやっていました。戦争末期には内閣情報局と一緒に二重検閲みたいになった時代もあるんです。逓信省電務局の無線課の係官がＮＨＫの中に常駐していたんですよ。情報局になってからは情報官が常駐していました。だから検閲とか指導というものに慣れっこになっているから、今までまったく自由だったのが検閲の網をかけられたのと違って、不自由感というのがだいぶ違うわけです。仕方がないというかあきらめというか、そういう気持ちがかなりあったことは否めないですね。[3]

このように、現場では、監督主体が入れ替わったという認識で、日常業務としてはこれまでの方法を踏襲し、検閲に対して混乱は特段生じていなかったようにもみえる。

次に地方局の様子をみてみよう。ＮＨＫが戦後初めて採用した放送記者でもあった田中哲が、採用後、一九四七年一月に仙台放送局に二人で配属されたときの様子を次のように記している。

仙台はその中心部が空襲で文字通り瓦礫の街と化していた。家も食糧もない時で、下宿を探すなどは思いもよらない。そこで局では、幸い焼け残った局舎（北一番町）の宿直室を二人の仮のネグラと定めてくれた。[4]

この当時の仙台局は、中央放送局とはいっても部員は全部で二十人足らず、ニュース班はチーフを含め三人だった。田中が仙台に配属されると、県庁、市役所、警察その他記者クラブがあるところにすべて入会し、取材と共同通信・地方新聞社から提供される原稿をリライトする仕事をしたと述べている。戦前・戦中期には、日本放送協会に放送記者は存在せず、ＮＨＫが自ら取材したものをニュースで流すことは基本的にできなかった。田中らが入局した時期に、放送記者が誕生したのである。この記者クラブ入会について、田中は次のように述べている。

県庁記者クラブでは、放送は入れないというのである。その理由として〝輪転機〟を持っていないからというから、今考えてみるとナンセンスな話だ。東京では各省のクラブに入ったから、お前たちも早く手続きをとれ、と指示してくるし、地元では猛反対されるし、本当に困った思いがある。(5)

このように、この時期、新聞に対して後発の放送メディアでも報道活動が許されていく過程がよくみえる。また、仙台局でも占領軍による検閲がおこなわれていて、「あらゆるニュース、特に思想的、政治的、労働や、食糧問題などについては、相当厳しくチェックされていた。進駐軍関係のものは一言半句といえどもタブーとされていた(6)」という。そして、検閲官の当時の様子については次のように述べている。

この検閲官がNHKの局舎内の、それも局長室という最高の部屋を占有していた。お陰で、当時の崎山正毅局長は別の小部屋で肩身を狭くしていた。（略）しかも、その検閲官というのがミスター・ネコタという二世であったから、一見私どもと皮膚の色、目の色、髪の色も同じで、まだ三十前後の若造ときていたからなおさらのことである。彼は時々、崎山局長や大川放送部長を、時には茂木放送課長や高橋デスクまでも自室に呼びつけ、高飛車な態度で何やかやと文句をつけ指図をしてきた。(7)

この記述からも、ローカル放送局でも局内に検閲官が駐在して指示を出していたことがよくわかる。しかし、厳しい指導に対して、反発心はあったとしても混乱が起きていたという様子はみられない。戦時中には、情報局によって厳しく指導や検閲がおこなわれていたことも合わせて考えると、現場の手続き上混乱は少なく、また占領軍にとっては統治しやすく都合がよかったものと考えられる。戦後の放送の民主化を進めるという流れからすれば、占領軍による検閲や指導は矛盾を抱えていた。占領軍は一方で、日本放送協会に対して理念上、民主主義国家の言論機関として早急に自立することを求めていたからである。

占領期のローカル番組

GHQは、占領政策に基づいて日本放送協会の番組内容にも改革を迫った。占領初期には、GHQから日本政府に示された覚書によって放送の大部分が東京から送出されていたが、その後、CIEの指導によって、公示的な放送だけではないローカルな番組が求められて制作された。これは、市民が発言する『街頭録音』（一九四六—五八年）といった番組などのように、市民の自発的な参加や発言が期待されたからだが、戦後間もない日本の地域社会で、民主主義的な思想をどのように受け入れるのかといった大きな問題と重なっていた。

では、具体的にどのような地方番組が放送されていたのだろうか。戦後初期のローカル向けの放送内容としては、官公庁の公示事項のような内容や天気予報などが許されていただけだったが、一九四六年四月十日の第二十二回衆議院議員総選挙に際して政見放送が初めておこなわれ、全国では政見放送が、各ローカル放送では候補者放送がおこなわれた。これによって地方放送局の存在価値が確認されるとともに、CIEから要求される地方の民衆に対する民主化を促すキャンペーン事項が増大したため、ローカル放送番組の必要性が痛感されるようになった。(8)

NHKは一九四六年五月一日の七時十五分から『市民（県民）の時間』（十五分）を新設し、そのときどきの地方行政面での問題点や告知事項など、各地方に適合した番組が組まれた。同年九月には、十七時のニュースに続く十五分間（のち十八時三十分から十五分間になる）が、『地方の時間』に指定された。ここに、その後引き継がれる朝夕のローカル番組枠の原型をみることができる（表10も参照）。

大阪局は、一九四七年三月から農家や婦人を対象にローカル向けに番組を制作することが認められ、七月には各中央放送局と一部の地方局[9]は、週に一回、夜の七時半から八時までをローカル向けに制作して各地方の特色に応じた総合番組が編成されることになった。この夜間のローカル番組枠は『ローカル・アワー[10]』と呼ばれ、四八年一月から全地方局に割り当てられる。各局単独でおこなっていた『ローカル・アワー』は、毎回テーマを決めた番組内容で編成されていたという。テーマは「住宅問題」「緑化について」「農業協同組合とは」「労働問題」など、当時の社会情勢を反映したもので、スクリプトは事前に検閲された[11]。

ローカル番組の検閲は、占領初期には東京所在の事務所だけでおこなっていたため、地方局がローカル番組を放送する際には原稿を東京に事前に送って許可を取らなければならなかったが、一九四五年暮れから四六年春にかけて、大阪、名古屋、福岡に次いでその他の中央局所在地にもCCD係官が常駐[12]するようになって、ローカル番組の原稿はこれらの係官の許可を取ればいいことになった。しかし、地方局発の全国中継番組では東京のCCDの事前検閲が必要だったという。

表10　1948年3月のローカル番組（NHK 福岡放送局）

時刻	番組
5：30	おはよう番組
	ニュース・天気予報
	ニュース・天気予報
	市民の時間
	天気予報・番組予告
	音楽
10：55	学校新聞
11：45	配給だより
12：10	ニュース・天気予報
12：30	食後の音楽
14：00	ラジオ告知板
15：10	ニュース
18：30	県民の時間
20：00	ローカルショー（金曜だけ）
21：10	ニュース・天気予報
22：00	気象通報・天気予報・番組予告・音楽

（出典：井上精三編『NHK 福岡放送局史』NHK 福岡放送局、1962年、236ページ）

一九四九年一月からは週一回、『リージョナル・ショー』の時間が夜間に各中央放送局で設けられ、音楽演芸を主とする娯楽番組が放送された。四九年四月からは、東京・大阪・名古屋局が管内のそれぞれの『県の時間』を設け、県民に直結する話や告知事項などを放送した。この時期には、地方局の施設の整備、人員の増加[13]と相まってローカル放送の時間量も増加し、四九年度では一日平均で大阪局が四・五二時間（二五・八パーセント）、名古屋局が三時間（一八・六パーセント）、そ

図8　広島で初めての街頭録音（広島キリンビヤホール前）
（出典：広島放送局六〇年史編集委員会編『NHK 広島放送局六〇年史』NHK サービスセンター広島支局、1988年、101ページ）

の他の中央局が二時間四十分、地方局が一時間三十分から二時間ぐらいのローカル番組を編成して、その地方の政治・経済・社会・文化に結び付いた番組や占領軍の指示による番組を放送した。また、農業従事者向けの番組『早起き鳥』が開始され、協会は農地改革を進めていたＣＩＥの示唆でＲＦＤ（Radio Farm Director：農事放送担当者）を各地に設置している。[14]

　また、聴取者の声を積極的に取り入れる番組も占領軍の指導・管理下で始まった。まず、一九四五年九月十九日には聴取者の投書をそのまま放送する『建設の声』がスタートして、その後、『私たちの言葉』になった。次に九月二十九日には、街頭で収録した音声を放送する番組が『街頭にて』という名前で始まって四六年六月一日からは『街頭録音』と名称を変え、アメリカのラジオ番組『Man on the street』（一九四一年）からヒントを得たアナウンサーとの対話形式、かつ周辺の人との討論という形式で放送された。[15]その後、『街頭録音』は地方でも放送されるようになる。ＮＨＫ広島放送局の局史[16]は、『街頭録音』に関する地方局での収録の詳細を記述している。それによれば、四七年一月二十八日にＣＩＥ指導の街頭録音の収録（広島での第一回のテーマは「新憲法について」）がおこなわれ、以後、毎週ローカル番組の枠として収録・放送したと記録されている。[17]この時期の地方での一般の人々へのマイクの開放はローカル放送の時間枠の増強とも連動していて、日本の各地でこのような番組をおこなった意義は大きい。

　広島での『街頭録音』で扱われたほかのテーマを拾ってみると、「巡査の無賃乗車の批判」「天皇制について」「戦争放棄について」「男女平等について」で、例えば以下のようなやりとりがあったという。

質問「軍隊を持たない日本が自衛戦をやるとしたらどうしますか」
女性「アメリカから原爆を借りたらどうでしょう」[18]

そして、この答弁に「会場から笑い声が渦巻いた」[19]という。

放送番組でこのようなローカル重視の姿勢を貫いたのは、ポツダム宣言に示された非軍事化と民主化の二つの命題に基づくものだったが、実質的にはＣＩＥの指導[20]によってアメリカ的な「放送のローカリズム」[21]の色彩が強く表れていた。特に日本の民主化政策の一つとしてアメリカが重視したのは、ローカル放送の活用だったという。[22]この政策によって各放送局が市民や県民のための番組を制作し、地方の行政・経済・文化・教育各分野の現況や問題点の解説、日常生活の参考になるような情報の紹介などを内容とする放送がおこなわれることになったのである。そのために、地方局ごとに番組を自ら制作させることでそのノウハウを指導すると同時に、地域住民の側にも民主的な習慣を体得させることを狙ったのである。

このような指導によって誕生した日本のローカル番組は、アメリカ本国でみられるようなグラスルーツ・デモクラシー（草の根民主主義）をベースに育ったローカル番組とは明らかに異質である。すなわち、番組タイトルでは『市民（県民）の時間』として市民主体の番組であるように表現されているが、現実的には上からの指導に基づく受動的なものだったのであり、番組タイトルと現実には初めから乖離があった。しかし、形式的であってもマイクが市民に開放されて各地のローカル番組が放送されたことは、放送の民主化が進んでいる印象を与えることになった。

表11　放送政策関係略年表（電波監理委員会廃止まで）

年月	事項
1945年8月15日	正午に天皇の「終戦の詔書」をラジオ放送
1945年9月10日	GHQ、「言論及び新聞の自由」に関する覚書を指令
1945年9月18日	逓信院、全波受信機の使用禁止を解除
1945年9月29日	GHQ、「日本に与うる新聞遵則」を指令（プレス・コード）
1945年9月22日	GHQ、「日本ニ与フル放送準則」を指令（ラジオ・コード）
1945年9月25日	逓信院の「民衆的放送機関設立ニ関スル件」閣議了承
1945年12月11日	GHQ、「日本放送協会ノ再組織」に関する覚書（通称：ハンナーメモ）を逓信院に提示
1946年1月22日	放送委員会第一回会議（3月28日放送委員会、日本放送協会会長に高野岩三郎を推薦）
1946年10月5日	NHK 従業員組合、放送ストに入る（―10月24日）。逓信省、東京放送会館と川口送信所の施設を接収、10月8日―25日に国家管理放送実施
1946年11月1日	逓信省が臨時法令審議委員会を設置し、電波・放送関連法令の改正に着手
1947年2月	無線電信法改正案作成（4月に第2次案）
1947年6月	日本放送協会法案・無線法案作成、放送規律と電波監理の法律を分離
1947年7月	放送事業法案作成
1947年10月16日	GHQ、放送法に関する基本方針を指示（通称：ファイスナーメモ）。委員会制度による放送行政、NHK の公共企業体化、商業放送の開設など
1948年1月	放送法草案作成（放送法案としては初期のもの）
1948年2月	逓信省、GHQ・CCS（民間通信局）に放送法案を提出
1948年3月	放送法案作成。ただし、行政機関の管轄をめぐる問題から国会提出は見送り
1948年5月	CCS が逓信省に放送法案の修正意見を提示
1948年6月18日	放送法案を第2国会に提出。NHK・民放の二元体制、放送に関する行政委員会 (放送委員会) の導入など
1948年11月10日	芦田内閣から吉田内閣への交代に伴い、放送法案を撤回
1948年12月	GHQ・LS（法務局）が逓信省に対し、番組規律の一部削除を要求
1949年3月	放送法案を再作成。GHQ は法案の国会提出は急がない旨の意見
1949年6月1日	逓信省が郵政省と電気通信省に分離
1949年6月18日	CCS が放送・電波行政を行政委員会方式で一元化するよう指示（通称：バック勧告）
1949年10月12日	放送法案などを閣議決定。電波・放送行政は電波監理委員会が管轄する案
1949年12月5日	マッカーサー、吉田首相宛て書簡で電波管理委員会の独立確保指示

年月	事項
1949年12月22日－23日	放送法案など電波3法最終案を第7国会に提出
1950年4月	電波3法（電波法・放送法・電波監理委員会設置法）が成立（6月1日施行）
1950年6月1日	NHK、放送法に基づく法人として発足
1950年10月19日	電波監理委員会、「放送局の開設の根本的基準案について聴聞開催」
1950年12月1日	電波監理委員会、富安委員長談の形式で、一種の置局方針を発表「東京には、さしあたり性格を異にするもの二局、他の地方には一地一局ずつ免許」
1951年4月21日	民放ラジオ局16局に予備免許
1951年9月1日	中部日本放送、新日本放送、放送開始
1952年1月17日	電波監理委員会、「白黒式テレビ放送に関する送信の標準方式」案について聴聞開催（メガ論争）、2月28日原案どおり制定
1952年7月31日	電波監理委員会、テレビ免許の方針と措置を決定。日本テレビ放送網に初めての予備免許。電波監理委員会、7月31日に郵政省設置法の一部改正に伴う関係法令の整理に関する法律により廃止
1953年4月28日	「日本国との平和条約」（通称サンフランシスコ条約）発効

（出典：前掲『20世紀放送史 資料編』、放送文化基金編『放送史への証言（I）――放送関係者の聞き取り調査から』日本放送教育協会、1993年）

新たな放送制度の成立

次に、制度面で放送のローカリティがどのように整備されていったのかを知るため、戦後の放送制度の制定過程を述べる。この時期に現在まで続く放送制度の骨格が決定されていて特に重要である。この制度によってNHKが特殊法人になり独立した言論機関として位置づけられたことや、各地に民間放送が許されるようになったことなど、その成果は画期的なものだった。しかし、この制度の制定過程や免許行政の手法を分析すると、放送事業者や逓信省、当時の日本政府、そして占領軍の間で、様々な駆け引きがおこなわれて生み出されたことがみえてくる。また、行政手法でも部分的に戦前からの免許行政を引き継いでいて、完全に新しいものが誕生したといえるものではなかった。

電波三法制定までの経緯

戦前に日本放送協会は、国家統制色が強い無線通信法に基づく放送用私設無線電話規則によって規制を受けていて、日中戦争や太平洋戦争による軍事体制下での「大本営発表」のように国の宣伝機関としての役割を負わされたまま、一九四五年に敗戦を迎えた。GHQによる「日本の民主化」は、放送の民主化でもあった。

内川芳美は、電波三法が制定されるまでの時期を六期に分けて[23]、占領下での放送制度の制定過程を詳細に分析している。そして、特に注目すべきは、日本放送協会の維持・存続の方針が示された時期と、放送組織複数化方針が示された時期だと述べている。前者はハンナー・メモが提出された一九四五年十二月から臨時法令審議委員会設置の四六年十一月までで[24]、後者はファイスナー・メモが提出された四七年十月からバック勧告が出された四九年六月である[25]。また、放送監理機関の行政委員会化をめぐって、日本政府が提出した案に対してGHQ側が不満を呈し、最終的にはマッカーサー書簡によって差し戻しとなり、日本側がそれに従って電波三法を制定・施行した時期（バック勧告から一九四九年十二月二十二日電波三法国会提出まで）は、その後の監督機関のあり方を考察する際に重要だと述べている。放送のローカリティとの関係でも、これらの二つの時期、すなわち全国に既に展開していたNHKの維持存続が示された時期、全国各地に民間放送を設置することが方向づけられたファイスナー・メモが提出された時期が特に注目に値する。

放送の民主化の日本化を狙った逓信省内の〝民放〟構想

GHQは、規制・監督機関や従来の日本の放送のあり方を問題視していた。当時、日本放送協会が解体されることも十分考えられたが、GHQは一九四五年十二月十一日に「日本放送協会ノ再組織」に関するGHQ覚書、通称ハンナー・メモを示した。この方針では、ラジオ放送を当面、日本放送協会が独占的におこなうことを前提にしたうえで、協会会長への助言をおこなう顧問委員会（放送委員会）を設立することや、顧問委員会が会長候補三人を多数決によって選出して逓信院を通じてGHQに提出すること、また、日本放送協会の政策は顧問委員会に諮問したうえで会長が決定することなどが盛り込まれていた。こうして、協会の解体は当面免れることになった。

戦後の放送制度形成過程でGHQ側から一方的とも取れる方針が出されるが、それまで放送行政を担ってきた日本側（逓信院）がこの要求をただ待っていたわけではない。逓信院[26]は当時、松前重義総裁、新谷寅二郎、宮本吉夫電波局長がいて、この三氏は戦前に戦争遂行への大きな役割を果たした日本放送協会の扱いに関して、GHQが解体も視野に入れて協会改革を命令してくるものと見込んでいた。そこで先手を打って、九月二十日頃から日本放送事業の再編成のため新たに民営放送会社を設立し、日本放送協会と並立させる案を作った。その構想は、運営主体は一勢力に偏しないよう文化人、新聞、映画、送受信メーカーその他各会を網羅する、聴取料は従来どおり協会に与え協会は技術面では新会社に便宜を与える、新会社は広告放送を実施して番組制作費にあてる、さしあたり協会の第二放送を新会社に提供することにする、といった内容だった。

この案は、九月下旬に院議決定し、東久邇閣議の了解を得た。三氏はこの案を携えて網島毅課長、佐藤泰一郎日本放送協会国際部長とともにCIEのカーミット・R・ダイク局長を訪ねた。ダイクはその場で「ファイン・プランである。一週間後に返事する」と言明したが、しかし、その返事はその後、いくら催促してもこなかったとされている。また、松前・新谷両氏は船田中と会い、経済界を一本にして新放送会社を申請してはどうかと勧めた。各地の出願は、多かれ少なかれこの空気をキャッチして急速に具体化していったという[27]。GHQ側がこのプランを留保したことについて、網島は次のように述べている。

事務的な手続きで簡単だと思っていたGHQがなかなか「うん」と言わない。結局返事はありませんでした。あとでいろいろ聞いたり、調べたりしたのですが、GHQだけでは決めかねて、対日理事会に諮問した。対日理事会ではソ連あたりから、〝日本ではまだ時期尚早である〟というような異議が出て、GHQだけでは決めることができなかったのではないかと思うのです[28]。

このように、日本側（逓信院）の民放構想は、のちにGHQ側が構想して現在の民放を誕生させることになるプランの発生以前から存在しながらも、GHQの事情によって実現できなかった。この逓信院側の民放設立構想について、松田浩は次のように述べている。

逓信官僚は、占領を前にして、まず旧日本放送協会を解体から防ぎ、政府との関係を温存するために「民衆的放送機関設立」構想を打ち出した。ところが、放送協会が完全に占領軍の統制下に置かれ、しかも、政府からの分離の方向が明確になって、内部からの民主化運動が進んでくると、むしろ比重として、日本放送協会に代わって民主化を巻き返し、しかも、政府に協力的な立場に立つ商業放送の育成が、重要な課題として意識されだした。(29)

当初、日本放送協会の解体は現実味を帯びていて、例えば戦前に国策通信社として設立していた同盟通信社がGHQによって業務を停止されて自発的に解散するという事件があったことも影響して、協会もほっておいたらつぶされてしまう公算が大きいという見方もあった。そこで民間放送を設立し（具体的には第二放送を当てて）影響力を残そうとしたのである。またこの当時、協会内部では急速な左傾化が進んでいた点も注意しておく必要がある。つまり、逓信院が民放を作ることで、協会内部の左傾化した勢力を排除することをもくろんだということも考えられる。

一方で、GHQ側は協会をどのように捉えていたのか。逓信院が民放構想を早期に提出したもののGHQ側が返答を遅らせた理由について、宮本吉夫は「資料占領下の放送立法」のなかで次のように述べている。

これは察するにアメリカの助言とか示唆の名の下にNHKの番組はすべてGHQが掌握し、また検閲できた関係上、アメリカに存在しないこの独占放送は、占領行政上極めて便利なものであると考え、その結果当初CIEが積極的であった民間放送の実現は占領中に急がないとして、その態度を切換えたものと考えられました。(30)

協会改革と国家監理放送

このような、ＧＨＱ側の態度の切り替えはなぜ起こったのか。内川によれば、戦後初期の段階では、ＧＨＱの占領管理機構が十分に整理されていなかったことによる部局間の管轄上の混乱がみられ、アメリカ政府とＧＨＱ部内で対日政策決定の主導権を握っていた急進的な「中国派」＝ニュー・ディーラーと、そうではない穏健派の間の派閥対立があったのだという。[31]その後、一九四六年五月頃から始まったとみられているＧＨＱの対日管理政策の全般的な転換の過程で「中国派」＝ニュー・ディーラーが後退し、四六年五月末のダイクＣＩＥ局長の辞任によって穏健派が巻き返したとされている。また、日本政府に対して食糧配布の遅延を抗議して五月十九日におこなわれた飯米獲得人民大会、通称・食糧メーデーの翌日にはマッカーサーが暴力的なデモは許さないとの声明を発表して、日本共産党と対決する姿勢を鮮明に示した時期でもあった。

戦後の日本放送協会は、戦前の国家統制への反省から内部改革を推し進める一方で、労働組合が台頭していた。[32]一九四六年十月には、ＮＨＫで大規模なストライキに突入することになる。このストライキでは現在に至る協会の体質が露出していて、この事件後、協会を去った人材がその後設立される民間放送の重要な担い手になるなど、戦後の放送全体への影響は少なくない。

当時、逓信省の官房主査を務めた鳥居博は、占領期の協会内部での内部改革とストライキ突入、そして国家監理放送[33]へ至る過程について次のように語っている。

日本放送協会は、今まで軍部と官僚とに支配されてきた自主権を回復するために、先ず労働組合が内部改革で立ち上がった。そして官僚出身の全幹部が追放され協会の民主化が急速に進められた。[34]（略）関係当局の間で日本放送協会の再建が図られ、先ず占領軍当局の示唆により「放送委員会」が任意団体の形で民間識者を委員として組織され、協会の役員は同委員会が推薦することになり、これによって不偏不党な放送運用の

図9　ファイスナーの墓（宮城県川崎町、2012年9月12日、筆者撮影）
日本で民間放送の存立の根拠ともいわれるメモを作ったファイスナーは、GHQ の占領が終了したあとも本国には戻らず、そのまま日本（宮城県川崎町）に住み続けて余生を送った。放送産業の成長を見届け、2010年に99歳で亡くなっている

確立が図られたのであるが、この委員の選考がかなり左翼に偏していたため（略）この面からの協会改革は失敗に帰した。その結果、協会の新幹部と労働組合との対立が激化し、日本で初めての放送ストライキが行われ、放送事業は混乱に陥った。[35]

このことから鳥居は、ＮＨＫの体質を「占領軍を含む外部からの強い影響力が無くなると内部役員及び幹部職員の独善に陥りやすい組織」であるとして、ＮＨＫの現状を「占領軍を含む関係当局の指導と部内の独善との混交によって、奇形児的様相を呈した[36]」と総括している。

ストライキと国家監理放送という事態をきっかけにして、ＧＨＱ側の対応も大きく変化していく。一九四八年になるとアメリカの対日占領政策は決定的に転換し（逆コース）、民主化から経済的自立、そして反共の防波堤化へ転換していった。このことは日本の放送の民主化を後退させ、また放送のローカリズムといった理念にも揺らぎを与えることになる。

このような逆コース化が進むなかで、一九五〇年七月と八月に左翼勢力を一掃するため放送労働者に対するレッドパージがほかの産業に先駆けておこなわれた。レッドパージはアメリカ軍の命令によっておこなわれた共産党員と同調者に対する職場からの追放で、特に日本のメディア各社では、多くの左傾分子が解雇[37]された。そのなかで最も多いのがＮＨＫだった（ＮＨＫ百十九人。次いで朝日新聞社の百四人[38]）。退職した彼らのうち、多くがその後に発足した民間放送へ経験者として再就職していることは見逃せない事実である。

民間放送の開設を示唆したファイスナー・メモ

一九四七年十月十六日、民間放送の開設を前提にした法制度整備を求めたGHQの示唆（いわゆるファイスナー・メモ）が示される。ファイスナー・メモは民間放送を認めることや、監督機関として政党や団体、政府機関から支配を受けない「自治機関（autonomous organization）」の設立を示唆したものだったため、このメモが日本の民間放送の起源であるとたびたび指摘されている。[39]このファイスナー・メモの趣旨に基づき逓信省が四八年二月に放送法案を作成して、同年六月にこれを修正した法案が第二国会に提出された。[40]この法案は、「とにかく新しい放送体制を体系づけたことにおいて画期的なもの」[41]であり、のちに成立した放送法の基本になった。この案に記された法律の目的は、「放送を公共の便宜、利益または必要に合致するように規律する」ことだった。千葉雄次郎によれば、これは「アメリカの連邦通信法で、連邦通信委員会の権限として述べられている字句の直訳」であり、監督機関に「電波監理委員会」という委員会制を採用したのも「連邦通信委員会（FCC）をまねたものである」[42]と述べている。

この法案はいったん確定するも、放送行政と電波行政を担当する機関をどう整理するかといった問題がくすぶり続け、結局は審議未了になって撤回される。一九四九年六月一日には電波庁が発足し、放送法案の要綱をあらためて取りまとめて六月十七日にCCSに提出したが、放送委員会が行政委員会から大臣の諮問機関に格下げされ、名称も「放送審議会」とされた。この行政委員会方式の放棄は、「合議制のため迅速な行政処理がしにくい」「責任の所在が不明確」といった批判が上がっていたことを背景にしていたが、最大の要因は吉田首相の姿勢にあって、国家公安委員会や中央労働委員会のような重要な政策分野を担う機関が内閣の統制外にあることに不満を抱いていたのだという。[43]

しかし、この電波庁案をCCS局長のジョージ・I・バックは否定し、あくまで行政委員会を設置するよう電気通信大臣に対して勧告した（通称：バック勧告）。吉田内閣は影響力を極力維持したい考えだったため、制度設計を工夫することで影響力を保つ方策を検討し、一九四九年十月十二日、電波監理委員会設置法案が閣議決定される。しかし、GHQ内部のGS（Government Section：民政局）が委員長に国務大臣が当てられていること、内閣に委員会の議決を変更する権利を与えていることに反対して変更を求めた。吉田首相はこの修正に難色を示し、電波三法の国会提出を見送ったため、マッカーサーは吉田首相宛てに書簡を出して修正を求めた。日本側はそれに従って電波法、放送法、電波監理委員会設置法の、いわゆる電波三法を施行（一九五〇年六月一日）することになったのである。

この法案では、受信料制度に基づきあまねく放送サービスを提供することを義務とする特殊法人のNHKと、広告収入を財源とする放送事業者の併存体制が定められた。電波三法によって生まれた公共・民営二本立の日本の放送体制は、当時のカナダ、オーストラリアに近く、商業放送一本のアメリカ、公共企業体独占のイギリス・フランスとはかなり異なったものになった。いずれにしても、独立した電波監理委員会という行政委員会によって放送が監理されるということは画期的であり、放送の民主化の理念がここに体現されているといえるだろう。

NHKの新聞社との決別

新制度によっていったん解散させられたNHKについて、指摘すべき重要な点がもう一つある。それは新聞社との関係である。日本放送協会は当初、すなわち一九二五年の東京放送局、大阪放送局、名古屋放送局の三局時代から、「朝日新聞」などの新聞社の資本を受け入れてきた。特に大阪放送局は、二六年に日本放送協会に統合される経緯で「朝日新聞」や「毎日新聞」といった新聞社の反発があったとされ、このときの資本が戦後にもまだ残っていて、この日本放送協会の特殊法人化によって完全に撤退したのであった。その結果、この段階で新聞社と日本放送協会との関係は完全に断ち切られた。この事実は放送史で強調されることはなかったが、この後、民間放送に全国紙が進出していく動機を考えるうえで重要な点である。

放送制度での地域免許制

では、新たな放送制度のもとで、日本のローカル放送、特に初めて許された民間放送は、具体的にはどのように各地で免許が交付されていったのか。

一九五〇年六月一日、電波三法が施行されると放送行政は独立行政委員会の電波監理委員会に委ねられた。多くの権限が法律によってではなく、この組織の判断に委ねられることになった。その理由は、技術的に発展段階だったため法的に定めてしまうと変更が難しくなってしまうことや、電波監理委員会が立法府でもあり行政府でもあるという性格上、そこに委ねたほうがいいと考えられたからである。しかし、独立行政委員会であることは政府の影響を回避できる半面、多くの問題が指摘された。例えば、内閣に対する独立性を完全な形で認めることは、憲法に定められている会計検査院を除いて憲法上許されないものであること、内閣から独立することは政府の政策から遊離して結果として国民の不利益につながること、委員たるにふさわしい人材を得がたいこと[44]といったものである。一方で、放送局の免許の審査をおこなうことになったこの委員会は、審査方法で明確な基準がなく、あらかじめ開設の局数などを提示したうえで各地の競願者に対して統合や一本化を求め、その結果をみて免許を与える方法をとった。

電波監理委員会は、一九五〇年十二月一日に、初代委員長である富安謙二（元・逓信事務次官）の談話として「放送局の開設の根本的基準」の方針[45]を示した。それによれば、民間放送の免許は東京に二局、それ以外の地域はおおむね一局とされた。

> 放送局の開設につきましては中央都市に偏在することなく、広く全国各地にわたり分散するようにありたいと思っております。しかし、使用しえる周波数の個数には制限がありますので、東京においては差向のところ二局その他の都市においてはだいたい一局より多く免許することは困難ではなかろうかと考えております。[46]

（傍点は引用者）

この談話によって、日本の民間放送では都市ごとに免許が交付されるという方針が初めて示されたのであり、ここに地域免許制の起源をみることができる。そして、東京の二局について富安は、「できるだけ広く聴取者一般の要望に副うことが望ましく、そのためには、なるべく放送内容等からみて性格の異なった局が生まれることが望ましいのではなかろうかと思うのです[47]」と述べ、総合編成志向の局と専門志向の局の併存も視野に入れていることを示唆している。では、冨安委員長がこの地域免許制を選んだのはなぜだったのか。例えば、ＮＨＫに相対する全国組織の商業放送を認めるといったほかの選択肢があったなかで、なぜ一地一局主義を選んだのか。この点に関しては、必ずしも明確な答えを見つけられないが、以下のような三つの見方ができるだろう。

電通・吉田秀雄の指摘

広告代理店・電通の吉田秀雄は、一九五〇年二月の参議院電気通信委員会で公述人として広告による詳細な経営データを示しながら「取りあえず各地区に一民間放送会社ならば成立する[48]」と述べている。このような経営的な側面が強調されたことが理由として考えられる。

ＧＨＱの助言

ＧＨＱは民主化政策を進めるうえで、放送の民主化にも力を入れてきた。そのため、民間放送設立ではできるだけ地域のコミュニティに対して免許を与えるよう指導していた。その方針を尊重したと考えられる。

戦前から続く行政手続きの踏襲

一本化調整といった初期のラジオ免許の行政手法が、戦後の新法制下でも実務的に引き継がれたと考えられる。

戦中に一県一紙統制をおこなったこともあって県内の合意形成には実績があった。民主主義が国民に根づいていない段階では、新制度と現実的な国内各所の合意形成過程の間を埋めるためにも一本化調整という戦前からの行政手法を取り入れ、その結果一地（一県）に一局とすることが妥当であるとした。

これらの三つの理由どれもが一地一局主義の成立に影響したのではないか。通説では電通の吉田の助言が有力とされていて、戦後の復興期に民間放送事業がどの程度の可能性をもっているのかをデータで示した点はインパクトがあったうえに、吉田が実際に各地の免許申請者との交流を通して各地の民放ローカル局を育てていこうとしていたことも重要な点である。しかし、戦前の行政手続きの踏襲は影響力が大きく、免許申請者同士の合意形成をおこなううえでは最も有効なものだったのではないかと考えられる。

放送行政の手続きと理念

新たな放送制度のもとで各地に放送免許が与えられ、独立した民間のローカル放送が開設したが、実際にその手続きはどのようにおこなわれたのだろうか。

まず、放送事業では放送施設は電波法によって規制される。放送事業をおこなおうとする者は、まず電波法の免許手続きに基づいて無線局の免許を得る必要がある。この免許を受けた者は放送事業者としての地位を与えられ、その後の業務活動について放送法の規制を受けることになる。電波法は「電波の公平且つ能率的な利用を確保することによって、公共の福祉を増進すること」（第一条）を目的にしていて、放送事業を希望する者の申請を競願審査して、最も優れた申請者に無線局開設免許を与えるという決定の仕組みを取っている。しかし、現実の放送免許申請処理では、競願審査に先行して申請者の間で免許申請を一本化させる調整が戦後最初の民間放送の免許から慣行とされた。

この一本化調整は、「電波法などの法律その他の法規に規定された手続きではなく、予備免許獲得のためのプロセスとして、また免許行政の「慣行」として存在[49]」していて、具体的には、周波数が割り当てられた自治体の首長らにその調整を依頼する場合が多いとされている。これはその後、「電波法からはおよそ想像できない決定プロセスであり、法の規定と運用との間には著しい乖離が存在する」[50]としてたびたび問題視されることになった。

この一本化は、当初から政府・逓信官僚主導で進められたものだったが、このような政府の介入に対して設置されて間もない電波監理委員会は防波堤になりえなかった。この事実について、松田浩は次のように述べている。

委員会行政のにない手である委員会のメンバーや事務局にあたる電波監理総局の役人の側にも、その体質や行政理念に戦前からの尾てい骨が残っていた（略）。電波監理委員会制度自体が、最後まで逓信官僚からの強い抵抗にあいながら、GHQの至上命令によって生み出されたこともまた否定できない。彼らにとっては、委員会行政は、電波行政を民主化するために選び取ったものではなく、占領軍の力で外から無理矢理押しつけられたものだった。[51]

委員会メンバーのなかには、委員会が電波行政民主化に果たす役割を理解してそれなりに情熱を燃やした人は少なくなかった[52]というが、当時の吉田内閣は委員会行政を育てる気はなく、その後、結果的に廃止されることになったのである。

また松田は、「競願の複数の申請者を、有力出願者を中心に内面指導によって統合一本化して、それにより一つの周波数に対する単一の申請者という状況をつくり出すやり方は、今日〔一九八〇年当時：引用者注〕も放送界で一般的におこなわれている。わが国特有の伝統的な統合主義は実はこの電波監理委員会時代に始まったものであった」[53]と述べている。

しかし、仲佐秀雄は、この一本化調整は、電波監理委員会時代よりもはるか以前、すなわち、一九二四年に藤村義朗逓信相が日本のラジオ許可に際して取った「統合一本化」政策と類似しているとして、戦後の民放ラジオ初免許にあたっての政府・電波監理委員会の一本化調整との類似性を指摘している。仲佐はこの点に関して、

「免許にあたって恣意的行政の介入を排し、聴聞手続きを通じて客観的に優劣を判断するという電波三法の精神から少なくとも大きく逸脱していたことは確かであった」し、政府の行政指導で「統合一本化」を押し付けるという競願免許処理の方法は、「戦後の新法制の下でも依然として、わが国の放送免許政策の基調[54]」だと述べている。

仲佐が述べているように、戦前の初期のラジオ放送開局の行政手続きでも一本化調整がなされている点、そして敗戦後の新たな放送制度のもとでの免許行政でも同様の一本化調整がおこなわれている点は注目に値する。放送制度は戦後になって民主主義の理念のもとで作り変えられたのだったが、実際の免許行政をおこなった当時の電波監理委員会の事務局のなかに、戦前からの行政理念がそのまま引き継がれた可能性があるだろう。そして、戦前唯一の放送機関だった日本放送協会には、逓信官僚の天下り先だったこともあって、放送は逓信省が管轄するものだという意識が根強く残っていた。このようななかで、放送制度の理念で示されたような民主的に運営される放送の担い手を各地で選ぶための行政手法を新たに生み出そうということにはならなかったのである。

民間放送の中心的な存在としての地方紙

戦前のラジオ開局期から存在し、戦後も引き継がれたとみられる放送免許の一本化調整は、地方では具体的に誰によってどのように調整されて引き継がれたのだろうか。その調整の役割を担ったのが地方紙だった。地方紙が各地の有力なメディア企業で取材力が既にあるので放送メディアを担うのに適しているというだけでなく、地域内で多くの人脈をもっていたため調整役としての重要な側面があった。

都道府県を単位とする県域紙は、戦中におこなわれた整理統合でおおむね一県一紙にまとめあげられ、県と中央との調整役として重要な地位を得ていた。すなわち、太平洋戦争に突入する前段階での全国の新聞は、非日刊紙を含めると一万三千紙以上、日刊紙に限っても七百三十紙以上発行されていたが、一九三〇年代末から四〇年代初めにかけて、国家総動員体制の進展にあわせて新聞社の整理統合が進められた[55]。これは悪徳不良紙の整理や新聞用紙不足への対応が目的とされ、結果的に弱小新聞社の廃刊や合併を促した。四一年十二月には新聞事業令が公布され、新聞事業に関するすべての権限が政府に与えられた。この法令によって、全国の新聞は東京五紙、大阪四紙、そのほかは各県で一紙という方針が決められ、四三年には五十紙まで統合が進展した。こうして成立した県紙は、全国的な情報を担う国策会社の同盟通信社と関係しながら県域内で独占的な地位を得る。敗戦後、これらの新聞社は、県内一紙として統合されていたために、県内の全国紙の支局で働く要員や印刷機を譲り受けるなど、メディア企業体としては県内で独占性を強めていた。

このような状態のなかで、中央行政からすれば戦中から関係が深い新聞社に調整役として目をつけ、放送という新しいメディアの担い手にしようと考えたとみても不思議ではない。免許の与え方を具体的にみると、戦後初期の一本化調整では、免許交付に際して各地の新聞社を中心にして県知事が主に取りまとめていて、まさに戦前の新聞統制だけでなく鉄道やバスでおこなわれた統制と似た手法を使用している。こうした中央政府の介入による産業組織の統制にみられる戦前・戦後の連続性[56]については十分な分析が必要だが、本書では一紙に統制された県紙が戦後も中心的な地位を持ち続けた背景を指摘するにとどめておく。

ところでGHQ側では、地方紙が新たな民間放送の中心的な存在になることをどのように捉えていたのか。新聞と放送を同じ会社に担わせることは、県域内のメディアの多元化という観点からは問題がある。この点については、当初民放経営の先行きが不透明であり、そもそも戦後の日本（特に地方）の経済状態を考えれば初期の方針としてひとまず県域紙に任せて様子をみるという立場を取ったとも考えられる。しかし原則論に立つならば、新聞社に担わせる方針に異論が出なかったのかという疑問が残る。この点は、当時のアメリカ本土の政治状況とGHQの方針の変化を考慮する必要がある。前述のように、逆コース以後、GHQの思惑としては日本の工業力（放送産業を含む）を共産主義からの防波堤として活用すべきだったし、放送局が共産勢力の温床になるようなことは避けたいと考えていた。[57]そこで、戦中から中央政府との結び付きがあった地方新聞社を中心に免許を与える方針を認めていた。中央統制のしやすさといった点では、戦中から統制をおこなってきた官僚・日本政府側とG

HQ側双方が地方での免許方針では一致していたのである。

各地の免許申請者の特徴

当時の状況から、免許申請者のプロフィルを具体的にみてみよう。新聞以外の申請者もみられるが、電波監理委員会から認められたのは主に新聞社を中心とした申請者だった。免許出願数について確認すると、一九四八年の秋に十一社だった民放の出願は、四九年二月に二十二社、九月に二十九社、五〇年一月に三十七社、二月に四十五社と増加して、五〇年九月には七十二社に達したという。電波三法が制定され民間放送設立が認められたあと、五〇年十月に「放送局の開設の根本的基準」制定の聴聞会が開かれた際には、利害関係者（免許審査の対象）として電監委から認められたのは四十二社だった[58]。

その後、「放送局の開設の根本的基準」が制定されて一地一局の方針が示されると、各地の免許申請者に対して、政府と電波監理委員会が一体になった統合一本化工作が進められた。東京では、電通・朝日新聞社・毎日新聞社など各社が相乗りして「ラジオ東京」の調整がなされた[59]。

しかし、この調整はすべての地域で順調に進んだわけではなかった。特に大阪では、一局の免許をめぐって朝日放送（「朝日新聞」）、新日本放送（「毎日新聞」）の両者が譲らず、聴聞会が開かれた。この聴聞会は、「朝日新聞」「毎日新聞」の宿命のライバル

表12　民放最初の予備免許16社
（1951年4月21日）

地域	名称	出力
東京	ラジオ東京（東京放送） 日本文化放送（文化放送）	50KW 10KW
大阪	朝日放送 新日本放送（毎日放送）	10KW 10KW
名古屋	中部日本放送	10KW
福岡	ラジオ九州（RKB 毎日）	5KW
仙台	ラジオ仙台（東北放送）	3KW
札幌	北海道放送	1KW
神戸	神戸放送	1KW
広島	広島放送（ラジオ中国）	1KW
金沢	北陸文化放送（北陸放送）	500W
京都	京都放送	500W
久留米	西日本放送	500W
富山	北日本放送	500W
徳島	四国放送	500W
福井	福井放送	50W

※（　）内は1959年当時の呼称
（出典：中部日本放送編『民間放送史』四季社、1959年、122ページ）

同士が激しく対立したことから「大阪・春の陣」とまで呼ばれたという。[60] 結果的に大阪地区一局という割り当て方針には異例の変更が加えられ、両局に予備免許が与えられた。また、東京の二局目でも、聖パウロ修道会が免許申請した日本文化放送協会と一万田尚登日銀総裁らが発起人の新国民放送が競り合い、電波監理委員会が真っ二つに割れて投票にまでもつれ込み、最終的に文化放送協会に決定した。このようにして一九五一年四月二十一日、十六局に民放最初の予備免許が交付された。

このなかで、神戸と京都は関西圏内で大阪とも距離が近いにもかかわらずなぜ先んじて許可されたのか、また北陸はなぜ三局同時に許可されたのかという点は注目に値する。北陸放送の社史には、共産主義勢力に対抗するための置局をうかがわせる記述[61]が一部確認でき、日本海側のAMラジオ放送局の置局政策について何らかの意図があったものとも考えられる。

『民間放送史』によれば、民間放送の設立に意欲的だった申請者には次の三つの流れがあったとしている。①一九二〇年代のラジオ誕生期から関わってきた新聞社、②〈フリー・ラジオ〉に情熱を燃やしていた人々（上海租界地内で放送をおこなっていた岩崎愛二）、③実業家（寺田甚吉、船田中、上田碩三、吉田秀雄ら）である。[62]

特に①の大阪[63]や名古屋の新聞社系の申請者は、戦後ラジオ放送をおこなうチャンスが再びめぐってきたという点で当然意欲的だった。例えば、寺田合名（甚吉）の先代・寺田甚与茂は、一九二五年に大阪で数多くの放送局申請者が大阪放送局に統合させられたときの一人であり、甚吉自身も当時の統合をめぐる官民対立の空気は記憶していたという。また、毎日新聞社の持ち株の後継者だった本田親男や当時出資者だった三輪常次郎や吉田秀雄も、二五年に民営方針で始まった日本の放送事業が、官営的法人に百八十度転換され、政府の完全な御用放送に転落していく過程をその目でみてきた人たちだった。「これらの人々が敗戦直後の激動期の中で、いち早く民放設立の狼煙をあげたのは、決して偶然ではない[64]」と松田浩は述べている。

こうした大阪の放送局の歴史的な経緯が、特に免許争奪に対する執念につながり、その後、現在のような形での番組制作に対して意欲を持ち続けたことに大きな影響を与えていると考えられる。

それでは、東京や大阪以外の申請者はどのような状況だったのだろうか。民放各局の社史などから出願時の様子を一部、拾ってみることにしよう。

名古屋では、一九四五年十二月二十五日、名古屋商工経済会会頭・三輪常次郎を発起人総代として、「中部日本新聞」の杉山虎之助社長、小島源作連絡部長が発起人会を開き、翌四六年一月二十二日に中部日本放送設立申請書を提出した。名古屋での計画のスタートは、敗戦直後に「中部日本新聞」の連絡部長として新聞無線の用務でCCSにいった小島源作が、そこで民放の可能性を知って、新聞自体がラジオの機能を取り入れなければ将来必ず他社に遅れをとると訴え、杉山社長が「他社が手を付けると困るから、一応申し込んどけ」という程度で申請することに決まったという。[65] 広島では、広島平和放送の計画で、戦前の日本放送協会広島中央放送局初代放送部長だった内田信夫が、同局の創設当時尽力した藤田一郎（元・広島放送局理事長）、山本実一（中国新聞社長）両氏と話し、四九年五月に正式申請を出した。それと並んで競願になっていた広島放送（滝口淳平）とラジオ広島（堀口新登）のうち、前者は途中で断念、ラジオ広島と広島平和放送は五一年一月十五日、合併して広島放送と改称したという。[66] 次に、仙台では、東北放送の菅原千代夫社長は、「電波が解放されると、民間放送の出願が東北各地からつぎつぎと出されたんだが、この中にはかなり場当たり的、泡沫的なものが多かったから、大半は取り下げられてしまった。残ったのが、北日本商業放送（河北放送の名称で出願）、東北放送（代表安田吉助の名義で出願）、仙台市営放送（岡崎栄松の個人名義で出願）の三者で、競願のかたちとなった。（略）電監委では、三者合同を示唆したし、また東北電波監理局の初代局長だった駒木さんなども、競願三者の代表を局長室に招いて、「まあ、仲よくやったら」ということで三者の合同を慫慂、それでみんな賛成して創立の準備にとりかかることになったんだね。発起人も地元関係、東京関係から挙げられて、（株式会社ラジオ仙台）会社創立の具体案が練られていったが、社長には三者一致して僕にやってくれ、ということになった」[67]と当時の様子を語っている。そして、北海道では、新聞社が報道機関として、その企業防衛の立場と新規領域の開拓の狙いから積極的な推進力になった。北海道も例外でなく、その中心母体になったのは「北海道新聞」だった。「北海道新聞」は四九年六月、免許申請を時の電気通信相電波庁長官宛てに提出して十一月に受理された。ＨＢＣは五一年四月、日本民放の第一陣としてほかの十五社とともに予備免許を手中にした。五二年一月、やっと試験放送にこぎ着けることができ、三月に開局したという[68]。

このように各地の申請者は、おおむね地元の新聞社を中心に行政当局が一本化調整をおこなっていることがわかる。また、戦後間もないこの時期に、国内の経済状況がわからないなかで、各市場で民間放送が成り立つのかといった不安もうかがえる。そのような状況で後ろ盾になったのが電通だった。菅原千代夫（東北放送社長）は電通との関係について次のように述べている。

当時ね、不要不急と言われた民放局の社長をひきうけて、とにかく万難を排してやろうというときに、「広告のことは心配なさんな。大いにやんなさい」と激励してくれた電通社長の吉田さんの一言は力強かった。大船に乗ったような思いだったね。なんと言っても広告主というバックがあっての民放事業だからね。もっとも、民放社のためにスポンサーを開拓するということは、そのまま電通さん自体の営業開発にもなることなんだけどね。まあ、そんなわけで、吉田さんにはうちの役員にもなってもらった[69]。

菅原の言葉からもわかるように、吉田秀雄は各地の有力出願者間の統合工作を進める傍ら、出足が遅い地方新聞社を強引に説得し、出願者の企画内容にも手持ちの資料を提供して面倒をみながら、民放計画に巻き込んでいった。その結果、予備免許十六社のうち、ラジオ東京をはじめ東北放送や京都放送などの各社に取締役として名を連ね、のちに北陸放送連盟の顧問も務めた。朝日・毎日両新聞社が経営に直接乗り出した局がある一方で、電通も民放ローカル局の担い手として重要な役目を果たしていた。

放送の民主化の不完全性

電波行政を担う独立行政機関として誕生した電波監理委員会は、短い期間ではあったが初期の民間放送の設立過程で重要な役割を果たした。例えば、大阪では免許方針の転換をおこない、聴聞会を開催させ、当初一局とした割り当てを変更したことがある。[70] これは、日本での民主的手続きの可能性を顕在化させた。しかし電波監理委員会は、ＧＨＱによる統治が終わるとすぐに廃止され（一九五二年七月三十一日）、多くの権限はその後、郵政省（電波監理審議会）[71]に引き継がれた。電波監理委員会がわずかな期間で消え去ったことについて、民放連は「行政委員会制度が日本の風土になじまなかったという指摘があるが、もともと吉田内閣には電波監理委員会に対する強い反発と抵抗があった」と述べ、「〔電波監理委員会設置法：引用者注〕制定までの期間、随所でアメリカ側の権利在民思想と日本側の権利在官思想との根深い対立があった[72]」とその理由をまとめている。

十年後、諮問機関として一九六二年に設置された臨時放送関係法制調査会の答申書でも、電波監理委員会が廃止されたことの適当性について、「〔電波監理委員会は：引用者注〕わが国の実情にそぐわないとの理由で他の多くの行政委員会とともに廃止された[73]」と述べている。さらに、『臨時放送関係法制調査会答申書 資料編』は郵政省提出の分析結果を記していて、行政当局の解釈をよく示している。

> 行政委員会は、戦後占領軍の指導を契機として、その発生の地たる米英とは歴史的に多分に異なるわが国の土壌に広汎にとり入れられたが、その場合に行政の民主化のためであることが強調された。このように「行政委員会制度は行政機構民主化の一環として重要な意味を持ったことは否定し得ないが、もともと、アメリカにおけると《（ママ）》異なり、わが国の社会経済の実際が必ずしもこれを要求するものではなく、組織としては、いたずらに肥大化し、能動的に行政目的を追求する事務については、責任の明確をかき、能率的な事務処理の目的を達成しがたいから、原則として、これを廃止すること。ただし、公正中立的な立場において慎重な判断を必要とする受動的な事務を主とするものについては、これを整理、簡素化して存置するものとすること」という昭和二十六年八月十四日の政令改正諮問委員会の答申に基づいて、同じ合議制ではあるが、行政

委員会とくらべ独立性の程度の弱い審議会に切り替えられた。（略）内閣から独立することは、政府の政策から遊離し、結果として国民に不利になるのではないかという問題がある。[74]

このように、行政委員会の審議会への再編は、電波監理委員会以外にも十五の委員会に及び、存置されたのはわずか三つ（国家公安委員会、首都圏整備委員会、文化財保護委員会）しかなかった。しかし、電波監理委員会が廃止されて郵政省に移管されたことで、言論機関である放送の独立性が妨げられうる構造になり、その後もたびたび規制のあり方やそれに伴う間接的な圧力が問題視されているのである。このような免許行政の独立性の後退は、民主的な理念のもとで設計され目指されてきた放送のローカリティに対しても、地域の主体的な放送の営みが直接的に介入しなかったとしても政府と中央行政によって阻まれうるという可能性を残したことになる。

このようにV期には、戦後、新たな放送制度で再出発したにもかかわらず、サンフランシスコ講和条約後に独立行政機関だった電波監理委員会は解散になり、放送行政の監督機関は郵政省へと移された。その結果、戦前から続く行政監督庁による管理・監督上の行政手続きの多くが継承された。そのため、当初の放送制度の理念としては地方に免許を分散させて付与して免許を民間放送事業者に解放したものの、その後の放送行政の実態としては戦前からの監督省庁の手法が踏襲されてきた。

一方、各地の免許申請者側の行動をみても、一部、大阪での公聴会開催といった解放された民主的な免許人選定の事例もみられたが、全国的にみると新憲法下で放送の民主化を狙って新たに制定された電波三法の理念を十分に生かしているとはいえず、戦後の放送の民主化は不完全な状態でその後に引き継がれていくことになった。そのなかでもGHQは、日本の民主化を進めるために放送というメディアをジャーナリズム機関として自立させることを建前としていたが、占領政策を速やかに進めるために戦中期に確立した中央による統治機構を活用しようとした。またGHQ内部でも、そのセクションを担う人物の出自によって態度が微妙に異なっていて、そのことが占領期の放送政策に影響を与えた。一方で、日本政府や電波行政を担った旧逓信省出身の官僚は、GHQの一方的な民主化政策を抑え込みながら、ＮＨＫの解体を防ぐか、または自らの影響力が行使できる組織にするかを模索していた。ＮＨＫ内部では、逓信官僚の天下りを排除することを目指したが、労働組合の運動の激化に伴ってＧＨＱや政府による沈静化があり排除された。

番組面でこの時期の変化をみると、市民の声を拾い上げる『街頭録音』などの戦前にはみられなかった番組が登場するが、ＧＨＱ側が目指していたような主体的に意見を戦わせる民主主義的な思想が聴取者に醸成されたかといえば疑問が残った。また、地域の住民主体の放送局としてスタートした民間放送に対してはローカリティを発揮することが強く期待されたが、戦後初期にはラジオ産業の将来性が不透明であり、利益優先の経営母体ではなく新聞社を中心にした地元の代表的な企業に運営されていた。そのため、各県に分散して成立したが、その内部ではきわめて寄せ集め的な組織としてスタートしたために、県域内部では言論機関として問題を多く抱えていたと考えられる。

2　ローカル放送の開局――Ⅵ期（一九五一―六〇年）

Ⅵ期は、日本に初めて広告を収入源にする民間のラジオ放送が誕生し、さらにテレビ放送が開局して、各県に広まった時期である。戦前からの放送に関する制度は一九五〇年に民主的な放送制度として改められたが、放送の民主化の理想が完全に実現されたわけではなく、多くの問題を抱えたままスタートしたことは前節で述べた。では、このような制度のなかで、実際にはどのような放送が営まれていったのだろうか。そして、免許行政ではどのような変化がみられるのか。

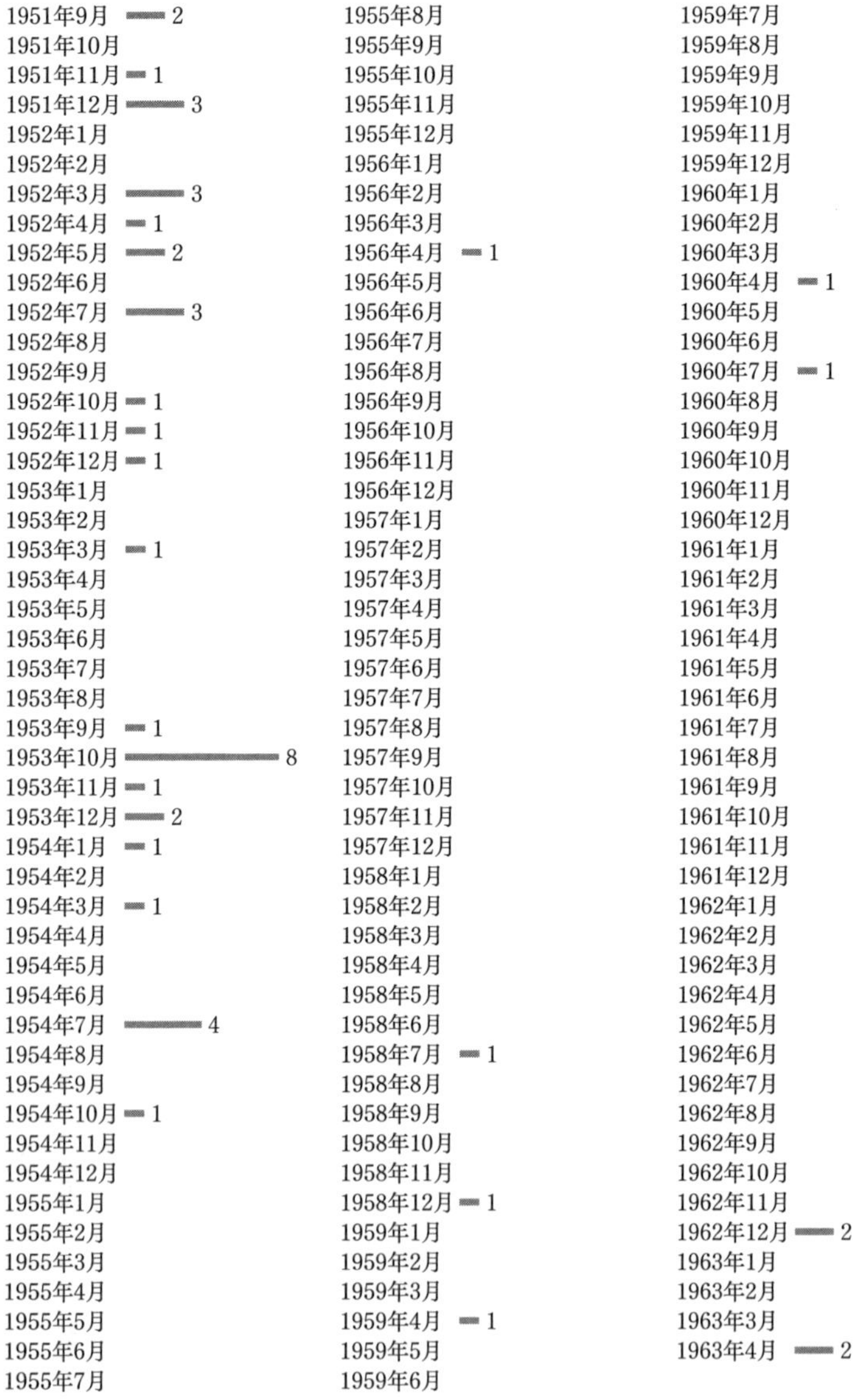
1951年9月 2
1951年10月
1951年11月 1
1951年12月 3
1952年1月
1952年2月
1952年3月 3
1952年4月 1
1952年5月 2
1952年6月
1952年7月 3
1952年8月
1952年9月
1952年10月 1
1952年11月 1
1952年12月 1
1953年1月
1953年2月
1953年3月 1
1953年4月
1953年5月
1953年6月
1953年7月
1953年8月
1953年9月 1
1953年10月 8
1953年11月 1
1953年12月 2
1954年1月 1
1954年2月
1954年3月 1
1954年4月
1954年5月
1954年6月
1954年7月 4
1954年8月
1954年9月
1954年10月 1
1954年11月
1954年12月
1955年1月
1955年2月
1955年3月
1955年4月
1955年5月
1955年6月
1955年7月
1955年8月
1955年9月
1955年10月
1955年11月
1955年12月
1956年1月
1956年2月
1956年3月
1956年4月 1
1956年5月
1956年6月
1956年7月
1956年8月
1956年9月
1956年10月
1956年11月
1956年12月
1957年1月
1957年2月
1957年3月
1957年4月
1957年5月
1957年6月
1957年7月
1957年8月
1957年9月
1957年10月
1957年11月
1957年12月
1958年1月
1958年2月
1958年3月
1958年4月
1958年5月
1958年6月
1958年7月 1
1958年8月
1958年9月
1958年10月
1958年11月
1958年12月 1
1959年1月
1959年2月
1959年3月
1959年4月 1
1959年5月
1959年6月
1959年7月
1959年8月
1959年9月
1959年10月
1959年11月
1959年12月
1960年1月
1960年2月
1960年3月
1960年4月 1
1960年5月
1960年6月
1960年7月 1
1960年8月
1960年9月
1960年10月
1960年11月
1960年12月
1961年1月
1961年2月
1961年3月
1961年4月
1961年5月
1961年6月
1961年7月
1961年8月
1961年9月
1961年10月
1961年11月
1961年12月
1962年1月
1962年2月
1962年3月
1962年4月
1962年5月
1962年6月
1962年7月
1962年8月
1962年9月
1962年10月
1962年11月
1962年12月 2
1963年1月
1963年2月
1963年3月
1963年4月 2

図10　民放ラジオ局開局数
※ただし1951年から63年までに開局したラジオ局だけ
（出典：日本放送協会編『放送五十年史 資料編』日本放送出版協会、1977年、621－626ページ）

表13　第1回予備免許の民放16社に関連する新聞社・団体

地域	名称	関連の新聞社・団体
東京	ラジオ東京（東京放送） 日本文化放送（文化放送）	電通・朝日新聞社・毎日新聞社・読売新聞社 聖パウロ会
大阪	朝日放送 新日本放送（毎日放送）	朝日新聞社 毎日新聞社
名古屋	中部日本放送	中部日本新聞社
福岡	ラジオ九州（RKB 毎日放送）	毎日新聞社
仙台	ラジオ仙台（東北放送）	河北新報社
札幌	北海道放送	北海道新聞社
神戸	神戸放送	神戸商工会議所・神戸新聞社・神港新聞社
広島	広島放送（ラジオ中国）	中国新聞社
金沢	北陸文化放送（北陸放送）	北国新聞社
京都	京都放送	京都新聞社
久留米	西日本放送	（本免許に至らず。九州朝日放送の前身）
富山	北日本放送	北日本新聞社
徳島	四国放送	徳島新聞社
福井	福井放送	（地元企業が出資、福井新聞社はニュース提供）

（出典：村上聖一「民放開設期における新聞社と放送事業者の資本関係――置局政策・資本所有規制が与えた影響」、メディア史研究会編「メディア史研究」第三十号、ゆまに書房、2011年、49ページ）

民放ラジオローカル局の開局

国内初の民間放送のラジオ局として、一九五一年八月に中部日本放送と新日本放送が開局した。その後の開局の様子を知るため、図10に民放ラジオの開局数の推移をグラフで示した。図10をみると五四年までに各地に民放ラジオ局が大量に開局していることがわかる。

民間放送の設立については、電波三法の制定を受けて定められた「放送局の開設の根本的基準」（電波監理委員会規則第二十一号）によって、方針が示されたことは既に述べた。具体的には、「放送局は中央都市に偏らず全国に分散させること、当面、東京に二局、他の都市に一局の免許とすること、東京の二局は性格の異なる放送局となることが望ましいこと」などが示されていた。競願になった場合、その審査基準については「最も公共の福祉に寄与するものが優先する」という規定しかなく、競願の際の具体的な対応は電波監理委員会の裁量に委ねられていた。その結果、一本化調整がおこなわれた地区や激しい競願関係になった地区があるなど様々だった。そのためこの時期の免許行政は「ケース・バイ・ケース」であり「その地域の事情に応じた対応が行われた」[75]とされる。

このような結果、各地の民放ローカルラジオ局は、主に新聞社を中心にして、経済界、地元有力者を網羅した公益団体に近い性格になった。ラジオ局と新聞社の結び付きに関しては、一九五一年四月に予備免許が与えられた十六局のなかで、新聞社と関係をもたない民放は東京の日本文化放送協会だけだった。[76]

予備免許が与えられた十六社の特徴をみると、電波監理委員会がとった方針の特徴が現れていて、その後の民放界の一種独特の勢力分布を決定づけたといえる。特に重要な要素を拾ってみると、次のようになる。①新聞社を中心として、経済界、地元有力者を網羅した公益団体に近い性格。②東京では新聞社の合弁の一社と別個の性格のもの一社(新聞三社と電通が相乗りしているラジオ東京と、聖パウロ会の日本文化放送の二局が存在)、大阪では「毎日新聞」と「朝日新聞」と結び付いた二社、名古屋、北海道、仙台などは地元紙による中立勢力一社になった。③名古屋、大阪が東京に先んじて電波を出す体制になったため、ネットワーク化を否定する傾向に拍車がかかり、独自番組を制作する方針がとられた。④神戸・京都・北陸三局など、経済圏が小さな地域であっても原則一県一局主義がみられた。[77]

その後、テレビ放送局が各地に開局するまでは「ラジオの黄金時代[78]」になる。後述するように、各地の民放テレビ局の多くが既存のラジオとの兼営局になるのだが、一九五八年を過ぎた頃からラジオ局にも再編の動きがみられるようになる。一例を示すと、五八年十二月、三重県をサービスエリアとしたラジオ三重(近畿東海放送)と岐阜県の岐阜放送(ラジオ東海)は合弁会社を設立し、東海テレビ放送を開局させる。これがきっかけになり、五九年十一月に中京圏域の中波第二局設立を目指して両者は合併する。その結果、二つの県域局が消滅して一つの広域局が誕生したことになる。この事例は、放送のローカリズムの理念とはある意味では逆行する形で免許再編がおこなわれたものだが、広域化は放送局の経営基盤を安定化させた。テレビの急速な普及に伴うAMラジオ放送の経営的な見直しが求められていたことが、こうした動きの背景にあった。しかし、その後、岐阜の県域ラジオ放送である岐阜放送（一九六二年十二月二十四日開局）は、別会社によって再度設立されることになる。これは前述したように県域局が閉局になり、ＮＨＫ岐阜がＮＨＫ名古屋から配信されている番組をそのまま放送していたために、五九年に伊勢湾台風が甚大な被害をもたらして以降、大規模な自然災害などが起きた場合に岐阜県を主体とした報道機関がないことへの不安が認識されたからだった。

初期の民放ラジオローカル番組

テレビ放送が広告費でラジオを抜く一九五九年までの五〇年代の十年弱の間は、各局のラジオ番組制作で様々な試みがなされていた。ＮＨＫは、この時点で既に三十年近い歴史を有していた。一方で後発の民放は当然、民放らしいカラーを打ち出さなければならなかった。また、ＮＨＫは全国放送が主眼だったが、民放は初めから放送法の理念に基づいて地域放送だった。新生の各局は趣向を凝らしてローカル色が濃い番組作りを目指していた。前掲『民間放送史』では、五〇年代の民放ラジオの成功要因の一つに、「本質的なローカリティ＝地域社会の共同体との結びつき」があったとして、全国紙や中央らしさが強い雑誌・映画、またＮＨＫと民放を対比して次のように述べている。

> ＮＨＫなどは、〝ローカリティ〟をとかく民俗的文化・風土色といった過去志向的な方向でとらえたのにたいし、商業放送はある意味で農村のめざましい電化ぶりに象徴されるような「地方」の都会化、中央化の方向にそって欲求を開拓した。[79]

そして、「「地方」文化のもつドロ臭さもそれが実在する以上、一足飛びに〝標準化〟せず、一歩一歩民度に密着して歩んだのが民放のローカリティに処する姿勢だった[80]」（傍点は引用者）と述べているように、各地の発展の度合いに寄り添って、都会化・中央化の欲求を満たすような番組制作をおこなっていたという。

ここで重要な点は、この当時、地方の都会化・中央化に対しては批判的な論調がみ《ヽ》ら《ヽ》れ《ヽ》な《ヽ》い《ヽ》ことである。これは地方の過疎問題や公害問題が噴出した一九六〇年代以降と比べると特徴的な点である。また、この時期は、特に娯楽文化でも地域的な差異がまだみられた時期でもあった。五五年の「放送文化」第十巻第七号で、ローカル各局からの報告には次のような記載がある。

三十年前名古屋放送局が生まれた時にも、浪花節放送局と言われ、また現在、集金人さんが聴取料を集めに行っても、浪花節を週二十本やってくれたらという要求が非常に多い。[81]

このように、一九五〇年代の聴取嗜好でも戦前・戦中期の番組嗜好と類似した地域間の差異がみられ、番組のローカリティが残存していた。そのために、作り手側もそのような地域の聴取者の嗜好に合わせながら番組制作をおこなっていたのであり、そのような地域の個性を保持しようという意識はまだ生じていなかったのである。そこで、具体的に初期の民放の番組をみていこう。表14に、北海道放送（一九五二年三月十日開局）の初期の番組表を示した。

全体的には、八時から九時、十五時から十七時まで放送休止の時間帯があることや音楽番組が多いという特徴がみられる。「北海道新聞」ニュースがほぼ定時に入り、子ども向けの教育番組やクイズといった娯楽番組もあり、総合的な編成になっている。開局時の番組編成は平日は十時間、そして日曜日は十二時間の放送だった。「当初は人手不足から手の込んだ番組は作れず、レコード番組が大半を占めた」という。また、NHKの特徴でもある全国を結ぶネットワーク網に対抗して、北海道放送は「地域情報のフォロー」に力を入れ、「ストレートなニュース番組は北海道新聞本社内に設けられたニューススタジオから定時放送で流し、携帯録音機を駆使した録音ニュースの制作にも取り組んだ[82]」という。

一方で、娯楽番組の柱はやはりレコード番組が主流だったが「〔道内での：引用者注〕中継方式による公開番組

AM 7.00 放送開始

時刻	休日	日（3.16）	平日	月（3.10）	火（3.11）	水（3.12）	木（3.13）	金（3.14）	土（3.15）
7	B	北海道新聞ニュース 天気予報 朝の軽音楽（R） モーニングコンサート（R） 天気予報 次週プロ予告	B	〃 〃（小西六） 〃 〃	〃 〃 〃 〃	〃 〃（小西六） 〃 〃	〃 〃 〃 〃	〃 〃（富士フィルム） 〃 〃	〃 〃（小西六） 朝の軽音楽 ファッションアワー（カナリヤ） 〃
8	放送休止								
9	B	北海道新聞ニュース 天気予報 パリー通信（金鶴香水） 私の愛唱歌集 キャラネータン（雪印）		放送休止					
10	B	北海道新聞ニュース おしゃれ手帳（文化服装学院） 母と子のおやつ	C	〃 奥様手帳（味の素） 明るい家庭 母と子のおやつ（R）	〃 ベビータイム（新和光堂） 〃 〃	〃 明るい家庭（ジョッキー形式） 〃	〃 〃 〃	〃 〃 〃	〃 〃 〃
11	B	HBC子供演芸会（R） 予言の声（安息日再臨教団）		放送休止					
12	B	北海道新聞ニュース 天気予報 ルーテルアワー（ルーテル教会）		〃 昼のひととき 軽音楽（R）	〃 〃	〃 〃	〃 〃	〃 〃	〃 〃
1	B	一寸お耳を 民謡の旅 プレゼントアワー	C	〃 明るい話題（東芝） 軽音楽（R） 邦楽の時間（R）	〃 時事解説 婦人向 軽音楽（R） 女性の手帳 ダンス音楽	〃 ビューティサロン（テルミー） 軽音楽（R） 邦楽の時間（R）	〃 時事解説 婦人向 軽音楽 女性の手帳 ダンス音楽	〃 〃 〃 邦楽の時間（R）	〃 経済問題対談（山一証券） ダンス音楽
2	B	北海道新聞ニュース 私の好きな名曲（R）	C	〃 私の好きな名曲（R） マイクスナップ	〃 〃 今日の問題	〃 〃 マイクスナップ	〃 〃 今日の問題	〃 〃 マイクスナップ	〃 〃 私の健康
3	放送休止								
5	B	北海道新聞ニュース あんみつ姫（光文社） 学校だより 子供の部屋 子供の為の鞍馬天狗（明治製菓）	C	〃 〃 〃 〃 メロディの園（R）	〃 たのしいおうた（R） 〃 〃 〃	〃 〃 〃 〃 〃	〃 あんみつ姫（光文社） 〃 〃 〃	〃 たのしいおうた（R） 〃 〃 〃	〃 〃 〃 〃 子供の為の鞍馬天狗（明治製菓）
6	A	北海道新聞ニュース お好み演芸会（池田） 世界の名曲（R） スポーツニュース	B	〃 町村便り HBCに何を望むか —開録— カムカム英会話 —平川唯一— スポーツニュース（万年社）	〃 〃 お好み歌謡曲（R）（ネージュ石鹸） ワルツタイム（R） 〃 〃 ビオフエルミン	〃 児童の教室（池田キャラメル） ワルツタイム（R） 〃 〃（帯酒造）	〃 映画クイズ（長生） 〃 〃（大山商会）	〃 〃 ホップアワー（山口家具店） ワルツタイム（R） 〃 〃（万年社）	〃 町村便り ダンス音楽（雪印乳品） （フルヤ） 〃（パイロット）
7	A	北海道新聞ニュース 天気予報 HBC玉手箱（ブルドックソース） ラジオドラマ 釈尊伝（中山太陽堂）	A	〃 プレゼントアワー（T） 阿部社長挨拶 邦楽「京鹿子娘道成寺」吉村伊十郎外	〃 邦楽（丸井） HBC便り バイバイゲーム（ライオン歯磨） HBC便り	〃 HBC便り 私の誕生日（三越） 放送劇 水曜日の秘密（藤沢薬品）	〃 スターメロディ（丸井） 十勝沖地震災害対策 田中知事外	〃 HBC便り 歌うパイプオルガン（三越） エンゼルタイム（森永）	〃
8	A	軽音楽（R） （いすゞ自動車） コロムビヤアワー（コロムビヤ）	A	世界のリズム（R） アンコールアワー	アンコールアワー 木暮アワー（マダムジュジュ） 民謡めぐり（R）	お笑いテレビ 寄席演芸（松下電器） ミスダリヤアワー ミスダリヤ（R） （弘亜社）	民謡ドラマ（日本新薬） ミツワアルバム（丸見屋）	アンコールアワー ラジオ小説 佐々木小次郎（武田製薬）	アベッククイズ（丸金） 浪曲十三人衆（合同酒精）
9	A	北海道新聞ニュース	A	〃 ラジオ小説「銭形平次」滝沢修外・（三共製薬） 北海道放送に寄せる（座談会）田中知事・オスボン領事・高田札幌市長	〃 歌の花束（R）（モンココクリーム） タンゴアワー（R） HBCコンサートホール（R）	〃 百万人の合唱（寿屋） 〃	〃 ラジオ小説（講談社） 〃	〃 HBCコンサートホール（R） 山口淑子アワー（パピリオ）	〃 弁慶（日本化学） ラッキーメロディー（レートクリーム） ラジオドラマ 夕張の宿
10	B	北海道新聞ニュース 天気予報 お休み前に 朗読	B	〃 〃	〃 〃	〃 〃	〃 〃	〃 〃	〃 〃

10.20 放送終了

表14　開局後1週間の北海道放送の番組表（1952年）
（出典：北海道放送社史編集委員会『プログラム10年の記録——北海道放送十年別冊』北海道放送放送業務室、1963年、2—3ページ）

にも着手し、制作スタッフがキャラバン隊を組んで、道内一円をくまなく巡回[83]」するなど、きめ細やかなローカル志向がみられる。

初期のラジオ番組編成の特徴は、ＮＨＫとの対抗意識から「オールラウンドの志向[84]」だったとし、「夜のゴールデンアワー中心に、ドラマ、クイズ、演芸など大衆的な娯楽番組がスポンサード・プロとして集中的に編成される一方、他の時間帯に一定のサス・プロ〔非商業番組：引用者注〕ゾーンが組まれ、社会・教養番組や講座、クラシック音楽などに当てられ、（略）ニュースやニュース解説の比重も大きく、臨時の報道特集や単発座談会、街頭録音なども多用され、スポーツ中継、劇場中継など中継ものが盛ん[85]」であり、先発のＮＨＫに対抗した番組編成をしていたことがわかる。

北海道放送が開局にあたって構想した編成方針によれば、「局持番組〈サス・プロ〉は、当社の自己負担において企画編成し、放送する非商業放送で、公共的な内容をもつものである。局持番組は、公共サービスのほかに、例えば商業番組が人気プログラムにかたよって、同じような種目がつづく弊害を調整することと、新企画によって商業番組への見本としての役割を果たす。局持番組は、全放送時間の五〇〜六〇％をさいて、公共の福祉に供したい[86]」として、放送の公共性を意識した編成を、サス・プロ番組を通して目指していたことがわかる。

このような方針は民放各局にみられ、「開局前に「商業放送はスポンサーに追随し低級になる」という世論があったが、それを覆して民放の自主性の成長と社会的信用を高めた[87]」という一方で、「スポンサーや代理店との間に、商業放送の性格と商習慣、編成権の所在などをめぐっての対立ないし摩擦をある程度生ずることも避けられなかった」として、「サス・プロ」のあり方をめぐって商業放送といえども放送の公共性を意識した編成を各民放でおこなっていた。

この時期の具体的なローカル番組をみると、現在のテレビが担っているような総合的な編成による番組が制作されていることがわかる。それはもちろんテレビ放送が普及する以前は、ラジオが放送の主流のメディアだったためである。そして、音楽番組といった娯楽が中心にありながらも、公共性を意識した局持番組を制作している点も重要である。こうした番組編成のなかで、地域住民の要望に沿った番組作りの努力がなされていた。しかしこの後、テレビ放送が開局することでラジオはメディアの主役の座を明け渡すことになると同時に、テレビでの公共性の問題が出てくることになるのである。

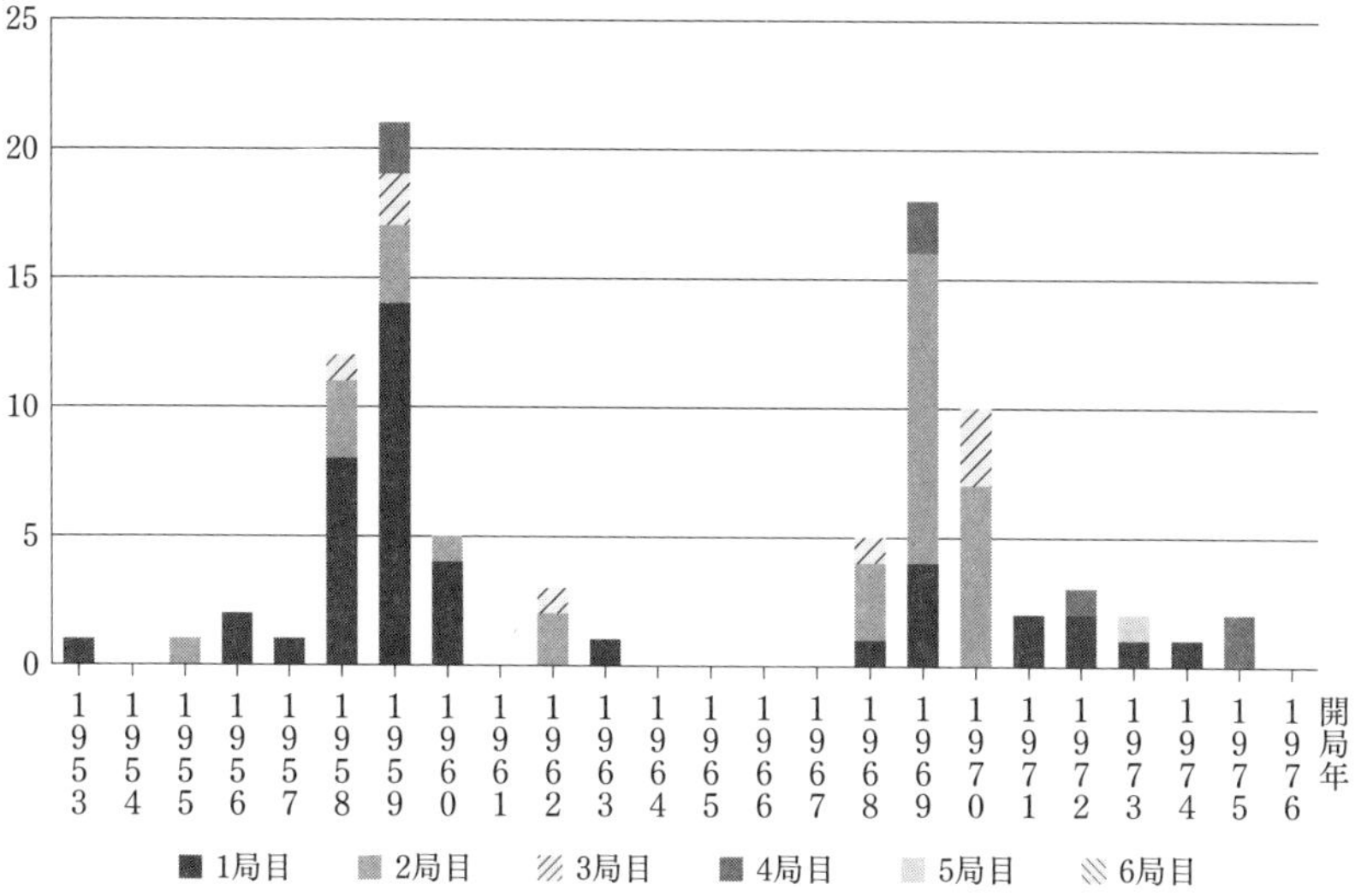

図11　各エリアでの開局数の変遷
※ただし1953年から76年まで開局した地上テレビ局だけ
（出典：前掲『放送五十年史 資料編』621―626ページ）

民放テレビローカル局の開局

一九五一年から全国に広まったラジオローカル放送は、五三年に登場したテレビ放送の開局とその後の急速な普及によってその基盤が次第に揺らぐことになる。(88)特に、五六年のマイクロ波回線の開通で札幌から福岡までの中継回線の運用が始まり、主に東京の放送局が制作する番組の制作能力や配給能力が高まるにつれて、娯楽・報道・教養番組が全国へと続々と送り出されるようになった。その結果、ラジオからテレビへとメディアの主役が移ると同時に、テレビではかつてラジオでおこなわれていた総合的で娯楽性が高い番組がその中心を占め、主に東京で制作された番組が放送されるようになった。ラジオは、総合的な番組から地元の主婦や若者といったように徐々にターゲットを絞り、生活時間に合わせた番組を制作するという工夫をおこなったことで、その役割が分化していったのである。では、このようなテレビの普及の背景にある免許方針と開局の経緯をみてみよう。

図11は、一九五三年から七六年までの民放テレビ局の開局数を各都道府県内での順位で色分けして記載し

てある。五三年八月二十八日に日本テレビ放送網が最初の民放テレビ局として開局し、その後、各地で五六年から六〇年にかけて第一局目が、六八年から七〇年にかけて第二局目が多く開局していることがわかる。

図11で注目すべきは、一九五三年の日本テレビの開局以後、各道府県に民放ローカル局が開局するまでに時期的な開きがある点である。これは、テレビ中継回線の未整備やラジオとの兼営が多かったこともあって、各地の申請者はテレビの開局に慎重だったと考えられる。しかし、五八年から六〇年に大量にローカル局が開局して、おおむね各県に一局、民放テレビ局が存在することになった。

次に、周波数割り当ての基本方針である。一九五六年二月、当時の郵政省は、テレビの地方普及への第一歩として、全国基幹地区への六チャンネル制による周波数割り当てを決定した。五六年に示された六チャンネル制でのテレビジョン放送用周波数の割当計画基本方針は、次のように示された。

> 一局の放送区域は、世帯数をできる限り多く包含するとともに、各地域社会にできる限り適合する大いさ《（ママ）》のものとする。したがって、一局の放送区域は原則として、都市を中心とする当該都市およびその周辺地域であって、当該地域社会にできる限り適合する大いさ《（ママ）》のものとなるごとくする。[89]

この記述からわかるように、この時点では放送区域は原則として「都市を中心とする当該都市およびその周辺地域」であり「県域」とはされていなかった。その後、郵政省は一九五七年五月にこの基本方針の一部修正をおこない、十一チャンネル制として放送用周波数割当計画（第一次チャンネルプラン）を発表して、テレビジョン放送局の全国的な置局計画を示すことになった。これを受けて、各地で免許申請が活発化し、民放テレビ三十四社三十六局に予備免許が与えられた（表15）。

この予備免許交付に際して、申請内容がほぼ同等で優劣をつけがたいものもあったが、田中角栄郵政大臣が一挙に処理をして開設する方針を示したという。田中は放送がもつ潜在的な力を認識していて、在任期間中、わず

表15　テレビジョン民間放送事業者予備免許一覧表（1957年10月22日）

民間放送事業者予備免許一覧（34社）
札幌テレビ放送、東北放送、岩手放送、ラジオ福島、ラジオ青森、山形放送、ラジオ東北、ラジオ山梨、新東海テレビ放送、静岡放送、信越放送、ラジオ新潟、北陸放送、北日本放送、福井放送、新大阪テレビ放送、新日本放送、ラジオ中国、山陽放送、ラジオ山陰、鳥取テレビジョン放送、ラジオ山口、南海放送、西日本放送、四国放送、ラジオ高知、九州朝日放送、テレビ西日本、西部毎日テレビジョン放送、ラジオ熊本、長崎放送、ラジオ大分、ラジオ南日本、ラジオ宮崎

（出典：前掲『放送五十年史 資料編』115―116ページ）
このうちラジオ福島については、予備免許の際に付された資本と役員などに関する条件を履行することができなかったため、1958年3月31日に予備免許の効力が失効した

か数日間で四十三局（民放三十六、NHK七）もの免許を交付した(90)。このような大量免許の調整に対して、その事前工作は至難を極め、田中は「省側の反対的態度をつぶすのにくたびれた」としながらも郵政省内の調整に努め、続けて地方の開局申請者を大臣室に直接呼びつけ一本化調整に当たったとされる(91)。そのときの状況を田中は次のように記している。

「申請者はたくさんおられるが、みなさん一緒になって新会社をつくって欲しい。新会社の代表者は－申請代表の某氏とする。A申請人の持株は－%（略）」という形式で懇談というより郵政大臣案の申し渡しである(92)。

このようにして田中は、自ら一本化調整を加減した。これによって田中が各地の地元有力者に恩を売り、各地の放送局に影響力を直接もつことができたとする見方もある。同時に、田中によって選別された地元資本が、様々な形で放送事業にコミットする環境が醸成されたともいえる。このとき考慮すべきは、当時の社会背景である。一九五八・五九年頃を境にテレビは産業として確立し、本格的なテレビ時代に入った。受像機の数をみると、五八年五月に百万台を突破し、六〇年二月に四百万台、六一年八月に八百万台と倍増して、六二年三月に一千万台を超えた。放送局の従業員数も六〇年時点で一万六千人を超えて産業規模も拡大し、六三年には対人口普及率でアメリカに次いで世界第二位のテレビ保有国になった。テレビの爆発的な普及の背景には、高度経済成長に伴う消費水準の向上と、それに並行して拡大した広告市場の確立があった(93)。地方で

は中央省庁の主導で地域開発が推進され、全国総合開発といった国家的なプロジェクトによって進められていた。各地の経済界は、その恩恵にあずかろうと一丸になって利益の誘導をおこなった。地方への利益誘導は地域貢献の一種と見なされ、地方のローカル局の誘致でも同様に考えられていた。田中がおこなったように、中央の主導で調整を経たうえで全国に割り当てられた放送免許は、新聞を中心にした地元資本に振り分けられた利権（準地代的利益の権利）と見なすことができる。このことは、その後の民間のローカル放送局のあり方に様々な影を落とすことになった。

免許が交付された事業者は、郵政省が指示した競願者相互の資本・役員構成などの合併条件を受け入れることが前提条件とされた。京阪神、北九州市と下関市にまたがる関門地区では新聞勢力が進出し、それ以外の地区では既設民放（ラジオ）局の兼営を優先とするが、競願者の資本・役員の参加が必要とされた。[94]

割り当て計画の基本方針[95]をみると、放送区域の定義をうかがい知ることができる。郵政省電波監理局資料から該当部分を抜粋すると以下のとおりである。

> 一局の放送区域は、世帯数をできる限り多く包含するとともに、各地域社会にできる限り大きいものとする。したがって、一局の放送区域は、原則として、都市を中心とする当該都市及びその周辺地域であって、当該地域社会にできる限り適合する大い《ママ》さのものとなるごとくする。[96]

そして、次に「全国分布を考慮において、まず基幹となる数地域に対する割当を決定し、順次他の地域に及ぶごとき考慮及び方法に基づいて決定する」として、「基幹となる地域には、札幌、仙台、京浜、名古屋、京阪神、広島、福岡の各地域を予定する」と説明して、これらの方針に基づいて「テレビジョン放送の受信可能地域を、原則として、最大限にすることを阻害しない範囲において、できる限り、複数の放送をそれぞれほぼ同程度の広さの地域にわたって受信できるようにする[97]」とした。これによって、先に挙げた三十四社に予備免許が下りたのだが、この割り当て方針はその後に形を変更される。後述するが、一九六九年におこなわれた割り当てでは、都市名になっていた地区名を都道府県名に修正している。つまり、これによって、放送制度で地域が県域を指すようになったのだった。

日本の放送のローカリズム原則の確立

田中郵政大臣に対して、日本テレビ産業の可能性とその知識を伝えたのは、電波監理局長の浜田成徳電波監理局長だった。[98] 浜田は、半導体や真空管の権威としても知られ、そのリベラルな考え方からGHQにも一目を置かれ、かつて放送委員会のメンバーでもあった。浜田は、田中が交付した大量免許に対して「付帯条件」をつけた。この付帯条件には、放送の独占集中排除の方針が強く打ち出されている。浜田の言葉によれば、「五七年の大量免許の最大の眼目は、言論の独占排除だった」とあるように、その後のテレビ局置局の構造や企業の性格を決定づけた行政措置として歴史的な措置だった。浜田は、「新聞と放送事業とを分離することがマスコミの公共性からみて望ましい」として、新聞と放送の分離を望んでいた。「新聞、放送など言論・報道機関の独占、集中が戦前の言論統制に道を開いた。その教訓から何も学べないようでは、戦争に負けたカイがない[99]」という彼の信念から、この付帯条件が作られたという。この付帯条件に対して田中はむしろ消極的だったとされ、一九五七年の免許条件は二人の妥協の産物として生み出されたものだったという。

この付帯条件では、第一の主体的条件の「1、地域社会との結合」で「資本的及び人的に、一般テレビジョン放送局を開設しようとする地域社会と密接に、かつ、公正に結合していること」として、資本の制限や役員の制限が具体的に示されている。文中で、地域社会という言葉が使用されているが具体的な範域は示されていない。また、第三放送番組の六では、「放送区域内の住民が意見の発表その他の出演をし及び放送区域内の公共的な団体が容易に利用することができるように、またローカルニュースその他放送区域内の住民の利益となるようなローカル番組を放送するように、配慮すること。また、ローカル生番組が相当程度の時間割合を占めていること」

と、具体的な数字は示されていないが、ローカル生番組の時間を求める記載がある。[100]

郵政省は、さらに前述の付帯条件のいわば補足として、一九五九年の九月、抽象的だった「放送局の開設の根本的基準」第九条の適用方針に関して通達を出す。

放送局の開設の根本的基準（省令）第九条の適用方針を示した通達（一九五九年九月）

その3　一つの者によって所有または支配される放送局の数を制限し、できる限り多数の者に対し放送局開設の機会を解放する。

その4　各地域社会における各種のマス・メディア手段の所有及び支配が、放送局の免許によって特定の者に集中することを避ける。[101]

さらに、これに基づいて「審査要領」という通達で、複数局所有の禁止、マスメディア三事業支配の禁止を明確に規定した。構造的には、「放送局の開設の根本的基準」の第九条とこの二つの通達が三段構えの関係になっていた。この三重構造は、民間放送の免許の地域的な勢力分布を反映したものだったが、法律的には省令と二つの通達という下位のものにすぎなかった。そのうえ、この「審査要領」には但し書き[102]があり、地方紙を中心にした三事業支配が事実上黙認された。これは、行政当局の個別の判断によって三事業兼営も認めるものだったからである。複数所有の禁止も、一地域社会での社会とは何かも明示されておらず、適当に使い分けられている状況だった。結局、地方局の所有をめぐっては、行政当局に対しておうかがいを立てながら免許申請を進めざるをえない状況になっていた。この但し書きによる審査要領の適用除外は、政府のマスコミに対する権力保持の色合いが非常に強いものだったし、政府とローカル局や主な株主だった地方紙・全国紙との関係を強めるものだった。

初期の民放テレビローカル番組

各県でテレビ放送が続々と開局してテレビが家庭に普及していくなかで、民放ローカル局設立の本旨ともいえる肝心のローカル番組の取り組みはどのようなものだったのだろうか。そして、ローカル各局は、ローカル番組を十分に放送できていたのだろうか。

例えば、ラジオ新潟テレビ（現・新潟放送）のローカル番組を取材した「朝日新聞」一九五九年十一月十五日付によれば、ローカル局でテレビの自社制作番組をレギュラーでもつことは「設備にお金がかかること」や、「タレントがいないこと」から大変な苦労を要すると述べ、ラジオ新潟テレビは週二本の自社制作をおこなっていると記している。この二本とは、土曜日十三時十五分から十三時四十五分の『テレビ土曜サロン』（一九五九年）と、十三時四十五分から十四時の『料理手帖』（一九五九年）である。『テレビ土曜サロン』は、週替わりで「昼の調べ」という音楽もの、「産業と投資」という経済講座的番組、「幼稚園めぐり」という幼児と母親を対象にしたもの、「職場対抗のどくらべうでくらべ」という芸能番組の組み合わせで放送されていた。一貫した内容の編成にすると地方ではすぐに番組のネタが切れてしまうこと、地元スポンサーが弱く一社で毎回買い切る社がないことが、こうした混成した構成になった理由だった。一方、『料理手帖』は全部買い切るスポンサーがあったという。制作は、「毎週戦場のような騒ぎとなる」といい、一つしかないスタジオの隅を利用して二つの番組を組み立てたという。

図12　ラジオ新潟テレビのローカル番組
（出典：「朝日新聞」〔東京版〕1959年11月15日付）

また、仙台の東北放送のローカル番組を取材した「朝日新聞」一九六〇年十二月二十日付では、「テレビの番組というと、東京の局のものがほとんど全国の地方局に流れている」と述べて、例外的なのは料理番組だとし、ニュースや天気予報などとともに、丹念に地元制作を

図13　ローカル局のテレビ料理番組
（出典：「朝日新聞」〔東京版〕1960年12月20日付）

しているところが相当あると述べている。その理由は、土地によって季節感が東京と異なり、また調理法に多少のローカルカラーがあることがあるためだという。東北放送の『今晩の家庭料理』（十三時十五分）は番組自体は週六日で、そのうち二日だけ自社制作をおこなっていたという。料理番組でのローカリティの強さは、注目に値する。(103)

> 悩みは、ローカル番組らしい特色をどうして盛るかということ。当初のねらいの一つだった郷土料理の調理法紹介は、何回か取り上げるとたちまちタネ切れとなった。しかし地元講師を専任にして、視聴者に親近感を与えようとする点だけはいまでも相当に受けている。季節による材料のズレは、幸い仙台が東京より気温が低いという地理的条件に恵まれてうまくいっている。しかし、なんといっても〝ローカル料理〟としての一番の武器は、東京の局が取り上げる料理より、材料費が安いということ。「これはかりは東京局も太刀打ちできませんよ」と鼻が高い。(104)

一九六〇年代初頭、地方局でのテレビのローカル番組は、ラジオの場合とは違って自主制作番組は少なく、演芸会や料理番組といった特定の形式で放送がおこなわれていた。これは、テレビという映像メディアの制作の難しさや映像機材のコストの高さ、また録画技術の未成熟もあって、ある程度資本力が大きく、制作能力をもった局でないと自主番組を容易に制作できないという事情のためだった。このような状況で、制作力がある在京のテレビ局から番組を受け入れることはやむをえない部分もあった。しかし、番組を他局に依存することは放送のローカリティの理念とは逆行するものであり、その葛藤がローカル局にあったのではないだろうか。その後、地方の民放局では、自主的な番組制作ではなく、他局が制作した番組を買ったり交換したりすることが増えていく。そこで、民放ローカル局同士が番組やニュース素材を交換してネットワークを形成していく経緯をみていこう。

放送ネットワークの形成

戦後発足した民間放送は広告を主たる財源とした商業放送なので、設立当初から資本の独占・集中化に対して規制当局は慎重だった。そのため、地域免許制といった免許方針が示され、各地域単位でローカリズムが求められてきた。そのためラジオ放送が主だった一九五〇年代は、ローカル局が独自の判断で他局が制作した番組を購入して編成していて、ネットワーク化[105]の進展も緩やかだった。

ネットワーク化が進みにくかった具体的な理由は、東京よりも先に名古屋や大阪の開局が進められたことや、在京のラジオ局が複数の新聞社の寄り合い所帯だったために系列化に対して活発な動きをみせられなかったために、在京局が主導権を握った全国的なネットワーク作りがなかなか進展しなかったことである。また、技術的な要因として、「東京のラジオ局が番組を地方のローカル局に販売する場合、磁気録音テープを利用[106]」していて輸送に時間がかかっていたことや、「それぞれの局での番組制作がテレビに比べて容易であった[107]」ために当初から自局制作がおこなわれていたことが挙げられる。こうした事情が、その後誕生するテレビのネットワーク化とは違って、ラジオの全国化を妨げ、各地で独特な番組が誕生する土壌を生んだ。

このようなラジオ番組の制作コストの低さは、スポンサーとの関係にも影響を与え、結果的に系列化を妨げる方向で作用した。すなわち、番組制作費の低さはスポンサー一社による提供を容易にし、その結果、特定の番組をどの局で放送するかといった問題は少数のスポンサーの意向に委ねられることになった。そのため、「放送局側がどの局にどの番組を流すかというイニシアチヴを持っていたわけではなかった[108]」のである。

東京でのネット先を、ラジオ東京、文化放送、ニッポン放送のどこにするかは、番組を提供するスポンサーがきめていた。同じように東京局でつくった番組を大阪のどの局に流すかも、スポンサーが指定していた。それが当時の業界の慣習であり常識だった。（毎日放送OB辻一郎[109]）

このことは、結果的にキー局が系列を強化し、ネットワークのなかで主導的な役割を演じることを阻んだ。ローカル局側も、スポンサーの意向に沿って、どのキー局制作の番組を流すのかをそのつど変えざるをえなかった。

このように、ラジオの特性からくる制作費やスポンサーの事情からネットワーク化は妨げられていたが、一方ですべての番組をローカル局で制作するのは、経済規模が小さなエリアを対象とした県域局にとって経済的にも人材的にも難しい状況だった。そのため、先行して開局した局との間で個別の協力関係が作られていった。当時の他局との番組の交換や取り引きについて、中部日本放送のまとめ[110]によれば、①中央局（在局各局）と地方局の提携関係、②ニュース供給を軸とする新聞社の系列関係、③地方局同士の地域的協力関係[111]などが各局の間で個別に組み交わされ、それらが互いに複雑に絡み合いながら、最終的にはケース・バイ・ケースで変化する、一種のフリー・ブッキング制が根を下ろしていたという[112]。

しかし、このようにローカリズムの理念が現実化されていたかのようにみえる初期の民放ラジオは、その後のテレビの普及によって経営的に打撃を受け、経営体質の改善を余儀なくされる。

新日本放送の後藤基治は、民間放送四年目（一九五四年）にそろそろネットワークをめぐる動きが見え始めたと警戒を示して、「ラジオ東京の全プロ販売、ニッポン放送の対山形放送提携などは明白にその胎動とみることができる」と述べ、「東京二局がネットワークの問題に具体的な表示をおこなったからといって、これに追随しようとも、競争しようとも考えていません」としながらも、「運命は、東京三局のうち一局との完全提携を将来招き寄せるでしょう[113]」と予言していた。

その後、ラジオ放送がネットワーク化に向けて大きく進展するのは、一九五八年頃から各地でテレビ局が開局しラジオ局との兼営局になったことで、ニュースや番組制作のうえでネットワーク化を求める必要性が高まったからだった。正式には、五九年にテレビ放送でＪＮＮニュース協定が、六〇年には五社連盟による業務協定が締結され、ラジオ放送については六五年五月に東京放送（ラジオ東京）をキー局としたＪＲＮ（Japan Radio Network）と、文化放送・ニッポン放送が中心になったＮＲＮ（National Radio Network）が発足した。それ以降、各地のラジオのネットワーク化が進んでいく。このように、日本のラジオネットワークは非常にゆっくりと形成され、テレビを含めた民放全体の業界地図を作っていくことになった。

初期のテレビ放送は、ラジオよりも自主制作にかかる費用が大きく、すべて自前で番組を用意することは経営規模が小さいローカル局では困難だった。そこでラジオの場合とは違い、当初から既存の映像フィルムやネットワーク番組を利用した放送によって多くの時間を埋めていた。また社会的にみても、一九五九年の皇太子の成婚パレードのテレビによる全国中継に対する注目が大きかったこともあって、番組のネットワーク化の進展は、ラジオの場合とは違って早い段階からスタートした。

民放で最初に免許を受けた日本テレビ放送網は、その名称からもわかるように、テレビによる全国的な放送網の構築を目指して正力松太郎が設立した。しかし、マイクロ波を使用する国内の放送網に関しては防衛上の観点から国家的問題とも考えられ、日本テレビの構想は実現しなかった。また、ＮＨＫでも独自の中継回線が研究されていたが、結果的にそれを廃止して電電公社が主導する中継回線が整備され、行政当局の置局政策と連動しながら国内の放送局に対して免許が与えられていった。中継網の整備の進展は、その末端にある民放ローカル局の中継内容にも影響を与えるため、ネットワーク網整備の政策が間接的に民放の系列関係や経営にも影響を与えることになった。当初は中継回線の数が複数存在しなかったため、[114]特に最初期のラジオ東京（ＴＢＳ）系の局を中心に、必ずしもネットワークの枠組みにとらわれずに編成をおこなっていた。

また、行政当局の制度的な対応がこの時期、一貫性をもっていなかった点も指摘されている。[115]すなわち、放送局のネットワーク化の促進を制約する方向性と容認する方向性が混在していたということである。ネットワーク化を制約する方向性としては、一九五七年十月の一斉予備免許で一つのテレビ放送事業者が二つ以上のテレビ放送局を開設しないという条件が付され、五八年の放送法改正案は「一般放送事業者は、特定の者からのみ放送番組の供給を受けることとなる条項を含む放送番組の供給に関する協定を集結してはならない(116)」と記して、固定化したネットワークが生まれることを規制しようとしたことが挙げられる。一方で、ネットワーク化を容認する態度もみられた。五九年二月の参議院逓信委員会で寺尾豊郵政大臣はネットワーク化を容認する姿勢を示し、「特に地方の放送会社等の経営の今後を考えると、経営の合理化といった観点から、出来るだけ冗費を省くこと、また、自然に系列化されることは、むしろ好ましい(117)」とした。

このように、一九五九年施行の改正放送法における「放送番組の供給に関する協定の制限」は、当初からその効力がきわめて限定されていた。その結果、ネットワークをめぐっては法制度上、そのときどきの判断に委ねられることになった。

これまで述べたとおり、ローカル民放テレビ局は開局当初から中継回線が用意されていることが多く、キー局からの中継によって番組を補っていた。このような早期からのネットワーク化進展の背景には、「テレビ番組の制作費が大きくローカル局が自主制作するよりも潤沢な制作費で作られた全国番組を買った方が得であったこと」や「視聴者の関心が全国的なものであったこと」「政治的な発意(118)」が理由として考えられるが、いずれにしても、テレビ局の開局とその全国的な広がりのなかで、本来の民放設立の理念だった放送のローカリズムに基づいた独自の番組や編成は徐々に後退せざるをえない状況だった。

NHKのローカル番組

では、民放とは違って、受信料を主な収入源として戦前からの歴史を有するNHKのローカル放送はどのような取り組みだったか。NHKのローカル放送は、一九五〇年六月施行の放送法では第九条に「全国的及び地方的放送を行うため、放送局を設置し、維持し、及び運用すること」と定められ、全国組織であっても地方放送をおこなうことが義務づけられた。そもそもＮＨＫは、「あまねく日本全国において受信できるように豊かで、かつ、良い放送番組による国内放送を行う」（放送法第十五条[119]）ことを目的とし、公共的色彩が強い特殊法人として再出発した。そのため、民間の商業放送だけに委ねた場合の聴取可能エリアの都市への集中化といった弊害に対処し、山間僻地などでも十分な放送サービスを提供することが望まれたのである。ＮＨＫはラジオ局として有してきた各地の拠点を生かし、ラジオに加えてテレビ放送の全国化を民放と足並みをそろえて進めていった。

一九五〇年七月一日にＮＨＫは放送番組種別の改定をおこない、番組の編成を次のように三段階に区分した。

第一種「全国放送網番組」放送局が必ず入中継[120]しなければならない番組
第二種「選択編成番組」全国放送網番組を入中継するか、これを脱して自局編成するかを、その局が自主的に決定できる番組
第三種「単独編成番組」放送局が必ず単独で編成しなければならない番組[121]

この時期のＮＨＫの単独編成番組とは、必ずしも都道府県単位を示しておらず、ＡＭラジオの送信所が設置されていた都市単位での単独放送もおこなっていた。例えば、山形県内では山形放送局と鶴岡放送局が存在し、それぞれが単独で放送をおこなうことができたし、県内で回線を結んで同一の番組を放送する編成を組むこともできた。そのため、ローカル番組といっても、県内の都市間での相互の中継番組、都市での単独編成番組といった多様な編成が可能だった[122]。

次に具体的なローカル番組の内容を調べてみると、報道番組だけでなく、朝と夜の県民の時間、農事番組、文芸や音楽といった娯楽番組まで幅広い。例えばＮＨＫ山形の一九五六年度のローカルラジオの定時番組をみると、朝夕の十五分間の『県民の時間』では、郷土史・民俗史や県内の話題を扱った番組、都市間での中継放送や民謡などの娯楽番組が作られている。そのほかにも農事番組や第二放送による学校放送がローカル局制作で存在し、

農業や教育の分野に地域の事情に即した番組内容を盛り込もうとしたことがわかる。

一九五六年度のローカル定時番組（NHK山形）
1　報道番組　定時ニュース・録音ニュース等
2　朝の県民の時間　7：15―7：30
日　ふるさとよもやま話（山形県の郷土史・民族史）
月　今週も明るく（週間の暦。話題・メモ・音楽等）
火　明るい社会人（投書意見）
水　ラジオ公民館（正しい社会生活のための啓蒙を意図する）
木　みちのくみてあるき
（東北管内各局からほか県各地の文化・産業・風物等を視察見学）
金　体育手帖（スポーツの話題・技術・批評・実況ハイライト等）
土　東北だより（東北管内中継・各県の明るい話題の中継）
3　よるの県民の時間　18：45―19：00
月　マイクフラッシュ（週間のトピックスや時の話題）
火　ラジオ談話室（庄内と内陸を二元で結んで県内情勢を語り合う）
水　夕のオルゴール（バラエティ、コメディ、ラジオ小説等）
木　民謡ところどころ（県内の民謡を主に各地の民謡を送る）
金　マイクと共に（県内の社会問題を深く掘り下げ解明する）
土　週末のいこい（合唱・室内楽・軽音楽等外郭団体の出演）

4　農事番組
農業講座（金土日）5：30―5：45
朝のいろり端（日）6：15―6：30
明日の農作業（日―土）20：59―21：00

5　学校放送番組（第二放送）
火　私たちの郷土　11：00―11：15
水　ラジオ新聞　10：15―10：30
金　観察ノート　10：15―10：30
土　ラジオ作文教室　11：00―11：15
土　高校生の声　11：45―12：00
月―土　高校講座・山形県の時間　10：00―10：30
※学校放送についてはすべてテキストを発行

6　そのほかの主な番組
水　明るい茶の間　6：15―6：30
土　文芸の時間　18：15―18：30
第4金　朝の訪問　7：45―8：00
火―金　ラジオ告知板　11：50―12：00
第4月　街頭録音　21：15―21：40

第3月　ラジオ歳時記　21：40—22：00
月水木　ひるのいこい　12：15—12：30
月—土　憩のメロディー　16：45—17：00[123]

また、放送合唱団や放送楽団、放送劇団が放送局ごとに立ち上げられ、嘱託職員という雇用形態で活動していたことも注目できる。これらの組織で現在まで引き継がれているものは少ないが、地域の人々を出演者として巻き込みながら、ローカルな放送番組が作られていったことがわかる（より具体的な活動については、第5章第3節「メディア集中化がみられた山形県の事例」を参照）。

報道活動では、これまで地元の新聞社などに頼ってニュース素材を得ていたが、NHK独自の記者を徐々に増員し、独自取材のニュースを増やしていった。また、放送局が存在していない地域については、通信部を配置して各地での取材をおこなった。これは、この時期に民放のラジオ局が地元の新聞社を後ろ盾に開局したこともあって、ラジオ放送の取材活動で地元の新聞社と競合関係になったことも背景にある。つまり、民放の出現によって競争関係が生まれ、放送におけるローカル報道活動も多元的なものになったのである。

次にNHKのテレビローカル放送だが、開局の時期は各地の民放ローカル局と似通っており、各地でNHKと民放が同じタイミングで免許が交付されたと考えられる[124]。一九五三年に東京でテレビ放送を開局して以来、五四年には名古屋と大阪で、五六年には仙台、広島、福岡、札幌といった各地方の拠点で放送を開始している。それ以外の県庁所在地では、おおむね六〇年までに開局している。

NHKのテレビローカル番組では、当初は、各地の放送局が独自にテレビ放送をおこなう体制は整っておらず、ほとんどが東京からの中継だったという[125]。具体的にみると、一九五六年度でのローカル番組は「簡易テロップにより毎週三回告知事項を放送する」という程度だったいうが[126]、NHKの「第一次五か年計画」（一九五八—六三年）で総合テレビの各局制作のローカル向け放送を、中央放送局で一日当たり十分から一時間に、それ以外の県庁所在地の放送局で○分だったものを三十分から四十五分に増やすとし、その結果、県域ローカル番組の制作体制が整備され、ニュース情報と朝の十五分ローカル番組の充実が図られた。このように、この時期のNHKのテレビローカル放送では、中央放送局を中心にしたブロック番組が時間的には多い点が注目される。しかし六○年代に入り、民放のテレビ局が徐々にローカル番組に力を入れると、NHKは県域のローカル番組に力を入れることになるのだが、この点に関しては次章で述べる。

このように一九五○年代のNHKのローカルラジオ放送は、民放からの刺激を受けて充実が図られたのだが、ローカルテレビ放送については質・量ともに充実しているとはいえない状況だった。また、NHKのローカル番組のタイトルからもわかるように、全国一律で郷土の時間といった枠を設け、そのなかで各局で同じような郷土史や音楽を放送することがおこなわれた。これはNHKが全国組織だったためで、一方で、このようなローカル番組枠が中央から指示されて設けられた点で民放とは異なっていた。民放は、もちろん他局で開発された番組を参考にはしていたが、各局の視点でローカル枠を編成し番組を作っていった。ローカルに根づいた放送局といった言葉のとおり、自主的な判断で番組を編成できるということが外部から独立した機関として放送局に免許を交付してきたことの意義でもあった。

表16　NHKの主な放送局のテレビ開局年

開局年	放送局名
1953年	東京
1954年	名古屋・大阪
1956年	仙台・広島・福岡・札幌
1957年	函館・松山・北九州・静岡・岡山・金沢
1958年	熊本・鹿児島・富山・長野・室蘭・高知・新潟・長崎・旭川・盛岡
1959年	福島・鳥取・徳島・青森・山口・福井・大分・甲府・松江・山形・帯広・秋田・釧路
1960年	宮崎
1961年	北見
1968年	沖縄
1969年	佐賀・高松
1971年	大津・神戸・和歌山
1972年	京都・奈良
1973年	岐阜・津
2004年	水戸
2012年	前橋・宇都宮

（出典：村上聖一「NHK 地域放送の編成はどう変わってきたか――放送時間、放送エリアの変遷をめぐる分析」、NHK 放送文化研究所編「放送研究と調査」2013年8月号、日本放送出版協会、21ページ。日本放送協会編『NHK 年鑑』〔日本放送出版協会〕各年版から村上が作成）

まとめ

戦後日本の放送に対するローカリティの要請は、「放送の民主化」政策によってもたらされた。占領期に日本放送協会では民主化が求められたが、労働組合の左傾化や占領統治の観点からGHQによる検閲と指導が常態化したため、戦前の日本政府による指導検閲体制と連続した、非民主的で上からの指導が日常業務のなかで踏襲されていった。

戦後の新たな放送制度は、初期の設計では独立行政機関である電波監理委員会を設置して、多くの裁量をこの機関に与えていたが、一方で当初から放送免許の適用基準で明確性を欠き、戦前から踏襲された行政手法であるところの一本化調整によって免許が与えられていった。初期の免許方針として、初めて一地一局の方針がとられたが、これは各機関の思惑が入り乱れた妥協の産物だった。サンフランシスコ講和条約後、電波監理委員会が解散して電波行政が郵政省に委ねられた結果、曖昧な免許基準も相まって免許の交付の判断はそのときの郵政省(郵政大臣)の裁量に委ねられることになった。

全国に分布した民間放送の組織形態は、第一次のチャンネルプランと一九五〇年代後半に形作られたマスメディア集中排除原則に基づく資本要件によって特徴づけられ、初期は地方新聞社を軸にした地元資本が中心になった株主によって運営されていた。このような株主の構成は、全国の放送組織のあり方の基本になった。このように民間放送の運営者が地方に分散したのは、商業放送がもつ独占性を防ぐことが目的だった。初期の民放のラジオでは、その目的が達成できていたとみることもできる。一方で、公共放送のNHKでも民放では手が届かないローカルサービスをおこなうことが求められたが、民放との競争関係のなかでローカルサービスの充実が図られていった。また、民放ラジオローカル局同士のネットワーク化の進展は遅く、五〇年代に全国的なネットワークが構築されることはなかった。そのため、初期の民放ラジオローカル局では放送番組における地域性が強く現れた。しかし、五〇年代後半に各地へテレビ免許が交付されると、既存のラジオ局との兼営でテレビ局が開局したため、番組制作のコストや全国スポンサーの意向もあって中継網が急ぎ整備され、キー局が制作する全国番組をそのままローカル局で放送するようになった。そのため、テレビ放送は初期の段階からローカル番組が非常に少なく、あったとしても地元の食材を生かした料理番組や郷土芸能の生番組といったものが中心だった。このようなテレビにおけるローカル番組の未熟さは、その後も問題視されることになる。

以上のように、戦後の放送制度改革の基本理念だった放送の民主化は、電波監理委員会の廃止や戦前から続く一本化調整といった行政手法の踏襲によって、政府の介入を完全に防ぎきれないといった問題を含んだものになった。また、運営主体の決定という場面でも一本化調整の際に介入されやすいものになったことは、その後もたびたび問題視されている。しかし、戦後、民主的な制度として刷新されることを目指した放送制度や免許をめぐる合意形成は、戦前からの手法を継承することを選んだわけで、その意味では日本が自ら取り込んだ日本型の放送のローカリティとも呼べるものになって根づいていったものと考えることができるのである。このような日本の放送の民主化の不徹底による理念と現実の乖離は、日本が民主化を受け入れる準備が十分にできていなかったための急ごしらえの方策によるものと受け止めることもできなくはない。そして、初期には形式的にも地域に分散した放送という理念が目指されていた時期があったが、テレビというメディア技術の著しい成長と重なって、日本にとって産業的に大きな恩恵をもたらしたことで、放送のローカリティは理念と現実とが分離したまま、テレビ産業は成長して大きな存在として国民に受け止められていった。

注

(1) 内川芳美「戦後日本の放送政策（上）――戦後放送制度の確立過程」、日本放送協会放送文化研究所編「放送学研

究」第六巻、日本放送出版協会、一九六三年、九ページ
(2)前掲『放送史への証言(Ⅱ)』二五―二六ページ
(3)同書二六ページ
(4)田中哲『私の放送史――山形のメディアを駆け抜けた50年 1部 2部』共同出版、一九九八年、七ページ
(5)同書八ページ
(6)同署一一ページ
(7)同書一二ページ
(8)前掲『日本放送史』上、七一一ページ
(9)一九四七年七月二十一日からは各地方局にも割り当てられた。
(10)前掲『放送五十年史』二八〇ページでは「ローカルショー」と表記している。
(11)広島放送局六十年史編集委員会編『NHK広島放送局六十年史』ぎょうせい、一九八八年、九八ページ
(12)一九四七年に仙台放送局で放送記者として在籍した田中哲によれば「あらゆるニュース、特に思想的、政治的、労働や、食料問題については、相当厳しくチェックされていた。進駐軍関係のものは一言半句といえどもタブーとされていた」という。また局内の様子としては「この検閲官(ミスター・ネコタという二世)がNHKの局舎内の、それも局長室という最高の部屋を占有していた。お陰で、当時の崎山正毅局長は別の小部屋で肩身を狭くしていた」とその状況を語っている(前掲『私の放送史――山形のメディアを駆け抜けた50年 1部 2部』八ページ)。
(13)放送機関としての側面をみると、この当時の広島中央放送局の記者はデスク二人、外勤三人であり、ニュースは共同通信からが六〇パーセント、自主取材は四〇パーセント程度だったという(前掲『NHK広島放送局六十年史』一〇四ページ)。
(14)『早起き鳥』の設置の背景と当時の状況については、「アーカイブス・カフェ」第五号に、原安治による次のようなコメントが残されている。「終戦直後、農家が六百万戸、耕地が六百万ヘクタールあったわけですね。でも、その六百万ヘクタールを持っていたのは二百万戸の地主で、残りの四百万戸は小作人だったわけです。で、その四百万戸の小作人に農地を解放するというのが「農地改革」だったわけですよ。日本を占領していたアメリカは、日本の農民を

命令に何でも従う屈強の兵隊に育て上げてきたのは日本の農村の貧しさだと考えた。その日本の農村の貧しさと封建制を打破しないと、日本はまた軍国主義に戻るということで農地解放をしたわけです。そこで、せっかく土地を持った農民を貧しさと因習と重労働から解放したい、その手助けをしたいというのが「農事番組」の一つの狙いだったと思いますね」「あれは進駐軍が持ってきたわけ。ＲＦＤっていうのはアメリカにあった農事番組の通信員組織なんですよ。それをＮＨＫにも置いたわけですね。それから『アーリーバード』という番組があった。それを翻訳して「早起き鳥」ってラジオ番組をＮＨＫが始めたわけ（笑）。ＮＨＫは、「農事放送担当者」ということで、福岡と、広島、松山、大阪と名古屋と、仙台と札幌に三人ぐらいずつ農事番組の専任ディレクターを置いたんです。それから全国五十の放送局に一人ずつ置いて、東京農事部に三十人、そのくらいの組織で作ってたわけですね。だから、占領政策の置き土産みたいなとこがあるわけ、農事番組ってのはね」。ＮＨＫライツ・アーカイブスセンター「アーカイブス・カフェ」第五号、ＮＨＫライツ・アーカイブスセンター、二〇〇七年、二ページ

(15) 前掲『放送五十年史』二二五―二二六ページ

(16) 前掲『ＮＨＫ広島放送局六十年史』一〇一ページ

(17) 広島中央放送局では毎週土曜日に録音して、毎週木曜日の十二時三十分から放送している（通算四十二回。同書一〇一ページ）。

(18) 同書一〇二ページ

(19) 同書一〇二ページ

(20) このようなＣＩＥによる地方局での指導の詳細については、さらに踏み込んだ研究が求められる。具体的には、この時代のアメリカ本土でのローカル放送の制度的な位置づけやＦＣＣのローカリズム原則との関係をみることが占領初期のローカル放送の政策を知るうえで重要になってくる。

(21) 沖本四郎によれば、当初ＦＣＣが放送局の免許にあたって審査する基準を次のように定めていたという。「①地域的問題をとりあげるローカル放送（生番組）を十分放送しているか。／②公共問題を扱った社会番組を十分放送しているか。／③スポンサーなしの自主番組を十分放送しているか。／④ＣＭの量が不当に多くないか。／⑤放送に対する視聴者の指示、批判、意見を歓迎しているか。／⑥視聴者は局の再免許について意義・意見をＦＣＣに申し立てる

ことができるという告知放送を行っているか」。この基準に基づけば多くの日本のテレビ局は即刻免許を失わなければならないと述べている（沖本四郎『テレビへの挑戦――放送後進国日本再開発論』あゆみ出版社、一九七二年、一四九ページ）。

(22) 前掲『日本放送史』上、七二六ページ

(23) 内川芳美は占領下の放送制度制定過程を以下の六期に分けている（前掲「戦後日本の放送政策（上）」六―七ページ）。

第一期　混迷期：占領開始から一九四五年十二月二十二日ハンナー・メモまで。

第二期　日本放送協会による独占放送方式の維持確定期：ハンナー・メモから一九四六年十一月一日臨時法令審議委員会設置まで。

第三期　日本放送協会による独占方式下の法制的準備期：一九四六年十一月一日から四七年十月十六日ファイスナー・メモまで。

第四期　放送組織複数化方針確定期：ファイスナー・メモから一九四九年六月十八日バック勧告まで。

第五期　放送監理機関の行政委員会制確定期：バック勧告から一九四九年十二月二十二日電波三法案国会提出まで。

第六期　電波三法成立期：一九五〇年四月二十六日成立まで。

(24) CCS（Civil Communications Section）のポール・F・ハンナーが松前重義逓信院総裁に対して発した「日本放送協会ノ再組織」と題する覚書のこと。

(25) CCSのクリントン・A・ファイスナーによって示された覚書のこと。

(26) 占領期の放送制度の制定過程については不明な点が多く、さらなる調査が必要だが、そのなかでも特に制度制定に関わった逓信官僚の属性についてはあまり語られていない。しかし、その後の聞き取り調査といった先行研究を詳細に読み解いていくと、逓信官僚側も一枚岩ではないことが確認できる。例えば、GHQの推薦によって、法令審議室主査だった鳥居博と生え抜きの職員（網島毅ら）では、逓信省内でも立場は異質だったことがうかがえる（諏訪博『一葺の記』TBSブリタニカ、一九八一年、二四四ページ）。もともと逓信官僚は、NHKが解体されたとしても民放各社への統制が可能であるような理論の構築を考えていたことは述べたとおりである。一方で、鳥居博はアメリカ

流の自主独立機関を導入し、放送の民主化を図ることを目指していた。このような逓信省内部の毛色の違いについては慎重に分析すべき点であり、それらとGHQ側、また当時の吉田茂内閣とのやりとりがどのようになされたかは不明な点が数多い。

(27) 松前重義が宮本吉夫局長と網島毅課長を総裁室に呼びつけ、商業放送を日本にも作ったらどうかと話したことが民放設立のきっかけだったとされる。網島は電波局内で幹部を集めて民間放送についての検討をおこない、「いずれ日本にもそういう時代がくるだろう、だから少し先走ることになるかもしれないが、やったほうがいいのではないか、というのが多数の意見であったので四、五日後に総裁室にいって結論をお伝えしたところ、松前氏は翌日閣議の了承をとってこられたのだ」と述べている。この具体的な経緯については、網島への内川芳美による聞き取り文章にも記述がある（放送関係者聞き取り調査研究会監修『放送史への証言（Ⅰ）――放送関係者の聞き取り調査から』日本放送教育協会、一九九三年）。

(28) 同書二〇ページ

(29) 前掲『ドキュメント放送戦後史Ⅰ』八六ページ

(30) 放送法制立法過程研究会編『資料・占領下の放送立法』東京大学出版会、一九八〇年、三七一ページ。引用者が適宜、句読点を補った。

(31) 前掲「戦後日本の放送政策（上）」一一ページ

(32) 当時の放送の労働運動に関しては、『民放労働運動の歴史』第一巻（日本民間放送労働組合連合会、一九八八年）などの労働運動史から知ることができる。

(33) 一九四六年十月五日にストライキ突入という事態をみて、政府は直ちに閣議を開いて放送再開へ向けて強攻策をとる方針を固め、同日十七時半、内閣書記官長林譲治が談話を発表して、GHQも国家監理放送を認め、十月六日に放送は国家の管理下に移されることになった。八日に国家監理放送が始まったが、二十四日の早朝までに、東京の半数近い部課と五つの管内放送局が終業の意思を明らかにし、ストライキの続行は不可能になり、二十五日に鈴木恭一逓信次官が国家監理の収束を宣言した（前掲『放送五十年史』二四四ページ）。

(34) 松田浩は前掲『ドキュメント放送戦後史Ⅰ』三三ページで、放送における戦後初期の民主化運動は、新聞のように戦争責任を追及するものではなく、逓信省出身者の排除といった人事面での刷新が主で、新聞ほど民衆のメディアに作り替えていこうとする成熟がなかったと述べている。その後、協会の労働組合は急速に左傾化して、産業別労働組合の中核をなすまでになったという。

(35) 前掲『商業放送の理論と実際』六〇ページ

(36) 同書六〇ページ

(37) 共産党の機関紙「アカハタ」とその後継紙の無期限発刊停止を命じたもので、これを新聞・通信・放送関係労働者に援用した。思想信条を理由とする解雇は憲法十四条や労働基準法三条違反であることは明白だが、GHQによる超憲法的命令として強行された（前掲『民放労働運動の歴史』第一巻、二九ページ）。

(38) 前掲『放送五十年史 資料編』二〇九ページ

(39) この点について、有馬哲夫はハウギー・メモとの差異を示して、それ以前からの方針の影響についても言及している（有馬哲夫『こうしてテレビは始まった――占領・冷戦・再軍備のはざまで』ミネルヴァ書房、二〇一三年、四〇ページ）。

(40) 諏訪博は、ファイスナーへ書簡を出していくつかの質問に書面で返事を得ている（前掲『一葦の記』二四四ページ）。そこには一九五〇年五月二日に国会で成立した電波三法は、ファイスナーの本来の考え方に同調するものであることが述べられている。

(41) 千葉雄次郎「放送法における自主規制」、日本マス・コミュニケーション学会編「新聞学評論」第十号、日本新聞学会、一九六〇年、五ページ

(42) 同論文六ページ

(43) 村上聖一「電波監理委員会をめぐる議論の軌跡――占領当局、日本政府、放送事業者の思惑とその結末」、NHK放送文化研究所編「放送研究と調査」第六十巻第三号、日本放送出版協会、二〇一〇年、一〇ページ

(44) 前掲『臨時放送関係法制調査会答申書』三七五ページ

(45) 前掲『放送五十年史 資料編』一〇〇ページ

(46) 同書一〇〇ページ

(47) 同書一〇〇ページ
(48)「参議院公聴会後述要旨」「週刊 新聞と広告」一九五〇年二月十日号、二ページ
(49) 服部孝章「放送局免許制度の課題」、荒瀬豊／春原昭彦／高木教典編『自由・歴史・メディア――マス・コミュニケーション研究の課題 内川芳美教授還暦記念論集』所収、日本評論社、一九八八年、三二ページ
(50) 長谷川貴陽史「事前調整指導の法社会学的考察――放送免許の一本化調整と大型店の出店調整を素材として」、東京大学大学院法学政治学研究科編「本郷法政紀要」第五号、東京大学大学院法学政治学研究科、一九九六年、二〇九ページ
(51) 前掲『ドキュメント放送戦後史Ⅰ』一七八ページ
(52) 同書一七八ページ
(53) 同書一八一―一八二ページ
(54) 前掲「戦前の放送」二一ページ
(55) 浜田純一／田島泰彦／桂敬一編『新訂 新聞学』日本評論社、二〇〇九年、五三ページ
(56) 柴山哲也は、野口悠紀雄『1940年体制――さらば戦時経済』(東洋経済新報社、一九九五年)の「一九四〇年体制」論をベースに、記者クラブの連続性について指摘し、「戦時の国家総動員体制の情報システムの姿を残して現代にひきつがれている」と述べている(柴山哲也『日本型メディアシステムの興亡――瓦版からブログまで』〔叢書・現代社会のフロンティア〕、ミネルヴァ書房、二〇〇六年、一三一ページ)。
(57) GHQは日本の自由主義の一翼として組み込んでいこうとしたが、放送機関内部からの共産党員や先進的活動家の追放は戦後のマスコミ民主化運動を交代させた側面があったと松田は述べている(前掲『ドキュメント放送戦後史Ⅰ』一二九ページ)。
(58) 中部日本放送編『民間放送史』四季社、一九五九年、八〇―八五ページ
(59) 東京の出願の熱は大阪ほど高くなかった。その理由は距離の問題で、「東京という位置がかえって行政上の可能性をたえず直接に意識させた」(同書二六ページ)からとされる。一九四五年十一月一日には、元・NHK技術部長だった伊藤豊を中心とした民間放送開始準備会は元・「名古屋新聞」の大宮伍三郎を代表して放送事業設立申請を提出

した。十一月十七日、亀井貫一郎が代表して早稲田大学の山本忠興博士を技術顧問とする常民生活科学技術協会が出願した。十二月一日、東京商工経済会と全国商工経済会の船田中理事長が中心になって民衆放送という会社が名乗りを上げた。このなかに電通の上田碩三社長、吉田秀雄常務、日本電気の佐伯長生社長が首脳部にいた。この計画は「逓信院松前総裁、東京商工経済会の藤山愛一郎会頭、船田中理事長らの接触の中で生まれた」とされ、実務面は「船田中、吉田秀雄両氏を中心に、はじめ商工会内、のち丸の内中央亭に陣取っていた」という。

(60) 前掲『ドキュメント放送戦後史Ⅰ』一八三ページ

(61) 「ソ連、朝鮮を控えて今後一段と活発化を予想されている国際宣伝放送に対する正常な思想の普及」などが電波監理委員会に認められたことが社史に記されている(北陸放送『地域とともに四半世紀――北陸放送二十五年史』北国出版社、一九七七年、一二ページ)。

(62) 前掲『民間放送史』一五―一六ページ

(63) 「新日本放送」出願までの経緯は次のとおりである。一九四五年九月の下旬、実業家の寺田甚吉を中心にして新放送会社創立事務所が作られ、「大阪毎日新聞」の本田親男編集局長、高橋信三編集総務、浅井良任出版局長らが十二月に合流して新日本放送株式会社の出願になった。四六年五月二十二日、新日本放送(NJB)の第一回発起人会が開かれる。「朝日新聞」が乗り出してくる四九年頃までにはNJB一本でまとまるのが有力だった。この時期新日本放送は、新会社の構想を「想定される今後の日本放送事業計画」(一九四五年十月)として、次のようにまとめている。「公益法人組織を解体し、完全なる民営会社とする」「一企業体の独占事業とせず、二以上の企業体をして本事業にあたら示すか、差向対立する二大会社の競争経営とする」「全国七ブロックの大電力放送制を採る」「(1)東京、大阪に十キロ局、(2)二次として名古屋、福岡。三次に残り広島、仙台、札幌に書く十キロ局」。このなかで述べられている民放の「全国七ブロック」制については、一地一局方針が出される以前に事業者側が想定していた放送区域案の原型として注目に値する。

(64) 前掲『ドキュメント放送戦後史Ⅰ』八二ページ

(65) 前掲『民間放送史』二九ページ

(66) 同書一二二ページ

(67) 菅原千代夫「民放二十年」、東北放送編『東北放送二十年史』所収、東北放送、一九七二年、一八一―一九七ページ

(68) 所雅彦『北海道民放論』富士書院、一九九四年、二〇ページ

(69) 前掲『東北放送二十年史』一九五ページ

(70) そのほかに、文化的・教養的色彩が強い番組を主体にした種類が違う放送局を認め、東京の文化放送に免許を与えたこと、日本テレビ放送網へテレビジョン放送の免許が最初に与えられたことが挙げられる。

(71) ちなみに、電波監理委員会の廃止によって新たに設置された電波監理審議会については、次のように述べている(前掲『臨時放送関係法制調査会答申書』一二三―一二四ページ)。

この機関は、わが国の行政機構の一般の例にかんがみ、国家行政組織法第三条の委員会（いわゆる行政委員会）であることは適当ではなく、その意味で同法八条の機関として郵政省に付属するものだが、通例の諮問機関とは異なり、次に列挙する放送行政の基本的事項に関しては、この機関の議決に基づいてだけ郵政大臣がその権限を行使しうるところの強力なものとすべきである。

ア　放送用周波数使用計画

イ　放送局の免許（再免許を含む。）又は免許拒否

ウ　放送局の免許取り消し、運用停止、戒告等

エ　放送に関する処分に係る異議申し立てに対する決定

オ　放送局の免許基準に関する省令

カ　放送の標準方式

(72) 日本民間放送連盟編『民間放送三十年史』日本民間放送連盟、一九八一年、五七ページ

(73) 前掲『臨時放送関係法制調査会答申書』一二二ページ

(74) 前掲『臨時放送関係法制調査会答申書』三七四―三七五ページ

(75) 村上聖一「放送局免許をめぐる一本化調整とその帰結――裁量行政の変遷と残された影響」、NHK放送文化研究所編「放送研究と調査」第六十二巻第十二号、日本放送出版協会、二〇一二年、四、一八―三五ページ

（76）村上聖一「民放開設期における新聞社と放送事業者の資本関係――置局政策・資本所有規制が与えた影響」、メディア史研究会編「メディア史研究」第三十号、ゆまに書房、二〇一一年、四九ページ

（77）前掲『民間放送史』一二五ページ

（78）井上宏編『放送演芸史』世界思想社、一九八五年、一〇ページ

（79）前掲『民間放送史』二七八ページ

（80）同書二七八ページ

（81）「ローカル放送――夕談」「放送文化」第十巻第七号、日本放送出版協会、一九五五年、二一ページ

（82）所雅彦『北海道民放論』富士書院、一九九四年、二五ページ

（83）同書二〇ページ

（84）中部日本放送編の前掲『民間放送史』一八三ページにも同様の記述がある。『NHKのど自慢』（一九四六年―）や『二十の扉』（NHK、一九四七―六〇年）などの聴取率が高い人気番組にも、同様の番組で対抗しようとした。

（85）前掲『民間放送三十年史』三〇ページ

（86）北海道放送社史編集委員会『北海道放送十年史』北海道放送放送業務室、一九六三年、一〇八ページ

（87）前掲『民間放送史』一八五ページ

（88）一九五九年には、ラジオとテレビの広告費配分比率が逆転して、放送メディアの中心はテレビに移っていくことになる（前掲『放送五十年史』四五九ページ）。

（89）郵政省「テレビジョン放送用周波数の割当計画基本方針」一九五六年二月十七日。前掲『放送五十年史 資料編』一一一ページから放送区域に関する事項を筆者が抜粋。

（90）滝谷由亀／堀川潭編「田中角栄」『歴代郵政大臣回顧録』第三巻所収、逓信研究会、一九七四年、四二ページ

（91）福田直記「再考・田中角榮の一本化調整」（「社学研論集」第十九号、早稲田大学大学院社会科学研究科、二〇一二年、一二七ページ）によれば、技術官僚によって作成されたチャンネルプランに沿って田中は免許を出したのであって、大量免許は必ずしもすべてが田中の判断ではなかったと異議を唱えている。

（92）前掲『歴代郵政大臣回顧録』第三巻、四六ページ

(93) 田中角栄のテレビ産業育成に対する考え方について、元・NHK会長の小野吉郎は「田中さんの免許構想の根底には、テレビ局の大量免許が電機メーカーに対する受像機の需要を喚起し、それが量産体制と輸出力の強化につながって、大きく日本経済の成長に寄与するに違いないというビジョンがあった。そうした意見をしばしば聞かされた記憶がある」と述べている（前掲『ドキュメント放送戦後史Ⅰ』二九〇ページ）。

(94) 日本民間放送連盟編『民間放送十年史』日本民間放送連盟、一九六一年、八九ページ

(95) 「テレビジョン放送用周波数の割当計画基本方針」一九五七年五月二十一日。一九五七年におこなわれたテレビジョン放送用電波の割り当てでは「都市を中心とする当該都市及びその周辺地域」だったものが、六九年の割り当てでは都市名になっていた地区名を都道府県名に修正し、この時点で放送制度での地域が県域を指すものであることが明確になった。

(96) その後に続く「説明」で、「(1)同じ地理的広さであっても人口密度の高い地域を選定する。(2)放送区域は一地域社会に適合させることが建前。(3)一つの割当は、その放送区域になる地域社会全体に対する割当であって、単にその中心地たる都市に割当てるものではない。(4)（略）。(5)局の級別の適用については、原則、比較的広い地域に人口の密集する地帯を優先的に考慮する。(6)ある都市の衛星都市がある場合には、原則として一都市とする。(7)地域社会への適合を考慮する結果、例外としてその中心地をその地域における大都市以外の場所に選定するところがある」としている。

(97) 前掲「テレビジョン放送用周波数の割当計画基本方針」

(98) 前掲『ドキュメント放送戦後史Ⅰ』三一八ページ

(99) 同書三一九ページ

(100) 前掲『放送五十年史 資料編』一一六ページ。一九五八年に国会に提出された放送法改正案では、「一般放送事業者は、特定の者からのみ放送番組の供給を受けることになる条項を含む放送番組の供給に関する協定を締結してはならない」としたネットワーク化を制限する条項が提出され、在京キー局との関係についても踏み込んでいる。

(101) 前掲『放送五十年史 資料編』一〇一ページ

(102) これはいわゆる尻抜け但し書きといわれるもので、「当該地域社会に存立の基礎をもつ有力な大衆情報の供給事業

が併存する場合、その他、三事業の兼営又は経営支配をおこなっても当該地域社会における大衆情報の独占的供給となるおそれのない場合は、この限りではない」(「放送局の開設の根本的基準」第九条の適用方針、一九五九年九月)とされた。

(103) この料理番組のローカリティの強さについては、その後放送されるキューピー提供『キューピー3分クッキング』(日本テレビ、一九六三年—)で、各地でそれぞれが自社制作をおこなって放送していたことも確認されている。

(104) 「朝日新聞」(東京版)一九六〇年十二月二十日付

(105) 民間放送では、放送局間の番組取り引きの結果、各地方局同士が結び付いてできあがった中継網を放送のネットワークと呼ぶ。

(106) 当時、ローカルラジオ局は、東京のラジオ局が制作していた録音テープを東京支局で購入して鉄道網を使って自局に郵送していた(山形放送への聞き取り調査)。

(107) 前掲『放送五十年史 資料編』七一六ページ

(108) 前掲「民放ネットワークをめぐる議論の変遷」一三ページ

(109) 同論文一三ページ

(110) 前掲『民間放送史』

(111) ①については、京都放送と神戸放送は、代理店系(電通)の人的つながりを通じて番組の販売や制作で間接的な提携関係をもつなどした。また、静岡放送は、ラジオ東京の全商業番組を同時中継して残りの時間とスポットについてだけ営業活動するという取り決めをラジオ東京と結んだ(一九五二年十月—五三年八月)。ラジオ新潟は、商業番組を除く局持番組をラジオ東京が供給し、その番組代金としてラジオ東京はラジオ新潟の一定時間の権利を譲り受けるという取り決めを結ぶ契約を交わした。むろん、民放の免許条件として資本の同一や完全ネットワークは否定されているが、ある時間に限ってのネット契約は可能という解釈を拡張して利用した契約方式だった。

②については、「新聞による系列化の問題はラジオの場合、結局ニュースネットワークの域にとどまり、それすらきわめてゆるい形であった」とされ、その理由は「とくに、東京のキー局であるラジオ東京、文化放送が、パッケージ番組を安く無制限に地方局に提供する方針をとったのにたいし、朝日、毎日ともに、新聞系列化の拠点を大阪の朝

日放送、新日本放送におかざるをえなかったから、肝心の番組制作とセールスの面で、新聞系列に加わって得られる地方局の実質的利益はうすかった」として、主要な番組制作の拠点だった在京局と新聞資本のつながりの複雑さ（薄さ）が、全国紙による系列化を鈍らせた要因だと指摘している。さらに、「ニュースの面でも、一方で共同通信のラジオ向け配信が次第に充実されてきた。また民放局の報道担当者同士が、中継線の完備につれて、たがいに〝無条件でニュース素材（音）をライン交換する〟という不文律をうち立て、強力な協力体制を育てていったことも新聞への依存度を低める一因だった」として、共同通信と地方紙の資本が多く入ったローカル局との結び付きや、ローカル局同士の結び付きによるニュース素材の交換が、重要な役割を果たしていることを指摘している。

③については、ラジオ北陸連盟、四国放送連盟、KNS協定、えぞの会など、ローカル局同士が系列を超えて共同で番組制作をおこなうなど、協力関係を結んでいることを指摘している。特にラジオ北陸連盟がとった対応策は、体力が弱い隣接する複数局が協力することで強化を図ろうという事例であり、現在の問題としても意義深い。「後日ナショナル・ネットワーク問題が起こっても、中央局と対等交渉ができ、ナショナル・アドに対しても十キロ局以上の電波市場を、しかも割安な料金で提供できることになる」とある（同書二一四ページ）。

(112) 同書二一一―二一二ページ
(113) 後藤基治「目前の急務――これからのＮＪＢ」『ＮＪＢ便覧』新日本放送、一九五四年、五〇―五一ページ
(114) 中継網は当時、電電公社が運営していたが、民放開設ラッシュに対応すべく多重回線を全国に建設していった。場所によっては回線の関係から系列が限られる場合があったが（例えば、山形の下局の秋田では同系列）、必ずしも回線の問題に縛られて系列が決定したわけではなく、むしろ経営上の理由から系列が選択されていて（筆者による山形放送へのインタビューから）、開局当時の有力番組と隣接局の系列との関係から決定したと考えられる。
(115) 前掲「民放ネットワークをめぐる議論の変遷」一九ページ
(116) 同論文
(117) 同論文二〇ページ
(118) 放送界と政治との関係で全国新聞社と東京キー局・大阪キー局の資本関係の統一は、田中角栄首相の発意によるとされる（舟田正之／長谷部恭男編『放送制度の現代的展開』有斐閣、二〇〇一年、三ページ）。

(119) 最終改正：二〇一五年五月二十二日法律第二十六号

(120) 入中継とは、NHKである放送局が中継回線を通ったほかの放送局からの番組素材を受けて、自局のエリアに向けて中継することをいう。また、入中継から外れて自局でローカル放送に切り替えることを「脱する」という。

(121) NHK山形50年のあゆみ編集委員会編『NHK山形50年のあゆみ――開局50周年記念誌』NHK山形放送局、一九八七年、三九ページ

(122) 全国放送以外では、このほかにも県外の地方ブロック（山形であれば東北ブロック管内）で共通の番組を放送する管内中継（管中またはブロック）編成番組も存在している。

(123) 前掲『NHK山形50年のあゆみ』四二―四五ページ

(124) 前掲『放送五十年史』四一一ページ

(125) 村上聖一「NHK地域放送の編成はどう変わってきたか――放送時間、放送エリアの変遷をめぐる分析」、NHK放送文化研究所編「放送研究と調査」第六十三巻第八号、日本放送出版協会、二〇一三年、二一ページ

(126) 札幌、仙台、名古屋、大阪、広島、福岡で、各地方をブロックごとに統括する役割を担った。

第4章　日本型の放送のローカリティの変容

本章では、一九六〇年代から、放送のデジタル化が完了する二〇一一年までを三つに区切って放送のローカリティを分析する。具体的には、全国にテレビローカル局が普及した一九六〇年代から各都道府県で民放局が複数誕生し、キー局による系列化が進むまでのⅦ期（一九六〇―八六年）、その後、郵政省によって多くの府県で四局の民放の開局（全国四波化）が目指された時期から、民放がBSデジタル放送を開始するまでのⅧ期（一九八六―二〇〇〇年）、BSデジタル放送開始から地上アナログ放送終了・デジタル化完了までのⅨ期（二〇〇〇―一一年）である。

1　ローカル放送の拡大期――Ⅶ期（一九六〇―八六年）

一九六〇年代に入った日本は、急速に都市化(1)が進行する。農村部の次男・三男の多くが集団就職によって都市へと流入し、金の卵と呼ばれて高度経済成長を支えたとされる。都市への急速な人口の流入は、特に七三年のオイルショックまで続くことになる。一方で、急速な都市化で、人口が流出した農村部では、過疎化が社会問題と

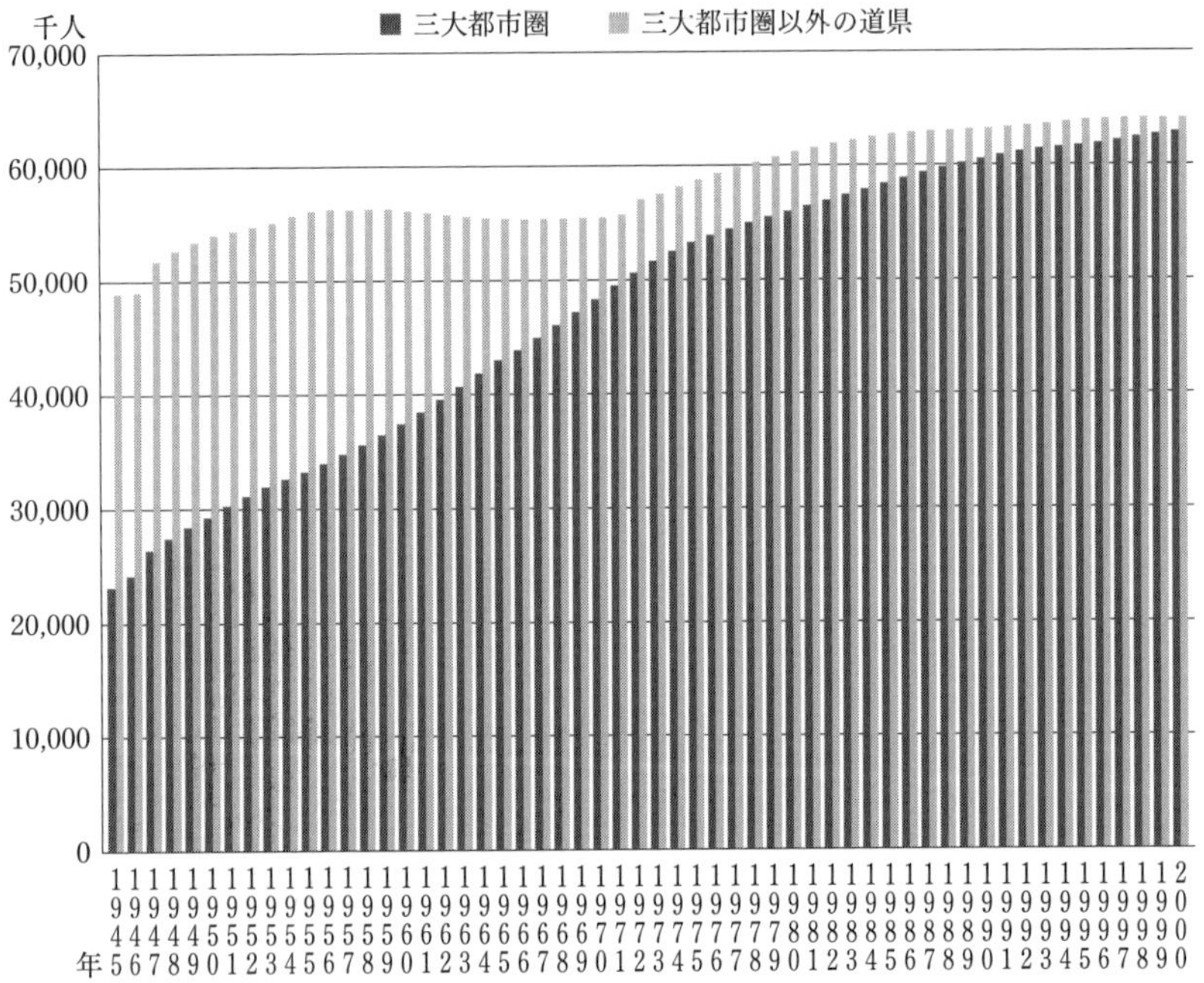

図14　三大都市圏（東京圏〔埼玉県、千葉県、東京都、神奈川県〕、名古屋圏〔岐阜県、愛知県、三重県〕、大阪圏〔京都府、大阪府、兵庫県、奈良県〕）と地方圏（三大都市圏以外の道県）の人口
（出典：総務省「人口推計長期時系列データ我が国の推計人口（大正9年～平成12年）」「e-Stat ―政府統計の総合窓口」〔https://www.e-stat.go.jp/stat-search/files?page=1&layout=datalist&toukei=00200524&tstat=000000090001&cycle=0&tclass1=000000090004&tclass2=000000090005〕［2019年3月3日アクセス］）

して取り上げられるようになった。

　また、この頃は、全国的な産業化による負の側面が噴出した時期でもあった。水俣病をはじめとした公害による被害は、住民を軽視した企業や国の対応が各地で問題視され、住民側に立った報道の重要性がたびたび指摘されるようになった。

　このような社会的背景があるなかで、広告収入や視聴者の所得に影響を受ける放送産業は、この時期、各地でローカル局数を順調に増やしながら発展していった。一九六四年の東京オリンピックといったナショナルイベントの開催も重なり、中継をテレビで見ようという視聴者の要望に応えるために、全国の中継網が整備され各地でローカルテレビ局が開局していった。一方で、このような全国番組を中心に編成してきたローカルテレビ局に対して、各地で免許が交付され、独立した局として自主番組を積極的に制作すべきだという声も同時に高まっていった。特に前述のような地方が抱えた問題を積極的に取り上げるべきだといった放送のローカリティの理念が、ここにきて重要視されることになったのである。

放送ネットワークの進展

一九六〇年代の日本は、急速な経済成長に加えて、東京オリンピックが開催され、それに合わせて全国の中継網が整備されて、放送の全国化が進行した時期だといってもいい。オリンピックは、映像を瞬時に伝えるテレビというメディアの魅力が最大限に発揮されるイベントであり、放送局にとっては多くの視聴者を獲得できる貴重で大規模コンテンツである。視聴者は、東京オリンピックを見るためにテレビ受像機を購入し、そのことが日本でのテレビ視聴の普及を促したと同時に、国内のテレビ受像機の製造産業や関連の電子産業の拡大に寄与したのである。一方で、テレビの全国的な普及とネットワーク化の進展は、東京の情報が瞬時に全国へと伝わることを可能にし、各家庭へのテレビの普及はそれまでの地域社会を破壊して住民の連帯を弱める、といった批判が噴出することにもなった。特に民間のローカル放送は、これまでみてきたように各地で免許が交付され、ローカリティが求められてきたにもかかわらず、肝心の番組内容で十分な地域性が発揮できず中央から流れてくる番組の比率が高いことに批判の声が上がった。

放送ネットワークの進展をみると、初期のテレビ局は日本テレビ系列とラジオ東京テレビ（KRT〔現・TBS〕）の二系列が中心で、その後、フジテレビのFNN、日本教育テレビ（NET〔現・テレビ朝日〕）のANNが発足する。当初、テレビ局は新聞社とのつながりをそれほど強くもたなかった。また、系列もしっかりとしたものではなく、毎日新聞社系のTBS（東京）の番組が、大阪では朝日新聞社系の朝日放送で流され、日本教育テレビ（東京）の番組が大阪では毎日新聞社系の毎日放送で流されるなど、それまでの経緯で様々な取り引き関係が存在していた。

一九六四年、東京オリンピック当時の各ローカル局へ送られた中継網の構成を確認するために、使用された回線をみてみよう。当時の記録によれば、在京の民放四社は、都内各地での競技の模様をビデオ録画テープに採録するほか、各社ごとのプログラムを編集して、これを既設同軸端末回線によってＴＲＣ（Television Relay

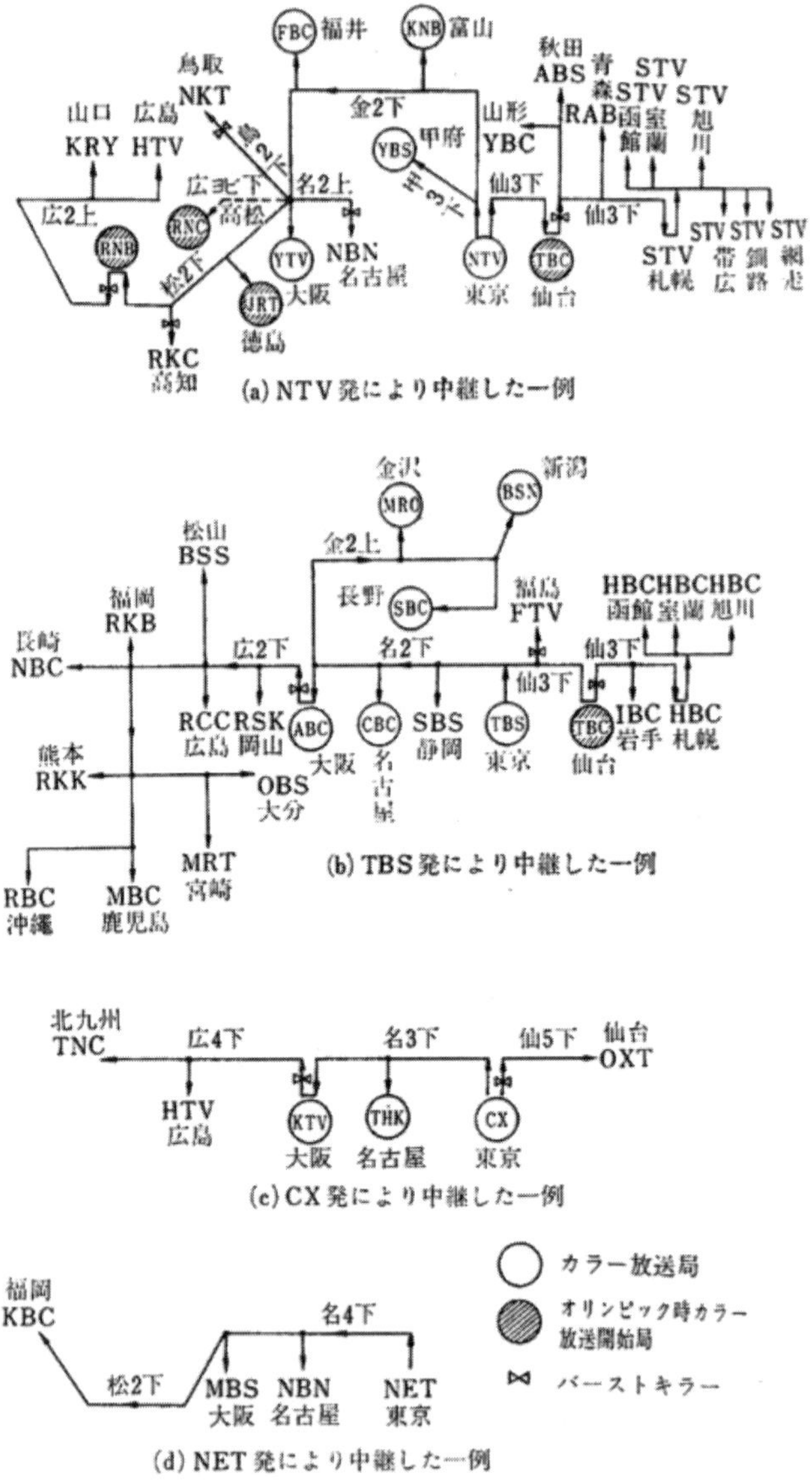

図15　東京オリンピックにおける民放回線構成
（出典：井手和彦／前田隆正「国内回線構成」「テレビジョン」第19巻第3号、テレビジョン学会、1965年、7ページ）

Center）へ入中継、東京端局を経由し、電電公社のマイクロ回線を使用して全国の民放局へ中継した（図15）。回線の整備に伴って、東京の日本テレビ、TBS、フジテレビジョン、NETが中心になったネットワークを形成し、全国へと映像を送り届けていたことがわかる。

このように、一九五〇年代後半からのローカル局の大量開局、テレビネットワークのインフラであるマイクロ回線網の整備、そしてオリンピックの中継や新たな番組フォーマットの開発によって、日本のテレビ産業は急速に拡大した。テレビの普及率は六三年には七五パーセントに達し、「世界第二位のテレビ大国[2]」とまでいわれるようになった。六五年には平均視聴時間が三時間を超えると、テレビは贅沢品から日用品になり視聴者の生活スタイルを変容させた。

「ローカリティの確保」をめぐる論議

テレビ放送の急速な普及と全国化に対応するように、放送のローカリティが一九六〇年代の中頃から活発に議論される。『日本民間放送年鑑1966』の概況には、「放送におけるローカリティが業界PR紙をにぎわした」とあり、その理由を「これもひとつには法改正の動きが関係しているし、また、全国ネット的色彩が次第に濃くなる日本の放送の現状に対する警告の発言でもあった[3]」と記している。

この法改正の動きとは、テレビのローカル番組の少なさを是正するため一定量のローカル放送番組を義務づけようとしたものである。一九六四年五月に放送法の根本的改正に向けた公聴会が全国で開かれ、出席者の意見で最も多かったのが「番組内容が大都会向けにかた寄り、このままでは経済的な格差と同様に、文化面でも都会と地方との地域格差が大きくなっていく[4]」という懸念だった。大都市偏重の番組内容に対して、その席上で出された不満とは具体的には次のようなものだった。

〔全国番組によって：引用者注〕都会のはなやかな生活にあこがれる農村青年がふえている。

〔ローカル番組は：引用者注〕辺地のみじめな姿だけでなく、明るい面も紹介し、手をたずさえて良くなるようにすべきだ。(5)

このように、NHK・民放問わず実生活に結び付いたローカル放送を望む声が強かった。そもそも、この時期に放送の地域性が積極的に語られた背景には、この当時のテレビに対する様々な批判があった。大宅壮一の「一億総白痴化」(6)といったテレビ批判や低俗番組による青少年への影響を懸念する声も、テレビの全国的な普及に伴って高まりをみせた時期だった。これは、「放送の公共性」論の一般的な関心とも結び付き、特に県域免許が与えられた民間放送の地域社会への貢献という命題がセットとして語られた。放送局側も、それを先取りして、自局の「放送（事業）の地域密着性」を積極的にアピールせざるをえなかったのである。

また、この頃は、それまでのVHF（1—12チャンネル）帯に加えて、新たにUHF帯のチャンネルプランが検討されていた時期でもある。つまり、県内におおむね民放一局だったテレビは、この時期を境に多局化されて競争の時代へと突入しようとしていたのである。実際、一九六七年十月十三日に、「テレビジョン放送用周波数の割当計画の修正」（郵政省）がなされ、同一地区にUHF帯とVHF帯のテレビ局（親局）が併存できるようになった。そのため、既存のローカル局は危機感を強め、それまでの目新しさからテレビを視聴していた人々に対して、地元に密着した局としての独自性を強調することが内外から求められた。そこで、民放の本旨でもあった「地域密着性」や「地域に根ざす」ことを強調したのである。

前述の法改正の動きは、一九六六年三月十五日に第五十一回通常国会に提出された「電波法の一部を改正する法律案」と「放送法の一部を改正する法律案」(7)につながった。この法改正に向けての諮問機関である臨時放送関係法制調査会が六二年十月から六四年九月まで開かれ、放送の現状について「民放は、放送局ごとの独立の事業体として発足し、事実上ローカル的なものとして出発しているが、今日少なくともテレビジョン放送に関する限り、番組制作能力やスポンサーの大都会偏在などの関係もあって、何らかの形で番組ネットワークに入っていないものはないと言える[8]」として、放送番組の多くをキー局からのものに依存する傾向があるという認識を示している。そしてその要因を、①番組制作上の便宜、②視聴者の番組に対する好み、③放送事業者の経営安定に対する要請、④番組向上に対する期待、⑤スポンサーの広域的広告に対する要望などと分析し、これらを考慮に入れるならネットワーク化を禁止するようなことは適当ではなく「番組ネットワークの形成は、自然の勢いである」と理解を示す一方で、「地域性の確保を図る必要がある」と述べ、次のように「ローカル番組の義務化」を示唆している。

　１　民放の地域性について
　民放について、法律の明文ではその地域性が規定されていないが、「放送局」単位に放送事業が予定され、その門戸が広く一般開放されていることは、短波放送の場合を例外として、民放の地方性ないし局地性が予定されていることを物語るものといえよう。このことは、民放の制度が放送事業のローカル性を当然の前提としているアメリカの制度に範をとっていることを考え合わせれば、一層理解されやすいところと思われる。

　前記根本基準第九条の適用方針等に関する通達は、民放の人的資本的な地域密着性を要求しているが、これは、上の趣旨をより具体的な形で表したものということができる。

　本調査会は、民放の地域性はその存在の基盤であり、地域社会との密着性を失えば、全国的な公共放送事業としてのＮＨＫと併存する自由企業としての民放の存在意義は多いに《ママ》減殺されることとなると考える。

　ところで、前記通達の地域密着性の要求は、放送番組のローカル性の面では、十分その効果を発揮していないように見受けられる。ことにテレビジョン放送においてこれが著しい。この際、法律の根拠をもって一定分量のローカル番組の放送を義務づけざるをえないと考えるものである[9]。（傍点は引用者）

ここでは、当時の地域性とは何であるのかが示されている。民放の経営は人的・資本的に免許が交付される地域の者によってなされるべきで、そこで放送される内容もローカル番組が一定量含まれていなければならないということである。この当時、テレビ番組は中央で制作されたものが多く、せっかく地域の放送局として誕生しても独自性を発揮できていないという現実を反映している。さらにローカル番組の中身に関しても、一部の郷土的な番組を除いては十分に開発されていないうえに、視聴者の関心も地元のものよりも中央のものや目新しいものに向いていたことも、民放の本来の意義が発揮できない理由だった。

このように、特にテレビジョン放送で、ローカル番組の少なさから「法律によるローカル番組の義務づけ」を要求する答申が出されたことは、ローカル民放各局にとっては重大な関心事だった。民放連も、ローカル放送の義務化を政府が求めることは言論の自由に反するとして強く反発し、「放送番組は放送事業者自らの責任において自主的に編集すべきものである。このためには放送番組の供給に関する契約終結の自由が確保されなければならない[10]」と意見を述べている。

この議論の末、一九六六年三月に放送法改正案が国会に提出されたが、民放側の強い反発もあって審議未了のまま廃案になった。もちろん、民放側にはローカル放送が義務化されれば、編成上も制作上も多くの不自由が生まれるし、ローカル番組では広告枠への影響が懸念されるといった経営上の判断もあったことが考えられる。それ以上に、郵政省・政府が示した内容規制を受け入れることは、戦後ようやく勝ち取った言論の自由を脅かしかねない問題をはらんでいたため、民放側は義務化に反対したのであった。特に独立機関ではない郵政省が監理している状況を踏まえれば、なおさら政治介入を招きやすく、民放側がローカル放送の義務化に反対する根拠を与えてしまっているともとれる。いずれにしても、このように六四年の臨放調の答申でローカル番組の義務化が求められたことは、その後、放送事業者側が〝自主的に〟地域密着を謳い、その重要性を強調するきっかけになったと考えられ、重要な転換点にもなったのである。

ローカル放送の多局化

次に、この時代のローカル放送局の免許方針の変化について具体的にみてみよう。一九六一年三月、郵政省（当時の大臣）は、テレビジョン放送用周波数割当計画の基本方針を修正して、ＵＨＦ帯チャンネル導入の方針を示した。翌四月に第二次割当計画表（第二次チャンネルプラン）を決定し、ＶＨＦ地区百三十三、ＵＨＦ地区九十六が新たに割り当てられ、ＵＨＦ帯（小電力局）が各地に建設され始めた。これに対して既存の民放は反発したため、郵政省は慎重な姿勢を取った。六七年三月、衆議院逓信委員会で小林武治郵政大臣は、ＵＨＦ、ＦＭのチャンネルプランは年内をめどに決めたいと発言したのち、同年十月十三日「テレビジョン放送用周波数の割当計画の修正」を決定して、同一地区にＵＨＦ帯とＶＨＦ帯のテレビ局（親局）が併存できるようにした。翌六八年に計画は大幅に修正され、その結果、六七年十一月からの一年間にＮＨＫと民放のＵＨＦ局親局に対して予備免許が与えられ、テレビ放送はＶＵ混合による多チャンネルの時代を迎えることになった。これ以後、郵政省は新局設置はＵＨＦ帯でしか認めず、「現在のＶＨＦ帯のテレビ局をすべてＵＨＦ帯に移し、ＶＨＦ帯は公共業務用に空ける」という方針を取った。しかし、民放からの反対もあってＶＨＦ帯をＵＨＦ帯へ完全移行することは最終的にできなかった。なお、このＵＨＦ帯への完全移行は、地上デジタル化によって二〇一一年に達成された。

一九七〇年代の予備免許の交付では、正面から比較審査がおこなわれたケースは少数だった。一本化調整の調停者として挙げられているのは県知事や県選出の国会議員が多く、五七年の一斉予備免許の際のように郵政大臣が直接、調整をおこなってはいない[13]という。しかし、郵政省は出資比率（新聞社の出資は七パーセントを限度とする、など）や既存局の二重支配の禁止といった方針を示したうえで、水面下で関係者に一本化を促す活動を盛んにおこなったという。具体的には、県知事や県選出の国会議員が前面に立ちながら、郵政省の事務当局が調整を下支えする不透明な構図でおこなわれた。また、資本構成については、五〇年代から六〇年代にかけて開局した初期の民放ローカル局では地元企業を中心に多数の株主からなり、資本構成が分散しているのに対し、それ以降に誕生したローカル局は、キー局や全国紙の持ち株比率が高いという特徴がみられる。[14]

県内二局目をめぐる各県の対応

では、各県で二番目に開局した民間放送局について、その特徴をみていこう。まず、一九六八年十二月から七〇年四月一日までに開局した局を確認すると、県内二局目になった放送局は二十二局存在した（表17を参照）。

このうち、FNN系列[15]（当時クロスネット[16]、のちにFNN系列）になった局は十四と半数を超える。一方で、JNN四、ANN一、NNN二、その他が二である。FNN系列が多い理由について、逢坂巌によれば、「ベトナム報道などで突出するTBSに対抗させるため、フジ系列を強めたと噂される[17]」という見方が有力である。小林武治郵政大臣の静岡放送取締役への就任や、浅野賢澄郵政事務次官のフジテレビ副社長就任といった天下りも、そのような噂がささやかれる一因になった。フジテレビ（FNN）は、このUHF免許で系列[18]の局を多数誕生させ、全国ネットワークの一つとして拡大したのである。

FM放送の開局とラジオメディアの変容

この時期は、ラジオでもAM放送以外にFM放送が開始され、ラジオメディアも複数化が進行した。FM放送は、AMよりも短い波長を使っているために運営コストが安いこと、高音質でかつステレオでの放送が可能であることなどによって、AM放送とのすみ分けをしていった。ラジオメディアは、テレビメディアほど制作コストがかからないことから、ローカルでもフットワークが軽い生番組が多数生まれ、地方の音楽文化と共鳴しながら存在感を増していった。本書では、そのような個別の取り組みまでは取り上げることはできないが、県内の二局目のUHFテレビ局免許と同様に、民放FMラジオ免許も県内の多局化を進める新たなメディアとして政府によって位置づけられた。

このようななかで、既存のAMラジオ局は経営状態が低迷して、打開策が求められるようになった。化粧品、

表17　県内民放第2局

開局年	局名	ネットワーク（1971年6月）	ネットワーク（2008年3月）
1968年12月16日	新潟総合テレビ	NNN／FNN／ANN	FNN
1968年12月20日	長野放送	FNN	FNN
1968年12月24日	テレビ静岡	FNN	FNN
1969年4月1日	富山テレビ放送	FNN	FNN
1969年4月1日	石川テレビ放送	FNN	FNN
1969年4月1日	岡山放送	FNN／ANN	FNN
1969年4月1日	瀬戸内海放送	ANN	ANN
1969年4月1日	テレビ長崎	FNN（NNN）	FNN
1969年4月1日	テレビ熊本	FNN／ANN（NNN）	FNN
1969年4月1日	鹿児島テレビ放送	ANN（NNN／FNN）	FNN
1969年10月1日	福井テレビジョン放送	FNN	FNN
1969年12月1日	青森テレビ	JNN／ANN	JNN
1969年12月1日	テレビ岩手	NNN／ANN	NNN
1969年12月1日	秋田テレビ	FNN	FNN
1969年12月10日	テレビ愛媛	FNN	FNN
1970年4月1日	山形テレビ	FNN	ANN
1970年4月1日	福島中央テレビ	ANN（FNN）	NNN
1970年4月1日	テレビ山梨	JNN	JNN
1970年4月1日	テレビ山口	（JNN／FNN／ANN）	JNN
1970年4月1日	テレビ高知	JNN	JNN
1970年4月1日	テレビ大分	FNN／ANN（NNN）	FNN／NNN
1970年4月1日	テレビ宮崎	FNN／ANN（NNN）	FNN／ANN／NNN

（出典：日本民間放送連盟編『日本放送年鑑 昭和46年度版』（岩崎放送出版社、1971年）73ページ、前掲『日本民間放送年鑑2008』571、701ページから筆者作成）

薬品、衣料品、食糧、嗜好品などの大手のスポンサーがラジオよりもテレビに力を注ぐようになったため、ラジオ各社では、地域の小売商など、新しいローカルスポンサーの開拓に労力を費やすようになった。そのため「番組のセグメント化」[19]によってターゲットを絞り、リスナーの生活習慣に合わせた番組編成をすることで息を吹き返していった。特にメディアの中心へと躍り出たテレビ放送とのすみ分けを明確にし、深夜ラジオの開発など、新たな方向性が模索されたのである。そして、各地の民放ローカルのラジオ局は、身近なローカル情報を提供する放送局としての存在感を高めていくことになる。ラジオ放送が身近なメディアとしての特徴を顕在化させて、全国化するテレビ放送とは異なった価値を発揮していった点[20]は、放送のローカリティとメディアの特性の関係で注目に値する。

ラジオ局各社は、「地域社会の日常に密着した〝オール生活情報局〟に徹していく方向に、民放ラジオの未来がある」[21]と主張し、テレビとのすみ分けを狙って地域密着などを強く訴え始めた。この時期に生まれたラジオ番組の生のワイド化は、一九七〇年代に入ってさらにその傾向を強め、七一年頃から地方のローカル局にも普及し、七二年に生放送は全番組の七五パーセント近くに達した。[22]またNHKのFMローカル局も、各地で『FMリクエストアワー』が人気を博し、高級オーディオが普及するのに合わせて、録音機器を使用してラジオ番組を楽しむ「エアチェック」という音楽の聴き方が広がって、リクエストに応えてくれる身近な放送局としての役割を果たした。私的な目的での音源収集に応えるため、各地のローカルラジオ局は音楽流通の一翼をも担ったのである。

中央紙との系列の整理

一九七〇年代に入るとテレビ放送はカラー化して、さらに全国的な普及が進んでいく。それと同時に、テレビはマスメディアの中心的な存在として、政治的にも重要なものと見なされるようになった。かつて郵政大臣だった田中角栄[23]が総理大臣になった七二年以降、放送業界に対して全国のテレビと新聞の系列の強化が進められた。まず、日本教育テレビが教育放送局から一般放送局として免許が変更されると同時に、その資本関係が整理され、

「朝日新聞」が筆頭株主になり、その後、全国朝日放送（略称：テレビ朝日）と改称された。大阪の朝日放送もTBSとの大規模な株式交換などによって、テレビ朝日の系列へと移された。七五年四月一日、いわゆる腸捻転解消[24]がなされ、これによって「読売新聞」＝日本テレビ、「毎日新聞」＝TBS、「産経新聞」＝フジテレビ、「朝日新聞」＝テレビ朝日（NET）、「日本経済新聞」＝テレビ東京（東京12チャンネル）という新聞とテレビの系列化が鮮明になる。

この一連のネットワークの整理に対して、松田浩はアメリカと日本の民放の歴史を比較しながら、キー局を中心にした全国ネットワーク化と地方局の安易なキー局への「ぶらさがり主義」によって、「自治」を根づかせる貴重な可能性が結果的に奪われたと批判している[25]。

ネットワークの拡大によって、ローカルスポンサーや中小スポンサーは視聴好適時間帯から締め出され、ナショナルスポンサーである大企業はさらに視聴率が高い時間帯での番組提供を強化した。そのことによって、ローカル番組は視聴率が低い時間帯へと次第に移動させられていった。松田は、「ローカル局は自主制作番組の提供主である地元企業より、皮肉なことに全国スポンサーの育成に手を貸した[26]」と手厳しく批判している。一九七五年、TBS＝毎日放送、日本教育テレビ＝朝日放送への関係の整理とともにネットワーク系列と全国紙の結び付きが明確になったことは、ネットワーク形成の大きな節目であった。郵政省も八〇年代以降、ネットワークの存在を前提に、少数チャンネル地域の解消に向けた政策を展開していくことになったのである。

開発されるローカル番組

民放ローカル局の番組

これまで述べてきたように、UHF帯の免許によって各県で二局目の放送局が誕生すると、各地の民間放送は多局化の時代を迎え、スポンサーの獲得競争を強いられていく。そのような状況下で、ローカル番組の開発が一九七〇年代に入ると積極的におこなわれるようになっていった。これは、地元のスポンサーを開拓するための営業材料としての意味合いもあったが、地方経済の拡大とともに、ローカル局の番組制作も勢いが増していったのである。この時代のローカル番組の特徴を、民間放送連盟が発行している『日本民間放送年鑑』からうかがい知ることができる。『日本民間放送年鑑』では、「ローカル番組」に関する項目が存在し、毎年その概況などを記載している（表18）。それをみると、六〇年代のテレビ放送では、大阪地区を除いてローカル発の番組数が非常に少ない。あってもニュース・広報・料理番組で、娯楽番組は視聴者の参加形式で制作されているものが多く、クイズや歌といった演芸会的な番組が多い。そのほかにはイベントの中継などである。当時のローカル発の娯楽番組は、ステージ上で繰り広げられるお祭り的なものが多かった。地域社会のつながりをローカル放送に求めるという視点からみると、各地で実際におこなわれている祭りを、テレビという舞台に乗せ替えようとしたものとみられる。七〇年代に入ると、新たにローカルワイドニュースといった報道番組が開発され、ローカル番組の中心的なフォーマットとして定着する。

この発端とされるのは青森放送の『RABニュースレーダー』で、一九七〇年に朝の帯番組としてスタートして評判を呼んだ。もちろん背景には、前述のローカル番組に対する地域住民の要望や、録画機材といった放送機器の発展もあったが、やはりUHF局の参入という競合他社の存在が刺激を与えたものと考えられる[27]。「朝日新聞」一九七一年六月二十二日付の記事によれば、ローカル局の番組作りが目立って増えていて、一九七一年の春にはローカル局の帯番組が七本も誕生したと述べ、このブームに火をつけたとされる青森放送の『RABニュースレーダー』を取材している。青森放送がもっている自社制作番組は、学校放送番組、年間十二本の催しと公開録画（月平均三、四本）、そして毎朝一時間のワイドニュースだった。記事で、青森放送の小沼靖社長（当時）は、「ローカル局が地元のことを放送しなかったら局の存在価値はないじゃないか。（略）前年暮れに地元に競争相手の青森テレビが生まれたのも刺激になった。NHK青森局はアナウンサーの顔出しニュースを始めていた。このままでは三流局になりさがるという危機感がスタッフを奮い立たせた[28]」と述べている。『RABニュースレーダー』の内容は、前半はフィルムニュースと天気予報、後半は「けさの話題」と「ニュースを追っ

表18　ローカル番組の概況（1965・70・75・80年）

年	ローカル番組の概況
1965 （『1966年鑑』）	社会・報道番組は、大別してスタジオでの座談形式によるものとフィルム構成のものに分けられる。地方行政に関するもの、広報番組が主。娯楽番組は、大阪が定評があり全国にネットされている。子ども対象の音楽・教育番組、報道特集・キャンペーン、政治・選挙・地方政治関係、地域開発、社会福祉、災害、交通事故防止といった社会問題を扱っている。
1970 （『1971年鑑』）	大阪、名古屋、北九州地区での基幹局を除いて自主制作の番組は比較的少ないが、年々増加傾向を示している。特にスタジオを中心にした生のワイド番組がほとんどの局で編成されるようになった（土曜日の夕方、日曜日の午前に30分から1時間）。 地域の問題、話題、レジャーガイド、趣味、郷土の芸能、文化、風俗の発掘を紹介するとともにその保存を訴える教養番組、県や市当局が提供している県政・市政ニュースはほとんどすべての局で実施している。多くは日曜の午前中15分ないし30分。女性向けレギュラー番組も3分の1の局で実施し、終日午前の遅い時間か午後の早い時間帯に配置。レギュラーの娯楽番組はきわめて少なく、視聴者参加ののど自慢、腕自慢、クイズゲーム、子ども参加の芸能番組、週1回。 キャンペーン番組（報道特集を含む）は、地元でおこなわれたビッグイベント、大ニュースに対して報道特集を組む。交通安全キャンペーン、郊外キャンペーン、地方自治の問題、地域の開発、農林・漁業関係（減反政策、新農村建設、輸入自由化）、他局送出番組（北方領土返還、遭難、公害、ヒロシマ）、万博関連。
1975 （『1976年鑑』）	ドキュメンタリー番組が増加。独立U局群の新しい流れ、ママさんバレー、音楽コンクール。肩に力が入った“告発型”が一歩退き、むしろ愛着と深い省察を込めた沈静な目を、地域の根源に向けつつある。“地域密着”とは何かと自らの問いを前提にした再確認へと、方向の転換を見せつつある。番組素材の開発を契機にした郷土指向。イベントをとおした地元文化の推進に指導的な役割。“ふるさと意識”から地域の基本理念にアプローチしようとする試みが顕著。連続ドラマ（秋田弁から熊本弁まで）や一部コマーシャル（日本の方言集）に流行しつつある“方言”（地方共通語）。郷土再発見の最も近い手がかりは、“盆踊り”“民謡”“郷土芸能”を含んだ『祭り』（VHF13社）。『東北民謡選手権』（秋田放送）、『農協芸能祭り』（新潟放送）、『ふるさとの唄とこころ――日本海文化祭民謡祭り』（北陸放送）、『駿河ふるさと夏祭り』（静岡放送）、『西大寺はだか祭り』（三陽放送）、『小倉太鼓祇園』『祭りいいづか』（RKB 毎日放送）、『博多祇園山笠祭り』（九州朝日放送）、『長崎くんち』（長崎放送）、『菊池まつり』（熊本放送）、『那覇まつり――民謡祭’75』（琉球放送）、『東西民謡歌合戦』（沖縄テレビ）
1980 （『1981年鑑』）	選挙報道、校内暴力、赤字ローカル線問題、新幹線、農家の冷夏・冷害対策。海外都市との交流をテーマにしたものが目立つ。テレビ局が所在する都市が友好都市・姉妹都市などへ送る青年の船や使節団に随行して、団員の様子や都市の概要、交流風景などを伝えることが主。国際障害者年に向けた番組。地域の環境整備・改善を訴えるもの（最上川〔山形放送〕、千曲川〔信越放送〕、琵琶湖〔びわ湖放送〕）、火力発電所建設問題（北海道放送）、国蝶保護（山梨放送）などがある。環境問題と微妙なからみをみせながらも、地域開発問題をテーマにし、それぞれの地域の事情を踏まえながら、国のビッグプロジェクトがもたらす経済波及効果を探った番組もある。中央道開通に関する経済効果（信越放送、長野放送、テレビ親友、山梨放送）、東北新幹線の経済効果予測（仙台放送、福島テレビ）

（出典：日本民間放送連盟編『日本放送年鑑』〔1966年鑑は旺文社、1971年鑑は岩崎放送出版社、1976年鑑は巴出版社〕、『日本民間放送年鑑1981』〔コーケン出版〕から一部抜粋・要約）

て」などの企画ものだった。放送開始後、視聴率が上がりNHKと肩を並べたという。七一年からは九十分に拡大したというが、視聴率を上げている理由として「地元のひとたちをふんだんに登場させたこと」が挙げられ、いちばん人気があったコーナーは「青森県に関する話題を全国から集める県外ニュース」で、各地で活躍する県出身者の近況や政界の動きなど追ったものだという[29]。青森放送のこの取り組みは、競合局の青森テレビを刺激し、同局のローカル番組である『おはようホームミラー』(一九七〇―九〇年)で多くの視聴者を出演させる取り組みをおこなうなど、両局でローカル番組開発競争が促進された。

図16　『RABニュースレーダー』(青森放送)
(出典:「朝日新聞」1971年6月22日付)

表19に、一九七七年四月当時の民放各局のワイドニュースを示した。当時の全国の民放テレビ九十社のうち、七十九社がローカルワイドショーとローカルワイドニュースのいずれかを放送していて、民放テレビ局全体の八七・八パーセントに及んでいるのがわかる。

また、主婦をターゲットにした番組が開発され、午前の遅い時間か午後の早い時間に配置されている。娯楽番組はのど自慢やクイズが多いが、「ヤング向けの番組」といわれる若者をターゲットとした番組も登場し始める。地域的な特色が強いものとしては、東北や北陸の民謡番組がある。一方で、一九七〇年頃から批判性が強いローカルドキュメンタリーが作られ始めた。例えば、減反政策、新農村建設、輸入自由化などをテーマにしたもの、北方領土返還や万国博覧会関連のドキュメンタリーをローカル局が制作している。これらのドキュメンタリーは、ローカルワイド番組のなかで徐々に取り上げられるようになり、単独の番組としては扱われなくなった。また、単発番組として盆踊りや民謡、郷土芸能を含んだ祭りの中継が開始されると同時に、地元の祭りに関与しイベントの情報を広く知らしめる役目を担うようになった[30]。また、テレビの論説機能の強化を狙った番組（論説番組）が登場して、山形放送の『おはようＹＢＣ・けさの主張』（一九七八年―）、テレビ西日本の『ＴＮＣジャーナル』（一九八五―二〇〇八年）がスタートした。八〇年代に入ると、海外の姉妹都市を取り上げたものや地域の産業や都市の発展に関するシンポジウムを取り上げた番組、地域開発やビッグプロジェクト、産業誘致を取り上げた単発番組が増える。娯楽番組は、ＭＴＶ（音楽専門チャンネル）の影響と音楽産業の拡大に対応して、若者向けＶＪ番組[31]が登場する。一方で、一般向けにはカラオケ番組、日曜大工や英語講座などのハウツー番組も登場し、趣味や嗜好の多様化に対応して、対象視聴者層をセグメント化した番組が増加している。また、電力会社提供と思われるエネルギーや環境を扱った番組が継続的に放送されている。この時期は、ローカル番組の開発という点からみると多様化が進んだ時期でもあった。

表19　平日のワイドニュース（1977年4月）

社名	タイトル
北海道放送	沢口考夫のテレポート6
青森放送	RAB ニュースレーダー
青森テレビ	ATV ニュースワイド
岩手放送	おはよう岩手 IBC ニュースエコー
東北放送	TBC ニュースワイド
山形放送	YBC6時です
福島テレビ	FTV レポート
東京放送	テレポート TBS6
テレビ神奈川	The World Today（英語ニュース）
新潟放送	BSN ニュースワイド
山梨放送	YBS ワイドニュース
テレビ山梨	テレポートやまなし
北日本放送	KNB ワイドニュース　チャンネル1
北陸放送	MRO テレポート6
静岡放送	SBS テレビ夕刊
中日放送	CBC ニュースワイド
毎日放送	MBS ナウ
山陰放送	テレポート山陰
山陽放送	山陽 TV イブニングニュース
中国放送	RCC ニュース6
山口放送	KRY テレビ夕刊
テレビ山口	TYS 夕やけニュース
南海放送	なんかいワイドニュース Today
テレビ高知	イブニング Kochi
RKB 毎日	RKB ニュースワイド
福岡放送	FBS ニュースリポート
長崎放送	NBC ニュース6
熊本放送	ワイド6
大分放送	OBS ニュース6
宮崎放送	MRT ニュースワイド
南日本放送	MBC6時　こちら報道
琉球放送	RBC エリアレポート

（出典：広瀬純「ＴＶ――ニュー・ローカリズムの波」、玉野井芳郎／清成忠男／中村尚司共編『地域主義――新しい思潮への理論と実践の試み』所収、学陽書房、1978年、187ページ）

ところで、これらのローカル番組は、どのような曜日・時間帯に編成されていたのか。辻村明は、一九七〇年代初頭には全体的に少なかったローカル番組は、七〇年代の十年間で正午前と夕方の時間帯に集中的に再編成されるようになったと指摘している。辻村は、テレビ番組のローカリティ研究の一環として、ローカル局の自社制作番組の編成の推移を調査した。使用した資料はＴＢＳサービス発行の「全国番組対照表」で、十五分以上のローカル番組をすべて抜き出し、七〇年から年度ごとに七九年まで分析している。[32] この分析によれば、七〇年からの九年間のローカル番組の編成は、平日のベルト番組は徐々に十時から十一時台と十八時台へと集約されてきたことを示している。[33] この資料に基づき、ローカル番組の時間帯を横軸に、ローカル番組の放送回数を縦軸に示したのが図17である。七〇年当初は、ローカル番組自体が少なく、かつ時間帯も午前・午後とかなりのばらつきがあったものが、七五年になると、徐々に正午前と夕方十八時台に統一されていく様子がわかる。辻村の分析によれば、正午前のものは主に主婦向けのワイドショーであり、十八時台は情報番組で、このような時間帯に収斂するようになった背景は、キー局のネット番組が視聴好適時間帯に進出したことが原因だったとみている。[34] このような、正午前と十八時台に集中するという傾向[35]はその後も継続し、結果として七〇年代に夕方のローカル生番組の編成が確立した。

また辻村は、一九七四年から八〇年の自主制作の番組の総時間を一年ごとに調べた。この調査では、在京の民間テレビ放送局（キー局）と、独立局（関東・近畿・中京の広域圏に属するキー局以外の県域放送）[36]を除いたローカル局の平均の自主制作時間でみると、七四年に一日当たり約百七十分だったものが、八〇年には約百八十分へと増えていること、またＶＨＦ局のほうがＵＨＦ局よりも多いこと、[37] 八〇年に向かってＶＨＦ局とＵＨＦ局の差が縮まっていることを明らかにした。七〇年代は、まさにローカル番組の量的な増加と編成上の画一化が図られた時期だった。

民間放送の動きに対応するかのようにして、NHKでも一九六〇年代からテレビの地域放送の原型が形作られていく。六一年五月にNHKは組織改正をおこない、地方ブロックを束ねる中央放送局の権限を強化する。一方で、県域放送とブロック放送のバランスは、地域社会の住民の生活が明治以来の府県制度を基盤として営まれていること、住民の連帯意識も都道府県という枠で最も強くまとまっていることを挙げて、県域放送を地域放送の主体にする方針を打ち出した。六三年度の実績では県庁所在地局平均で一日あたり一時間八分、六六年度では一時間三十四分に地域放送が増加した。内容は、座談会や県政情報、ニュース、天気予報などで埋められていた。

NHKは一九六五年度にローカルニュースの時間を増やし、朝のローカル時間帯に週五本の定時ローカル番組を設けるという積極的なローカル番組の拡充強化策をおこなった。(38)これは、第二次六カ年計画の最終目標である、一日平均一時間三十分(39)のローカルテレビ放送を達成しようとする経営計画の一環で、「NHKもまた地域に密着する企業体であることを具体的に示そうとする協会の意図の現れでもあった(40)」という。さらに、NHK本体の動きに呼応するかのように、NHKの放送研究領域でも「ローカリティ研究」と呼ばれた一連の「放送の地域性研究」が生まれた。

また、一九六七年の「第三次長期経営構想（案）」では、「ローカル放送は、地域社会の発展に寄与し、住民の要請にこたえることを目的とし、テレビジョン放送、ラジオ放送それぞれの機能、特性を生かし、県域を単位として実施する」とあり、NHKでも県単位の明確性が示されることになった。それによって、県内にいくつかあった放送局は県単位化されていくことになる。これは、県内のいくつかの放送局をおおむね県庁所在地の放送局に一本化していくということを指し、ローカル化とは実際には逆行していた。この背景には、テレビ放送のカラー化やそれに伴う制作機材の設備投資の面で、制作陣営を一本化したほうが効率的であるといった業務上の問題があったと考えられる。また、テレビ放送が利用しているVHFやUHF帯は、中波を使用しているAMラジオ放送と違って電波が届く範囲が限られていたため、一波で県単位をカバーすることは技術的に難しかったが、その後の中継設備の複数設置によって、県域でのテレビ放送が技術的に可能になったことも「県単位化」を推し進

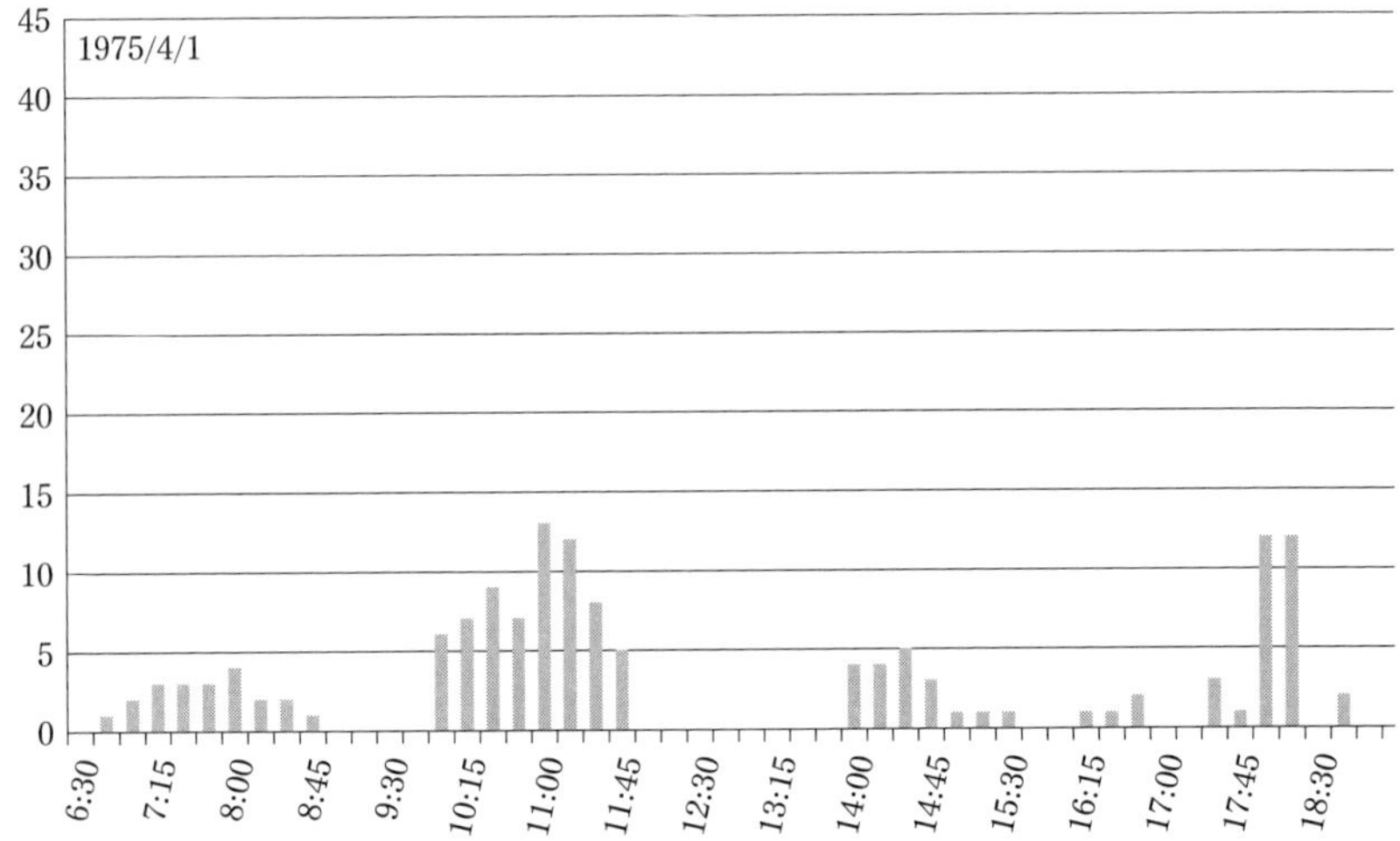
1975/4/1
45
40
35
30
25
20
15
10
5
0
6:30
7:15
8:00
8:45
9:30
10:15
11:00
11:45
12:30
13:15
14:00
14:45
15:30
16:15
17:00
17:45
18:30

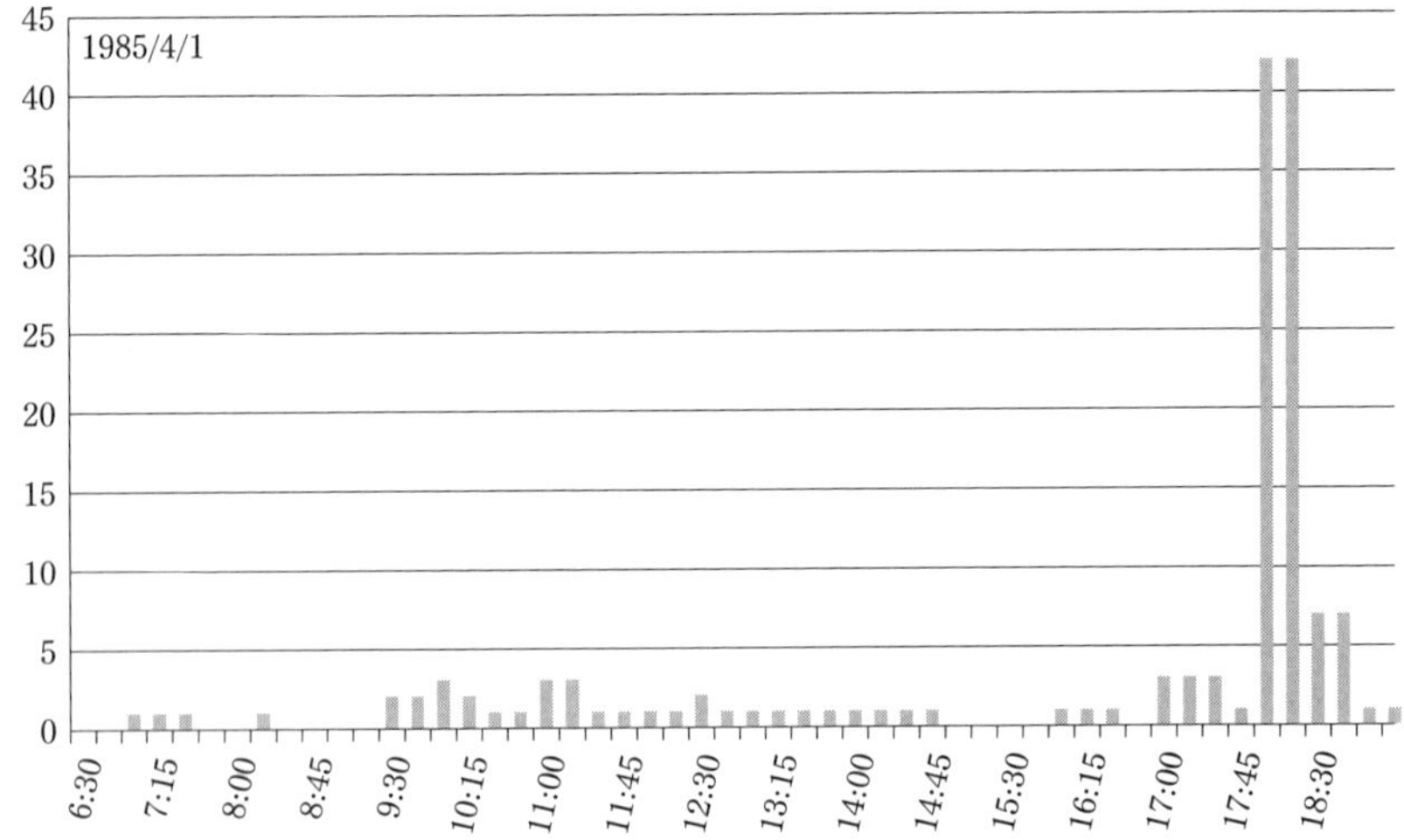
1985/4/1
45
40
35
30
25
20
15
10
5
0
6:30
7:15
8:00
8:45
9:30
10:15
11:00
11:45
12:30
13:15
14:00
14:45
15:30
16:15
17:00
17:45
18:30

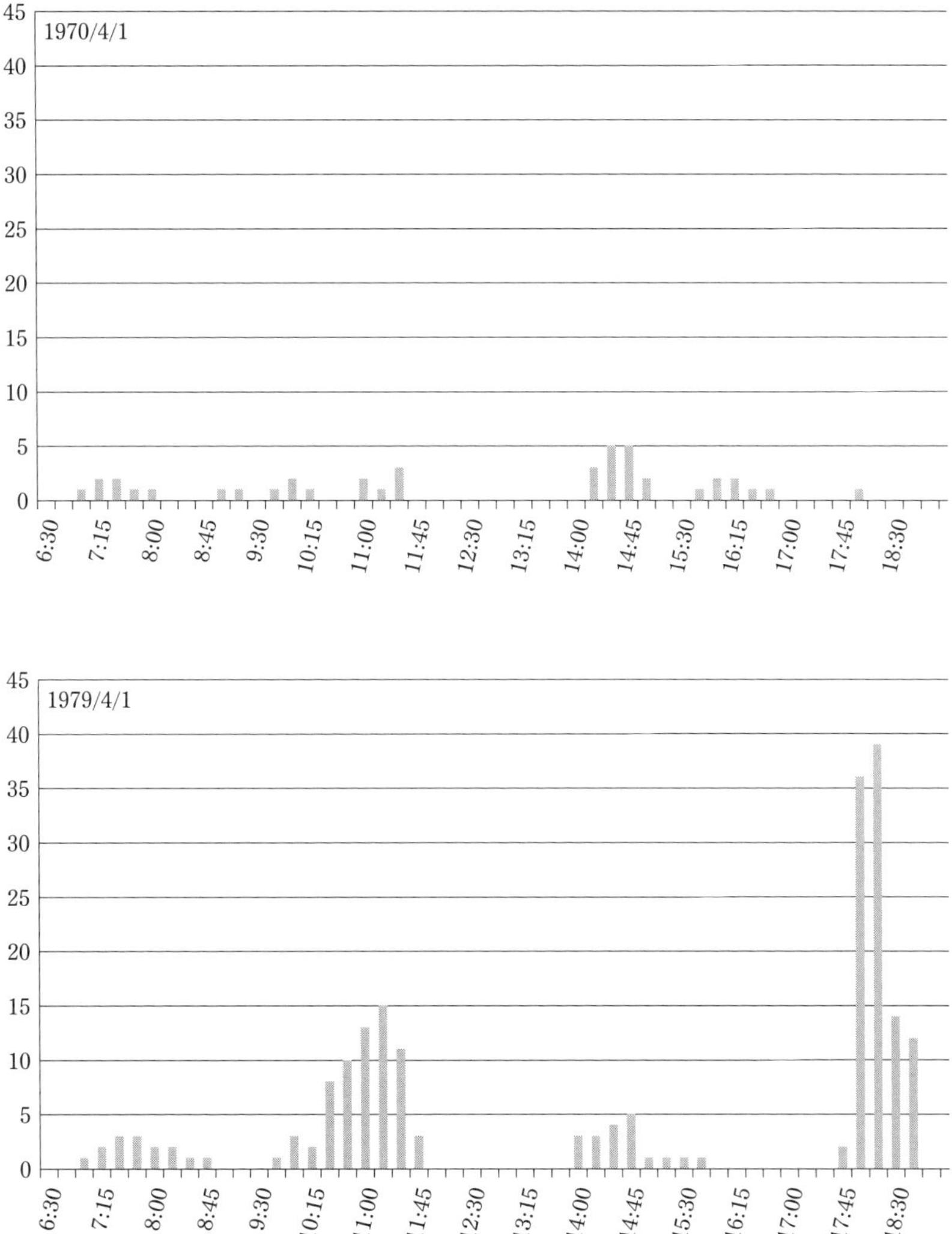

図17　時間帯別ローカル放送の年次推移
※在京キー局と独立局の自社制作分は除く
（出典：1970年から79年は辻村明「テレビ番組におけるローカリティの研究」〔東京大学新聞研究所編「東京大学新聞研究所紀要」第29号、東京大学新聞研究所、1981年〕から、85年は日本民間放送連盟編『日本民間放送年鑑1986』〔コーケン出版、1986年〕から筆者作成）

める要因になった。

放送のローカリティをめぐる転換点

この時期には、ローカル放送局の意義やあり方に関する論議も活発化した。先にみたように、一九六〇年代後半の放送法改正をめぐる論議が放送のローカリティの論議を噴出させた。しかしこの時期、地方では公害や大気汚染といった社会問題が起こり、ローカル放送局に対してもジャーナリズム機関としてのあり方が厳しく問われていたのである。それ以前のローカル放送は、中央＝東京の情報（ニュースや娯楽）を瞬時に伝えるものとして、地方を近代化する装置としての機能に期待が寄せられていた。この時期にローカル放送のあり方に対して転換が求められたのである。

アメリカ流のローカリティをそのまま受け入れるのではなく、日本の風土に合ったローカリティの方向性を模索すべきだといった論調も現れた。例えば、辻村明はそのような論調をとった一人だった。辻村は臨時放送関係法制調査会の答申[41]が日本の放送制度のなかの地域性の根拠について、「アメリカの制度に範をとって」いて「放送事業のローカル性を当然の前提としている」ことに疑問を呈している[42]。辻村は、アメリカと日本では「風土」が違うとして、「この答申のいっていることが本当に妥当であるかどうかを確かめるには、アメリカにおけるローカル性と、日本におけるローカル性との異同を検討してみなければならない」とし、「これが「放送と地域性」についての問題の第一点である[43]」と述べている。ローカリティに関する研究の多くが地域性の根拠にふれないままそれを前提として議論しているなかで、アメリカから導入された放送制度上の地域性を前提とする姿勢について問い直している点で、重要な主張である。辻村の論文は、戦後、日本の放送のローカリティを正面から問い直したものともいえる。

辻村は、アメリカは地理的な条件として広大な国土をもつ結果、新聞をはじめとするメディアにローカル性が強く求められてきたと述べる。また、価値的な条件でも、町全体（コミュニティ）と個人という単位が強く存在してグラスルーツ・デモクラシー（草の根民主主義）を建国の精神としてきたため、それがマスメディアの世界でもローカル性が重視される基礎になってきたと指摘している。

一方で、日本は「長い封建時代に育成された地方文化は実にバラエティに富み」「政治的および社会的な単位としての地域社会は形成されにくく、それぞれの地方に固有の文化が多く見られる[44]」とし、「社会の近代化のまえには崩壊する運命にあるのだろうか、あるいはそれは保存すべく努力すべきものであるのか、またその保存は可能であるのか、といったことが日本におけるローカル性の問題には絡んでくる[45]」と述べ、このような日米の差異を無視してアメリカの議論を直ちに日本に持ち込むことはできないと論じている。そして、この地域性の問題に日本の放送がどのように対応していくべきか、ローカル放送の充実はどのように可能であるかといった問題を考える必要があると主張した。

続いて辻村は、ＮＨＫと民放の幹部と現場の担当者、研究者にインタビューをおこなっている。そのなかで、「近代化がローカリティをなくすのならば、ローカリティをなくしてもかまわない（略）。日本がせまい、共通のコトバをもった国であることは、国民生活の向上と能率化にずいぶんとプラスしている[46]」「「残存としての地方意識」を保持したいと考えるのは、好事家趣味か、文化財保護的感覚である[47]」という意見に対して、辻村は「長い年月をかけて作られ、伝えられてきた文化財は（略）極力保存すべきものであろう」とし、アメリカのハイウェイ文化の事例を引き合いに「文化財には効率という原理は当てはまらない」とした。また、「普遍化を促進し、時の流れを速めているのは、ほかならぬ放送をはじめとするマスコミの作用だ」という意見に対しては、「本当に地方文化を保存するためには、テレビにのることすら拒否しなければならないのかも知れない。近代化のチャンピオンであるテレビに、近代化に棹さすような役割を期待すること自体が、そもそも矛盾であり、間違っているのかも知れない[48]」と述べている。

このインタビュー調査で重要なのは、辻村がいう「地方文化の保存」に対して、この当時の放送現場の担当者は、「ローカリティをなくしてもかまわない」と述べている点である。このインタビューがおこなわれた一九六〇年代中頃までのローカル放送に対する当事者の認識は、近代化を推し進める装置としての役割を果たすことであり、地域住民の生活の向上や能率化をどのように進めるかが重要だった。辻村は、その価値観が転換していることにいち早く気づき、文化保護という方向性が妥当かはわからないが、日本の風土に合ったローカリティを放送事業者は模索すべきだと訴えていたのである。

一方、奥田道大は、ローカリティ研究にも二つの異なった立場が存在しているとして、一九六〇年代までの研究を地域社会論的な把握に基づいて次のように述べている。すなわち、ローカリティ研究の一つはローカリティそのものの消極的・否定的視点をもち、「前近代的残滓《ざんし》」としてのローカリティは本来、打破されるべきものだとする立場である。もう一つは、全国的な規模で普遍化し深化していく都市化・近代化の過程にあって、相対的に比重が低下しつつあるローカリティを地域住民の生活と文化に密着したものとして保持して発掘することにこそ、ローカルメディアの本来の使命があるという立場である。しかし、二つ目もローカリティそのものの喪失に対する事実認識が前提に据えられているという点で、前者と基本的な認識は一致しているという。そして、奥田はいずれの見方にも反対であり、ナショナルメディアとは違ったローカルメディアの相対的独自性をもくろみ、「都市化の論理と対峙しない地域社会の概念」を想定することを目指すべきだと述べている。そして、この方向性を具体化するため、「地域社会をコミュニティというテクニカル・タームに置き換えてみる」ことを提案する。「コミュニティの発想には、都市化の流れに則した、さらにはこれを超えた含意がありはしないか」として、ローカリティ研究からコミュニティ研究への転換を提案している。[49]

ローカリティ研究を乗り越えようとした奥田が提案した方向性は、後述するように一九七〇年代以降の「地域主義」や「地方の時代」といった社会的なムーブメントとして現実に現れてくるようになる。それは、ローカル放送のあり方をめぐっても同様だった。つまり、六〇年代に近代化を推し進めることがローカル放送の目指すべき方向なのか、逆に、近代化を前提にして消えゆく地域の伝統文化をどのように残すかに終始した放送のローカリティ論は、七〇年代に直面する地域の問題を乗り越えるための理論を求めていたのである。そして、もちろん実際のローカル放送でも、それを乗り越える新たな取り組みがなされることになる。次に、そのような動きとして七〇年代に登場した放送のローカリティに関する運動をみていこう。

放送のローカリティをめぐる論争

ニュー・ローカリズム

一九七〇年代にローカル局によるローカル番組制作が盛んにおこなわれるなかで、読売テレビの機関誌「YTV Report」第九十七号（読売テレビ放送編、読売テレビ放送、一九七五年）で特集「ニュー・ローカリズムの胎動」が組まれた。ニュー・ローカリズムという名前は、評論家の青木貞伸が青森放送『RABニュースレーダー』をはじめとしたローカル番組制作の活発な動きに対してつけたものとされる。もともと民間放送は制度上、地域社会特有の要望を充足してローカル性と独自性を発揮することを求められる県域放送だったが、その役割がこの時期の社会状況で一層活発化したために〝ニュー〟・ローカリズムになったという。[50]

青木は、『RABニュースレーダー』に関して、「ジャーナリズムの論理」を貫徹させると同時にステーション・イメージも向上させることで「資本の論理」をも満足させたと評価している。[51]これに対して、中野収は「「ニュー・ローカリズム」の方向をとった地方局は、この三月期決算で、深刻な財政的危機に見まわれている」[52]として青木の論に批判を加え、次のような条件からローカリティの追求は民間放送媒体にとって必ずしも実現可能な目標ではないとして、倫理的命題を主張することに疑問を呈している。

> 広告費を唯一の収入源とする民放にとっては、部分利益を志向する〈ローカリズム〉は、本来、媒体特性と矛盾する（略）、政治的・経済的・文化的均質化はわが国のばあい非常に高い水準にある（略）、実態として地域社会があるのではなく、状況的・機能的な〈地域性〉があるにすぎない（略）列島全体が都市化しており、ひとびとの意識も脱地域化し、都市文明・文化志向となる。[53]

また、民放の経営に関して、「料金体系の運用、人事管理、従業員構成、労使関係、賃金体系、各種取引、番組の編成・制作の実態は、こうした〈(計量的) 理性〉がほとんど機能していない」と述べ、その理由を「民放の離陸期・成長期において、あまりによい外部環境条件にめぐまれたために、通常の企業のたどる過程をたどらずに済んだため(略)やるべきことをやってこなかった」[54]として、〈計量的理性〉[55]の確立を求めている。

青木と中野のニュー・ローカリズムをめぐる論戦はその後も続き、一九七七年八月号の「放送文化」の誌面上では、さらに突っ込んだ議論を展開している(「ニュー・ローカリズムvsラジカル・ローカリズム」、聞き手に野崎茂〔民放研・主任研究員〕)。中野は、「県域の放送局が地域主義というと、ぼくには非常に偽善的に聞こえる」と述べ、中央の文化が地方に拡散した一方で、地方の文化も全国的に拡散したという事実を隠蔽しているという。そして中野は、「自分は電波媒体というものの特性をみているわけです」と述べ、放送メディアにローカリティを求めることに対する本質的な矛盾を説いている。そして、青木が「これからのローカリズムというのは、ある地域とある地域が中央を超えたかたちで結び付くことによって発展するのではないか。ローカリズムは、グローバリズムにならなくてはいけないんじゃないか」と提案していることに対して、次のように反駁する。

> 中野「そういう組み合わせはいっぱいできると思いますが、その組み合わせを見ると、それぞれが非常に似ているはずですね。つまりナショナルということにならないだろうか。テレビはそういう問題の立て方を最も得意としている(略)、テレビというのは、ナショナルな問題からローカルな問題まで、全部相似形にしちゃうんじゃないか」[56](傍点は引用者)

中野がいう、「テレビが、ナショナルな問題からローカルな問題まで相似形にしてしまう」という指摘は重要である。つまり、テレビというメディアは、ローカルなテーマであってもいったんその俎上に載せられてしまうと、その媒体特性としてナショナルなものになってしまうということである。一方、青木はニュー・ローカリズムという運動自体を資本主義の矛盾に対する修正運動として捉え、個々の放送局の動きを評価し、それが資本主義とも矛盾しないことを強調している。青木が楽観的に述べているのは、この時期、地方の経済規模が拡大してローカル番組を開発・制作する余力がまだあったからだろう。

青木と中野の論戦は以上のように平行線をたどったが、放送のローカリティを考えるうえで重要な要素を含んでいた。中野が「テレビは、ナショナルな問題からローカルな問題まで全部相似形にする」と批判的に述べているのに対して、青木が「中央―地方」を超えて地域同士がつながり、普遍的な問題を共有していくものとしてローカリズムについて好意的に述べていることは、解釈は違うがどちらも放送のローカリティの特徴をよくつかんでいる。放送という近代化システムは、個々のローカリティを脈絡から切り離して番組の枠内に並べてしまう。このような近代化の過程で起こる切り離しと再埋め込みは、アンソニー・ギデンズが近代化論で分析していることそのものである。このような再埋め込みされたローカリティを評価するのか、それとも個々の脈絡を断ち切らないローカリティを評価するのかでは、立場は全く異なるのである。この二つの立場は、地域社会がもつ両側面をうまく言い表しているともいえる。この頃の地域社会のあり方は、そのような二つの立場のあいだで揺れ動いていた時期だったと考えられる。

「地域主義」を求めたローカル放送

放送現場でのローカリティに関わる議論は、放送以外の地域論議と足並みをそろえておこなわれたものだった。一九七〇年代は、地方自治や政策研究の場でも地方や地域への関心が高まり、数多くの議論が展開されていた。それらは、中央集権的な国家政策に対して、地域の行政的・経済的自立性を求めて異議申し立てをおこなっていこうとするものだった。このような気運をもたらした時代背景には、七三年のオイルショックや、高度経済成長期の大量生産・大量消費への見直し、そして大都市への人口の集中や過疎問題、各地で社会問題化された公害や環境問題への関心の高まりがある。そのようななかで、「地域主義」や「地方の時代」という言葉に集約される運動が生まれてくる。

「地域主義」については、一九七六年十月二十五日、増田四郎、玉野井芳郎、古島敏雄、河野健二の四人が世話人になって地域主義研究集談会と称する学際的な集会が開かれた。この研究集談会の開催によって、「地域主義」という言葉は広く知られることになる。ここでは、中央による画一的・普遍的なコントロールに対して、各地方の独自性や特徴を重視・尊重する考え方が唱えられた。玉野井は、『地域分権の思想』でこの「地域主義」を「一定地域の住人が、その地域の風土的個性を背景に、その地域の共同体に対して一体感を持ち、地域の行政的、経済的自立性と文化的独立性とを追求すること」[57]と定義している。

田村紀雄は、「『地域主義』とは何か」で「地域主義」が唱えられている時代背景として次のように述べている。すなわち「明治維新以降の国是は、富国強兵とならんで中央集権制の強化維持[58]で、（略）過度の中央集権制が軍国主義や戦争経済、各種統制と結びついて人々の自立的生活を奪った」。そして、戦後、「自治警察や各種委員会などを通じて、また地方自治法の制定などによって地方分権に道を開くかと思われた時期があった」としながらも、「戦後日本もまたその政治的潮流に関係なく、中央集権的な政治、経済、文化の体制はむしろ強化された感」があり、「いわんや経済、文化までが官民一体となって中央集権化したことへの反省が、まさしく高度成長の始まった一九六〇年代に芽生え（略）、この反省が在来の保守、革新という軸とは関係ない軸で生まれたことも一つの特徴[59]」として、この時代の空気を表現している。放送での地域性研究[60]は六五年以降におこなわれたが、このときまさに「地域開発」政策がピークに達していたのである。

田村は、地方紙が「地域主義」に接近した理由について、一九六〇年代後半からの経営環境の変化に打ち勝つためにその理論的根拠として「地域主義」を求めたからだと述べている。

「地域主義」の思想の普及に陰になり陽になり後援協力しているのが、地方新聞関係者である。（略）ではなぜ、地方新聞で「地域主義」にひかれたのか。それには次のような事情がある。人口の移動、都市の現金収入増大、学歴の向上、核家族化が全国紙の方によりプラスになった。県民の意識がマス・コミュニケーションによって、東京も地方都市も変わらなくなった。ナショナル・スポンサーと言われるマス・セールを得意とするビッグ・ビジネスが強大になり、地場産業と言われるものの経営は困難になってきており、このことが地方紙の広告主を県内から東京に求めざるを得なくしている。以上、三つの主な理由によって、それに打ち勝つ何らかの理論的根拠を必要とするに至った。「地域主義」はその点、格好の理論的根拠だと信じられていた(61)。

このように、一九七〇年代に入ってからの産業構造や社会の変化によって、中央の巨大な広告主の影響力が増してきたことや、視聴者・聴取者の嗜好が東京発信の文化にさらされたことが、ローカルメディアにとって現実的な経営課題として現れたのであり、それらに打ち勝つ理論的根拠をローカル放送局も必要としていたのである。

社会改革の運動としての「地方の時代」

さらに、革新自治体の首長らが中心になった運動も登場する。一九七八年七月、長洲一二神奈川県知事が首都圏の四人の首長と共同して開催した「第一回 地方の時代シンポジウム」を機会に、「地方の時代」という考え方が提唱された。また、雑誌「世界」一九七八年十月号（岩波書店）では「「地方の時代」を求めて」が特集される。「地方の時代」という言葉は、七九年の統一地方選挙で流行して全国へ広まった。

長洲は、「地方の時代」を「政治や行財政システムを委任型集権制から参加型分権制に切り替えるだけでなく、生活様式や価値観の変革をも含む新しい社会システムの探求である」とした。このような論議が巻き起こった背景として、日本は戦後三十年を迎えて先進国の仲間入りをし、科学技術に裏づけされた工業化社会がある程度実現したものの、環境破壊、資源の枯渇、豊かさに対する価値の転換など、様々な問題が現れていたことが挙げられる。長洲は、「日本は、明治以来百年あまり、戦後三十余年かけて「追いつき型近代化」を進めてきたのですが、その段階は終わりました。成長のパターンを転換して、これまで軽視されてきた「生活の質」の充実をはからなければなりません。そうなると（略）「地方」や「地域」の役割が大きくなります。生々しく、具体的な問題があらわれてくるのは各地域、各地方で、その現場で問題が解決をはかることが求められます[62]」と述べている。畑仲哲雄は、「「地方の時代」も「地域主義」も、ともに一般住民が自治に参加することを促す地域民主主義や参加民主主義への志向をもちながら、マスメディアやジャーナリズムへの言及がほとんど見られない[63]」としている。しかし、これらの活動は、地元の新聞や放送局と協力し合いながら展開していった。

一九八〇年十一月二十七日、神奈川県川崎市の川崎市民プラザに、自治体関係者や放送関係者、一般市民をあわせて四百五十人が集まり、「地方の時代」映像祭が開催された[64]。そのなかで、「地方の時代」の提唱者でもある長洲は、「政治・行政と〔その批判者である：引用者注〕放送界とは、常に一定の緊張関係を持っていなければならない（略）しかし、自由な市民社会の発展のために共同で挑戦すべき課題も考えうるのではないか[65]」と述べ、「地方の時代」の実現が、政治・行政・メディアの共通目標だと述べた。また、八一年三月十一日には、放送文化基金による第四回研究報告会が「地方の時代と放送」をテーマに開催されている[66]。ここでは「地域におけるマス・メディアと放送」「ローカル放送と地域への貢献」といったテーマで研究が報告され、竹内郁郎からは「地域の個別的な問題のなかには普遍化し得るものがある。つまりひとつの地域の問題ではあるけれども、それをたぐっていく、掘り当てていくと、やがてほかの地域、ほかの全社会の大状況に突き当たる。そういうものを媒介していくことが、地方の時代の中で放送ができ得るひとつの行き方ではないか[67]」というコメントが出されている。

ここで注目すべきは、地域の個別的な問題を全国的な問題につなげていこうという方向性である。ローカル局には地域の問題を取り上げ、ドキュメンタリー作品として全国に発信し、全国的な問題にしていくという機能があることを強調するもので、地元への貢献の主軸が「内に対するサービス」から「外へ向けての発信」へと変化している。音好宏は、「地方の時代」映像祭はテレビのコンクールとしてではなく、「現代社会に向けたある種の問題提起の場、社会改革の運動としての要素を多分に含んだフェスティバルとして立ち上げられた」[68]ものだと述べている。そして、初期の映像祭では、自治体関係者や市民が集い、映像祭を通じての連帯が模索されていた。[69]

このように、「地方の時代」という運動は市民とメディアの連帯や運動といった側面が強く、それまで放送のローカリティについて議論されてきたような地方の近代化や伝統文化の保持を超えて、市民社会の主体的な取り組みとしての放送のローカリティを模索するものだった。

ローカル放送悲観論の端緒としての「炭焼き小屋論」

一九七〇年代の民放ローカル局の活発な取り組みに対する議論の高まりの一方で、ローカル放送の将来に対して悲観的な見方が出始めるのもこの時期からだった。民放連は、七〇年と七二年の二回にわたって「未来問題調査会」を設置したが、この調査会の報告会の席で当時の民放連会長・今道潤三東京放送社長が民放の将来像を、「炭焼き小屋」に例えて発言した。[70]この表現には、かつては燃料の主役だった炭が時代遅れになったように、地上波の民間放送は将来意味がないものになってしまうという危機感が込められていた。この時期、ケーブルテレビや衛星放送など、新しいメディア技術の開発が進み、ニューメディア時代の到来が予想されていた。また、それまで成長産業とみられていた民放産業が、七一年のドル・ショックもあって低い利益率に落ち込むという経済的な背景もあった。

今道の論は、民放全体の将来像について悲観したものであって、そののちにみられる「〝ローカル放送〟炭焼き小屋論」のようにローカル放送に限定した使用法ではなかったが、成長産業のチャンピオンといわれた民放が経営的な先行きの不安感と新たなメディアの出現によって民放のネットワーク・メディアとしての魅力と産業的な基盤が崩れ去り、地域ごとに細々と機能する炭焼き小屋同然の産業に低落すると、民放の指導者が予測したのは衝撃的だった。

以上のように、一九七〇年代から八〇年代にかけて、ローカル放送や番組の実際、そのあり方をめぐる論争で大きな転換が起こったと考えられる。特に、戦後の復興期から成長期を経て、六〇年代に当然視されていた地方の近代化に対する認識が七〇年代に転換し、そのことによって放送のローカリティに対する思想も同様に転換した。地域経済の発展といった経済的な問題にも起因して、ローカルワイド番組の登場にみられるような現在に通じる多くのローカル番組のフォーマットがこの時期に開発された。そして、そのような取り組みを支える思想についても、ニュー・ローカリズムをめぐる論争でみられたように活発な議論がなされた。そのなかでも、地域を開発して近代的な都市へと変容させることだけをよしとはせず、また地域の伝統文化を保持するといった保守的な取り組みに終始するのではない、新たなローカリズムのあり方が模索されていた。そのようななかで、市民運動の台頭に押されるようにして、「地方の時代」といった運動に民間放送が接近するようになったのである。一方で、ケーブルテレビや衛星放送といった新たな技術の登場によって、地域社会にエリアが限定された放送局というそれまでの放送の基本的な枠組みが見直され始めた時期でもあった。そのため、このあとの時期では、どのように自分たちが住まう地域のローカリティを外に向けて発信するのかが注目されるようになるのである。

2　多メディア化――Ⅷ期(一九八六―二〇〇〇年)

前節では、高度経済成長の歪みがみられるようになると、地方の近代化をめぐる反省として放送のローカリティをめぐる問題が活発に議論されてきたことを述べた。中央官庁や大企業主導の産業化に反し、地域住民の手によって新たな地域社会を作り出そうという動きがその背景にあって、ローカルメディア、そのなかでも放送が重要視されていたのであった。

放送の分野でのローカリティをめぐる議論が活発になったのは、放送が当時の地方の情報流通の手段として重要な役割を担っていたことの裏返しだともいえる。技術の発展史からみれば、前節で取り上げた時期は映像という当時としては目新しい情報手段の末端をローカル放送局が担っていたのであり、ローカル局に対する地域住民の関心や期待も非常に大きかった。しかし、一九八〇年代後半以降になると、放送衛星（BS）や通信衛星（CS）を利用した全国向け放送や、ケーブルテレビに代表されるニューメディアの登場によって、情報流通の回路が多元化する。その結果、放送のローカリティに求められる内容も徐々に変化せざるをえなかった。情報流通回路の多元化とは、具体的には全国エリアをカバーできる衛星を利用した技術や、多くのチャンネルを含めて様々な情報を多元化できる有線技術の進展によって、各世帯への情報回路が複数化（多メディア化）されることを意味する。このようなインフラの開発は、地域開発的な国家プロジェクト（地域情報化政策[71]）として進められた。これまで放送のローカリティでも議論されてきた地域コミュニティへの寄与を具体的に実現する新たなメディアの導入が、各地で進められたのである。このような事情から、既存の放送のローカリティの理念は、放送以外のメディアを含めて見直しが迫られることになった。

次に、一九八〇年代から各省庁によって進められた地域情報化政策、そして、CATVやコミュニティFMといった県域よりも狭いエリアを対象にした放送サービスの導入過程を確認し、これらのローカリティがそれ以前の放送のローカリティに対してどのように変容を迫ったのかをみていこう。

衛星放送とCATV

市場開放と衛星放送

一九八〇年代後半になると、通信技術の発展によって既存の放送システムを超える新たなサービスが生まれてくる。例えば、八四年に試験放送を開始した衛星放送（一九八九年に本放送開始）は、これまでは中継回線を使って地上に送信所を多数作らなければならなかったのに対し、衛星一つで日本全体をエリアとすることを可能にした。衛星放送には、地上波が届かない山間地などの難視聴地域の解消が期待された一方で、既存の放送メディアからすれば競争相手の登場でもあった。ローカル放送は、系列キー局の実質的な中継局としての機能を担っていため、その位置づけが問い直されることにもなった。具体的には、前述の「炭焼き小屋論」でも予測されていたように、衛星放送という全国メディアの登場でローカル局は必要なくなるといった危機感や、各省庁が地域振興の一環として進めた地域情報化政策に基づくCATVの導入によって、県域というエリアが地域情報の範囲として適切なのかという疑念が生まれた。一方で放送制度でも、ニューメディアに対応した法律が整備されて放送の定義が見直されたり、既存のローカル局がこれまでの歴史と実績を強調しながら地域（県域）の主流メディアとしてどのように生き残るかといった問題が現実化したりした時期でもあった。

さらに一九九〇年代に入ると、情報通信分野の急速な技術革新や、海外のネオ・リベラリズム的な経済潮流のなかで、放送を含む通信分野の規制緩和が求められるようになる。八九年、通信衛星（CS）による放送サービスの開始に伴い放送法が改正され、ハード・ソフト分離型の受委託放送制度が導入された（委託放送事業者の認定制）。これによってそれまでの総合編成の放送以外に、新たに通信衛星を用いた専門放送（CS放送）が開始される。このような新たなインフラの登場で、一部の地方局や熱意がある個人が、CS放送を利用して地方発の全国向けチャンネルを模索するという動きも現れた。例えば、九州発のチャンネルが地元の熱い思いによって開局するという事例もみられた[72]。だがその後、経営難で閉局するなど、地方から中央に向けた放送事業を継続的に維持することは容易ではなかった。

省庁主導の地域情報化

また、重畳技術[73]の革新によって、通信では映像・音声・文字情報を双方向的にやりとりできる新たなメディアとしての可能性が模索されていた。この当時、脱産業社会[74]として情報社会への移行が主要課題として広く認識されていて、地方でも情報産業を地域活性化の新たな起爆剤として期待する空気があった。そのようななかで、当時の通産省や郵政省が主導した地域での情報化を進める政策（地域情報化政策）が好景気に押されて次々と遂行されていった。通産省は戦後一貫して産業立地政策を推進していて、一九八〇年代以降ではテクノポリス政策や頭脳立地構想がそれにあたり、情報関連産業の地方立地を推し進めてきた。これらは、ケーブル・テレビを地域へ導入し、地域内の情報流通を活性化すると同時に、地域の情報発信能力を増大させるといったことを目指していたという[75]。通産省の政策は地方の情報通信産業の育成に主眼を置いているため、一見、放送とは関わりがないようにも思えるのだが、それまでローカル放送がエリア内でおこなってきた機能の一部やよりきめ細やかなサービスをニューメディアが担うという点で、既存のローカル放送にとっては競合する事業が含まれていて大きな問題として考えられていた。また、放送を所管している郵政省でも、通産省に対抗するようにテレトピア構想や地方情報通信産業活性化構想、ハイビジョン・シティ構想といった政策を打ち出して、テレコム・リサーチパーク、テレコムプラザなどの地域情報化関連施設の建設を進めていった。郵政省は、それまで産業立地や地域開発に関連する政策の立案はほとんどおこなってこなかったが、情報化をてこに地域開発を推進していった[76]。このようないわゆる産業立地や箱物の建設を伴う地域開発は、農水省や建設省といったほかの省庁でも類似のものがみられ、情報化をキーワードにして、地域間の格差是正や地域振興の政策が次々と生み出されていったのがこの時期の特徴だった[77]。

地域情報化政策は、中央省庁がモデル都市を指定し、様々な財政・税制面での優遇措置を講じることをその骨子として、自治体が実施する。防災情報システムや行政情報提供システムといった公共性が強い通信手段の整備が主だが、地域・タウン・イベント情報提供システムや観光物産情報提供システムといったように、これまで放送が担ってきた地域情報の提供と重なる機能も存在している。何よりも、この政策によって自治体が関与したＣＡＴＶ事業が各地で設立され、既存のローカルテレビよりもきめ細やかな地域情報の提供が期待されると同時に、コミュニティチャンネルの活用によって地域社会のコミュニケーションの活性化が期待されていた。

一九八〇年代の地域情報化政策によって多くのＣＡＴＶ局が誕生したが、元来、日本でのＣＡＴＶは五〇年代から地上波放送の難視聴対策としてスタートしたとされ、初期のものとしては岐阜県の郡上八幡、群馬県の伊香保、静岡県の下田市などのＣＡＴＶが挙げられる。当初は地上波の再送信だけをおこなっていたが、独自の放送チャンネルを自主放送するようになる。当初の番組内容は、「一台の固定カメラを用い、数枚の厚紙にマジックペンで書かれたお知らせを、紙芝居のように一枚ずつ紙をずらしたものをカメラで写し、それを住民に送信するといった形式、そしてその映像と前後して素人のアナウンサーがしゃべったり、音入れをするといった方式で自主放送が提供されていた」[78]という。ほとんどの局は設備・人員・資金がきわめて弱小で、個人的な能力と情熱とによって制作され、運営がなされていた。[79]法制度面では、七二年に有線テレビジョン放送法が制定され、既存の放送・電気通信メディアの秩序維持を図りながら運用されてきた。しかし、情報技術の発展が進むと、第四次全国総合開発計画（四全総）では国土開発計画の全面的な見直しのなかで、地域社会の情報化が構想されるようになる。そこでは、CATV網の整備やビデオテックス、文字情報などの普及、データベースの充実を促すことで地域の産業振興・教育・医療機会の均等化、観光・地場産品情報の全国への提供などを図るといった、その後の地域情報化政策に通じる構想が示された。そのような背景で、前述のような各省庁主導で地域の情報化政策が進められ、多くのCATV施設が作られていった。

CATVに期待されたローカリティ

このような経緯でCATVの開局が進んでいくわけだが、当初のCATVの目的は地域コミュニケーションの活発化やコミュニティの形成への貢献が重要課題として掲げられていたにもかかわらず、国の政策はインフラ設備やいわゆる箱物の設置に偏っていた。そのために、CATVがどのようにその課題に取り組んだのかについての評価は十分になされてこなかった。確かに一部の熱心な局は、ボランティアを募ってコミュニティチャンネルの運営を積極的におこなったり、県域局では不可能な市町村単位のきめ細やかな情報発信をおこなったりするところもあった。一方で、設置された機器が十分に活用されないまま放置される局や、衛星放送をそのまま再送信するだけの局など、本来の目的が達成されない局もあり、無駄な公共事業として指摘されるケースもみられた。

このようなCATVは、既存のローカル放送からみれば様々な問題をはらんでいた。CATVが県をまたいだ区域外再送信を積極的におこなえば、既存の商圏への影響が出てくる。また、通信衛星を利用した多チャンネルやコミュニティチャンネルの開始は、狭いエリア内ではあるが視聴者の奪い合いになることは避けられない。そのようななかで、既存のローカル局はＣＡＴＶとの連携を積極的におこなおうとはしなかった。むしろ危機感を募らせ、経営基盤を盤石にするためにキー局との資本のつながりを強化したり、経営の多角化によって放送以外の事業に手をつけたりする局もあった。放送現場でも、これまで培った取材力を生かしてローカル番組の充実を図ろうと様々な努力を重ねた。

既存のローカル放送局は、全国を一波でカバーできる衛星放送、都市単位をきめ細かくカバーできるＣＡＴＶという二つの新たな放送技術の登場によって、放送のエリアに対する考え方でより県域を意識したローカリティに軸足を移していくことになる。つまり、この時代以前に問われていた「地域主義」や「地方の時代」といった地域コミュニケーションの機能の一部について、既存のローカル放送局が担うべきものとしての根拠が薄らいだともいえる。技術の進展でメディア環境が多元化したことによって、これまで前提とされてきた、地域の放送メディアという立場は変化せざるをえなくなった。都市を単位としたＣＡＴＶや後述するコミュニティ放送とは一線を画して、県域をより意識した全国ネットをもつマスメディアの機能を中心としたローカル放送、というポジションを模索するようになっていくのである。

コミュニティ放送

コミュニティ放送と防災対応

このように、ニューメディアの登場という技術的な変化によってテレビ放送のローカルな機能の新たな担い手が登場したのだが、ラジオでも同様の変化が起こった。一九七〇年代後半以降から、欧米では自由ラジオという市民メディアが広がっていたが、日本でも免許を有さない低出力のＦＭ送信機を使った草の根ラジオが各地で現れていた。このような小出力のラジオに対して、これまでおおむね県単位だった免許を解放して都市単位のメディアとして活用しようという動きが現れる。九二年一月十日、放送法施行規則などの改正によって、これまでの県域エリアよりも狭い市町村の一部を対象にしたFM放送に免許が交付されることになった。このような小出力のFM放送は、「コミュニティFM」と呼ばれている。このコミュニティFMという概念の登場は、八三年に郵政省が提案したテレトピア構想までさかのぼることができるといわれている。(80) これを受けて、八五年の「ニューメディア時代における放送に関する懇談会」でコミュニティFM計画が取り上げられた。この懇談会では、「多種多様な情報ニーズに応えるため、県域よりも小さい、例えば市町村単位程度を放送対象地域とするFM局（小規模FM）などの導入の可能性について検討する必要がある」と言及し、これまでの県域よりも小さな市町村単位を念頭に置いた放送メディアを目指していることが示されていた。その後、八八年から始まった「放送の公共性に関する調査研究会」では、「地域の多様なニーズにより柔軟に対応できるよう、（略）より小地域の単位を放送対象とする「コミュニティ放送」のようなものの導入も検討する必要がある」(81) という提言をおこなっている。このような流れを受けて、九一年七月に郵政省は、市町村の一部を対象にした情報の提供を目的としたコミュニティ放送という新しい放送制度の構想を発表した。その結果、九二年十二月には第一号のコミュニティFM局のFMいるか（北海道函館市）が誕生し、それ以来、二〇一七年七月までに三百九局が開局している。

送信出力が小さく市町村単位をエリアとするFM放送であるコミュニティ放送は、一九八〇年代に期待されたようなローカリティの機能を十分に発揮できるほどの要員・資本力を持ち合わせている局は少なく、その後の運営は非常に厳しい状況だった。全国のコミュニティ放送に対しておこなった調査(82) によれば、スタッフ数は平均三十六・一人（ボランティア含む）、そのうち常勤スタッフは六・八人と非常に少なく、多くは非常勤のスタッフやボランティアが運営しているという。経営状況は、一社の平均営業収入は約四千六百万円程度、平均営業利益は約三十万円の赤字(83) である。営業収入の内訳をみると、広告収入六〇パーセント、自治体出稿三〇パーセント、付帯事業（タウン誌、イベント事業など）一〇パーセントとなっていて、それぞれの運営主体の特徴によって主な収入をどれに依存しているかは違っている。特に開局時期によって局の特徴が違っていて、コミュニティ放送が始

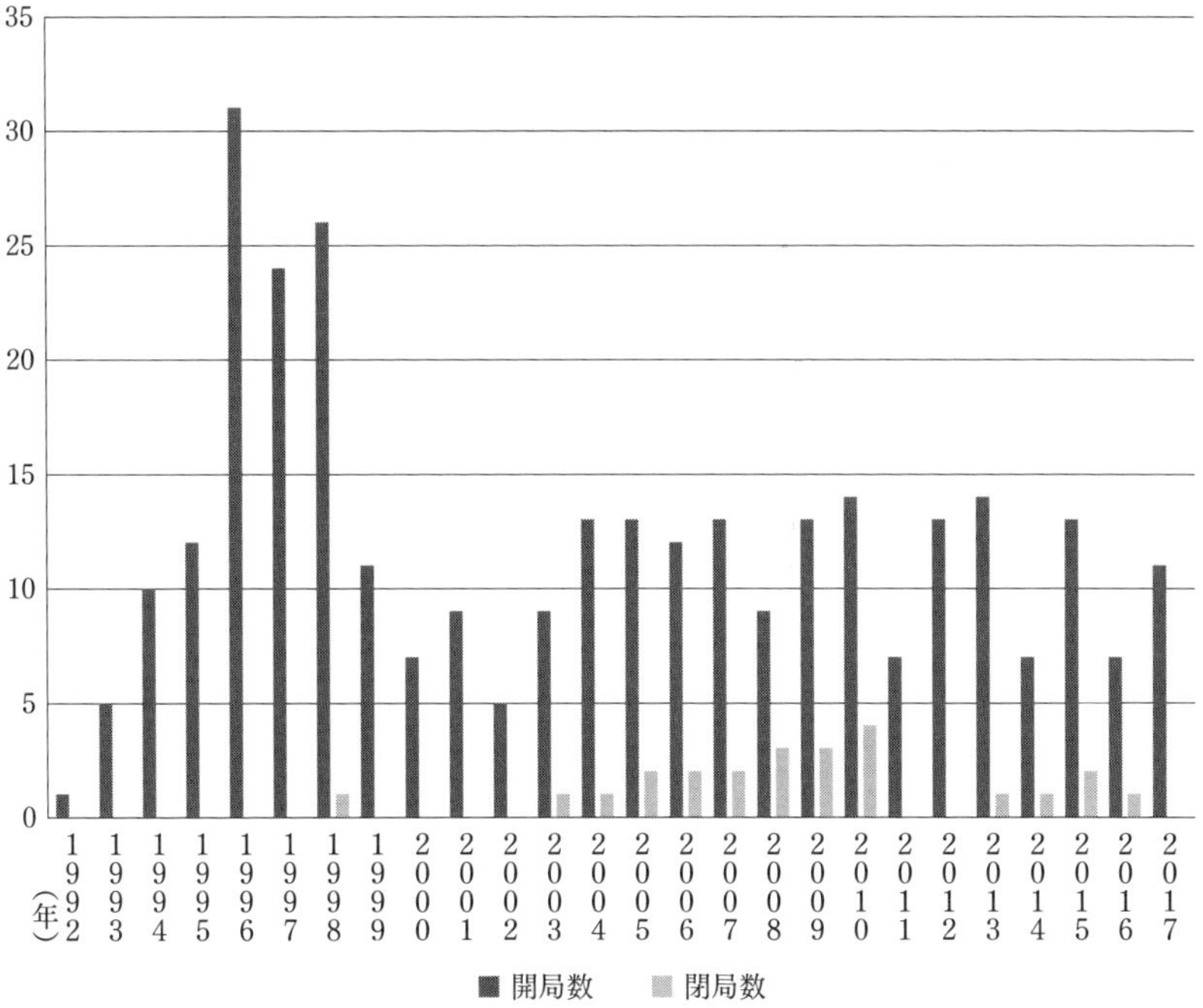

図18　コミュニティ放送局の開局数
(出典：総務省「コミュニティ放送の現状」「放送を巡る諸課題に関する検討会（第5回）配付資料5－2」2016年2月24日〔http://www.soumu.go.jp/main_content/000401159.pdf〕［2018年3月1日アクセス］)

まった九二年から二〇〇一年に開局した局は第三セクターが半数を占める一方で、〇二年から一〇年は純民間や株式会社が七〇パーセントを占め、東日本大震災が発生した一一年以降はNPO法人による運営が三〇パーセントを超える。[84] 特に東日本大震災以降は、防災や減災、災害時の情報伝達などの機能を担うことが期待され、行政のはたらきかけによって設立された局が目立った。

このように、コミュニティ放送は災害時の公共的な役割が期待されて設立されることが多く、特に一九九五年の阪神・淡路大震災の際にそれが認識されることになったとされている。[85] 具体的には、ほかのメディアが機能不全・手薄になった被災地住民安否情報や生活情報を積極的に放送したことや、外国人居住者向けに災害情報を放送したことによって、災害対応メディア＝コミュニティ放送というイメージが定着してきた。コミュニティ放送は、自治体が発表する停電・断水、救助活動などの情報をリアルタイムできめ細かく提供することができる[86]とされ、災害時には臨時災害放送局へとスムーズに移行できるという。実際に二〇一一年の東日本大震災の際には、二十日以内に十市でコミュニティFM局が臨時災害放送局として放送をおこなった[87]。

現実のコミュニティ放送は、日常的には赤字経営が続くなかで業務を細々と続けている。一方で、制度的には地上基幹放送局として県域放送局と同等の規律が求められ、地域密着メディアとして想像を超えた防災対応が求められるようになってきている。金山智子は、防災や災害時の役割がコミュニティ放送の存在意義として求められていくことは、防災がコミュニティ放送にとって「制度的要因としてのプレッシャーになる[88]」と述べている。必然的に、自治体などと連携を図らざるをえない状況のなかで、放送局としての独立性も他方で求められる。このような板挟みの状態は、日本のコミュニティ放送局の特徴で、当初理想とされていたまちづくりや市民参加による民主主義への役割は十分果たせていない現実がある[89]。

新たなメディア技術の登場で分散化する放送のローカリティ

以上のように、それまで主に地上波の県域を主とした放送だけだった放送産業の世界に、衛星放送や都市型ケーブルテレビ、そしてコミュニティFMといった競合他社が登場したことは、既存のローカル放送局が担うとされたローカルな機能にインパクトを与えた。すなわち、戦中の一県一紙で力をもった地方紙＝県域放送という中央集権的なメディア環境に対して、市町村単位で免許を交付された下からのメディアが登場し、放送のローカリティが目指していた民主主義を醸成する機能を果たすメディアとして期待されたのであった。しかし、前述のように、各省庁によるハード優先の施策や経営的な厳しさのなかで、理想とされた機能が十分に発揮できたかといえば難しい。既存の地上波放送局側は、新たなメディアの登場によって視聴者・聴取者の選択肢が増えることで既存の放送局の視聴率が相対的に減ることが予想されたため警戒感を示し、政治的・経済的に様々な手段で阻止しようとする局さえみられたが、結果的には縮小する地域経済圏ですみ分けが進んでいった。このように、放送のローカリティの担い手が増えたことで、放送のローカリティの役割が分散化されたものの、十分に機能しているとは言いがたかった。

「平成新局」の開局と「情報格差の是正」

新たなメディア技術によって、放送のローカリティの機能の一部を担える新たなメディアが地域で登場する一方、既存のローカル放送局は系列ネットワークとの結び付きをより強めていく。それは、産業的な側面からみれば、在京のキー局や全国紙といった中央の資本にローカル局が次第に絡め取られていく集中化の過程と考えることができる。一九八〇年代後半はバブル景気に沸いていて、特に広告を主な収入源にする民放ローカル局でも楽観的な見方がある一方で、前述のＣＡＴＶや衛星放送といった新たなメディアの登場に対するリスク回避や、何より地方の聴取者・視聴者の中央志向の高まりからキー局への依存を徐々に強めていった。また郵政省が各道府県の民放局数を大都市圏並みにする方針を打ち出し、キー局や全国紙を後ろ盾にした新たな局が各地で開局した。もちろん、放送免許には地元資本要件があるためにエリア外の出資比率が制限されていたのだが、郵政省が積極的に進めたこともあって、キー局からの出向者を多く受け入れたいわばキー局のサテライト局ともいえるような地方局が新たに免許を交付された。

図19には、一九七七年代以降のテレビ民放ローカル局の開局数を示した。八〇年代のローカル局の開局状況は、八三年頃にいったん落ち着いている。開局数は八九年以降に再び増加しているが、これは主に民放が二局程度ある県での三、四局目の開局を表している。関東広域圏や近畿・中京地域では民放の第五局が誕生する一方で、民放が一、二局の県との間で視聴可能なチャンネル数の開きがあった。八六年、郵政省は放送用周波数の割当計画基本方針を抜本的に修正し、民放四波化政策（地上民放テレビ四局化構想）を打ち立てた。これは、全国どこでも在京キー局の四民放を視聴できるようにすることを意味し、「情報格差の是正」を図るものだった。当時、バブ

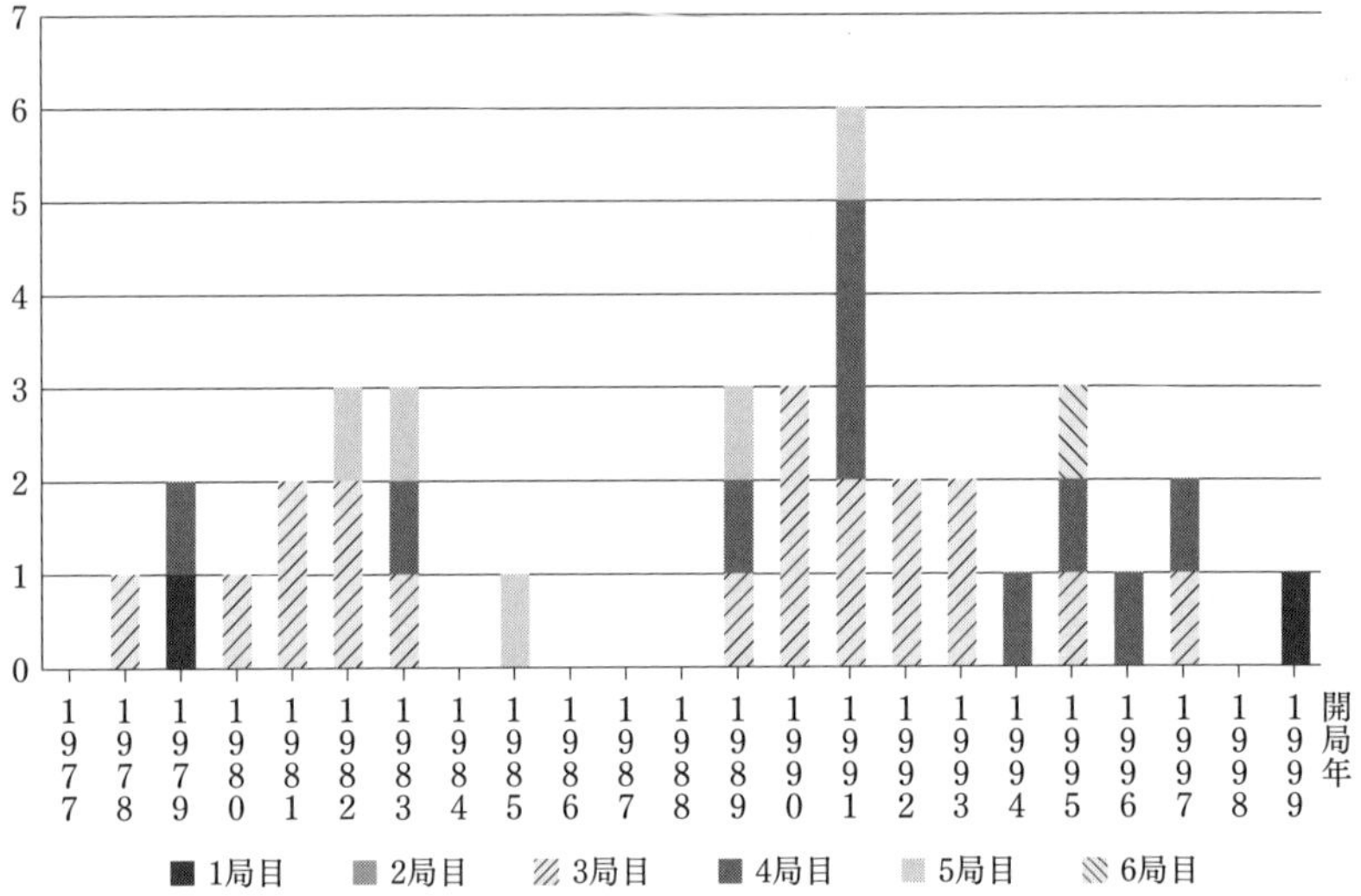

図19　民放テレビ局開局数の変遷
※ただし1977年から99年までに開局した地上テレビ局だけ
（出典：前掲『日本民間放送年鑑2008』）

ル経済の後押しもあって、ネットワーク拡大を狙っていたキー局によって採算を度外視した地方局の開局が推し進められた[90]。八九年以降に開局した地方局は二十四局にのぼった（これらの局は俗に「平成新局」と呼ばれている）。しかし、経済規模がもともと小さなエリアに四局の民放がひしめく状況は、その後の不況到来によって広告収入を食い合うことにつながり、経営を苦しめることになった。

免許基準の明確化と免許行政の透明化

この時期、放送法制でも法整備が着実に進行していった。チャンネルプランの法的な整合性をより確保するために、一九八八年の放送法の改正によって同法第二条の二（現在の第九十一条）の放送普及基本計画に関する規定が定められた。また、電波法第七条第二項で、審査基準として「総務大臣が定める放送用周波数使用計画に基づき、周波数の割当てが可能であること」[91]が明らかにされ、同条第三項で「放送用周波数使用計画は、放送法第二条の二第一項の放送普及基本計画に定める同条第二項第三号の放送系の数の目標の達成に資することとなるように、第二十六条第一項に規定する周波数割当計画に示される割り当てることが可能である周波数のうち、放送をする無線局に係るものの範囲内で、混信の回避その他電波の公平かつ能率的な利用を確保するために必要な事項を勘案して定めるものとする」[92]とされ、放送普及基本計画との対応が明確にされている。

放送普及基本計画
第1　放送局の置局に関して定める指針及び基本事項
放送が国民に最大限に普及されてその効用をもたらすとともに健全な民主主義の発達に資するためには、放送に関する技術の発達、需要の動向、地域の諸実情等を踏まえるとともに（略）、放送による情報の多元的な提供及び地域性の確保並びに地域間における放送の普及の均衡に適切に配慮する[93]

この放送普及基本計画は放送法に基づく総務省告示であり、新たな放送局の設置の計画に対応してそのつど改正がおこなわれてきた。現在の地上デジタルテレビジョン放送については、関東広域圏として「東京都、千葉県、埼玉県、神奈川県、群馬県、栃木県、茨城県の各区域を併せた区域」、「中京広域圏」として「岐阜県、愛知県及び三重県の各区域を併せた区域」、「近畿広域圏」として「滋賀県、京都府、大阪府、兵庫県、奈良県及び和歌山県の各区域を併せた区域」を定めている。そのうえで、NHKの総合放送については、茨城県を除く関東広域圏の放送、それ以外の道府県の県域放送をおこなうこととして、NHKがおこなう教育放送は全国放送としている。また、一般放送事業者（現在の地上基幹放送事業者）の放送に関して、区域ごとに視聴可能な放送の数の目標（放送系の数[94]の目標）を定めている（表20）。

このように、チャンネルプランから放送普及基本計画へと制度的な変遷を経ながらも、三つの広域圏と岡山県、香川県、島根県、鳥取県の四県を例外として、県単位で地域の経済的事情などを踏まえて放送局免許が付与されている。そして、広告放送を主とする民間放送事業者の経営基盤と不可分な地域の経済力が各都道府県の放送系

表20　一般放送事業者（現在の地上基幹放送事業者）の放送系の数の目標

放送系の数の目標	
5系統	関東広域圏、北海道、福岡、岡高地区（岡山と香川を併せた区域）
4系統	中京広域圏と近畿広域圏、岩手、宮城、山形、福島、新潟、石川、長野、静岡、広島、愛媛、長崎、熊本、鹿児島
3系統	青森、秋田、富山、山口、高知、大分、沖縄、山陰地区
2系統	福井、山梨、宮崎
1系統	栃木、群馬、埼玉、千葉、東京、神奈川、岐阜、愛知、三重、滋賀、京都、大阪、兵庫、奈良、和歌山、徳島、佐賀 （なお、これら1系統の放送をおこなうこととされた都府県では、3つの広域圏で放送をおこなうキー局と準キー局以外のいわゆる独立局が13局開局している。）

（出典：「基幹放送普及計画」〔https://www.tele.soumu.go.jp/horei/reiki_honbun/a000046801.html〕1988年10月1日［2021年6月18日アクセス］）

の数に影響を与えている。

特に、本来は主として周波数割り当てのための技術的事項の検討を踏まえて定めるチャンネルプランでは、民間放送事業者の経営的側面などは付随的な判断材料だった。だが、放送普及基本計画では経済的・社会的・文化的諸事情も踏まえた結果としての県域放送制度の性格が法律的に明確化されたものになっている。

一九九〇年代に行政手続きの適正化・透明化を求める流れが強まったことで、免許行政も見直しを迫られた。九三年には行政手続法が制定されて翌年に施行され、それに伴って放送局免許に関しても審査基準の公表が義務づけられ、手続き上の透明性が求められることになった。これ以前は、当然のようにおこなわれていた一本化調整という行政手法も、九〇年代後半には少なくとも表立ってとられることはなくなったという。[95]

相対化するローカル番組

放送の系列化が進行してキー局の番組への依存が強まるなか、実際の放送番組はどうだったのか。特に、衛星放送といった地上波とは異なる全国メディアの開局時期の地上波テレビ局のローカル番組をみてみよう。まず、ローカル向け番組の時間だが、一九八六年以降の自社制作時間や番組比率について、民放連のデータから調べたところ、八六年では平均で一日百三十分程度になっていた。九一年にかけて百五十分強までいったん増加し、その後、調査データの変更[96]があったため連続的にはみるこ

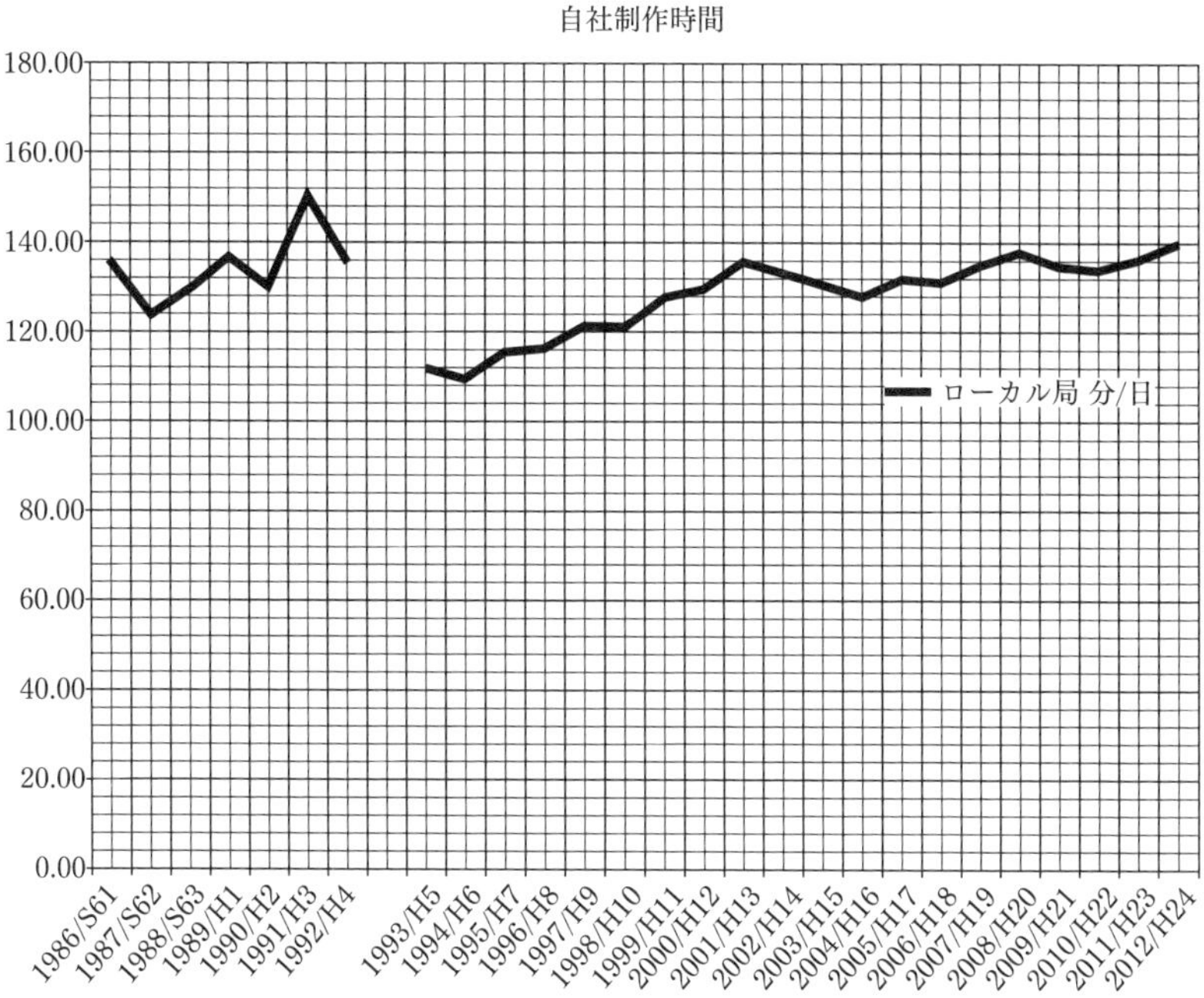

図20　自社制作時間（分／日）
※不連続点は調査データ変更のため
（出典：民放連の各局放送時間データから筆者が作成）

とはできないが、二〇〇一年に百四十分と次のピークを示している。この二つの微増の原因は、一九九一年頃はBSアナログ放送への対応が、二〇〇一年頃には前年開始したBSデジタル放送への対応が考えられる。地上波ネットワークを脅かしかねない全国的なメディアの登場が、ローカル番組制作を刺激して制作活動を活性化させた可能性がある。

続いてNHKのローカル番組をみてみると、一九八六年度以降の地域放送の時間量は、九二年度と二〇〇三年度をピークに増減を繰り返している。[97]このうち一九九二年に関しては、衛星放送の開始後、地域放送の位置づけを再検討する動きによるものだろう。また、二〇〇三年の増加に関しては、〇〇年代前半に県域放送を大幅に拡大させたのが原因で、〇六年度以降はその見直しがあって減少した[98]という経緯が確認できる。変化のあり方は民放の自社制作時間とも重なる部分が多いが、いずれも衛星放送とい

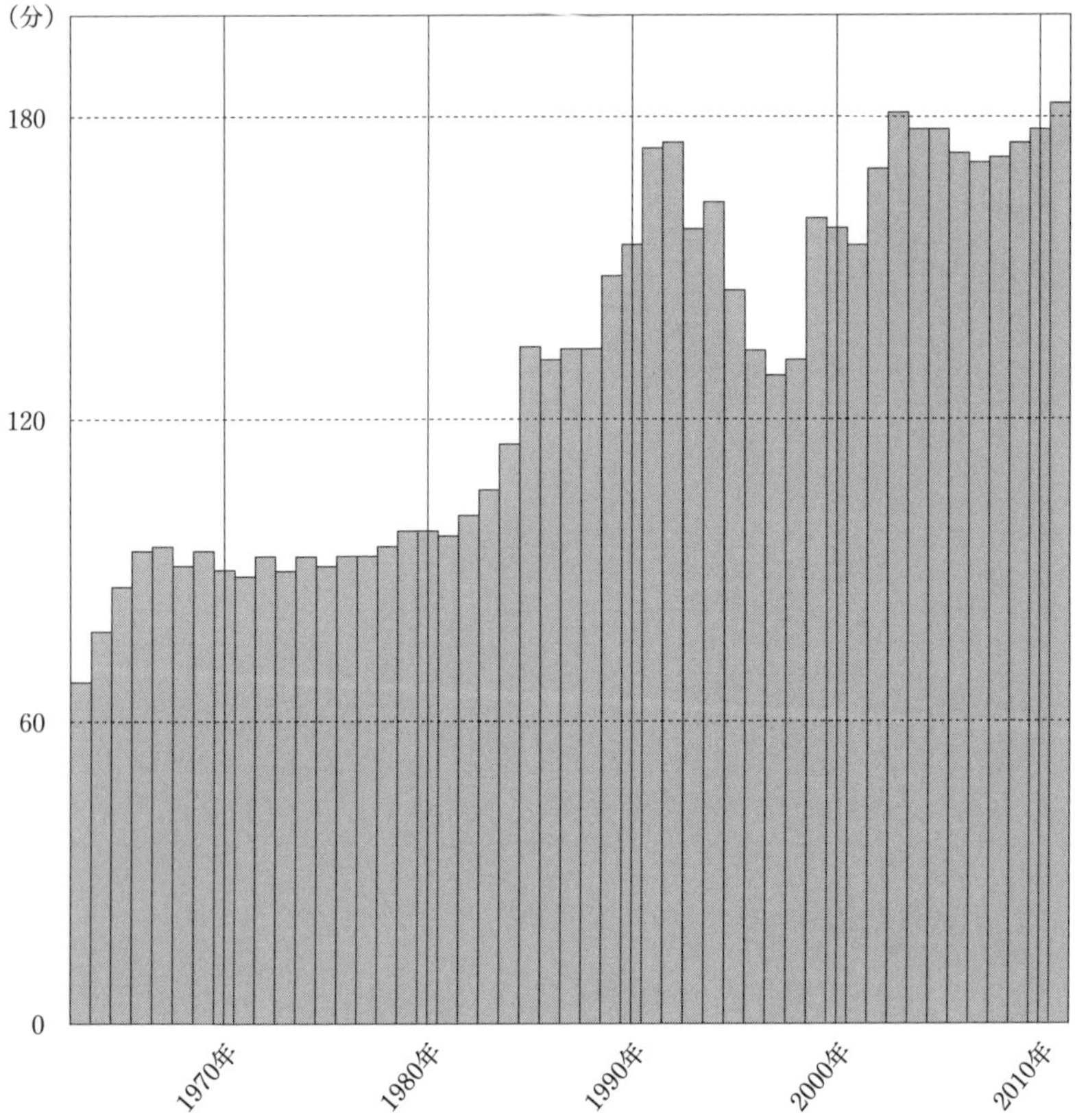

図21　NHK 総合テレビの地域放送時間の推移（1日当たりの各局平均）
（出典：前掲「NHK 地域放送の編成はどう変わってきたか」〔NHK 放送文化研究所編「放送研究と調査」19ページ〕、前掲の日本放送協会編『NHK 年鑑』各年版）

ったほかのメディアへの対抗といった理由が考えられるだろう。

次に、一九九〇年代のローカル番組の特徴を確認する。九〇年代に入ると、主婦向けに制作されていた番組はターゲットを拡大して生活情報番組として平日の午前と週末に増加する。特にグルメやレジャー、イベント、健康や生活などの情報をバラエティー形式で提供する番組が増える。天気情報を伝える早朝の帯番組が増加し、Ｊリーグの開幕で地元サッカーチームの番組も多く誕生した。また、日中・深夜ともに若年層をターゲットにした生放送が増えて、娯楽性が強いバラエティー番組がローカル局でも制作されるようになった。

特記すべき番組は、札幌テレビが一九九一年にスタートした情報番組『どさんこワイド』で、平日夕方の十七時から十九時の二時間の大型ワイドである。この番組は、地方ではドラマなどの再放送が主であまり注目されていなかった夕方の時間帯で高視聴率を収めた。その結果、他局を刺激し、その後、道内の局だけではなく、他県の局で夕方の大型ワイド番組が誕生することになった。これは、ＮＨＫの編成にも影響を与えて、十七時よりも前の十六時代からのワイド番組が各地で積極的に投入された。

一九九五年には吉本興業の全国展開もあって、タレント名を冠にした番組が多くみられるようになった。そのため、地方局制作のローカル番組でブロック向け、全国向けの番組へと発展するコンテンツが生まれるようになったのもこの時期が最初である。特に、二〇〇〇年のＢＳデジタル放送誕生に向けてローカル局側も制作能力を向上させる必要があったことや、小型のデジタルカメラの普及やノンリニア編集システムなどの技術的進歩によって少人数でも番組制作が可能になってきたこともこの時期の特徴だろう。一九九六年には、北海道テレビ放送が『水曜どうでしょう』を開始する。この番組は、地元タレントが番組ディレクターと旅をするというドキュメントバラエティー番組で、深夜帯にもかかわらず平均視聴率九パーセントもの高視聴率を上げた[99]。この番組の評判は、当時は新しい存在だったインターネットの掲示板や口コミで広がり、ほかの地域のローカル局へと広く番組が販売され、またＤＶＤとして発売されることで、北海道テレビ放送の大きな収益源になった。そのため、この番組はローカル番組の成功事例としてたびたび取り上げられることになる。担当ディレクターの藤村忠寿は、

表21　ローカル番組の概況（1985・90・95年）

1985年 （『1986年鑑』）	報道 国鉄民営化、新幹線、交通事故防止、高速道路、いじめ・非行、教育問題、医療・健康など。医療問題ではことに脳死と臓器移植、老人福祉。地域開発・産業誘致・村おこし（山形放送、静岡放送、静岡第一テレビほか）といった地域経済振興企画が増えてきたのも近年の特色。 ニュース番組 月曜日―土曜日編成へ、ニュース、情報番組の開発が進み、拡大傾向にある。 論説機能の強化に積極的姿勢をみせているのがテレビ西日本で『TNC 土曜ジャーナル』（日曜日、0：35―0：50）を新設。プライムタイムにローカル情報番組を組み込む動きも活発で、南日本放送が『どーんと鹿児島』（火曜日、22：00―23：00）、『いやはやなんとも金曜日』（金曜日、19：00―19：30）を創設。 ヤング向けでは、音楽ビデオ番組の増加が目立つ。ネットワークブロック協同制作で主なものは、JNN 系東北4社、西日本7社、九州9社、NNN 系の西日本9社、FNS 系の九州8社など。このうち、JNN 系東北4社は、幹事役の東北放送と青森テレビ、岩手放送、テレビユー福島が集まって、毎年春と秋、1時間の特番を協同制作している。「全国的にものの考え方や生活の画一化が進んでいるなかで、地方に根ざした考え方、生活、習慣などの独自の地方文化を大切にして、地方のよさを見直そう」という趣旨。
1990年 （『1991年鑑』）	報道 環境をテーマにしたもの。地域の美しい自然景観を保護しようというキャンペーン報道、原発や核処理施設に関わる諸問題、ゴルフ場の農薬使用の問題、航空建設やリゾート開発に伴う自然破壊、ますます増加するゴミや廃棄物問題、家庭排水による河川・海洋汚染など。ほかに、交通死亡事故の増加、脳死臓器移植、米、牛肉などの輸入自由化に関連した農業問題、地場産業の地盤沈下、外国人労働者増加の問題、土地問題、高齢化社会の到来、バブル経済を反映した金融問題、精神病の増加や新興宗教の興盛。NG の利用頻度が増加する傾向。より地域に密着した報道や生放送が可能になった。 レギュラー番組（報道・情報・ワイド） 生放送枠拡大。自主制作比率が伸びた。ここ数年来の傾向として、サラリーマンの通勤時間の増加や週休2日制の普及などに伴う視聴時間の分散化を背景に、平日の早朝と週末を中心に、報道・情報番組の強化が進んでいる。札幌テレビ、関西テレビが平日早朝の時間帯のローカル情報ワイド番組の放送開始を繰り上げる。南日本放送、北海道テレビ、熊本県民テレビ、鹿児島テレビなどでは、女性の起用が目立ち、女性の視点や感性を前面に出す傾向が強まっている。 レギュラー番組（教育・教養・娯楽など） データイム、深夜とも若年層を対象とした生放送番組が増加。特に深夜帯の番組開発が目につき、生放送のブロックネット番組などもみられる。北海道文化放送、中部日本放送、南日本放送に加え、東海テレビが情報バラエティーを開始。毎日放送が平日夕方に若者向け情報クイズ生番組を開始。

	週末のデータイムには、中国放送やテレビ大分が若者向けの音楽生番組や総合情報番組をスタートさせている。 深夜帯 トーク番組（中部日本放送、名古屋テレビ、毎日放送）、ロック音楽（テレビ北海道、石川テレビ、日本海テレビ）、スポーツ情報（読売テレビ、岡山放送） 単発番組（報道・ドキュメンタリー） 地球環境、エネルギー問題、被爆・終戦45周年、高校野球、プロ野球、テニス、マラソン、ゴルフ中継、歌合戦、祭り、音楽会などの地域のイベントを扱ったドキュメンタリー。
1995年 （『1996年鑑』）	報道 戦後50年のため人々の戦争体験史を見つめ直す番組や戦後50年間の歩みを振り返るテーマが多い。地方自治体による官官接待やカラ出張問題、自治体の裏金作りを情報公開条例でつ追及したものなど。環境問題・自然保護関連、医療問題、少子高齢化、農業問題。 レギュラー番組（報道） 夕方の情報系生番組の強化。共同制作・ブロックネットで、レギュラーの情報番組が登場してきていること。宮城テレビをメインに7社（土曜日・午前）、九州朝日放送を中心に7社（平日午前ベルト）。ゴールデンアワーに挑戦している局もある。テレビ岩手、長野放送では1番組1テーマを取り上げるドキュメンタリーを制作。天気予報に一工夫を加えたもの（静岡朝日放送、中部日本放送）、健康に対する関心の高まりから健康や福祉をテーマにした番組（岡山放送、仙台放送） レギュラー番組（娯楽・その他） 新番組の傾向は、若者向け音楽、バラエティー番組。吉本興業の名を冠したバラエティー番組がテレビ静岡、KBS 京都などでスタート。また、自然アウトドア番組が増加する傾向。札幌テレビ、テレビ北海道、山陽放送、愛媛放送などで合わせて12本の新番組。

（出典：1986年・91年・96年の日本民間放送連盟編『日本民間放送年鑑』〔コーケン出版〕から一部抜粋・要約）

地域番組のローカル性について次のように述べている。

藤村「僕は地元（北海道）出身者ではなくて、名古屋出身なんですけどね、北海道の人にしてみりゃ「当たり前じゃない」と思っていることでも、他所から来た人の目には新鮮に映ることってありますよね。それが僕らが気付いた一つのローカル性ということなんです[100]」

このように、藤村は全国的な視線に対してローカルな素材を再度提案し直すこと、全国的な価値基準でローカルな素材を選んで全国向けに変換されたものをローカル性としている。そして、そのような変換の重要性を述べている。

このような事例は数多く存在するわけではないが、一九九〇年代後半のローカル番組では、エリア外で評価されることで価値を生み出すコンテンツとしての側面が重要視されるようになった。これは、作り手側と受け手側の双方が映像に描かれるローカルな素材を、日常生活が営まれる空間の連続としてだけではなく、消費の対象として、価値を有する材料として扱うようになってきたことも示している。このような傾向は、九〇年代に放送だけではなくほかの領域でも進行したものと考えられるが、地元の制作者が地元の視聴者に地元の素材を放送するというこれまでの形式が、社会の流動性の高まりのなかで変化してきたことを意味している。

「地域活性化」の担い手としてのローカル放送

一九八〇年代後半に、ローカル放送を取り巻く技術的・経済的・政治的な変化は、ローカル放送の意義や活動の具体的なイメージをも変化させた。特に、七〇年代から八〇年代の初めにかけて盛り上がりをみせていた地域住民の運動は下火になり、バブル景気もあって地元の経済的な発展にどれだけ貢献できるかといった問題が中心になっていた。

例えば、一九八八年の「月刊民放」「特集 問われる地域ジャーナリズム「東京」と「地方」、どちらが情報過疎か」で、青木貞伸は、「地域ジャーナリズム」の役割に対するアンケートをおこなったところ、「「地域の活性化」という回答が五八%で、ジャーナリズム本来の使命である「行政のチェッカー」という五一%を押さえて、一位を占めていたほどだ」と述べている。そして、帯広と大分の青年会議所とローカル放送局が協同で地域おこしのためのシンポジウムを開いたことを例に挙げ、「イベントを側面から支援する、というのはイベンター・ローカリズムという立場からも評価すべき」として、ローカル放送による地域活性化という機能を強調している。ただし、「ジャーナリズムがイベントを行う是非」について、あくまでもジャーナリズムの主体性を踏み外さないことが条件であるとして、「NHKが効率化計画と表裏一体となっている「協業化」路線を取り始めて以来、自治体や企業とタイアップしたイベントが目立ち、年間一千件を超えている」[101]とNHKの先行きに懸念を示している。

実際に、NHKの大河ドラマや朝の連続テレビ小説の舞台になる地域には大きな経済効果が見込まれるといったことが注目されるようになったのもこの時期である。NHKの大河ドラマは一九六三年から始まっているが、特にブームになった『独眼竜政宗』（一九八七年放送。平均視聴率は三九・八パーセント）の舞台である宮城県には多くの観光客が訪れることになった。[102]これ以降、地元自治体の熱心な誘致合戦やそれを見込んだ観光地の整備が繰り広げられるようになり、NHKのドラマは現在も大きな経済効果を生み出す重要な放送番組と認識されている。

全国組織のNHKがその規模を生かしてドラマを通した「地域活性化」をおこなうことには様々な論点があるが、このような仕掛けによる経済効果は継続性に欠くものであること[103]や、ステレオタイプの情報発信が地域イメージを固定化させ、観光客の集客に対して長期的に悪影響を与える可能性[104]も懸念されている。また、イベント共催などによる放送局と自治体との距離の取り方など、考察すべき点が多く含まれるが、放送局のサービスについて、旧来からある地域内に向けたサービスや郷土意識の醸成といった機能だけでなく、観光産業と関連した「外に向けた情報発信」や外から人を呼び込むための「イベンター」としての機能に論点が変化したことは特筆すべきである。

このようにみると、放送のローカリティは、一九七〇年代にみられた地域住民の言論の場というジャーナリズム的な側面が後退して、八〇年代に育ってきた観光産業との関係を深めながら、「地域活性化」という経済的な側面が強調されるようになっていったのである。広告収入を経営基盤にする民間放送では、地元経済の活性化は直接経営に影響を与える問題だった。しかし、経営的にはバブルの崩壊以後、特に地方経済の低迷によってキー局へより頼らざるをえず、[105]自立性は徐々に低下していた。一方で、CATVやコミュニティFMといったより狭いエリアを対象にしたメディアが新たなローカリティの担い手として登場するものの、当初のもくろみのようには進まず、圏内の少ない広告費と補助金で運営して、災害メディアとしての機能を中心にして自治体と一体になって運営をおこなっているという現状があった。

3 デジタル化――Ⅸ期（二〇〇〇―一一年）

二〇〇〇年に入ると、放送産業にデジタル化の波が押し寄せることになった。デジタル化とは具体的には、これまで国内でおこなってきた地上波のアナログ放送をデジタル放送に置き換えることを指す。放送のデジタル化には、採用する方式やデジタル化への移行方法で様々な可能性が模索されたが、日本では放送設備はもちろん、各家庭のテレビ受信機もデジタル対応テレビに置き換えることが決められ、周波数の再編も含めて国家的な事業として取り組んだ。この放送のデジタル化は、特にローカル放送にとっては大きな設備投資[106]が伴うため、地上デジタル化を乗り越えることが可能かという問題が各局で議論された。また、在京キー局の資本が入った衛星デジタル放送が先んじて開始されたことによって、これまで在京キー局の番組を地上波のネットワークを使って中継していたローカル局は、さらに危機感を強めた。そのため、ローカル番組の充実を図り、制作した番組を全国へ販売することに積極的になる局も現れるようになった。

一方で、一九九〇年代後半からのブロードバンド回線の急速な普及は、これまでの情報流通のあり方に対して大きなインパクトを与えた。ＩＳＤＮ、ＡＤＳＬ、そしてＦＴＴＨによる帯域幅の拡大は、テキスト情報程度のやりとりから高画質の動画のリアルタイム配信まで可能にして、技術的にはこれまで放送がおこなっていたことに類似するサービスを通信回線を使っておこなうことができるようになっていった。これによって、これまで議論されてきた県域の地上波放送やＣＡＴＶ、コミュニティＦＭのなかの放送のローカリティといった論議を再考する必要に迫られた。

また、たびたび議論されてきたローカル放送の危機といった問題も、広告費がインターネットへと流れていくなかでさらに現実味を帯びてくるようになった。このようなきわめて厳しい状況が続いたにもかかわらず、二〇一〇年代に入っても、特に地上波の県域ローカルテレビ局では一社も廃業に追い込まれたところはなかった。[107] 日本の放送局は護送船団の典型だとたびたび批判されるが、県内や中央資本と複雑に結び付いた経営母体のあり方が、よかれあしかれ、そのような結果を招いていると考えられる。本節では、特に〇〇年以降、既存のローカル局がデジタル化によってどのような環境の変化にさらされてきたのか、また、それを乗り越えるためにその存在の必要性がどのように強調されてきたのか、そして、ブロードバンド回線の普及や携帯電話網を利用したデータ通信の高速化、スマートフォンといった情報端末の利用拡大によって、ローカルメディアを取り巻く環境がどのように変化し、放送のローカリティをどのように変えたのかを述べる。

放送のデジタル化

地上波テレビ放送のデジタル化とローカル放送

一九九〇年代初頭、日本は、放送方式の世界的な競争のなかで画期的なハイビジョン技術の開発で先陣を切っていた。しかし、その後の国家的な放送方式の規格競争では、中心に躍り出ることができなかったという苦い経験をしている。[108] 日本が当初目指していたのは、既存のアナログ方式と互換性があるアナログ・ハイビジョン方式の普及だった。しかし、九〇年代の急速なデジタル化のなかでアナログ・ハイビジョン方式は標準化せず、国内の放送方式でも方向を急転換して地上デジタル・テレビ放送の方向性を固め、二〇〇三年に地上デジタル放送[109]を開始した。

日本での地上テレビ放送の完全デジタル化までの経緯を手短に振り返ると次のとおりである。一九九五年三月「マルチメディア時代における放送のあり方に関する懇談会」の最終報告書で、初めて地上放送のデジタル化の方針が二〇〇〇年代前半という導入スケジュールとともに打ち出された。一九九八年十月には、政府が地上放送のデジタル化計画を発表した。二〇〇一年六月八日の電波法改正を受けて、地上放送のデジタル化とアナログ放送の終了期限を一一年七月二十四日と決定した。続いて〇三年十二月一日には、三大都市圏で地上デジタル放送を開始して、順次、各都市でアナログ放送とのサイマル放送（同内容の番組での放送）で地上デジタル放送を開始していった。〇六年十二月一日には全都道府県で地上デジタル放送を開始して、一一年七月にはアナログ放送を終了した。

　国策とも表現されたこのような政府主導の完全デジタル化は、政府・総務省、電機メーカーや全国の放送局、そして一般視聴者を巻き込んで様々な議論がなされた。放送局側には、デジタル化への移行のため既存のアナログ放送の周波数をいったん別のアナログ周波数に置き換える「アナアナ変換」に多額のコストがかかることや、送信設備の買い替えだけでなく、伝送設備や番組制作機材の買い替えも必要になり、当初の見込みでは一社あたり五十億円、ＮＨＫと民放を合わせて一兆円必要とされること[110]が問題視され、財政的な支援[111]の必要性が叫ばれ続けた。そして、全国のテレビ視聴者は、デジタル受信機を購入するかアナログ機に取り付けるチューナーを入手しなければ停波後にテレビを見ることができなくなるため、国民に大きな負担を強いるといった批判もみられた[112]。

　特に経営体力が弱いローカル局に対しては、このような負担でつぶれかねないため様々な支援策が求められた。例えば、マスメディア集中排除原則の緩和によって、同一ブロック内で放送エリアが隣接している場合は、二局の合併や他局を完全子会社化することを可能にするといった方針が示され、これまでの地域性原則による資本制限を緩和して、外部資金を投入しやすくすることでローカル局への資金調達を可能にしようという考えである。もちろん、地域外の株主からの支配を受けやすくなるこの改革は、言論機関としての多元性を確保できなくなる恐れがあるため、慎重に検討がなされ、何度かの改正によってマスメディア集中排除原則は緩和された。

　このような多額な財政的負担をしてまで地上デジタル化を進めた背景には、経済波及効果が十年間で約二百十二兆円、雇用創出効果が、十年間で約七百十一万人と試算[113]されたこともある。しかし、放送のデジタル化は、既存の放送局側にとっても参入障壁を維持できるというメリットがあった。デジタル化されても、基本的にＩＰ網を利用しないデジタル放送は今後、国境を超えて競合他社がひしめくことになるＩＰ網を利用した動画サービスとは接続されず、これまで同様の地上波のネットワークを利用した新たなシステムによってそれ以前の構造を維持したまま移行できる。つまり、放送のデジタル化は、アナログ時代の全国ネットワークとそれによる産業構造を維持するために必要なものだったと考えることもできる。

衛星デジタル放送とローカル放送の危機感

一方で、地上波だけでなく衛星を利用した放送サービスでもデジタル化が進められた。そこではチャンネル数もそれまでのＮＨＫと民放一社から増加して、二〇〇〇年には民放キー局の資本によって複数の全国向け放送が開局した。鈴木健二は、衛星デジタル放送の開局[114]といった環境の変化によって、ローカル民放局が深刻な打撃を受けることを指摘している。

> 衛星デジタルが登場すると、コマーシャルが一千万世帯分ぐらい衛星に行き、ローカル民放に深刻な影響が出始める。（略）衛星デジタルの番組制作に結構お金がかかるので、ネットワーク維持のためのばらまき金は払い続けられなくなる。また、ローカル局の全国広告分が衛星に行ってしまう。（略）必然的にローカル民放は再編をせざるを得なくなるということで、これが「ローカル局炭焼き小屋論」と言われるものだ。[115]

鈴木はこの二〇〇〇年代の「ローカル局炭焼き小屋論」が、一九七〇年代から八〇年代と異なる点を三つ挙げている。第一は、在京キー局がＣＳ放送やＢＳ放送、そしてブロードバンドへと自ら進んで乗り出し、マルチメディアの覇者たらんとしている点、第二は、郵政省による放送対象地域の広域化といった規制緩和がおこなわれる点、第三は、系列化の整理とキー局依存の高まりで、地方局自身の体力が衰退した点であり、「炭焼き小屋」論がより現実化したとしている。その背景には、民放ローカル局の自主的な努力の問題もあるが、前述のように、郵政省がおこなった「民放四波化計画」[116]によってもともとマーケットが小さい県では放送局の体力が削がれ、また番組面では、系列の整理によってクロスネット局が減り、在京キー局への依存度が高くなったことがある。[117]

このようなローカル放送の危機的な状況に対して、元・中国放送社長の金井宏一郎は、東京一極集中化を防ぎ、地域での生活に必要不可欠な情報の流通を守るべきだとした「情報の地方分権」を次のように提唱した。

市民がふだん地元のテレビなどから当たり前のこととして得ている地域情報がいま、危機に瀕していることを訴えたい。ある地域の災害や事件、政治、経済、文化、スポーツ、環境、医療といった情報は、その地域の人々のライフラインであり、地域の諸活動を支えている。「情報の地方分権」とは、地域の人たちがどれだけ豊かにこの地域情報を得られるかということであり、前提として情報の送り手である地元のテレビ局や新聞社が健全で経営的にも安定した状態が必要である。[118]

金井は、当時の地方分権を放送局のあり方にも当てはめて、これまでの放送制度のあり方を批判して、地方局や地方紙の経営の安定化の必要性を訴えた。「地域情報は地域住民のライフライン」であり、その取材網や配信手段が地方からなくなってしまうことは「情報格差」につながるという金井の視点は、以前から強調されてきた放送のローカリティの主な論点ではある。だが、地方分権との類推で述べられていることは、ローカル放送の公共的な側面を強調している点で過去のものとは異なっている。

放送と通信の融合と規制緩和

そのような放送業界の動きのなかで、通信の世界ではＩＰ網を用いた放送と類似のサービスが次々と提供されるようになった。二〇〇一年、電気通信役務[119]を利用して放送することができる役務利用法が制定される。これによって登録制でＩＰ網を使った放送が可能になったのだが、伝送路の融合が進展している分野に限って導入される暫定的なものと位置づけられ、ネットワークのアクセスポイントの位置から地域的な制限や放送業界への影響を配慮した制度になった。

電波のエリアと違って、ＩＰ網は地域的な範域は意識させず、インターネットに接続されていて制限がかけられていなければ世界中どこからでもアクセスできる。そのため、既存の放送産業への影響を配慮し、当面はＣＡＴＶと同様に地域的な制限を設けて許されることになった。しかし、ＣＡＴＶでも地上波のエリアをまたいで民放の番組を再送信していた局もあり、新規参入者に対する不平等感があった。一方で、視聴者側でも、自宅で受信した番組をＩＰ網で再送信する装置を設置して、別のエリアから視聴する者も現れ、その装置を販売する業者と放送局の間で裁判が繰り返された。[120] いずれにしても、急速な技術的な変化と普及によって、これまで電波という空間性をもった資源をベースにして作られてきた放送制度や産業の様々なルールの抜本的な見直しが迫られるようになったのである。

このようななか、規制緩和を急速に進めていた小泉純一郎政権下の二〇〇五年、「通信・放送のあり方に関する懇談会」が総務省に設けられ、通信と放送の融合、連携実現へ向けた議論が活発になる。一方で、この時期はライブドアによるニッポン放送の買収劇に記憶されるような、ＩＴ企業による放送業への参入が試みられた。この背景には、この当時の放送産業がコンテンツ産業としてはもちろん、不動産や関連ビジネスを多く所有していて魅力的だったことがある。しかし、本書でも確認してきたように、民間放送は多様で複雑な資本関係が全国に広がって営まれている組織であり、買収に対しては非常に激しい反発があった。結果的にこの時期に複数なされたＩＴ企業による資本介入は、その後解消されることになった。しかし、これらの資本参入が広く社会を騒がせたことで、フジサンケイグループの資本関係にかぎらず、日本の民間放送の経営に対して厳しい目が向けられるようになった。例えば、〇四年に「読売新聞」の第三者名義による日本テレビ株の保有が問題化し、それを受けた調査[121]がおこなわれたところ、多くの局でマスメディア集中排除原則の制限を超えた出資がおこなわれていることとが発覚した。これを受けて〇五年に総務省は七十一社に対して行政指導をおこない、各社は対応に迫られた。かねてから集中排除原則が骨抜きであることはたびたび指摘されていたが、放送局の買収をめぐる騒動を引き金に問題になり、制度面も含めた見直しが求められるようになった。

このような状況下で、総務省は「融合／連携の遅れ、競争が不十分として、通信・放送の法体系を抜本的に見直すことが必要として、伝送・プラットフォーム・コンテンツといったレイヤー区分に対応した法体系とすべき」として、法制度の見直しをおこなった。二〇〇七年十二月に出された最終報告書によると、「①情報通信社会の構造変化への対応、②自由な事業展開可能な環境整備、③包括的な利用者保護対策、④規律内容の技術中立性の確保、⑤国際的整合性の確保、に対応したものである必要がある」とされ、「伝送インフラのデジタル化やIP化の広汎な普及によって、伝送インフラの通信・放送共用などが進展し、情報通信分野の産業構造は、コンテンツや伝送インフラのレイヤー毎にビジネスモデルやマーケットが構築され、その事業者間の競争がおこなわれる「横割り型」に変化している[122]」と、制度のレイヤー型[123]への方向性が示されている。そしてそのレイヤーは具体的には、電波を送信する「伝送設備」、他社の番組放送を請け負う「伝送サービス」、番組制作業務の「コンテンツ」に分けるものとした。

この改革案に対して、二〇〇八年二月から開かれた「通信・放送の総合的な法体系に関する検討委員会」の最大の焦点は、放送設備（インフラ）と番組（コンテンツ）への規制を分離して番組制作業務を「認定」することに置かれた。これに対して民放各社は激しく反発し、その結果、当初は通信・放送に関連する九本の法律をすべて廃止し、情報通信法によって通信と放送の融合したメディアの実態に即した規制体系にする方針だったものが、既存の局には手をつけず、新たに免許を交付する場合に限って水平分離することになった。その結果、〇七年四月に放送法改正案が成立した。認定持株会社制度の設立を認め、持ち株会社の出資比率を三分の一までとする条項などが盛り込まれ、フジテレビ、TBS、テレビ東京などが認定持株会社制を導入することになった。この改正案によって、TBSは認定持株会社になったことで、それまで楽天がTBSに仕掛けていた敵対的買収の決着がつき、株価をめぐって裁判になるものの一連の対決は終焉することになる。

その後も放送法の改正は続き、二〇一〇年十二月、改正放送法が可決・成立した。有線テレビジョン放送法（有テレ法）など四つあった放送関連法を放送法に統合して、放送事業者を設備事業者と番組制作事業者に分離できるようにした。また、ローカルテレビ局への出資制限の緩和もおこなった。

また、二〇〇九年八月三十日の衆議院議員総選挙によって、自民党から民主党へと政権交代がおこなわれると、民主党は「民主党政策 INDEX」のなかで、「通信・放送委員会（日本版ＦＣＣ）の設置」「通信・放送行政の改革」などの政策を取り上げた。この日本版ＦＣＣ構想(124)とも取れる政策は、「国家権力を監視する役割を持つ放送局を国家権力が監督するという矛盾を解消する」や「放送に対する国の恣意的な介入を排除」「事前規制から事後規制への転換」、そして「マスメディア集中排除原則」のあり方を検討するといったように、これまで日本の放送制度でたびたび議論されてきた問題の抜本的な解決を図ろうというものだった。その後、一二年十二月に自民党が政権に復帰してこの構想は頓挫したが、長らく大規模な改革がおこなわれなかった放送行政が政権交代によって問われるようになった点では意義があったという見方もある。

このような通信技術の発展と規制緩和の流れに伴う業界再編の動きは日本国内に限ったものではなく、アメリカでは一九九〇年代から起こっていて、日本からほぼ十年先行して進行していた。九三年、情報スーパーハイウエイ構想でビル・クリントンとアル・ゴアは全米情報基盤イニシアチブ（National Information Infrastructure：ＮＩＩ）、全米情報基盤行動アジェンダを表明して、その後の大幅なメディア所有規制緩和へのレールを敷いた。二〇〇三年、メディア集中に関する所有規制の見直しをＦＣＣのマイケル・パウエル委員長が決定して、放送規制に包括的な規制緩和をもたらした。特に全米テレビ局所有規制（ＮＴＳＯ）の緩和は、公共の利益確保の観点からも、ＦＣＣ、議会、放送産業、司法、市民を巻き込んだ論争の的になり、その規制緩和の方向性は転換を余儀なくされた。その結果、〇三年八月にローカリズム・イニシアチブが創設され、そのなかでローカリズム・タスク・フォースが設置されてローカリズム存続に向けた政策が推進される。〇八年一月には、「放送におけるローカリズムに関する規制制定案告知についての報告」で被免許者とローカルコミュニティ間のコミュニケーション、ローカルコミュニティの利益に資する番組の質と量などについて対応策が示された。

このようなアメリカの規制緩和の動きと日本での規制緩和の論議とを比較してみると、メディアの所有規制の見直しが日本ではほぼ五年から七年遅れて議論されてきたことがわかる。また日本で特徴的なのは、このような規制緩和に対してローカル放送局側から反対の意見がほとんど出てこなかったことである。このことは、規制緩和の目的が立ち行かなくなるローカル局へのやむをえない支援[125]であり、キー局とローカル局の結び付きが強い日本では、規制緩和はメディアの集中といった問題としては立ち上がらず、媒体価値として全国中継機能が維持できなくなることを避けるためのもので、そもそも「地域メディアを維持するためではない[126]」のである。そして、アメリカでは市民や市民団体といった存在がローカルメディアの論議に関係してくるのだが、日本ではそれがまるでみられないという差がある。

このように、通信技術の革新によって放送と通信の融合や放送再編の動きが世界的にも進むなか、固定化した日本の放送の見直しを求める声が上がる一方、一九六〇年代の臨時放送法制調査会の答申でみられたように、「日本の放送の実情を踏まえるべき」という指摘がたびたび繰り返されている。しかし、「日本の実情」とはどのようなものであるのか。日本のコミュニティやローカリティが変容したならば、フィリップ・M・ナポリが指摘しているように[127]、メディアの多様性とコミュニティの概念の変化に応じて、放送に関する制度の見直しを図っていく必要性が出てくるはずである。ローカリズムは地理的な意味でのコミュニティと密接に関連した概念だが、ナポリが指摘するようにインターネットの普及によって思考・価値観・民族などといった地理的条件によらないコミュニティが形成されつつある現在の社会では、ローカリズムの定義もまた変化するし、変化させていく必要がある[128]。これらの変化は、どの国でも文化的実情の埋め込まれた放送産業一般に起こるものであるとすれば、それはどのようなダイナミズムによるものなのか。これらに及ぼす変動を捉える理論的な枠組みについては考察する必要があるだろう。

形式化するローカル番組

前述のように、放送産業が構造的な変化にさらされるなか、番組を制作する現場ではインターネットを放送とどのように連携させたらいいのかという模索が続いていた。具体的には、動画配信も含めて様々な可能性が試される一方で、新規参入者に対する優位性を示すためにも、長年培ってきたノウハウや地元での信頼関係を生かしてローカル局としての存在価値を示すべく努力が重ねられた。

二〇〇〇年に民間放送キー局の関連会社などによって全国放送であるＢＳを利用したデジタル放送が開始されたと述べたが、そのことは地方局を刺激してローカル性の強化が自覚されることになった（前述の図20をみると、一九九四年には一日あたりのローカル局制作時間の平均が百十二分程度だったが、二〇〇一年には百四十分程度に増えている）。具体的に〇〇年以降を確認すると、様々なローカル新番組が登場している。

新たな試みとしては、インターネットを利用した視聴者参加番組や連動番組が生まれたのもこの時期である。番組のフォーマットでは、コストがかかるスタジオ制作の番組ではなく、小型カメラを利用してタレントが各地を回ってロケをおこなう番組が定着してくる。出演者は、地元のタレントやアナウンサーだけではなく、地元出身で東京でも活躍したタレントがローカル番組のレギュラーを再び務めるといったＵターンが多くみられる。

二〇一〇年頃は、独立局や大都市（札幌や福岡）の局のローカル番組が目立つが、それ以外の局ではレギュラーのローカルワイドニュース以外に、五分から十分のミニ番組が多数みられるという特徴があった。キー局が制作している番組の小型版といった中央のタレントの名前を冠した番組も多数存在し、ローカル性に対する局の姿勢がまちまちであることが見て取れる。また反対に、地方局が制作した全国向けの番組が生まれ、衛星放送で全国に放送されるというルートが生まれた。

このように、各局の制作能力や制作費には違いがあり一概に比較することはできないが、地元のタレントや全国区のタレントを招いた同様の番組フォーマットが多いといった特徴がみられた。これは、大手芸能事務所の全

表22　ローカル番組の概況（2000・05・10年）

2000年 （『2001年鑑』）	2000年12月1日、BS デジタル放送開始によって、地方テレビ局がそれまで言われてきた地域密着路線や制作力の向上が、より一層重要性を増した年でもあった。2000年秋改変では、前年に比べてローカル新番組が大幅に増えている。ポイントは、「番組制作力の向上」「地域情報の一層の強化」。 特徴 情報ベルトやニュース番組が強化。インターネットを利用した地域情報の発信。岩手めんこいテレビ『ピンクのしっぽ』では、インターネット、メール、i モードを使って地域や生活に密着した情報を集め放送。 琉球放送『DJ DEBUT FOR J-POP』番組では、オーディションを通じて明日のスターを目指す内容も。バラエティー番組でも地域密着を重視、23時台、24時台の番組は若者を対象に編成。映像の制作によって地域の情報発信を目指したもの。『テレビメーカー』（テレビ愛知）、『いわてファクトリー』（岩手放送） 全国へ発信するローカル番組 テレビ岩手は NTV 系列深夜枠『ZZZ』に参加（中山秀征とモーニング娘。）。北海道文化放送は、民放16社に音楽バラエティー『優香のミュージックプレミアム』を放送。
2005年 （『2006年鑑』）	ローカルニュースワイド、ニュース報道系番組の強化・見直し。視聴者の要望や疑問に応える番組、暮らしをテーマにした番組（テレビ神奈川）、夕方のネット番組の前後に情報・ニュース系の番組を新設。午前帯でもびわ湖放送とテレビ山口が月曜日から金曜日の情報ベルト番組を新設。ブロックネット東北6局＋新潟、九州6局など。情報バラエティー番組を拡充。深夜帯を中心とした若者向けの番組で、視聴者の要望や疑問に応えるものが増えた。『スレビー』（岡山放送）は、自社のウェブサイトに書き込まれた視聴者の意見や提案に応える。 暮らしをテーマにした地域情報番組 『湘南』（テレビ神奈川）、『蛍ちゃんの北海道移住計画』（北海道文化放送）。東北楽天イーグルス誕生によって仙台ではスポーツ番組が登場。 ブロックネット番組 『TV イーハトーブ』（東北6県のテレビ朝日系列）で、各地の魅力を伝えていく。『週刊ことばマガジン』（東北＋新潟）で、地元の方言にまつわる物語や背景を探っていく。九州では、様々な夫婦の幸せの形を紹介する『はぁと日和』は九州6局が参加。 その他 『Catch Your Dream』（テレビ北海道）は、自分の夢に向かって頑張る北海道在住の若者を紹介。『ら・ふぁん――がんばっている人を応援します』（岩手めんこいテレビ）は県内のスポーツ・文化・料理など様々な分野で「頑張っている人」をクローズアップ。ブログや携帯サイトなどと連動した番組。
2010年 （『2011年鑑』）	終戦65年関連番組、阪神・淡路大震災16年、秋田大潟村・モデル農村の40年、黒部川ダム排砂問題、平日午前は11時台に情報番組を拡充。土日

	の午前には、地域情報番組が多く登場。『週末仕掛け人、ヤマナシプロデュース』（山梨放送）は、週末の山梨を楽しく過ごすための情報番組。『情報チャージ　知りため！』（テレビ新広島）は、広島の1週間をまとめて伝える。『がっこ茶っこTV』（秋田テレビ）は、60歳以上を対象にした放送。『美女動画』（北海道テレビ放送）。『平成ノブシコブシのヨルオシ！』（共同制作：日本テレビ系列〔東名阪をのぞく〕）を中心にした28局が、地元出身のアスリートに密着したミニドキュメンタリー『躍動は、美しさへ。』をスタート。独立Ｕ局の「東名阪ネット6」の『方言彼女。』は“方言を話す女の子はカワイイ!!”をコンセプトに、方言講座や方言サミットなどのコーナーを盛り込んだ。午後の週一番組としては、『甲州戦記サクライザー』（山梨放送）はご当地ヒーローもの。 週末番組 サンテレビジョン『週末ココいこっ！おっ！サンなび』は「Twitter」などを活用し、視聴者との双方向性にこだわる生番組。『シアワセ気分！』（西日本放送）はエリア内の様々な街を訪れ、グルメや旅情報などを伝える。

（出典：2000年から10年の日本民間放送連盟編『日本民間放送年鑑』〔コーケン出版〕から一部抜粋・要約）

国展開といった外的要因もあるが、作り手側にも既存の形式を変えるリスクをとるよりも名が知れたタレントを使用したほうが無難だという判断があったと考えられる。前述のように、ローカル局の経営状況が厳しいなかで、ローカル番組の効率化の影響が番組に及んでいると断定することはできないものの、放送された番組の形式化がみられる。

インターネットのローカリティ

ローカル放送のインターネット利用

放送局は、インターネットが普及する初期の段階では放送と競合すると考えインターネットを警戒し、一部を除いて積極的な姿勢をみせてはいなかったが、インターネットによる様々なサービスの急速な拡大やライブドア事件以後の放送局の経営環境の整備が進むなかで、インターネット上での取り組みに力を徐々に入れるようになっていった。当初、地方局は自社のウェブサイトを立ち上げ、本放送へと誘導するための場と位置づけていたが、二〇一〇年を過ぎた頃から「YouTube」といった動画共有サイトが普及するようになると、大手動画共有サイトに自社のアカウントを作って本放送の一部やオフショットを配信し、インターネットを通したアクセスに対しても積極的になっていった。

そのようななかで、地方の放送局の報道がインターネットで話題になり、全国的に注目されるといった現象もみられるようになった。これは、ローカル局がキー局を介さなくてもインターネットでの発信で、全国的に認知されうるということを示していた。地域情報やローカルニュースを当事者がインターネットで全国へ直接発信できることは、ニュースバリューが大きければエリアを無関係に直接送り届けることができるということを示す。そのことは、エリアごとにすみ分けられてきた放送ネットワークの秩序から、徐々にではあるが解き放たれてきたことを意味している。

インターネットを利用した動画共有・配信の普及

一方で、この時期、インターネットを利用した通信事業による放送と類似したサービスが誕生し、存在感を徐々に増していった。もちろん、技術革新によるこのような新たなサービスは二〇〇〇年代以前から存在はしていた。インターネットという仕組みを利用すれば、場所や時間を気にせずにやりとりができる。放送サービスが利用してきたような送信・受信設備を使わなくとも、同様もしくはそれ以上の仕組みが誕生して普及するのは時間の問題ではないかと考えられた。

ここで、インターネットでの動画利用の発展史を手短に振り返っておこう。初期の段階では、動画をインターネットで視聴するためにFTP（File Transfer Protocol）で転送するか、ファイル共有ソフトなどを利用する必要があった。日本では一九九八年頃から共有サイトを通して動画をやりとりするようになるのだが、データ量の重さから利用者は限られていた。二〇〇五年頃から「YouTube」といった動画共有サイトが誕生し、ブラウザ上で共有や視聴が可能になる一方、それらをほかのインターネットユーザーと共有することが容易になった。日本では〇六年に「ニコニコ動画」が誕生し、「Twitter」などのSNS（Social Networking Service〔会員制交流サイト〕）の普及もあって、動画共有を利用するユーザーが劇的に増加した。このようなユーザー同士がおこなう動画共有に対して、動画を扱う業者がインターネットを介して動画を配信するビジネスも立ち上がるようになる。

ただし、権利処理の手続きがインターネットを利用した場合に複雑であるだけでなく、映画・テレビ産業とのコンテンツ利用をめぐる調整が繰り返され、普及が加速するのは一〇年以降だった。

このような流れのなか、既存の放送メディアの最大の特徴でもあったリアルタイム視聴と同様のサービスも、インターネットで始まった。具体的には、二〇〇七年に「Ustream」「Justin.tv」、日本では「ニコニコ生放送」といった動画の生配信のサービスが開始され、新たな動画メディアとして注目を浴びた。特に一一年三月十一日の東日本大震災の発生時やその後の福島第一原子力発電所をめぐる様々な報道の過程で、フリージャーナリストやインディペンデントな放送局が現場から生中継をおこない、既存の放送メディアとは違った角度で動画を配信した。

インターネットを利用した様々な放送類似サービスの興盛は、既存の放送事業者や制度のあり方に見直しを迫るムードを生み出したが、放送産業の動きはインターネットの進展の度合いに比べてゆるやかだった。民放テレビキー局による見逃し番組の配信や同時放送（サイマル）の取り組みの可能性も模索されたが、前述のように音楽や出演者の権利処理の手続きの複雑さや、既存のエリアごとの広告収入への影響に対する配慮もあって、一部の熱意ある取り組み[129]もあったが難しいものだった。特に、基本的に免許がいらないインターネット上での配信サービスを使って、既存の放送局が既存の番組を配信する際にこれまでの放送制度との関係をどのように整理すべきかが問題になった（本節内の項「放送と通信の融合と規制緩和」を参照）。

放送エリアに準じた県域ラジオの同時配信

インターネットを利用したラジオ放送の取り組みは、ローカル各局でも比較的早くからおこなわれていた。地元のサッカーチームの試合の生配信をおこなったSBS静岡放送（二〇〇四年八月）、Appleの「Podcast」を利用した番組配信をおこなったIBC岩手放送がよく知られている。IBC岩手放送は、番組の一コーナーやローカルニュースを配信したとされる。[130]しかし、権利処理の複雑さだけではなく、ビジネスとして成立するかがみえ

表23　2010年以降の基幹放送局に関連した主なインターネット配信サービス

年月	主なインターネット配信
2010年3月	radiko 開始（ラジオ放送） 大阪放送局、仮放送開始（6月1日） 名古屋放送局、試験放送開始（6月23日）
2011年1月	LISMO WAVE 開始（FM 放送）（2019年9月30日終了）
2011年9月	NHK らじる★らじる開始（NHK のラジオ放送）
2011年12月	ドコデモ FM 開始（FM 放送）（2021年2月28日終了）
2014年4月	radiko プレミアム（エリアフリー）開始
2015年10月	TVer（民放のテレビ放送）
2016年10月	radiko タイムフリー聴取機能開始
2020年4月	NHK プラス（NHK のテレビ放送）

ないことから各局が単独での本放送の同時配信に二の足を踏んでいた。そのような状況を打開するため、二〇一〇年三月、在京民放ラジオ七局、在阪民放ラジオ六局、電通は、インターネットを通じて既存のラジオ放送をサイマル配信する「IPサイマルラジオ（radiko）[131]」の試験サービスを開始した。テレビ放送に比べて産業規模が比較的小さいラジオ放送だったから可能になったことではあったが、地上波ネットワークからIP網への置き換えの可能性が示されたことは画期的だった。このサービスの注目すべき点は、ユーザーがアクセスしている地域を接続情報から取得[132]し、地域制限をかけてサービスを提供していることである。例えば、大阪エリアで「radiko.jp」に接続した場合は大阪のラジオ局だけ聴取でき、関東エリアでは関東のラジオ局だけ聴取できる。このように放送エリアに準じた地域制限をかけることで、既存の放送サービスをCMも含めてそのまま配信[133]する仕組みを整えた。一四年四月からは加盟局を全国どこからでも聞くことができる有料サービス「radikoプレミアム」（エリアフリー）を開始し、利用料を支払った聴取者に対しては地域制限なしで全国のローカルラジオ局を聴取できるというサービスを提供した。さらに一六年十月十一日から、最大七日前までに放送された番組を再生できる「タイムフリー聴取」機能を開始した。これによって、聞き逃した番組をその後一週間は聞くことができる環境になった。このようなエリア制限を前提とした「radiko」に対して、NTT DoCoMoやauといった通信事業者の回線を利用したスマートフォン向けに限ってではあるが、エリア制限をかけない配信サービスも登場した。「LISMO-WAVE」「ドコデモFM」がそれで、主にJFN系列のFM局の番組がスマートフォン向けのアプリをインストールすれば聴くことができるよう

になった。このような民放各社の動きに対応するように、ＮＨＫラジオも一一年九月に『らじる★らじる』をスタートした。当初、ローカル番組は配信されていなかったが、一三年五月二十七日から仙台、大阪、名古屋のローカル番組をエリア制限なしで配信した。

　インターネットの利点でもある空間と時間の制限からの解放性はラジオ放送で試されることになった。基本的には放送エリアに準じた制限を付与しておき、有料サービスなどで機能制限を解除することで収益を上げるという方法は、既存の産業構造に対する影響を減らすことに貢献し、また、全国のローカル局を説得することに役立ったとも考えられる。さらに、地下鉄構内といった電波が入りづらい難聴取地帯での受信を可能にするだけでなく、スマートフォンといった情報端末にアプリケーションをインストールするだけで専用受信機がなくともラジオを聴くことができるのは、聴取者を増やしたいと考えていた放送局にとっても都合がいいものだった。一方で、エリアを意識しないインターネットの利用者からみれば、無料とはいえ地域制限をかけられることに対する不満もあったが、インターネットを介してクリアな音声が聞けるメリットがあった。

コミュニティＦＭのインターネットによる同時配信

　県域ラジオ放送のＩＰサイマル放送に対して、市町村といったより狭いエリアを対象としたコミュニティＦＭでもインターネットを利用した再送信が開始された。具体的には、二〇一二年五月一日、日本コミュニティ放送協会（ＪＣＢＡ）は、全国のコミュニティ放送局十八局による「ＪＣＢＡインターネットサイマルラジオ」（同時配信をおこなうウェブサイト）をスタートさせた。その後、参加局は増加して、一七年現在、この総合サイトへ参加しているコミュニティ放送局は九十六局[134]であるという。前述の「radiko」のサービスと比較すると、地域制限を設けていないことが注目に値する。また再配信される内容も、基本的にコミュニティＦＭで放送されている番組と同内容だが、配信するのは自社制作番組だけで「J-WAVE」などの中継番組や一部の番組は配信しておらず、その時間はＢＧＭが繰り返し流されるといった対応になっている。

「radiko」は主に県域放送局によるサービスであり、広告収入で運営しているのに対して、コミュニティＦＭは前述のように広告収入が少ないうえに、地方自治体によるサポートが多くみられることから、広告のエリア間の調整が問題とされにくいことが考えられるが、そもそも電波が届くエリア自体が狭いため、ネット上でエリアを超えて少しでも多くの聴取者に聴いてもらうメリットが大きいという判断があったのだろう。さらに、「radiko」のような地域制限を利用したシステムを導入する費用も、規模が小さなコミュニティ放送局にとっては負担になるという事情もある。

　このようなことから、コミュニティ放送局が地上波を用いて基幹放送局として存続していくことによる縛りも多く、合理的ではないという判断が出てきても不思議ではない。すなわち、利用している周波数を返納してインターネットだけを利用したサービスへ移行したほうがメリットがあるのではないかと考える局が出てきてもおかしくはなかった。実際に、阪神・淡路大震災をきっかけに注目を集めた神戸のコミュニティ放送局であるＦＭわいわいは、二〇一六年三月末でＦＭ放送事業を終了しインターネットによる情報配信事業に切り替えた。具体的には、放送局のウェブサイトで聴くことができるうえに、スマートフォンのインターネットラジオアプリで聴くことができる。このようなアプリは各放送局が作成しているわけではなく、「TuneIn」[135]といったインターネット配信をおこなうプラットフォーム企業が開発したもので、そのサービスにローカル局の放送が登録されている。自ら電波を保有し、基幹放送事業者として送信設備を使って運営するよりもずっと低コストで放送をおこなうことができるうえ、内容規制の面でも、放送事業のように番組審議委員会を設置するといった手間も必要とはしないため、フットワークが軽い番組運営が可能になる。災害時には地上波を利用した放送のほうが強靭ではあるのだが、常時はインターネットで放送をおこない、非常時は臨時災害ＦＭ局に切り替えて地上波放送をおこなうという方法もあり、放送局の規模に合わせて通信のサービスを利用し、放送サービスとのバランスをコスト面も考慮しながら調整して運営していくことが求められている。

コミュニティ＝地域からの解放

コミュニティ放送局のインターネット局への移行では、聴取エリアという制限が取り払われたというだけでなく、その放送局の運営方針やアイデンティティがあらためて問われることにもなった。すなわち、電波を利用していた場合は聴取者はその電波が届くエリア内に限られていたため、おのずとそのエリアや地域の人に向けた番組を編成せざるをえなかった。そのエリアの聴取者の側も、県域や全国の放送局では求められない機能、例えば地域に特化した情報を伝えることやその地域内でのコミュニケーションを促進する活動を期待する。一方で、エリア制限がないインターネットを利用することになったコミュニティ放送は、必ずしもコミュニティ＝地域と考えなくてもいいということになり、受け手である聴取者は望めばどこにいてもアクセスすることができるし、送り手である放送局も、固定された場所から配信しなくてもいい。特に近年、人口流動性の高まりによって、居住地と勤務地が遠く離れているケースや生活空間と消費空間が重ならない生活スタイルがみられるなかで、場所の捉え方が複雑になってきている。そのようななかで、コミュニティ局がどのコミュニティにターゲットを絞って放送をおこなうのかが問われるようになった。もちろん、このような状況でもあえて地域と強く結び付いて根を張るコミュニティ放送の重要性も、地域性や防災や減災といった公共性の観点から語られることが多いが、これまでのような場所と直接結び付いた放送のあり方だけではないことを、インターネットを利用した放送局は顕在化させた。一方で、前述のようにインターネット上では様々なネット配信サービスが登場していて、聴取者側からみれば居住地のコミュニティ放送をあえてインターネットで聴く必要性が感じられなければ、全く聴かないということにもなりかねない。また、これまで多くのコミュニティ放送局が連携してきた各自治体も、ウェブサイトを立ち上げて自ら情報発信をおこなうようになった。そのため、自治体からの情報が必要な場面ではネットで検索して自治体のページから詳細に情報が得られる。コミュニティ放送で取り扱うべき地域情報の種類やその重心の置き方も変化せざるをえないといえる。

インターネットによってエリアを超えるローカル局の活動

ローカル局の報道活動や番組制作は、主にエリア内で視聴できる住民に向けた面があったのだが、ローカル局がウェブサイトを開設し、また音声や映像を一部配信するようになると、エリアを超えて影響を与えるという、これまで生じなかったようなことが起きる。例えば、二〇一一年七月三日、東日本大震災後に松本龍復興担当大臣が被災地である宮城県庁を訪れた際、県知事が出迎えなかったことを無礼だとして叱りつけた。このとき現場に居合わせた記者たちに向かって、「いまの言葉はオフレコです。いいですか、みなさん、絶対書いたらその社は終わりだから」と発言した。この一部始終を、地元の東北放送（TBC）が同日のローカルニュースでそのまま報じた。この動画はインターネット上で拡散され、全国のユーザーから批判が相次いだ。その後、他社も相次いで報じたために全国的な問題へと発展し、その結果、松本大臣は七月五日に辞表を提出して辞任した。

図22　松本龍復興相の言動を報じたニュース
（出典：『TBC NEWS』東北放送、2011年7月3日）

この事例は、ネットワークを介した全国放送を利用しなくても、ニュースバリューがあれば全国的な問題としてインターネット上で拡散され、全国ニュースと同様の影響が与えられることを示している。インターネットが普及していなかった時代にはローカル内でとどまっていたはずのニュースが容易に拡散されうるようになったことは、ローカル局の作り手にとってはローカルな問題も全国的なものとして扱えるという可能性を示している。反対にいえば、どのような素材であっても地域内でだけとどめておくことは難しいということにもなる。この事例は知事・大臣・記者が同席した場で起きた事件だったが、多くの関係者が同席できる場での出来事だったならば記者以外の誰かがインターネット上で発信するということもあるだろう。公開性がより求められるようになればなるほど、既存の報道機関だけではなく、多くの発信者によって様々な意図をもって発信され、地域を超えて共有されるのである。そのような状況のなかで、ローカル放送局に求められ、またほかのメディアや一般の多くの発信者では担いきれない領域とは何かということになるのだが、地域に立脚して地域住民やその代表者が多く関わっていることを前提とすれば、地域社会での公共的な機能がローカル放送に求められるはずである。確かに、インターネットによる様々なサービスを利用すれば地域関連情報の多くは入手できる。しかし、地域住民のすべてが等しくそれらの情報を入手できるかというと、収集できる人とできない人での差は生じてくる。これは情報格差として認識されるものだが、それを埋めるためのサービスを担う場として、地域の放送局を公共的な機関として位置づけようということになる。一方で、地域内の議会の監視も含めたジャーナリズム的な側面から、公共的な機関であっても行政や政治からの独立性が求められている。これは本来、放送局自身が求めるべきである。しかし、このようなジャーナリズム機関としての役割は現在のところ、既存の県域局の経営規模でないと果たすことが難しい。コミュニティ放送の規模では現実はむしろ逆で、多くが行政からの支援で運営されている。そのため、コミュニティ放送への予算削減の理由として行政側がむしろ独立性を高めるべきと強調するようになっている。理想的には、放送局に対してお金は出すが口は出さないというのが公共メディアへの出資に求められるものだが、現実的には資本の独立性もさることながら、コミュニティ放送では実際のジャーナリズム活動も専門的なスタッフが十分確保できないといった問題もはらんでいる。運営を援助している自治体[136]も放送局自身も、放送というメディアのあり方を十分に認識して運営する必要がある。

まとめ

ここまでの議論で、一九六〇年代から二〇一一年までの日本の放送のローカリティは、放送・通信技術の革新の影響や地域社会の変容を受けて、前提にしてきた諸条件が大きく変化し、その機能や果たすべき役割も揺さぶられてきたことがみえてきた。一九六〇年代には、マスメディアとしてのテレビ放送の影響力が高まるなかで、本来地域ごとに免許が交付されたローカル局のローカル番組の少なさが指摘されるようになった。公害に代表されるような地域社会が抱える当時の問題が噴出したことで、ローカル放送のあり方が真剣に問われローカル番組の重要性が強調されるようになった。七〇年代には、各地で充実が図られたローカルワイド番組に対して、ニュー・ローカリズムと名づけられたようにローカル局の自助努力の必要性が強調されたことが特徴だった。これは、中央の情報を流通させて地方の近代化を推し進めることに寄与することが、ローカル放送による地域貢献であるというそれまでの立場から、近代化や産業化を反省して地域社会を見直そうという立場への変容を意味した。

そのようななかでも、地方都市発の政治運動とも連動していた「地域主義」や「地方の時代」は、住民とメディアによる主体的な運動といった点で、それまでの論争を乗り越えようとしたものだった。一九八〇年代には、民放ローカル局が複数化して在京キー局への系列化が進行し、財政的にも中央の広告主やキー局への依存が高まるにつれて、ローカル局はその存在意義を強調する必要があった。九〇年代にかけては、衛星放送や都市型ケーブルテレビ、コミュニティFMといった、これまで既存のローカル局が担ってきた機能を代替しかねないメディアが登場して、ローカル局自体の存在価値を疑う「ローカル局炭焼き小屋論」と呼ばれるような悲観論が多く登場するようになった。これは、既存の放送産業側からすれば、技術革新によってマーケットを奪われることに対する危機感の現れであり、受け手側や新規参入者からすれば、放送のローカリティの機能が多元化していく可能性を意味していた。九〇年代に入ると、それ以前のような経済の拡大を基調とする議論は変化し、県域のローカル局で生き残るための模索が常におこなわれるようになった。地域貢献＝地域経済の活性化を担う機能がローカルメディアにより求められるようになる一方で、災害対応や防災といった公共的な機能との結び付きが災害をきっかけに強化されるようになった。さらに二〇〇〇年代になると、民放キー局が出資したBSデジタル放送の開局やインターネットを利用した類似メディアの登場によって、これまで以上に既存の地上波のあり方が問われた。

特に地上デジタル化による財政的負担が問題視され、ローカル放送局を保護する側面からの議論が活発化した。「情報の地方分権化」論でみられるような、公共物としてのローカル放送といった論点が強調され、財政的な支援や保護政策を求める議論がなされた。一方、番組に目を向ければ、地域経済が低迷するなか、観光を軸に活性化しようという地元経済と歩調を合わせるように、これまでの地域内へ向けた放送サービスから転換して、外に向けた地域文化の発信、イベントの主催などの活動にローカル局が力を注ぐようになっていった。

このようにみると、一九七〇年代から八〇年代にかけてが、ローカル放送局のあり方やローカル番組に求められるものが大きく変容した時期だったことがわかる。戦後、当然視されていた近代化に対する認識が七〇年代に転換したこと、そして、地域経済の発展期を経て、九〇年代にローカルなものが相対化して外に向けた番組制作に可能性を見いだそうとすると同時に、災害に関する機能がローカル放送に強く求められるようになったことを見て取ることができる。

注

(1) ルイス・ワースのアーバニズム論によれば、都市とは、人口量、人口密度、住民の社会的な異質性を基準に農村と都市とを連続的な量的差異として捉え、この三要素が相対的に大きい集落を都市と規定できる。そしてワースは、都市住民に典型的にみられる生活様式をアーバニズムと名づけ、地域住民の生活様式がこのアーバニズムに接近する過程を「都市化」と呼んだ(細谷昂/樋口晟子編著『見える現代――社会学の眼』〔イアス叢書〕、アカデミア出版会、一九九一年、一八八ページ)。

(2) 日本放送協会編『NHK年鑑 一九六二年』日本放送出版協会、一九六二年

(3) 日本民間放送連盟編『日本民間放送年鑑1966』旺文社、一九六六年、五〇一ページ

(4)「朝日新聞」(東京版)一九六四年五月三十日付

（5）同紙

（6）大宅は一九五七年の「週刊東京」で、「テレビにいたっては、紙芝居同様、いや、紙芝居以下の白痴番組が毎日ずらりと並んでいる。ラジオ、テレビというもっとも進歩したマス・コミ機関によって〝一億白痴化〟運動が展開されているといってもよい」と鋭く批判した（大宅壮一「あげて〝お貸し下げ〟時代」「週刊東京」第三巻第一号、東京新聞社、一九五七年、二三ページ）。

（7）この法案はのちに廃案になった。

（8）前掲『臨時放送関係法制調査会答申書』九〇―九一ページ

（9）同書九〇―九一ページ

（10）前掲『臨時放送関係法制調査会答申書 資料編』二八三ページ

（11）一八九九年、長野県小諸市出身。一九二四年、逓信省入省。四六年に官選で静岡県知事、懇意の佐藤栄作の誘いを受け五〇年に民主自由党入党。五二年に電波監理審議委員、五三年には参議院選挙で静岡地方区から立候補して当選。五六年に自民党入りし、第二次池田勇人内閣で厚生大臣、六五年十二月の第三次佐藤栄作内閣で郵政大臣（一九六七年七月二十八日まで）になった。

（12）前掲「放送局免許をめぐる一本化調整とその帰結」六ページ

（13）同論文六ページ

（14）同論文一六ページ

（15）系列については第1章「放送のローカリティへのアプローチ」を参照。

（16）クロスネットとは、特定の局からだけではなく、複数の局から番組の供給を受けてネットワークに入っている状態をいう。

（17）逢坂巌『日本政治とメディア――テレビの登場からネット時代まで』（中公新書）、中央公論新社、二〇一四年、九五ページ

（18）「静岡、長野、富山、石川、佐賀の五局を完全系列局として迎え、残るところでも二、三系列相乗りながら、番組の多さでリードし、TBSと並ぶ全国ネットワークへと飛躍した」（山下隆一『マスメディアの過保護を斬る！――

政官と握った男たち』アルフ出版、二〇〇四年、一八六ページ）

（19）昼間は主婦や商店向けに、夜間は若者向けといったように、聴取者を絞る戦略のこと。

（20）ラジオのメディアとしての特徴については、前掲『ラジオの歴史』が詳しい。

（21）前掲『放送五十年史』七二二ページ

（22）同書七二二ページ

（23）第3章「日本型の放送のローカリティの形成」第2節を参照。

（24）一九七三年十二月二十日、TBSと「読売新聞」「朝日新聞」「毎日新聞」の各首脳が覚書を交わし、「読売新聞」と「朝日新聞」がもつ東京放送株は「毎日新聞」へ譲渡されることになり、翌七四年二月二十五日に実施される。このため四月からテレビ『読売・朝日・毎日3社ニュース』枠は『毎日新聞ニュース』だけになるが、ラジオの定時ニュースタイトルは『TBSニュース』に変更。編集権は東京放送側に完全に移った。五月三十日、毎日新聞社と東京放送は両社社長連名で相互の協力関係と独自性の尊重を謳った覚書を締結。七四年十一月十九日、大阪四社のネット切り替えの記者会見がおこなわれた。そして七五年四月一日、大阪のネットワーク切り替え（腸捻転解消）が実施される。

（25）前掲『ドキュメント放送戦後史Ⅰ』三四九ページ

（26）同書三四九ページ

（27）『RABニュースレーダー』は、一九七〇年に朝の帯番組としてスタートした（一九七七年四月からは十八時台に移転）。もともと、これ以前に、日本テレビからネットしていた番組が『おはよう！こどもショー』（一九六五―八〇年）だったが、NHKの『七時のニュース』（一九七二年―）とそれに続く『スタジオ102』（一九六五―八〇年）に押されて視聴率も低迷し、営業収入も悪かったため、ローカルワイドニュースを導入した。その後視聴率も上がり収入も増加したことから、他局もそれに追従して全国的な現象へと発展していったとされる。青森放送の小沼靖社長は、「地方のあらゆる復権と自立が叫ばれている現在では、地域のアッピール機関として、地方放送局のもつ役割を再認識せざるをえなくなった」と述べている。一方、青森放送の歴史として、「免許申請の際、他県の事業主〔現・東北放送：引用者注〕との競願があったために、自分たちの県に、自分たちの手で、自分たちの行政、自分たちの生活をより良くするための協力的電波媒体を誕生させようという県民意識または地域意識が期せずして燃えたち、県民が率先して、郵政省への波状陳情等を繰り返し、ついに獲得した放送局であった」(小沼靖「県民参加の自主番組」、玉野井芳郎/清成忠男/中村尚司共編『地域主義――新しい思潮への理論と実践の試み』所収、学陽書房、一九七八年、一六四ページ)とも述べ、県民による放送局の設立の過程が、ローカルワイドニュースへ率先して取り組んだエネルギーへとつながったとしている。これは、設立経緯がローカル番組の取り組みに与えた影響を考えるうえで重要である。

(28)「朝日新聞」一九七一年六月二十二日付

(29)同紙

(30)山形での事例は、第5章「県域免許をめぐる放送の従属と独立」を参照。

(31)VJはビデオ・ジョッキーの略で、音楽のディスク・ジョッキーのような出演者が音楽の映像を紹介する形式のことをいう。

(32)前掲「テレビ番組におけるローカリティの研究」

(33)このデータを使用して、一九七〇年、七五年、七九年だけを抜き出してグラフを作成した。自主制作ではない劇映画などの調達番組と十五分未満のローカル番組は省き、平日のベルト、土曜、日曜ごとに分析した。

(34)前掲「テレビ番組におけるローカリティの研究」

(35)系列局になっていない広域圏の独立局は、この編成とは違い、十九時台のゴールデンタイムにもローカル枠をもっている局もあり異なる様相を示している。

(36)具体的には、関東広域圏ではテレビ神奈川、テレビ埼玉、千葉テレビなどのテレビ局である。

(37)VHF(1―12チャンネル)の周波数帯で始まったテレビ放送は、チャンネルの増加とともにUHF帯(13―62チャンネル)も利用されるようになり、後発のテレビ局の多くはUHF帯で開局した。前掲「テレビ番組におけるローカリティの研究」では、先発のVHF帯を利用した局とUHF帯域を利用した局でのローカル放送時間を比較していて、前者が後者よりもローカル番組の放送時間が多いことを示した。

(38)NHKがローカル放送をおこなうことの妥当性について、荘宏の前掲『放送制度論のために』二一五ページは、

「地域的放送は放送の重要部門であるが、（略）放送による国民の利益を最大ならしめんとの政策をとるからには、ロ一カルサービスについてもまず以てNHKを利用し、これにその実施を命ずることが至当である。一般放送事業者でできるからといって、直ちにNHKを排除してしまうことは、この道理を見過ごすことになる」とNHKの優位性を根拠に述べている。

(39) 前掲「NHK地域放送の編成はどう変わってきたか」二一ページによれば、この計画で求められた一九六七年度の地域放送時間の達成目標が一日一時間三十分だったが、実際には前年の六六年度に一時間三十四分と県庁所在地局の平均で目標を達成していたという。その内訳は、朝に週五本十五分の地域番組が拡充され、昼十三時からの二十分番組、夜二十二時三十分からの三十分番組、それ以外にも定時五分のニュース・天気予報の枠数本が編成されていた。六三年度の段階では一日一時間八分だったことからも、NHKでテレビローカル番組の拡充が六〇年代に進んだことがわかる。

(40) 日放労史編纂委員会編集『日放労史』（日本放送労働組合、一九八一年）八一ページによれば、東京オリンピックの設備投資によって地方局の施設が充実していたために、それが可能だったという。

(41) 前掲『臨時放送関係法制調査会答申書』九〇ページ

(42) 前掲「放送と地域性」二八―三二ページ

(43) 同論文二八―三二ページ

(44) アメリカのグラスルーツ・デモクラシーを基礎に置き、政治的・社会的な機能体組織としての地域社会と、日本の地域社会に残存する共同体組織を対比して述べている。

(45) 前掲「放送と地域性」二八―三二ページ

(46) 和久明生、NHK広島。同論文二九ページ

(47) 青井和夫、東京大学助教授。同論文二九ページ

(48) 辻村明「放送と地域性（2）」「放送文化」一九六五年十一月号、日本放送出版協会、二八―三二ページ

(49) 奥田道大「地域社会とマス・コミ」、千葉雄次郎編『マス・コミュニケーション要論』（有斐閣双書）所収、有斐閣、一九六八年、一二五ページ

(50) 広瀬純「TV——ニュー・ローカリズムの波」、前掲『地域主義』所収、一八四ページ
(51) 青木貞伸は、「今日すぐれた地域情報番組を制作している局は、いずれも過去に、ドキュメンタリー分野で華々しい実績を持っている。つまり、テーマの発見や地域ジャーナリズムを支えるものは、ドキュメンタリーであり、しょせんはドキュメンタリストの目ではないのか」(読売テレビ放送編「YTV Report」第九十七号、読売テレビ放送、一九七五年、五二ページ)と述べ、ワイドショー、ワイドニュースの前提には、地道なドキュメンタリーの制作が先行していたとする説を述べている。
(52) 中野収「ジャーナリズムの終焉とマスコミ機能の変換」「月刊マスコミ批評」一九七五年五月号、マスコミ評論社、九二—九七ページ
(53) 中野収「変換するジャーナリズム機能」、日本民間放送連盟編「月刊民放」一九七五年八月号、日本民間放送連盟、二一ページ
(54) 同論文二二ページ
(55) 中野らは、前掲「YTV Report」第九十六号で、「民放経営の基本原理——計量的理性の確立以外に何があるのか」という長大な論文を書いている。
(56) 青木貞伸/中野収「ニュー・ローカリズムvsラジカル・ローカリズム」「放送文化」一九七七年八月号、日本放送出版協会
(57) 玉野井芳郎『地域分権の思想』(東経選書)、東洋経済新報社、一九七七年、七ページ
(58) 「諸列強の包囲する近代日本にあって地方分権主義が国民国家の形成や民族的統一を守ってゆく上に採用しがたかったし、それはそれなりの歴史的肯定性を求めうる」と述べている。
(59) 前掲「「地域主義」とは何か」四—七ページ
(60) NHKのローカリティ研究、日本テレビなど三局による地域差研究、「ローカル新聞全国調査」などがおこなわれた。日本テレビの地域差研究は、比較地域論に立った流れに大阪文化論・オオサカロジ論が展開されていった。田村の前掲「「地域主義」とは何か」によれば、「地域差」論は住民運動のなかから生まれた「地域エゴ」論によって次第にかすんでいったという。そして、「地域エゴ」同士の矛盾は、これを比較考量する上位権力の介入をもたらすこと

になり、それはとりもなおさず中央集権化への道を再び切り開くことになった。そして「地域主義」は、この袋小路のなかから生まれたのだという。

(61) 田村紀雄『地域メディア時代――コミュニティ情報をどうとらえるか』(ダイヤモンド現代選書)、ダイヤモンド社、一九七九年、六二―六三ページ

(62) 長洲一二『地方の時代と自治体革新』日本評論社、一九八〇年、四ページ

(63) 前掲『地域ジャーナリズム』七一ページ

(64) 市村元「序として――地域からこの国を問う」、「地方の時代」映像祭実行委員会編『映像が語る「地方の時代」30年』所収、岩波書店、二〇一〇年、一ページ

(65) 同書一ページ

(66) 放送文化基金編『地方の時代と放送――放送文化基金・研究報告から』放送文化基金、一九八一年

(67) 同書一九四ページ

(68) 音好宏「〈地方の時代〉映像祭のこれから」、前掲『映像が語る「地方の時代」30年』所収、一六七ページ

(69)「地方の時代」はその後も継続される。二〇〇一年には、川崎市市民ミュージアムでの開催を終了するが、一年のブランクを置いて〇三年からは川崎市の東京国際大学で開催、そして〇七年からは関西に場所を移し吹田市の関西大学で開催されている。

(70) 松平恒／中森謹重／須藤春夫／服部孝章『多メディア状況を読む』大月書店、一九九二年、一三六ページ

(71) 情報産業の地方立地をもくろむ諸政策、あるいはニューメディアを先行的に普及させ、それによって地域振興を図ろうというもの(前掲『地域情報化』八三ページ)。

(72) 川本裕司『ニューメディア「誤算」の構造』リベルタ出版、二〇〇七年、一一九ページ

(73) 情報を畳み込む技術である。デジタル化技術の進展によって、多様で大量の情報が通信回線を通じてやりとりができるようになった。

(74) アルビン・トフラーは、脱産業社会としての情報社会を招来する社会変動を「第三の波」と名づけ、農業革命、産業革命に次ぐ第三の革命とした。アルビン・トフラー『第三の波』徳山二郎／鈴木健次／桜井元雄訳、日本放送出版

協会、一九八〇年
(75) 前掲『地域情報化』八四ページ
(76) 同書八五ページ
(77) このような地域情報化をめぐる政策乱立の背景には、一九八五年の電電公社の民営化や電気通信市場の自由化(この時期は、情報分野で日本市場への参入をもくろんでいたアメリカの業界と政府によって、対日要求が強まっていた)によって、これまですみ分けられていた省庁や業界間で領域で重なる部分が生じて、省庁間で予算の奪い合いが起きたこともある。この根底には、これ以前のアナログによる電波を利用した通信手段からデジタルによるより広帯域な通信手段への技術的な発展があるのだが、そのような技術の急速な発展と電気通信市場の自由化の波によって、これ以後、ローカル放送のあり方や放送のローカリティの理念の見直しが迫られた。
(78) 前掲『日本の地方CATV』七ページ
(79) 同書七ページ
(80) 前掲「日本におけるコミュニティFMの構造と市民化モデル」二ページ
(81) 郵政省放送行政局監修『公共性からみた放送』ぎょうせい、一九九〇年
(82) 前掲『日本のコミュニティ放送』一九ページ
(83) 総務省「放送を巡る諸課題に関する検討会(第五回)配付資料5—2『コミュニティ放送の現状』(事務局資料)」二〇一六年二月二十四日
(84) 前掲『日本のコミュニティ放送』三〇ページ
(85)「阪神淡路大震災で災害時の有効性と重要性が認められ(略)多文化・多言語放送の実現するFMわいわいが一九九六年に誕生した」(金山智子編著『コミュニティ・メディア――コミュニティFMが地域をつなぐ』慶應義塾大学出版会、二〇〇七年、二九ページ)
(86) 前掲「放送を巡る諸課題に関する検討会(第五回)配付資料5—2『コミュニティ放送の現状』(事務局資料)」
(87) 東日本大震災時に開局した臨時災害FM局については市村元「東日本大震災後27局誕生した「臨時災害放送局」の現状と課題」(地域社会と情報環境研究班編『日本の地域社会とメディア』〔研究双書〕所収、関西大学経済・政治研

究所、二〇一二年）に詳しい。
(88) 金山智子「制度的プレッシャーの視座からみる防災の役割」、前掲『日本のコミュニティ放送』所収、一五ページ
(89) 松浦は、海外では不十分ながら基金や助成などを用意してきたと述べ、日本のコミュニティ放送を「日本型」コミュニティ放送と呼んで区別している（前掲『日本のコミュニティ放送』iiページ）
(90) 鈴木健二『地方テレビ局は生き残れるか――デジタル化で揺らぐ「集中排除原則」』日本評論社、二〇〇四年、一六ページ
(91) 筬島専／吉見憲二／関野康治／樋口喜昭／深澤輝彦「県域放送制度の課題――関東広域圏における群馬県の事例を中心に」「GITS/GITI Research Bulletin」二〇〇八・二〇〇九年号、早稲田大学大学院国際情報通信研究科・国際情報通信研究センター、一六八ページ
(92) 同論文
(93)「放送普及基本計画」一九八八年十月一日
(94) 放送系の数とは、民間放送で放送が可能な系列の数のことである。
(95) 村上聖一「放送局免許をめぐる一本化調整とその帰結――裁量行政の変遷と残された影響」、前掲「放送研究と調査」第六十三巻第八号、一五ページ。一九九一年三月に、現在の「東京MXテレビ」の一本化調整をめぐり百五十九社が申請をおこなった。郵政省はこれに対して一本化を求めたが、一社が反対。それ以外の百五十八社が一本化した一社に対して予備免許を付与し、反対の一社は免許が拒否された。しかし、反対した一社はその後、異議申し立てをおこなったが九五年十二月に棄却された。判決が一本化調整の妥当性を追認したことは判決の実務上の意義が大きく、また長年問われ続けてきた放送行政のあり方そのものに一石を投じているとされている（井上禎男「公法判例研究(三) 東京地区UHF民間テレビジョン放送局開設免許の拒否処分に対してなされた異議申立て棄却決定の取消請求事件――東京14チャンネル開局一本化調整判決（東京高判平成十年五月二十八日）」「九州大学法政学会・法政研究」第六十八巻第二号、九州大学法政学会、二〇〇一年）。
(96) 購入番組を自社制作時間に含めない。
(97) 前掲「NHK地域放送の編成はどう変わってきたか」

(98)村上の前掲「NHK地域放送の編成はどう変わってきたか」三一ページに、「二〇〇六年度の国内放送の番組編集基本計画において、地域放送において「全国一律」ではない判断が求められた結果、二〇〇六年度の平日十七時台の編成は地域放送局によってまちまちになった」とある。

(99)藤村忠寿/菅中雄一郎「カタチだけの地域密着はもういらない――北海道テレビ放送 藤村忠寿氏」、NHK放送文化研究所編「放送研究と調査」第五十七巻第十二号、日本放送出版協会、二〇〇七年、三七ページ

(100)前掲「カタチだけの地域密着はもういらない」四二ページ

(101)青木貞伸「特集 問われる地域ジャーナリズム「東京」と「地方」、どちらが情報過疎か」、日本民間放送連盟編「月刊民放」一九八八年十二月号、日本民間放送連盟、二四―二六ページ

(102)「東北博(仙台港)を盛り上げた正宗ブームと視聴率」一九八八年(https://www.videor.co.jp/digestplus/tv/2017/04/2052.html)[二〇一九年三月一日アクセス]

(103)日本政策投資銀行北陸支店「大河ドラマを活かした観光活性化策――持続的な観光需要の創出に向けて」日本政策投資銀行、二〇〇〇年、一一ページ

(104)前掲「東北博(仙台港)を盛り上げた正宗ブームと視聴率」一一ページ

(105)前掲「民放ネットワークをめぐる議論の変遷」によれば、キー局が制作した番組をそのまま流したほうが経営的な安定につながっていると述べて、キー局が番組と一緒にローカル局に電波料を渡していることによってローカル局に発言権を維持できるが、その半面、ネットワークを維持するためにコストを払わなければならない構造になっていると指摘している。

(106)前掲『地方テレビ局は生き残れるか』二七ページの調査で、秋田放送の役員によれば五十五局ある中継局のうち必要最低限の局をデジタル化すると三十七億円かかるとして、経常利益が二・四億円程度の地方局からすれば「天文学的数字」だと述べている。

(107)二〇一〇年代に入って、ラジオ局には、経営が成り立たず閉局、あるいは譲渡したケースがいくつかみられるようになった。

(108)この日米の規格化の争いの経緯は、ジョエル・ブリンクリー『デジタルテレビ日米戦争――国家と業界のエゴが

「世界標準」を生む構図』（浜野保樹／服部桂訳、アスキー・メディアワークス、二〇〇一年）が論じている。

(109) アメリカ方式のATSC（一九九八年放送開始）、ヨーロッパ方式のDVB―T（一九九八年放送開始）とは違ったISDB―T方式によってデジタル放送をおこなうこととした。

(110) 河内明子「地上放送デジタル化の費用負担をめぐって」「調査と情報」第四百十二号、国立国会図書館調査および立法考査局、二〇〇三年、八ページ

(111) アナアナ変換への国費投入の財源として電波利用料が当てられているが、この徴収元の多くは、移動体通信の利用料に含まれるものだったため問題とされた。

(112) 鬼木甫／本間清史「アナログテレビ放送停止（停波）の経済分析」大阪学院大学（http://www.osaka-gu.ac.jp/php/fumihom/Kenkyu/Kyodo/oniki/noframe/download3/200711ai.pdf）［二〇〇八年七月二十五日アクセス］

(113) 前掲「地上放送デジタル化の費用負担をめぐって」一一ページ

(114) BSデジタル放送は、二〇〇〇年十二月一日にNHKと民放キー局の関連会社によって開始された。

(115) 前掲『地方テレビ局は生き残れるか』一五ページ

(116) この政策で一九八九年以降に開局した地方局は二十三局に達した。「地方局を増やせという声は、与党・自民党に強く、地元の陳情を受けた国会議員が郵政省に相当の圧力をかけた」（同書四三ページ）という。

(117) 同書一五ページ

(118) 金井宏一郎「デジタル化と情報の地方分権」「朝日新聞」（大阪版）一九九八年九月十日付

(119) 電気通信を利用して提供されるサービスのこと。

(120) インターネットを利用する遠隔地視聴サービス（まねきTV事件とロクラクⅡ事件）をめぐる裁判については以下が詳しい。大滝均「インターネットを利用する遠隔地テレビ視聴サービスを巡る二つの最高裁判決――「まねきTV事件」と「ロクラクⅡ事件」」、日本弁理士会広報センター会誌編集部編「パテント」第六十四巻第八号、日本弁理士会、二〇一一年

(121) 「民間放送が誕生して以来、この第三者名義による出資問題とマスメディア集中排除原則問題は幾度かの規制緩和を経ながらも、古くて新しい問題」であり、「全民間放送事業者に対して大掛かりな一斉調査が平時に実施されたこ

とは、おそらく前例のないことであった」という（編集部「第三者名義株式の保有、全容解明へ――総務省、全民放521社に昨年末要請」、放送ジャーナル編集部編「月刊放送ジャーナル――ミニコミとマスコミの総合誌」二〇〇五年一月号、放送ジャーナル社）。

（122）総務省「通信・放送の総合的な法体系に関する研究会 最終報告書」（http://www.soumu.go.jp/menu_news/s-news/2007/071206_2.html）［二〇〇九年十二月三十一日アクセス］

（123）情報産業の変化として、それまでの垂直に統合されたタテの構造からヨコへの構造転換であり、そのようなネットワーク分業の変化に対応したレイヤー型の制度のことである。詳細は西村吉雄『情報産業論――ネットワーク時代の産業構造』（放送大学教育振興会、二〇〇〇年。改訂版は二〇〇四年）を参照。

（124）「民主党政策集 INDEX2009」［http://archive.dpj.or.jp/policy/manifesto/seisaku2009/img/INDEX2009.pdf］［二〇〇九年十二月十九日アクセス］の「郵政事業・情報通信・放送」では、「通信・放送行政を総務省から切り離し、独立性の高い独立行政委員会として通信・放送委員会（日本版ＦＣＣ）を設置し、通信・放送行政を移します。これにより、国家権力を監視する役割を持つ放送局を国家権力が監督するという矛盾を解消するとともに、放送に対する国の恣意的な介入を排除します。／また、技術の進展を阻害しないよう通信・放送分野の規制部門を同じ独立行政委員会に移し、事前規制から事後規制への転換を図ります。／さらに、通信・放送の融合や連携サービスの発展による国民の利益の向上、そしてわが国の情報通信技術（ＩＣＴ）産業の国際展開を図るため、現行の情報通信にかかる法体系や規制のあり方などを抜本的に見直していきます」としている。

（125）市村元「テレビの未来――地方局の視点から」、日本マス・コミュニケーション学会編「マス・コミュニケーション研究」第六十三巻、日本マス・コミュニケーション学会、二〇〇三年、八八ページ

（126）同論文八八ページ

（127）Philip M. Napoli, *Foundations of Communications Policy: Principles and Process in the Regulation of Electronic Media*, Hampton Press, 2001, pp. 373-374.

（128）前掲「2003年のメディア所有規制の緩和とローカリズムの確保」

（129）日本テレビは、ビデオオンデマンドである「第二日本テレビ」を二〇〇五年十月から開始し、土屋敏男プロデュー

サーを編集長として、地上波では見られない番組制作が試された。
(130) 関谷道雄「インターネット配信時代のラジオ――その歴史と広域化の流れ」、NHK放送文化研究所編「放送研究と調査」二〇一三年十一月号、日本放送出版協会、六九ページ
(131)「radiko」の源流として、二〇〇七年にIBC岩手放送が開発した「kikeru ツールバー」(J-WAVE、TBSラジオ、ニッポン放送、ラジオ NIKKEI、電通)、大阪の「RADIKO」(朝日放送、毎日放送、ラジオ大阪、FM大阪、FM802、FM COCOLO) があった (前掲「インターネット配信時代のラジオ」七〇ページ)。
(132) この判定はユーザーが接続するIPアドレスでなされている。
(133) 正時の時報は、配信の遅延時間があるため、消して配信している。
(134) 独自にサイマル放送をおこなう局も含めると、二百四十局のコミュニティ放送局がインターネットで同時放送をおこなっている。
(135)「TuneIn Radio」はラジオ放送などをネット配信するウェブサービスで、二〇〇二年にアメリカで設立。ヨーロッパ各国や日本などの多くのラジオ局の配信を手がけている。
(136) 市村は、臨時災害放送局の取材に基づき、自治体によっては「臨時災害放送は〝自治体のお知らせ〟を防災無線や広報誌に代わって住民に知らせるもの、それ以上は必要ない」という考え方があると述べている (市村元「東日本大震災後27局誕生した「臨時災害放送局」の現状と課題」、前掲『日本の地域社会とメディア』所収、一三三ページ)。

第5章　県域免許をめぐる放送の従属と独立

　ここまでみてきたように、戦後、新たに制定された日本の放送制度でローカリズムの理念が求められたが、制度面でも実際の取り組みでもその理念は十分に実現されないまま、日本の放送のローカリティは変容してきた。制度や運用でローカリティを実現できるかは、日本の放送を民主化して自律的な放送組織にするという理念を、戦後の日本社会がどう受け止めてきたのかに関わる問題でもあった。戦前から通底する地方と中央の関係や、政治・経済に関わる風土性、そして行政や組織体の慣習までが影響を与えながら、日本型の放送のローカリティを生み出してきた。前章までは、放送のローカリティを通時的に分析するため、全国の放送を対象として総括的に述べてきた。本章では、具体的な事例をいくつか取り上げながら、総括的な分析ではみえてこない放送のローカリティをめぐる事象について分析を試みる。特に、地域での放送の担い手を決定づける免許の一本化に際して、地域の内部、また外部の関与者が、どのような調整をおこなってきたのか、公共性が求められる放送企業のあり方を地域の放送局はどのように認識していたのかをみていく。そのなかでみえてくるのが、都道府県を単位とした免許行政の優位性である。元来、放送のローカリティの理念では都道府県単位という分割ではなく、地域住民のまとまりがある地域に対して免許が与えられるべきだった。しかし、中央の免許行政当局、新聞社を中心とした地元産業、地元選出の国会議員の政治的な権力構造が絡み合い、免許利権の分配といった様相を呈してくると、決定権を握る中央権力が支配的になり、地域権力は従属していった。このような事例は、特に都道府県内で、政治的・経済的・地理的に分割されているような地域で激しい対立がみられた。このような対立の事例を詳細に分析することによって、日本の地域社会でのローカル放送に共通した特徴が浮き彫りになるだろう。その特徴は、放送のローカリティの理念からみた場合に、現在に通底する多くの問題を含んでいる可能性があるのである。

本章では、静岡県、長野県、福島県を取り上げ、この地域を対象にした先行研究に基づいて分析をおこなう。次に放送の地域内独占が指摘されていた山形県については、筆者がおこなったインタビューに基づいて詳細に分析する。

1　放送組織の地域的特徴

民間放送の免許手続きでは、規制当局が示した各地での放送局の局数などがまず明らかにされ、開局を望む者がそれに対して申請をおこなう。複数者が申請すれば、当然競願になるが、この過程で具体的にどのような申請者が免許を受けるのかに関しては、その当時の免許行政当局の方針によるところであった。すなわち、ローカル放送の担い手の地域的な特徴は、免許行政当局が描いたビジョン(1)を少なからず反映しているといえる。事例分析に入る前に、戦後の民間放送設立時の免許方針の特徴についてまとめておこう。

- 一九五〇年十二月時点で一地域一民放の置局方針が示された。
- 当初は、行政当局に大幅な裁量の余地を与える免許審査基準だった。
- 一本化調整によって各地で複数の出願者が調整された。
- 一局目は地方紙が自治体や地元財界と協力して設立する方式が一般化した。

・一定の資本所有規制は設けられたが、地方紙と民放の密接な関係は維持された。
・一九六〇年代前半までは、一つの県にＮＨＫと民放一局という秩序があった。

その後、各地域で複数の局が誕生してキー局との系列化が進行することになるまでの間、民放はおおむね一県一局だったために地域内で独占的であり、その結果、多くのテレビ番組を供給する側の在京キー局との関係でローカル局は優位な立場だったといえる。このことから、初期の民放ローカル局に限っては、キー局などの中央資本に対して比較的に自立性が高かったとみることができる。一方では、そもそも戦前の一県一紙統制で県内では独占的な地位を占めていた地方紙が、ラジオ、次いでテレビと複数のメディアを所有したことによって、地域内でみればメディアの独占と情報の集中化をもたらしたともいえる。[2]

このように自立性が高いことは、半面で情報の独占や集中化を生むことになるが、そのデメリットを排除するために、免許を複数に与えて多元性を確保しようとすると、市場競争にさらされ、体力が弱い地方局は中央資本や在京キー局の介入を許すことになりかねない。そのため、規制によって参入障壁を設け、ある程度の地域独占を許すことでローカル局の弱い経営基盤を維持させるというのが、当初の地域免許に対する方針だった。しかし、一九九〇年以降、多くのローカル局はキー局＝全国紙のネットワークに飲み込まれていった。

このような過程のなかで、放送免許をめぐって、地元資本のローカル局がキー局との経営的な駆け引きの場面でどの程度自立的に振る舞ったのか、またはどのように取り込まれたのかを詳細にみることで、その地域の経済的・政治的な特質や関与者の存在がみえてくるはずである。そして、それらはおおむね非公式に影響力が行使されてきたのであり、特に日本の放送規制を考慮するうえでは欠かすことができないと考える。[3]

これまで確認してきたように、中央による地方支配の構造は、戦後の民主化を妨げる仕組みとしてたびたび指摘されてきたにもかかわらず、利益誘導型の政治システムによって戦後も駆動してきたといえる。そのなかで、民間のローカル放送の免許獲得の過程やその地域の政治風土を分析することで、中央の権力に対する独立性の度合いを知ることができる一方、県域内での独占性を許すといった問題をどれだけ抱え込んでいたかがわかる。こうした独占性のため、この県域免許という制度が政治的に利用されてきた側面があった。民主的な手続きで免許が付与されることを理想とした放送のローカリティの理念に照らしてみれば、この県域免許という制度自体が問題をはらんでいたのではないだろうか。次に、いくつかの具体事例をみながらその問題点を明らかにしよう。

2　テレビジョン免許をめぐる紛争の事例

各県で開局して営まれてきた放送局の歴史を一様に捉えることは難しい。割り当てられた放送局の免許をめぐって、各県内で様々な関係者が複雑な影響を与えている。特にその調整は常に水面下でおこなわれているため、分析の対象になりづらい。しかし、林茂樹が述べているように、戦後の民放開局をめぐる勢力争いは、放送事業の展開過程のなかに具体化されている。[4] まず、民間放送の免許が与えられる際に、各地で非公式にとられてきた一本化調整の実態について、いくつかの県でおこなわれてきた実証的な研究を確認する。特に、県紙と地域紙との関わり、また各地域の商工会議所や自治体に注目し、勢力争いの実態から地域間の特徴を確認する。これによって、おおむね県域を範囲とする放送のエリア設定が、県内の各地域の申請者間で申請するエリアについての不一致を起こしながらも県域エリアに押し込まれてきたこと、そして、そのことが全国紙や在京キー局といった中央の資本を必要とする理由につながっていることをみていきたい。

ここで取り上げる県は、静岡県、長野県、福島県である。いずれも、県内の地域間の誘致争いが県内外の株主と結び付き、県をエリアとした放送免許のあり方をめぐって紛争が起きている。

静岡県——「読売新聞」と「朝日新聞」による調整が生んだ静岡モデル

静岡県は、東西に百五十五キロと広く、県中部に位置して県庁所在地である静岡市と、県西部に位置して人口は最大であり多くの企業が立地する浜松市という二つの政令指定都市を有した県である。美ノ谷和成は、放送産業組織論によるアプローチから、静岡県を事例に地上波民放テレビ局の設立過程を分析している。(5) 美ノ谷の調査から、県内の民放テレビ局の免許交付時の、特に県内の免許申請者の動静を中心にまとめてみよう。

まず、静岡新聞社を中心にして一九五二年十一月一日にラジオ静岡（現・静岡放送）が設立される。このラジオ静岡は、翌年の五三年九月に免許の申請をおこなったが、これとは別に、産業経済新聞社が後ろ盾になって地元財界人を発起人とする静岡テレビジョン放送が申請したため、両者の間で激しい免許獲得合戦が展開された。このような状況下で、五七年十月二十四日、郵政大臣の田中角栄が両代表に対して予備免許の内示をした。その内示によれば、ラジオ静岡を主体として、競願相手の静岡テレビジョン放送は資本と役員が参加して一本化されれば予備免許を与えるという条件だった。交渉は難航したが、五八年二月二十日に田中大臣の裁定によってラジオ静岡にテレビ予備免許が下りた。ラジオ静岡の代表取締役は静岡新聞社の代表取締役社長が兼務している状態だったため、付帯条件の具体的な状況を満たすための兼務の変更を余儀なくされた。このように静岡のテレビ一局目は、地元県紙の静岡新聞社と全国紙の産業経済新聞社との争奪戦になった。

静岡での二局目のテレビ局の開局過程は、さらに複雑だった。一九六二年、静岡県電器小売商業組合、同電器卸商組合、県内電機メーカーの三者が中心になって民放テレビ局誘致運動を展開したが、この運動は結実しなかった。しかし、前者に県中小企業団体中央会、県広報協会、県文化協会、県環境協会、県町村会、県商工連合会、県青年団体連絡協議会、家庭電気文化協会を加えて、合計九団体で六六年五月十二日に静岡県民放テレビ局誘致連盟を結成。同連盟は、国会や郵政省など各界関係者にテレビ局の許可を陳情した。郵政省は六七年に静岡を含む十一地域でＵＨＦ局を新たに認めた。郵政省は静岡県知事である竹山祐太郎に、競願者の統合・一本化工作を

表24　静岡県第3局をめぐる競願グループ

浜松	静岡
商工業界（浜松商工会議所） 「朝日新聞」「中日新聞」 「日経新聞」	農業・漁業業者（県農協中央会） 「読売新聞」 「静岡新聞」

（出典：美ノ谷和成『放送メディアの送り手研究』学文社、1998年）

依頼したという。これを受けて竹山知事は、六七年九月に競願者の発起人と「朝日新聞」「毎日新聞」「読売新聞」の各社に、調整一本化についての協力要請を依頼する。竹山知事は、まず川井健太郎静岡鉄道社長を中心に一本化することを考えて同社長に調停を依頼した。川井は産経新聞社の水野成夫率いるフジテレビ・産経新聞社を中心に一本化するようにはたらきかけたという。産経新聞社の水野は静岡県小笠郡浜岡町の出身で、六〇年十一月から静岡鉄道の取締役も兼職していた。この過程で、「産経新聞」グループと「朝日新聞」「毎日新聞」「読売新聞」の各社のグループの利害が対立することになった。川井による調停での最終案では八社が免許申請を取り下げて一本化して、「朝日新聞」「毎日新聞」「読売新聞」を含む七社に関しては郵政省が保留、六八年十一月にテレビ静岡として開局した。このように二局目をめぐっては、産経新聞社と「朝日新聞」「毎日新聞」「読売新聞」の全国紙同士の争奪戦になったのである。

　ここまでは、県紙である「静岡新聞」、そして全国紙同士の争奪戦であり、地元内の対立はあまり表には出てきていない。しかし、三局目・四局目をめぐっては、県内の地域間や全国紙と結び付いた申請者によって争奪戦が繰り広げられた。美ノ谷は、静岡の三局目の設立過程を「わが国の地上波・テレビ・ネットワーク形成過程で展開された激しいネット局の争奪戦の典型」[6]だと述べている。まず、一九六三年六月に「朝日新聞」「毎日新聞」「読売新聞」の放送担当者が合同で郵政大臣にテレビ静岡の免許の経緯について説明し、チャンネルの割り当てを要望する。この時点で三者の利害関係はまだ顕在化していなかったが、七三年十月十九日に静岡地域がUHF局第八次割当地域として決定してからは、二百六十者に達していたといわれる申請者が、商工業界を中心とする浜松地区と、農業・漁業の業者を中心とする静岡地区に大きく分けられる。この二つのグループに各新聞社が結合して、二つの大きな競願者グループが結成された。

　両グループは対立して統合・一本化の調整は難航し、一九七六年一月十六日に郵政大臣が県知事を招いて正式に調停を依頼する。その結果、ようやく七八年七月一日に静岡県民放送（現・静岡朝日放送）が誕生するのである。

この事例のポイントは、「民放テレビ3局目をめぐる争いは、朝日・西部地区（浜松市）グループと、読売・中部地区（静岡市）グループの対立状況のもとで展開され、この過程で、それぞれの勢力が免許の獲得を有利にするため、ダミー（身代わり）を使って申請合戦を繰り広げた」[7]ことである。特に県庁所在地ではない浜松市の申請者は、人口や経済規模でも県庁所在地の静岡市に匹敵することから、テレビ局の本社と演奏所[8]を浜松に設置することを求めて運動を展開していた。浜松は浜松高等工業学校でテレビの父といわれる高柳健次郎がテレビ実験を成功させた地でもあり、浜松でのテレビ局開局が悲願だったのである。しかし実際は、「朝日新聞」と「読売新聞」の代理闘争にほかならず、全国紙側からみれば本社がどこにできるかという問題は二次的なものだった。最終的に三局目を獲得した「朝日新聞」は、テレビ局設立の過程で浜松市の申請者の悲願を見放し、静岡市に本社と演奏所を置くことにするのである。[9]実は、三局目の免許をめぐる利害調整の裏で、四局目の免許を許可する心証を郵政省が「朝日新聞」と「読売新聞」に与えたとされる。つまり、四局目を早期に与えることをにおわせ、実質的に三局目、四局目をセットで考えることで、二者間の紛争を早期に解決させることにしたのである。このような静岡での三局目、四局目をめぐる免許の与え方は、静岡方式として他県でも踏襲されていったという。[10]この静岡の事例では、三局目をめぐって県内の二地区の間の争いが噴出したが、結局は地元の利害よりも中央の利害が幅を利かせ、優先されていったのである。

長野県——テレビ第三局をめぐる長野市と松本市の対立と本社と演奏所の分離

続いて長野県の民放テレビ局の開局についてみていこう。本州で四番目に広い長野県は、周囲に高い山並みが連なり、いくつかの盆地に分かれている。江戸後期には十二の藩のほか天領や寺社領などに分割されていて、県域としてはまとまりがなく、北信（長野エリア）、東信（上小・佐久エリア）、中信（大北・松本・木曽エリア）、南信（諏訪・上伊那・飯伊エリア）の四つに分かれる。特に善光寺の門前町で明治以降に県庁が置かれた長野市と、江戸時代には最大の都市だった松本市は、様々な場面でその対立が表面化している。民放テレビ第三局の免許争奪戦でもその所在地に関して対立したとされ、その背景には静岡と同様に「読売新聞」と「朝日新聞」との争いがあったとされている[11]。

長野地区のテレビ第三局の免許方針は、一九六七年、郵政省がＵＨＦテレビ基幹局の置局計画を発表した際に明らかにされたもので、放送局数の地域的格差の是正、地方民放局の複数化政策に基づく地方民放テレビ三局併存化計画の一環であるとされた。静岡・新潟地区とともに長野地区は七三年の第八次チャンネルプランで基幹局に準じる地域として電波が割り当てられた。この免許をめぐる被免許人の選定は、県行政の主導で進められ競願の一本化によって処理された。競願申請をめぐっては、「朝日新聞」と「読売新聞」との対立、第三局の所在地を松本市にするか長野市にするかをめぐる利害対立が設立を遅延させる要因になり、加えて地元代議士が両系列に分かれたことが事態を一層政治化したという[12]。最終的に、「読売新聞」と「朝日新聞」の両グループの対立は、両者が対等の持ち株で参加し、キー局からのネットワークも日本テレビとテレビ朝日の混合ネットとすることで決着をみて、本社を松本市としたテレビ信州が八〇年十月一日に開局の運びになったのである。

その後、静岡と同様に、第四局の開局（一九九〇年）によって、それぞれが単独ネット系列局を得ることになった。テレビ信州は日本テレビ系列、第四局の長野朝日放送はテレビ朝日系列になり、長野県は民放四局体制になったのである。

東京大学新聞研究所によれば、所在地をめぐる対立に内包された問題について、申請一本化の最終段階で、松本市の発起人勢から第三局の本社・主演奏所を松本市に誘致する強い要望が出されるなど、「南・北信の対立と均衡という長野県固有の事情があった[13]」という。実はこれにも前史があり、一九五三年六月、県内初の民放である信越放送の申請の際に、主として南信地方の知名人百二十余人を発起人として、松本市に本社を置く信越放送の設立が対抗的に申請された経緯があり、放送免許をめぐって長年の悲願だったことがうかがえる。このようにして、県庁所在地ではない松本市を本社としたテレビ局が誕生したのである。
しかし、テレビ信州は、二〇〇七年には本社機能を長野市に移した。長年の悲願だったテレビ局の松本市への誘致にもかかわらず、なぜ本社を県庁所在地に戻したのだろうか。篠島専らのグループは、一〇年に長野県内のメディア企業にインタビュー調査をおこなった。そのときのインタビューで、テレビ信州はこの理由を次のように答えている。

経済的理由と効率の問題から本社を長野に移し会社機能を統一した。中央官庁や大企業の支社が県庁所在地に集中するので、どうしても取り上げる素材は長野が多くなってしまう。本社移転は松本方面の株主、スポンサーなどの関係者がやむをえないと好意的に判断してくれた。その辺は長い間やってきたものが評価されたと信じている。(14)

また、この三局目の設立にあたって多数の申請が一本化される際に、県が主導的な役割を果たしていることについての問題も指摘している。すなわち、一本化はもっぱら県行政レベルの主導のもとに、地元主要企業申請者の談合を核に調停が進められ、この局の主要な役員を県行政の枢要な人材が占めることになったのだという。郵政省から県への権限の移譲に関して、東京大学新聞研究所は、「住民の選択にゆだねるという意味であれば分権と自治を意味し、積極的な意味を持ちえるが、利権がらみの談合方式での調整一本化における県の主導は、放送免許における行政の不在、恣意的行政、便宜主義以外の何ものでもない(15)」と厳しく批判している。

福島県——二強地方紙と二大経済圏の存在

福島県は北海道、岩手県に次いで全国で三番目に大きな面積をもつ県であり、放送局はローカルニュースの取材体制や放送エリアの面で、多くの困難や問題を抱えている。東北地方の最南端に位置し、広大な面積を占める

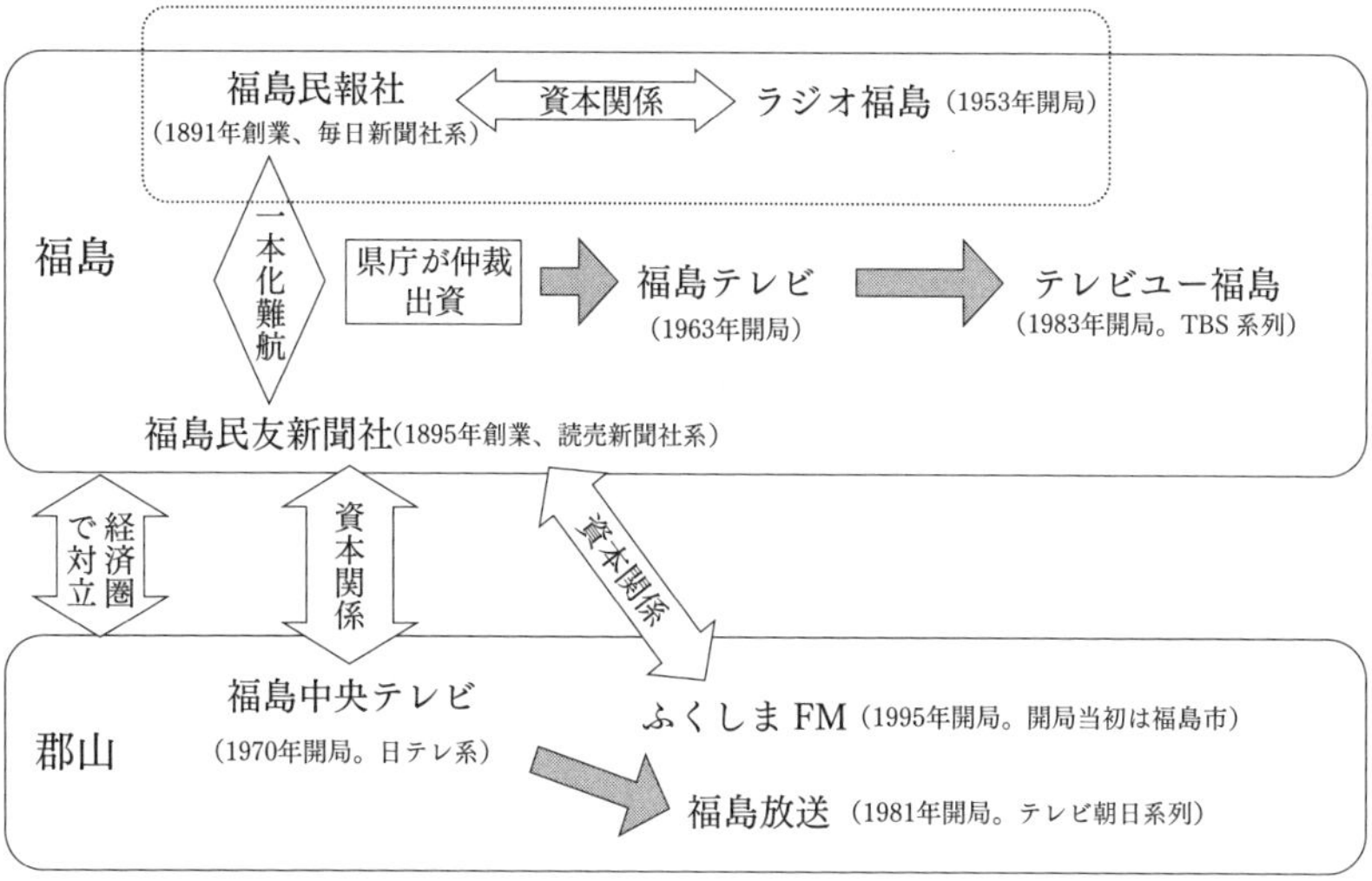

図23　福島県の民間放送設立と資本関係
(出典：福島放送『社史 福島放送の20年』〔福島放送、2001年〕をもとに筆者作成)

福島県は、歴史的にみるといくつかの異なった文化圏に分割して考えられる。福島県の行政区域の歴史を手短に振り返ると以下のようになる。廃藩置県以前、福島県は数多くの小藩に分かれていたが、明治時代に現在の中通りと呼ばれる地域の福島県、浜通りの磐前県、会津の若松県の三県にまとめられ、さらに一八七六年に一県に統合された。その後、県庁所在地がある福島市が行政の中心地としての役割を担う一方で、交通の要所である郡山市は経済の中心地としての存在感を増した。以上のような理由から、それぞれの地域で風土や生活の面で特徴が大きく異なり、全体としての県民気質はまとまったイメージが作りにくいとされている。(16)

福島県初の民放テレビ局の開局には、福島県特有の事情があった。福島県内の経済規模は、県庁がある福島市よりも商業都市である郡山市のほうが大きい。そのなかで、福島と郡山の地域間、また県紙の新聞二紙（福島民報社、福島民友新聞社）の間での調整が難航し、二度の予備免許失効の末、最終的に福島県庁が間に入って一局目の福島テレビが開局した。(17) そのため、先発の福島テレビは、現在も県の資本が五〇パーセント入っている。その余波はその後も福島の経済界に残り、福島のテレビ各局に影響を与えているという。

図23は、福島県の民放テレビ放送の開局を福島と郡山に分けて図示したものである。先発局は福島テレビ（一九六三年開局）であり、福島市に開局する。他県ではおおむねラジオとテレビの兼営になっているが、福島テレビはテレビ単営局として開局した。その理由は以下のとおりである。テレビ開局以前、県内初の民放局のラジオ福島（一九五三年十二月開局）が、「毎日新聞」を後ろ盾とする「福島民報」を母体として誕生した。ラジオ・テレビ兼営局を目指して免許申請をおこなったが、当時、県内で「福島民報」と競合関係にあった「読売新聞」系の「福島民友」も免許申請をおこない、対立が表面化した。その結果、一九五七年十月二十二日に予備免許が「ラジオ福島」にいったん下りたものの、「福島民報」と「福島民友」の間で資本に関する調整がつかずそのまま失効に至った。[18]その後、両者は再立候補して、その調整が県政や県会の場に持ち込まれたが難航を極め、最終的には県が株の半数をもつことで事態は収拾された。会長は県庁出身の黒川久隆、社長も同じく県出納長の管野光弥で、〝県営テレビ〟的性格をもっていた。[19]

次に、二局目の民放テレビ局をめぐっては福島市と郡山市の地域間対立が浮上した。ラジオ福島や「福島民友」が免許申請をおこなうが、郡山地区にテレビ局を設置したいという願望をもっていた郡山商工会議所（小針幸太郎会頭）は、「県民テレビ」として免許申請をおこない、さらに「朝日新聞」へ協力を呼びかけた。その後、ラジオ福島が免許申請を取り下げ、結果的には郡山市に福島中央テレビ（代表取締役社長・小針幸太郎）が開局した。[20]

その後、一九八一年には郡山市に県内三局目の福島放送（テレビ朝日系列）が、八三年には福島市に県内四局目のテレビユー福島（TBS系列）が設立される。その結果、福島県内のテレビ局は、県庁所在地がある福島市に二局、郡山市に二局と分け合うように免許が交付された。民放ラジオ局でも、福島市にAMラジオのラジオ福島、郡山市にFMラジオのエフエム福島（ふくしまFM）があり、二つの地域に均等に分かれている。

郡山に放送局が開局された背景には、商工会議所のはたらきかけがあった。そして、長野県の事例のように県庁所在地へと移されることなく現在まで継続している理由は、郡山市の商圏の大きさが関係していると考えられる。[21]

県庁所在地以外に立地した放送局の存在

ここまで、三県の民間放送局開局をめぐる地域間の対立を中心にみてきた。これらの事例からいえることは次のとおりである。県内で一局目として開局した民放テレビ局は、県紙を母体に免許が交付され主に県庁所在地に置かれたが、その後、民放が複数化するなかで、県庁所在地以外の地域でも放送局を設立しようという運動が現れた。特に県内に商圏が大きな地域を複数もつ県や、歴史的に地域性が大きく異なる地域をもつ県では、一つの免許をめぐって地域間で争奪戦が起こった。しかし、県内での争奪戦も、県外の資本であるところの全国紙同士（特に「朝日新聞」「読売新聞」といった全国紙と在京キー局）による争奪戦とも絡み、内部対立が利用された県もあった。そのような事情で開局した後発局では、放送局の演奏所、または本社機能が県庁所在地以外に置かれているところも存在することになった。

静岡県、長野県、福島県以外にも、県庁所在地以外に立地する放送局が存在している。そこで、表25に県庁所在地以外に本社機能や演奏所を有した民放テレビ局をすべて抜き出してみよう（現在、県庁所在地に移転したものも含む）。

県庁・県警への取材活動や地元広告主との関係から県庁所在地に拠点を置く利便性を捨てて、他地域へ立地する意図はどのようなものだったのだろうか。そこで指摘されるのは、地元（選挙区）選出の代議士の影響である。例えば、長岡市に本社があった新潟総合テレビの設置には、田中角栄などの地元選出の国会議員が関与したという。また、水沢市に本社があった岩手めんこいテレビは、小沢一郎の尽力によることが指摘されている。[22] また山口や富山でも同様の指摘がみられる。しかし、その後、これらの局の本社は大部分が県庁所在地に移転している（二〇一五年現在）。おそらく多くが、前述のテレビ信州と同様、経営の効率化を優先したためだと思われる。

表25　県庁所在地以外に本社機能をもつ放送局

開局日	放送局名	所在県	本社
1958年8月28日	テレビ西日本	福岡県	旧本社：北九州市（当時の八幡市）。1974年12月1日、郵政省の方針により、本社を福岡市に移転
1959年3月1日	九州朝日放送	福岡県	旧本社：久留米市。1954年1月1日のラジオ放送開局時から56年12月25日の福岡市に移転までの間に置かれた
1959年10月1日	山口放送	山口県	本社・演奏所：周南市
1959年12月15日	山陰放送	鳥取県	本社・演奏所：米子市（注1）
1968年12月16日	新潟総合テレビ	新潟県	旧本社：長岡市、現本社：新潟市
1970年4月1日	福島中央テレビ	福島県	本社・演奏所：郡山市
1980年10月1日	テレビ信州	長野県	旧本社：松本市（現本社：長野市）、演奏所：長野市
1981年10月1日	福島放送	福島県	本社・演奏所：郡山市
1989年10月1日	テレビユー山形	山形県	本社：酒田市、演奏所：山形市
1989年11月21日	チューリップテレビ	富山県	本社：高岡市。放送センターは富山市
1990年5月15日	青森朝日放送	青森県	旧本社：八戸市（注2）。2006年7月1日、青森市に移転。
1991年4月1日	岩手めんこいテレビ	岩手県	旧本社：水沢市（当時）。1995年に本社を盛岡市へ移転 演奏所は開局当初から盛岡市

注1：山陰両県の中央に位置する立地から、鳥取・島根両県を統括する企業や機関が、米子市やほぼ同じく島根県の松江市に置かれるケースが多い
注2：開局当初はローカルニュースで八戸本社からの「顔出し」があったとされる
（出典：各放送局の社史と日本民間放送連盟編『日本民間放送年鑑』〔コーケン出版、2008年〕各社のページから筆者作成。旧本社含む）

現時点で県庁所在地へ移転していないのは、山陰放送の米子市、テレビユー山形の酒田市、福島中央テレビ・福島放送の郡山市、山口放送の周南市、チューリップテレビの高岡市である。このうち山陰放送は、鳥取県と島根県をエリアとするためにその地理的な事情がはたらいている。[23] チューリップテレビの高岡市は、株主との関係[24]や富山市との距離の近さが要因だろう。山口放送の周南市、テレビユー山形の酒田市は、どのような理由で現在まで県庁所在地以外に立地しているのかは、はっきりしていない。

ここまで先行研究から、民放テレビ局の免許をめぐる県内と県外のアクター間の対立について確認してきた。ここで示され

たのは、それぞれ固有で内部に差異がある「県」というエリアに対する放送免許をめぐっては、県内の地域間、県内と県外のアクター間で駆け引きが繰り広げられることだった。その免許争奪の過程からみえてくるのは、県の地理的・歴史的背景、そして経済的なまとまりに基づいて成立していたローカリティに対して、廃藩置県以後、中央政府によって設定された「県」という行政単位での免許付与、言い換えれば放送行政によるローカリズム原則から与えられた免許割り当てが一致せず、その不一致が大きい場所ほど内部紛争が大きく生じたということである。

放送免許をどのようなエリアで分割するかは、本来、放送のローカリズムの理念に基づいて各地の文化的・政治的・経済的な条件から方針を検討するべきものであって、必ずしも県域である必要はなかったはずである。しかし、県域という行政区画を単位とするエリアに免許が与えられるようになったことで、放送の運営組織が県という枠組みで統制されてきたのであり、そのことへの反発が前述のような摩擦を生み出してきたのである。

次に、県内の対立を極力抑え、前述のような外部からの影響を排除して、全国紙＝キー局に対して激しく対抗した山形県の事例を取り上げる。この事例では、県の内部に対してのメディアの独占化が問題とされるが、一方で外部の影響力を排除する力は強いため、メディアの自立性が高いという点で特徴的である。

3　メディア集中化がみられた山形県の事例

山形県は、県内の放送免許の争奪をめぐる企業間競争のなかで、地元メディアである「山形新聞」を中心としたメディア企業による独占と集中が指摘されてきた地域である。(25)また、県内が歴史的にいくつかの文化圏に分かれていることや、一九八〇年代にメディアの独占に対する住民運動がみられたことなど、県域メディアにおけるローカリティを分析するうえで重要な知見が得られるにもかかわらず、十分な分析がなされていない。そこで、はじめに県内の放送の展開過程を、社史などの資料とインタビュー調査で得られた知見から分析する。次に放送免許争奪をめぐる経緯を中心に、メディアの独占という問題について確認する。そして、その独占の中心的な存在だったとされる山形新聞社社主の服部敬雄と、「山形新聞」の歴史についてみていく。最後に、このような独占がおこなわれた背景を、戦前からの政府による新聞の一本化や統制といった行政手法と、藩政以降の山形県という県域の特徴から考察する。

日本放送協会の活動

はじめにNHKによる山形県での展開を、特に県内各地での置局の過程やローカル番組の取り組みに注目しながらみていこう。

県内に初めて放送局ができたのは、一九三六年の日本放送協会山形放送局である。全国では二十九番目、東北地方では仙台・秋田に次いで三番目だった。職員は東條清次局次長以下十五人で、業務係八人、技術系六人だったという。[26]この山形放送局の誘致に熱心だったのは山形商工会議所で、会頭の大沼保吉が東京放送局と仙台放送局に設置の陳情をおこなった。この時期の放送局の活動で特筆すべきは、「山形劇研究会」で、「この研究会から「山形放送劇団」が生まれ、テレビの出現するまで二十年以上活動を続けて、地方文化の礎となった」[27]という。後述するが、戦後誕生する民間の山形放送でも「放送劇団」の存在が確認されていて、自局の放送劇団を通じたラジオの出演者の調達という点で注目される。

次に取材体制をみると、戦前・戦中期に協会が独自取材をおこなっていないのは、第2章「戦前・戦中期の放送のローカリティ」で述べたとおりである。戦後、山形市に連合国軍が進駐してきたのは一九四五年九月十九日で、司令部は元・商業銀行や県立図書館を接収して駐留したが、CCDの検閲官は仙台に駐在していたので、急ぐ場合は職員が仙台に原稿を持参したという。当時のローカルニュースに関しては、地元の県紙・山形新聞社に依存し山形新聞社から受け取るゲラ刷り二部のうち一部を届けてから、放送に使用していた。[28]また、NHK鶴岡放送局では、荘内自由新聞社の「荘内日報」から提供を受けていた。戦後、山形放送局に放送記者が初めて配属されるのは、四九年に仙台放送局から着任した田中哲[29]だった。ローカル番組としては、『山形県民の時間』を中心に、農業が産業の中心的な県であることから農事放送の占める割合が大きく、特に農事放送担当職員（RFD）が置かれ、農業番組がローカル番組として最も重要だった。

一方、この山形放送局の電波が及ぶ範囲は、山岳地が多いこともあって、山形市を中心とする村山盆地、南部の置賜地方の一部、それに最上郡の一部であり、日本海側では聴取困難の区域が多かった。そこで日本海側、庄内地方の鶴岡に放送局を誘致する運動も起こっていたが、太平洋戦争に突入して電波管制による出力低減を補うため、臨時中継放送所として開設するにとどまった。日本海側の鶴岡に放送局が開設されたのは、戦後の一九四六年四月十六日だった。地元では、戦前からの誘致運動がようやく実った形になった。当時の鶴岡市の歓迎ぶりは熱烈で、以下のような歌まで作られている。

「できたぞＪＯＪＰ」作詞：草刈辰雄　作曲：福井文彦
ちからあわせて　あたらしい
ぶんかのにほんを　きずくのも
そうだラジオだ　ほうそうだ
できたぞできたぞ　ＪＯＪＰ
ああうれしいな　いわいましょう[30]

鶴岡放送局のアナウンサーは当初一人しか配置されなかったため、放送協力員会が一九四六年十二月に結成され、放送のための資料集めや出演者の交渉をおこなったという。また、農業向け番組や漁村向け鰯漁況を独自に放送していたという。このような番組内容をみると、庄内地方の地域性がよく現れている。一方、置賜地方の米

表26　山形県のNHKローカル放送局

開局年月	放送局名
1936年11月30日	日本放送協会山形放送局（AM 放送）
1946年4月21日	NHK 鶴岡ラジオ放送局（AM 放送）
1952年4月30日	NHK 米沢ラジオ放送局（AM 放送）
1954年3月26日	NHK 新庄ラジオ放送局（AM 放送）
1959年12月19日	NHK 山形総合テレビジョン
1962年11月1日	NHK 山形教育テレビジョン
1969年3月1日	NHK 山形 FM 放送

（出典：NHK 山形50年のあゆみ編集委員会編『NHK 山形50年のあゆみ――開局50周年記念誌』NHK 山形放送局、1987年）

沢でも誘致運動は三三年から続けられ、五二年四月三十日に米沢放送局が開局し、ラジオ放送が開始された。当初は回線の都合で山形から無線中継を受けていたが、六二年に局舎を新築してラジオ番組制作をおこなうようになった。[31]『郷土のしおり』という番組のなかで、米沢周辺の史跡や文化財、人物、民話などを一回ごとの物語として、午後のローカル番組で放送を続けたという。また、最上地方でも、同様に陳情がなされ、五四年三月二十六日に新庄ラジオ放送局が開局した。

一九五九年から山形でもテレビ放送が開始する。翌六〇年二月には鶴岡でもテレビ放送が始まり、六一年の組織改正によって、鶴岡放送局は山形放送局と同格の放送局に格上げされた。六六年には鶴岡放送会館が完成してテレビローカル番組の制作も開始されるが、七一年のテレビ番組の全面カラー化と同時に、フィルム構成番組以外自局制作ができなくなり、ディレクターとアナウンサーが山形放送局に出向して番組制作をおこなった。七五年には、ニュース部門を残して、鶴岡放送局の番組制作と送出部門は山形放送局に集約される。このように県内に分布していたNHKの複数の放送局は、ニュース部門を残して、県庁所在地である山形市へと集約されていったのである。

以上のように、日本放送協会による山形県内での展開は、ラジオ放送では村山地方（山形市）、庄内地方（鶴岡市）、置賜地方（米沢市）、最上地方（新庄市）の四つの地方での誘致や、放送局を中心とした取り組みが少ないながらもみられた。一方で、県内各地の放送局での単独編成の番組の割合などは不明な点が多い。このような、ラジオ放送でみられた県内の各地方の取り組みは、テレビ放送が中心になるにつれて縮小し、一九七一年の全面カラー化以降は県単位としての放送がおこなわれていった。

民間放送の活動

次に山形県での民間放送の展開過程をみてみよう。表27は県域の民間放送の開局年である。

山形放送

一局目は山形放送で、一九五三年十月十四日に会社が設立され、翌日にラジオ放送が開始し（表28を参照。開局直後〔一九五三年〕の山形放送の番組）、鶴岡では五四年八月から送信をおこない、六〇年三月十六日にテレビ放送を開始している。山形放送設立時の発起人には、服部敬雄（山形新聞社取締役社長）以下、二十一人が列挙されているが、そのプロフィルをみると、自治体首長（山形県、酒田市、新庄市、鶴岡市、米沢市）、町村会会長、市議会議長、地方銀行頭取、県農協連合会長、そして電通の吉田秀雄社長が名を連ねている。山形市長の名前が見当たらないが、これは当時、革新陣営から山形市長になった鈴木重屹と、県経営者協会会長の立場から労働争議への対応にあたっていた服部との対立[32]があったためとみられる。その後の服部と自治体との関係を考察するうえで見逃せない点だろう。この時期の民放ラジオの資金集めは大変な苦労があったようで、「商店街の旦那衆から会社社長とかあらゆる人」まで集めて回ったという。この頃、ラジオがまだ儲かるメディアとは捉えられていなかった。また服部は、「本県出身の東京で活躍する実業家や、山形に事業所をもつ会社を訪問して株式購入を要請した[33]」といい、東京に本社をもつ生命保険六社から共同出資を引き出したとされ、大口の株主としてその後も名を連ねている。

表27　山形県の民間放送局開局年月日

開局年月	放送局名
1953年10月15日	山形放送（AM 放送）
1954年8月23日	山形放送 鶴岡（AM 放送）
1960年3月16日	山形放送（テレビジョン）
1970年4月1日	山形テレビ
1989年4月1日	エフエム山形
1989年10月1日	テレビユー山形
1997年4月1日	さくらんぼテレビジョン

※コミュニティ FM、CATV 除く
（出典：前掲『日本民間放送年鑑2008』から筆者作成）

表28　開局直後（1953年）の山形放送の番組

自社制作	『みなさまのマイク』（月―土・15分） 『マリ子の社会見学』（アナと子どもが山形駅や専売局工場を見学する訪問番組） 『音楽のつどい』 『伝説をたずねて』（ドラマ仕立て。作：花村滋〔高橋昭〕） 『民謡アルバム』 『話題をめぐって』 『新人登場』（県内の歌謡曲、歌曲の新人の出演を求め、山形アンサンブルの伴奏で歌う番組） 『家庭相談室』 『わたしたちの学芸会』 『茶の前の話題』 『お天気ごよみ』 『お昼の音楽』 『ジャズパレード』 『農協コント』（遠山貞雄〔県経済連〕の自作自演でわずか5分のアコーディオンの弾き語りのナマ番組）
アメリカ文化センターのVOA放送	『海外の話題』 『LP コンサート』 『中南米音楽』 『ジャズの歴史』

（出典：高橋昭編『山形放送三十三年誌』山形放送、1987年、36ページ）

県域の地方紙である「山形新聞」の代表者が放送という新しいメディアに手を出したというわけだが、この行動は山形県にかぎらない。初期の民放免許の方針で、新聞社の参加が求められていたことは既述のとおりである。社史では、ラジオの登場によって新聞の地位が脅かされるのではないかという危惧を抱くのも当然としながらも、「服部社長の〝報道の立体化〟構想が打ち出されたために、電波と新聞の軋轢は起こさずに済んだ[34]」と述べている。この立体化とは、「山形新聞編集局内にラジオ課が設置され、地元取材の新聞原稿や、共同通信の外電、国内のものを放送用にリライトし、ニュースとして放送」することで、また、ラジオで「山形新聞ニュースをお送りいたします」と宣伝することで、新聞の普及や信用度の向上に役立ったと述べている。[35]「山形新聞」と山形放送ラジオは、ニュース報道に関しては一体になって取り組んでいたとみていいだろう。[36]その後、山形放送は、鶴岡でのラジオ荘内開局による県域放送としての充実化や、ニッポン放送との番組提携（東京からの専用線による民放ラジオ初のネットワーク化[37]といった合理化によって県域の民放ラジオとして発展していくが、一九六〇年にはテレビ放送を開始してラジオ・テレビの兼営局になり、その主軸をテレビ放送へと移していく。

　山形放送の編成方針については、服部が当時次のように述べている。服部の放送事業に対する考え方をよく示しているので引用しよう。

> いわゆる後進地東北のうちでも、ことのほか官尊民卑の弊が温存されているこの県〔山形県：引用者注〕では、何によらず官製のものが有り難がられ中央集権的なものへの誤った評価から脱していない。いきおい、民間放送なるものが、その民間なるがゆえの特質を買われることとは逆に、その弱さとして受けとられるおそれがある。であるから、当分の間のゆき方として私はもっと別なところにアクセントをつけることにしてきた。「県民の声」「われらのラジオ」「みなさんのマイク」というように単純に言葉の上での親近感に訴えることである。官尊民卑であることとともに、恐ろしく排他的である地域社会の人々の耳には、あちらは他所者、こちらはわれらの仲間であると区別した方が、よいこともあるからである。そんな意味から、時には作為的に方言の多いアナウンサーを出してみたり、訛だらけの解説者を引っ張ってきたりした。[38]（傍点は引用者）

　このように、服部は「官尊民卑」や、「恐ろしく排他的」という山形県民の気質を理解し、それに合うような番組作りや編成をさせていたことがわかる。

　山形放送は、日本で最初の社説放送を一九七八年十月に『ＹＢＣ社説放送・けさの主張』としてスタートした。浜谷英博は、テレビでの表現の自由と言論機関性を憲法学的視点から考察する事例として、山形放送による社説放送を取り上げ、その取り組みを評価している。[39] この社説放送は当時の服部の勇断で実現したものとされる。そもそも放送法では放送番組編集の自由を謳っている一方で、政治的公平性などを求める番組準則によって放送事業者は拘束を受けている。そのため、多くの放送事業者は、言論機関としての側面は表には出さずにいた。[40] こうした状況のなかで、局の意思や主張をできるかぎり明確に打ち出し、放送が担っている社会的使命の実現と言論機関としての地位確立を目的として開始されたのが社説放送だった。服部は、社説放送の必要性を次のように述べている。

私はかねて新聞にその社の主張を内外に表明する社説の欄があると同様に、放送においても社説放送が必要であると主張してきた。（略）従来わが国では、放送の言論機関としての公共性が電波の免許制というワク組みの中で、政府官僚などから求められる外部規制的色彩が強かった。しかし、電波媒体、活字媒体の違いはあっても、放送は新聞と同じように、世論形成の指導を担当している言論機関というところに、第一の存在意義がある。一方の新聞が、長い血みどろの苦闘の末、外部権力の干渉を排除して自己主張を貫徹してきたのに対して、放送は視聴率という営利性の〝象徴〟に振り回され、主体的な言論を展開するという、言論機関の第一義をないがしろにしてきたきらいがある。その一つの表れが、社説放送の欠如であったと思う。[41]

社説放送の具体的な内容を確認すると、当初、山形放送と山形新聞社から客員として迎えた論説委員（各八人）で構成され、論説委員会を二カ月に一度開催して、番組制作全般にわたって検討するとともに、当面の指針を決定したという。放送時間は月曜日から金曜日で、時間帯は朝七時三十分からの十五分間だったものが、一九八八年四月から十時三十分からの十五分間に変更、さらに十五時五十分からの十分間になったのち、二〇一五年現在、月曜日から木曜日まで十六時三十分からの十分間放送されている。

筆者のインタビュー調査[42]によれば、開始当時は、このような取り組みに対して郵政省からは警戒され、ビデオテープをたびたび送るなど、内容報告を命じられたという。このような郵政省への配慮もあって、「時事解説ばかりで、ユニークな独自の意見を出すことができなくなった」「結局正論過ぎて、やや時事解説、時事評論的になっており面白みに欠けるものになった」という。

浜谷英博も、郵政省が当初から山形放送の社説放送を十分認識していて、江川晃正放送行政局長がいわゆる椿発言をめぐって、「政治的公平性の最終的な判断は郵政省において行われる」といった趣旨の答弁をおこなっていたことを取り上げ、「この内容は、社説放送に対する考え方にも共通のもの[43]」だと述べている。郵政省と山形放送（とりわけ服部社長）は、県内二局目以降の民放免許をめぐっても様々な駆け引きをしたことが想像でき、その関係性は検討する価値があるだろう。中央省庁と対峙しながら、放送での言論機関としての取り組みを模索してきた点では、ほかのローカル放送局と比較しても評価すべきである。

山形テレビ

県内二局目の民放局として免許が交付されたのは、一九七〇年四月一日に開局した山形テレビである。郵政省が、ＶＨＦのほかに新たな波としてＵＨＦを割り当てる方針を示した。テレビの急速な普及のなかで、「地方においては「民放」一社（局）しか視聴できないことに対する不満が、次第に高まりつつあり（略）、政治問題となってきた[44]」からだった。この免許をめぐっては、各地で猛烈な競願合戦が繰り広げられたといわれ、山形でもそうだった。競願一本化や開局後の経営権をめぐる紛争については後述するが、「山形新聞」と山形放送の服部に近い陣営と、調停役になった松沢雄蔵代議士[45]との対立があり、開局後もその対立は尾を引いて、最終的には山形テレビも服部派によって主導権が握られたとされている。第一回の発起人会議出席者のプロフィルをみると、清野幸男（米沢新聞社長）といった県内の地域紙の顔もみられるが、斎藤栄一（毎日新聞社取締役）、稲葉秀三（産経新聞社社長）、藤井恒男（朝日新聞社電波担当）、小林与三次（読売新聞社社長）といった全国紙が姿を現す。既述のように、ネットワーク化によるキー局との関係を背景とした全国紙による進出がここでもはっきり確認ができる。新会社の創立総会は六八年十二月二十五日におこなわれ、代表取締役社長に前島憲平（鉄興社会長）、代表取締役専務に永山公明（共同通信社常務理事）、佐藤弥太郎（元・県議、元・県森林組合連合会会長）が選任された。

また、社員に関しては、前島社長らは「既存局である山形放送の服部社長に、経験者の派遣、その他種々の努力を要請した」とされ、「それに応じて、服部社長は、山形放送より十二名、山形新聞より三名、計十五名が、退職したうえ、改めて山形テレビに入社し[46]」、そのほかにアナウンサー、美術、放送記者が追加され、総勢五十人で放送を開始したという。このとき既存局から大量の要員を異動させたことは、その後、服部のメディア独占の問題としてもたびたび指摘される（後述）。このような事実から、山形テレビと山形放送・「山形新聞」とのつながりをみることができるだろう。

次に在京キー局とのネットワークについてふれると、「出資している新聞各社のテレビ局からそれぞれ猛烈な売り込み合戦、駆け引きが繰り広げられていた」といい、先発の山形放送が日本テレビとネットワークを結んでいたが、「NTV六〇%、TBS二五%、NET〔現・テレビ朝日：引用者注〕一〇%、CX〇・五%の比率となっていた」ため、「この逆三角形の比率が自然である」として、「CX六〇%、NET二〇%、TBS一〇%、他一〇%の番組編成の基本方針とした[47]」という。このように、二局目のネットワーク比率の決定過程をみると、山形テレビが山形放送と競合するというよりも、在京キー局から流される視聴率が取れる番組を、バランスよく山形放送と山形テレビに割り振るなど、むしろ一体になってキー局との交渉を進めていたとみることができる。

エフエム山形

一九八九年四月一日に開局したエフエム山形をめぐっては、「山形新聞」グループと日本経済新聞社が、多数のダミーの申請者[48]を作って開局申請して主導権争いを展開した。後述するが、この申請合戦に対してマスメディア集中排除を求める住民運動が大きく高揚したという[49]。柿本義人によれば、エフエム山形は「日本経済新聞」と「山形新聞」グループの一定の影響力は残ったものの、相対的には影響力は低下し、このあと開局するTBS主導のテレビユー山形とともに、これまでの山形地方の山形新聞社系によるメディア独占に風穴を開けたともいわれる[50]。

エフエム山形の一本化調整会議では、「全申請百十九社のうち、三名（相澤嘉久治、松岡宏和、寒風沢清）が反対し、一名（長沼正）が保留という結果になり、絶対多数で可決[51]」され、山形放送編成部長・山形テレビ常務だった田中哲がエフエム山形の社長に就任したという[52]。田中は、「山形新聞」派でも中立的であるとされ、起用には何らかの配慮があったと思われるが、「山形新聞」グループの一定の影響は残った。また田中の著書では、山形テレビ内にＦＭ用のスタジオを準備するなど、ＦＭ免許を獲得できる見込みで既に準備[53]を進めていたことがうかがえ、そもそも「山形新聞」グループ以外による免許獲得は当初想定されていなかったことがわかる。

開局後のエフエム山形のニュース配信についてみると、「朝日新聞」と「読売新聞」が一週交替で、一日四本のオビの五分枠の全国ニュース、「山形新聞」は日曜日から土曜日まで、朝と夕方二本のオビ枠でローカルニュース、「日本経済新聞」は夕方一本をオビで連日流すことになった。これは、当初七つの新聞社が出資[54]していたため、それらの協議の結果だったという。

また、県内の広告活動に関しても、エフエム山形開局後は状況が変化する。新規開局のエフエム山形の広告主には、「山形新聞」グループの競争相手も含まれていて、この点に関しては県内の多局化によって「集中排除の成果が現れた[55]」という評価もある。エフエム山形開局以前は県内に広告代理店は存在せず、コマーシャル獲得に関しては、山形放送と山形テレビの営業が直接取り引きをおこなってきたのである。エフエム山形、そしてこのあとできるテレビユー山形の開局を機に、広告代理店というシステムが山形では初めて導入された[56]といえるだろう。「山形新聞」グループの影響力はあるものの、東京資本を含んだ新規局の開局が続いたことが県内の「山形新聞」グループによる広告独占を崩していくことにつながったのである。

テレビユー山形

山形県の民放四局目（民放テレビ第三局）は、一九八九年十月一日に開局したテレビユー山形である。この時期の免許方針は、八六年の地方民放テレビ三局化プランの七地区の一つとして割り当てられ、百五十九社が申請したという。申請者には、全国紙各紙と「山形新聞」「米沢新聞」「荘内日報」「河北新報」などが加わった。地元の申請は、大別すれば酒田・鶴岡の庄内グループ、村山・置賜・最上グループに分かれ、単独申請が若干という布陣だったとされる。[57]そのうちに、庄内地区内で申請を一本化し、山形第三テレビ局の庄内誘致を実現しようとする動きが台頭した。そして、山形第三テレビ局庄内誘致推進協議会は、地元選出国会議員だった加藤紘一の秘書を通じて初めてTBSと接触し、庄内誘致に協力する要請をおこなう一方で、TBSにキー局として立候補を要請したという。前後して、郵政省と東北電気通信監理局を熱心に歴訪して、発起人会や本社・演奏所、出資配分などまで決定した。一方、東北電気通信監理局側（佐藤進局長）は、「各申請を比較審査の上、一社に免許する」[58]（傍点は引用者）として、これまでと違った強硬な態度で挑んだとされる。これが、これまでに展開してきたメディア勢力図への揺さぶりだったかは定かではないが、結果的に庄内以外の県内の申請者を刺激して、全県的な一本化活動がみられ、山形県商工会議所連合会会頭会議という格好で全県の一本化の音頭がとられた。そして、八七年八月十四日、村山地区と庄内地区、そして県内各商工会議所会頭間で全県一本化が望ましいとして「山形第三TV一本化推進協議会」が誕生、百五十九社の申請を一本化し、庄内地区に本社機能を、山形地区に放送センターを設置する合意が成立したという。[59]このようにして、TBSのネット局としてテレビユー山形が誕生した。筆頭株主にはTBSの河合謙一の名前がみられ、[60]実質的にTBSキー局主導体制がとられた。

さくらんぼテレビジョン

一九九七年四月一日に、民放テレビ第四局のさくらんぼテレビジョンが、FNNのフルネット局として開局する。その後、民放テレビが最後に開局するのは九九年四月一日開局のとちぎテレビなので、全国に四系列を求めた計画では、最も遅く開局した放送局の一つだった。これは、郵政省が地域情報格差是正策として、九五年四月二十日にいわゆる少数チャンネル地区解消のため開局要望調査を実施した結果、唯一、開局ニーズが強い地区として割り当てが実現したものである。この実現については「「山形地区に民放テレビ第4局を作る会」の努力が

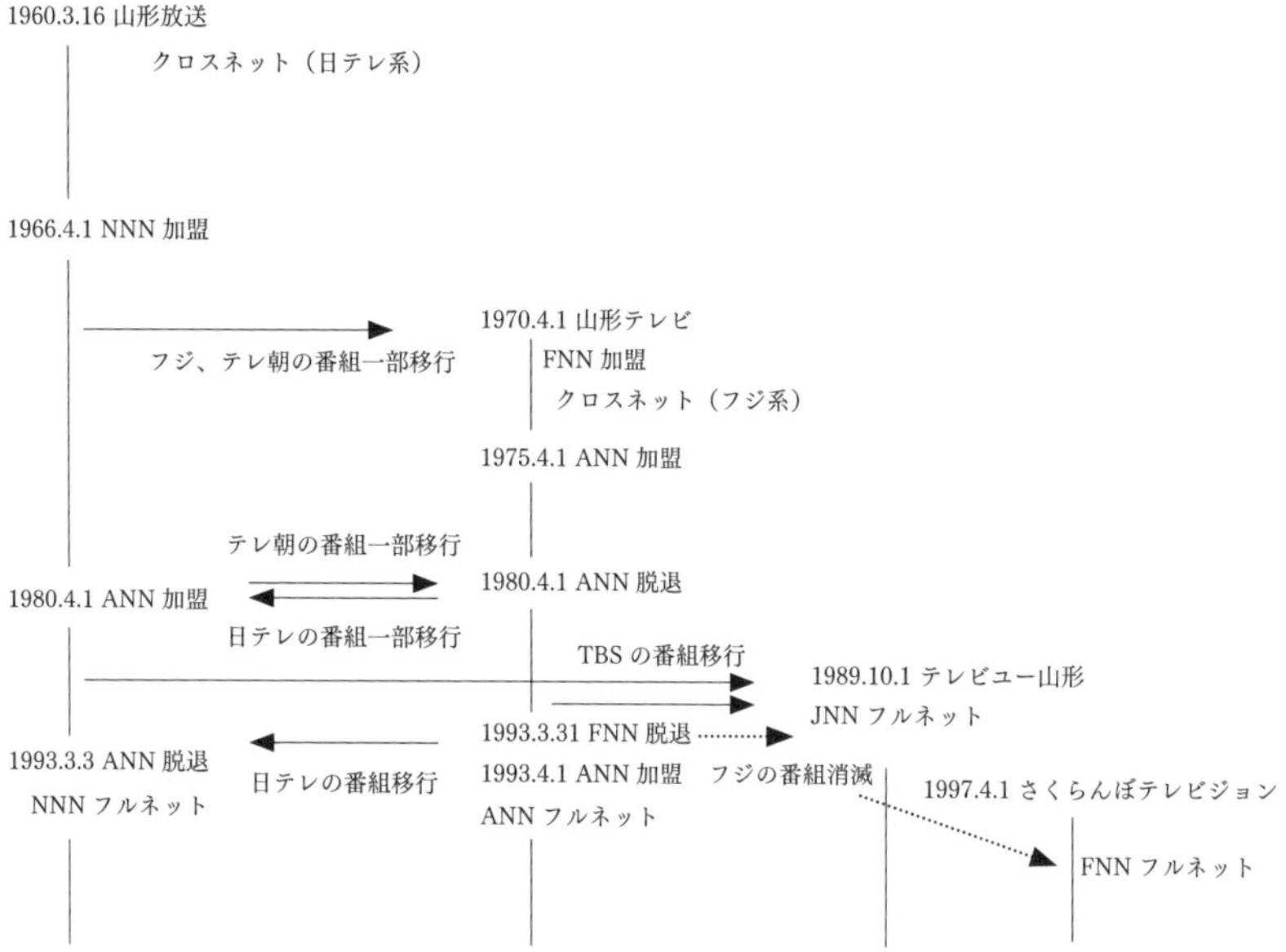

図24　山形県の民放テレビ局での系列の変遷
（出典：各社社史と日本民間放送連盟編『日本民間放送年鑑』〔コーケン出版、1981―96年〕から筆者作成）

実を結んだ[61]」といわれ、地元の要望の強さがうかがえる。その結果、同年九月に山形地区第四局は新規割り当てを受け、十一月にフジテレビからのネットワーク化の申し出を容認し、そして十一月末までにやまがたさくらんぼテレビジョンと日刊スポーツ新聞社の二申請競願になったが、九六年一月末で両申請の話し合いがまとまって予備免許を受けたのであった[62]。

この時期、在京キー局は「積極姿勢が全くといってもよい位失せてきているが現実の姿[63]」だったという。その理由は、バブル崩壊以降の経済的な問題だけではなく、こののちに民放のBSデジタル開局が予定されていたことなどが考えられる。つまり、この時期にキー局は地方局に対するうまみを既に感じなくなっていた。そのようななかで、フジテレビは一九九六年二月二十九日の会見で、「新局経営について計量経営の新たな試みをする（略）地元で番組ニーズが高いこと、また、系列の東北ブロック各局が山形は重要地域との考えもあって、系列全体で一二％の出資を行うことになった[64]」と語った。

その結果、資本金二十五億円、うちフジテレビ六パーセント、フジテレビ系列の仙台放送他四社六パーセント、柿崎力（柿崎工務所会長）八パーセント、山本惣一（山本製作所社長）四パーセントなどを出資して、代表取締役副社長にフジテレビの青村嘻一が出向した。

山形地区民放第四局割り当ての背景に地元の要望が強かったことを述べたが、この直前まで山形ではフジテレビ系列の番組がほとんど放送されず、県民の期待が大きかった。実は、一九九三年にフジテレビの系列局だった山形テレビが系列を突然脱退し、テレビ朝日系にネットチェンジするということがあった(65)。そのため、県民の多くが日常的に見ていたフジテレビの番組が見られなくなった経験をもつ。そのように、山形放送・山形テレビは、在京キー局（＝全国紙）との駆け引きのなかで、系列関係を変えながら番組を激しく移動させてきたのだが、この流れに終止符を打ったのが山形テレビのテレビ朝日系へのネットチェンジだったと考えられる。この局側の事情によるネットチェンジに対して県民の不満が出ることは予想されたが、TBS系列のテレビユー山形がフジテレビの一部の人気番組を放送し、これを救済する形になった。このような経緯から経営規模が小さな山形県であるにもかかわらず、地元の強い要望を受け入れてさくらんぼテレビジョンが開局したのであった。

一方で、こうした民放テレビ局の混乱はケーブルテレビの普及にも影響を与えた。山形テレビのネットチェンジによって、フジテレビ系列の番組が見られない時期、置賜地区（米沢市）のCATV局のニューメディアは、当時、宮城県域の放送局（四局）の電波を高所で受けて再送信をおこなった。米沢でケーブルテレビに加入すれば、仙台の放送局を通じて、フジテレビの番組を視聴することができるようになっていたのである。この件に関して、地上波のテレビ局である山形放送や山形テレビはどのように対応したのか。小嶋・山形放送元・専務取締役は筆者のインタビューに以下のように答えた。

筆者　米沢のケーブルテレビでは仙台の民放局の番組を流していたが、それはなぜか。

小嶋　米沢の市長はじめケーブルテレビの社長が大分うちにきてね、服部社長が会うわけにいかないものだから、僕や役員が応対してね、断って。するとまた郵政省に彼らが行くわけですよ。そして、郵政省から人がくると。三年ぐらいすったもんだしてね。これはお上がいうことはしょうがないと、さるうちのえらい新聞社の人が社長を説得して、時代の趨勢でしょうがないと再送信を同意した。それから急にケーブルが生き生きとやりだした。これは全国ローカル局が同じような問題があったのでは。とりわけうちが特に郵政省に楯突いたから山形放送はしかられて。それと、NHKはむしろケーブル会社とは協力関係にあり、互いに利用しあっているのが現状ですね。[66]

表29　山形県のケーブルテレビ・コミュニティFM

開局年月	放送局名	所在地
1987年4月	ニューメディア	米沢市
1994年10月	ケーブルテレビ山形	山形市
1995年4月1日	山形コミュニティ放送	山形市
1996年4月1日	鶴岡市ケーブルテレビジョン (2005年10月まで：櫛引ケーブルテレビ)	鶴岡市
1998年10月10日	酒田エフエム放送	酒田市
2002年10月21日	やまがたシティエフエム	山形市
2012年12月24日	よねざわNCVエフエム	米沢市
2014年11月3日	日本・アルカディア・ネットワーク	長井市

(出典：各社ウェブサイトと電話でのインタビューから筆者作成)

インタビューからわかることは、当時ニューメディアとして期待された都市型CATVに対して、既存の民間の放送局側は警戒心をもっていたという点である。一方で、郵政省は県内の民放局にCATVの再送信を認めるようにはたらきかけていた。服部は、山形放送・山形テレビと既存の地上波に対して実質的な影響力をもっていたために、キー局と距離を保ちながら、受け入れる番組をどちらの局に割り振るかを決めることが可能だった。そのような県内の番組流通の秩序を揺るがしたのが、CATVといったニューメディアだった(表29を参照)。郵政省が、ニューメディアの普及による県内の番組流通に対する影響をどのように捉えていたかは十分に確認できないが、CATVを普及させることは既存の番組流通の秩序を乱すことになる。ネットチェンジやCATVの開局という現象は、視聴者側からみれば、チャンネルの増減によって見ることができる番組が増えたり減ったりするといったことにすぎないのだが、中央―地方の権力構造という視点から眺めると、ローカルメディア企業の独占性が徐々に弱められていく過程としてみえてくるのである。

集中化と独占

では、このような山形の事例のなかのメディアの集中化と独占による負の側面に焦点を当ててみよう。はじめに、前述の服部が経営権を握っていたローカル局の資本構成からみてみよう。

まず山形放送だが、一九九〇年度の株主構成は、多い順に山形県一四・三八パーセント、服部敬雄八・二二パーセント、「山形新聞」四・七二パーセントになっている。服部は山形放送の代表取締役であるとともに山形新聞社取締役社長であり、両社の常勤の役員を兼任していたものとみられ、ラジオ・テレビ・新聞の三事業を支配していたことになる。藤田稔は、マスメディア集中排除原則は、日本の放送政策でその基本的根幹の一つとされてきたが、現実には多くの脱法行為によって空洞化していると述べて問題視している。(67)

集中排除原則の規定の構造は、行政庁に大きな裁量権を与えるものであったが、これが他方で、郵政省が強い態度で法運用を行うことを妨げ、政治の介入を許す余地を与え、結局まさに原則を貫くべき場面で脱法行為を許すことにつながってきたように私には思われる。(68)

さらに藤田は、このような山形県での放送の独占によって様々な問題が起きていることを指摘している。すなわち、「北蔵王開発の問題」「新設ホテル（ホテルキャッスル）の広告に関する取り引き拒絶問題」「広告代理店を通した電波料のカルテルについての可能性」である。これらは、「山形新聞」グループが事実上傘下に置いていた観光開発企業の不正を「山形新聞」と関連放送局が十分に報じないといったこと、関連ホテルと競争相手になる新規参入ホテルの広告を「山形新聞」と関連放送局で十分に扱わないこと、そして「山形新聞」や関連放送局が実質的に代理店の役割を果たして広告価格をコントロールしていたことを問題としているのだが、服部の関与するメディア企業をはじめとする多くの関連企業が相互に結び付いているため、それらへの影響を抑えるためにこのような問題が生じたものと思われる。藤田が問題としているのは、特に公共性が求められる放送でのこのような集中化と独占の弊害が、山形でみられていたということだった。

次に、山形で第二の民放テレビ局である山形テレビ（ＹＴＳ）も服部の影響下にあった。そして、山形テレビの免許争奪では、服部側と全国紙側の駆け引きが激しくみられる。山形テレビの株式所有比率は、一九九〇年度の第二十三期営業報告書によると、相馬大作（元・酒田市長）八・七パーセント、相馬敏七・九パーセント、清野幸男（米沢新聞社長）七・二パーセントと続き、公表されている事実からは山形テレビが集中排除原則を規定した根本的基準第九条に違反している事実はみられない。郵政省が山形県にＵＨＦ局の周波数割り当てを発表した六八年七月十六日の時点では既に十九社が申請していて、一本化調整作業は衆議院の逓信常任委員長の松沢雄蔵を調停人に、山形県会議長の前田巌を調停立会人として進められることになった。しかし、株式をめぐる紛争が生じ、松沢が山形地裁に仮処分の申請をおこなった。この結果、調停人である松沢側と会社側に分かれて、融和を欠く状況が生じたという。事態を憂慮した会社側の前島憲平社長が服部に協力を求めた結果、事態は次第に沈静化して、訴訟も五年後に和解が成立して相互に訴訟を取り下げた。[69]この件に関して、最終的には調整に入った県が服部側に白紙委任したことで決着したとされる。[70]また、全国紙である「産経新聞」「読売新聞」「朝日新聞」「毎日新聞」も株主として名を連ねていたが、水面下で服部と取り引きをおこなったとされる。[71]その結果、フジサンケイグループが勝ち残り、主な番組供給先になった。一方で、「朝日新聞」は、テレビ朝日の番組を山形テレビ、そして山形放送で一部提供している（図24）。県内でテレビ朝日が進出できたのは、服部が若いときに「朝日新聞」の社員だったことによる人脈に基づくものだと、藤田のインタビュー調査に対してＹＢＣ・テレビ朝日両社の担当者は一致して述べている。[72]しかし、全国紙と服部の取り引きは、メディア間の緊張関係を崩して多元的なジャーナリズムの活動による相互批判を退ける結果になった。相澤は、「朝日新聞」「毎日新聞」「読売新聞」各全国紙が服部に取り入ろうとしてＹＴＳの内紛を報道しなかったと批判している。[73]キー局や全国紙は、独占による様々な問題を認識はしていたが黙認していた。[74]

このように県外のメディア（特に系列ネットワークに取り入ろうとした「読売新聞」「産経新聞」「朝日新聞」「毎日新聞」）が、系列局獲得競争のなかで山形での集中化と独占を黙認したのであり、自治体である県も一本化調整で介入して集中化と独占を下支えしていたのである。このような県内の集中化と独占の問題は、地元紙や全国紙が利権によって批判性を失うなかで、次のように住民運動によって告発されるのである。

住民運動の展開

先ほどふれたホテルキャッスルの広告に関する取り引き拒絶問題は、メディアの独占がおこなわれていた山形では当初明るみには出なかった。この問題を最初に取り上げたのは、地元の小さな情報誌である。その後、この事件を知った中央の週刊誌が取り上げたことで全国的に知られることになる。その経緯について、筆者は、情報誌の編集長で集中排除運動をおこなってきた相澤に二度にわたってインタビュー[75]をおこなった。

彼は自身が発行するミニコミ誌月刊「場」[76]（一九八〇年七月号）で、「山形新聞」の社説を批判した原稿を書いて以来、「山形新聞」グループの独占に関する執筆活動を続けてきた。一九八一年には、『服部敬雄山形新聞社長・山形放送社長・山形テレビ相談役に問う!?』（ぐるうぷ場）を出版し、山形県内では広く読まれ話題になるが、服部グループ側から数々の妨害を受け、苦しい経営状態が続いたと述べている。また、服部のメディアの独占に関する問題が全国的に知られるきっかけになったのが、「朝日ジャーナル」（朝日新聞社）による取材だったと次のように答えている。

一九八五年の三月か四月に「朝日ジャーナル」の宮本貢さんが訪ねてきた。彼によって、山新グループによる地域支配の実情が取材され、「山形の首領」という記事が三回にわたって連載されるや情勢は一変した。その結果、進歩的な「朝日新聞」の看板に弱い山形の文化人や山形の革新も腰を抜かし、山形大学では

「朝日ジャーナル」をテキストに講義する先生まで現れた[77]。

さらに、「朝日ジャーナル」がこの件を取り上げたきっかけについては、次のように答えている。

一九八五年のはじめ、新庄青年会議所で筑紫哲也後援会が開かれた。その後の懇親会の席で、山形ではこういうこと〔相澤が主張するメディア独占や数々の問題：引用者注〕があると、青年会議所の人が筑紫さんに話をした。その話を持ち帰り、ライターの宮本氏に話をして取材に至った[78]。

この証言から、その当時、「朝日ジャーナル」の編集長だった筑紫哲也の意向が背後にあったことがわかった。相澤によれば、山形のメディア独占が全国的な問題になってから、街の人の態度は一変したという。相澤は「かつて夜の酒場で私の視線を避けていた人々が、今度は「相澤さん、よく頑張ったですねえ」と向こうから握手を求めて近づいてきた」と述べている。自分が訴えてきたことが、全国的な週刊誌「朝日ジャーナル」に掲載された途端に手のひらを返すという山形人気質について、相澤は戸惑ったとも述べている。

相澤による集中排除運動は、地元権力＝地元メディアに対して、小規模な地域情報誌の主張が消し去られてしまうことなく、戦い続け、最終的には全国的に知られるようになった事例だった。相澤は、「地域メディアは地域権力に弱く屈してしまうことがあるが、なぜ相澤は対抗できたのか。対抗したのか」という問いに、個人的な話になるがと前置きしたうえで、「結論としては、早稲田時代の民科〔民主主義科学者協会[79]：引用者注〕の影響が大きい。自らの思想を曲げずにきたこと、共産党、劇団をやめたことなどが影響している」と答えている。そして、「なぜ山形まできて妥協しなければならないのか」とも述べている。

「山形新聞」グループに反旗を翻した者の多くは、その後県内での活動が阻害されているにもかかわらず、活動し続けている。相澤は何度か妨害のようなことはあったとはしながらも、続けてこられた理由について次のように述べている。

相澤は「はっきりしないが、〔早稲田時代の先輩だった：引用者注〕早坂茂三[80]が田中氏を通してお願いしてくれた可能性はある」「命だけは、ということを早坂さんは田中角栄に頼んでくれたことはある」と述べている。田中角栄と服部の関係は山形放送へのインタビューでも確認されていて、早坂茂三を通した口添えが相澤をとことん追い詰めなかった理由の一つである可能性もある。相澤は、自分のように反発せず服部に従ってしまう山形人についてその歴史が影響しているとして、次のように述べている。

山形市の歴史をたどると最上家に行き着くが、徳川家康がそれをつぶし六万石にした。さらに岡山にお預けになった。山形市は島流しの地になり、その後、十四代も代わる左遷地だった。いいも悪いも含めて、農民と領主とのいい関係がなかった。商人の街となった。間口が広い。みな町民が隠れて逃げる。鎧戸をしめる。苛斂誅求。心のつながりがない[81]。

このように、山形人の気質がその領主におもねるものになった背景を説明している。廃藩置県後、明治政府は山形を県庁所在地とし、県南の米沢を中心とした置賜地方、酒田・鶴岡がある庄内地方を併合して山形県とした。県庁所在地を山形に据えたことは県内の各勢力を外部から統治するうえで役に立ったことは想像できる。なぜ、酒田や米沢のような歴史があるところではなく、山形に県庁を置いたのか。酒田や米沢の勢力を抑えるために山形に県庁を置き、そこに入り込んだ人々（服部ら先祖を含む）が権力を振るった結果と考えられないだろうか。のちに述べるが、政党紙を立ち上げた服部の父は新潟から移り住んだ人間であることも重要である。

相澤は著書で、「マスコミに弱い県民性を巧みに利用して支配権力を振るい、長い間県民の上に君臨してきたこの力がただ大きかった。（略）私たちは私たち自身の手で、この山形を公正な自由競争の存在する地域に変え、その競い合いの中で、県民同志互いに質的な向上を計り、来るべき日、私たちの地域の混乱と破壊とを自ら防ぐだけの力を養っておかなければならない。（略）まっとうな批判勢力をこの山形県内に、山形県人の手で築き上げておかなければならないのである[82]」と述べて、県民の主体性を問いただしている。

加えて相澤は、現在の国内政治について「日本全体がヤマガタ化している[83]」と述べ、中央メディアが政治権力に屈している現実を厳しく批判している。山形の事例を通してみえることは、そのまま世界からみた日本国内の問題と相似形をなし、山形を特殊な場所と見なすことはできない。

ここまで山形県のメディアの系譜と独占の事例をみてきた。「山形新聞」の服部と、それに対抗した地域情報紙の相澤を通して浮かび上がったのは、山形県の県民性ともいうべきものである。すなわち、極度のメディア独占をもたらしたものは、藩政から続く山形市民の気質と明治政府がおこなった廃藩置県による各地方との合併、そして明治以降に山形市に根づいた指導的立場の経営者に対する住民の従属意識だったということが、服部と相澤との攻防をみることで浮き彫りになってくる。相澤は、地元出身者であるにもかかわらず、山形の旧来の共同体の構造に風穴を開ける担い手とみることもできるだろう。

マスメディア集中排除原則が実質的に骨抜きになっているという点はたびたび指摘されてきたが、現場からみれば、このような原則の徹底化は近代化の流れであり、また、その相澤のような特異な人物によって従来の秩序が突き崩されていく過程とも捉えることができるだろう。

山形県以外でも一九九〇年代以降、地方経済が疲弊するなかで土着の企業体は様々な外圧で弱体化していったことが指摘されるが、相澤が「服部がいなくなっても、今度は外部の大企業にやられてしまう。県民が自ら立ち上がり戦う力をつけておかなければならない[84]」と述べているとおり、服部亡きあと、中央の資本によって振り回されるなかで、まだ「服部天皇」が山形を独占していたときのほうがましだったという皮肉も聞かれる。

山形県の風土と中央統制

では、服部が社主だった山形新聞社はどのような企業だったのだろうか。そして服部とはどのような出自だったのか。山形新聞社は創設されて以来、県内でどのような役割を果たしてきたのか。戦後、全国の民間放送局が地元の新聞社を中心に組織されたことは第3章で述べたが、政治的な地元の新聞社が様々なハブとして重要な役割を果たしてきたことが予想できる。そこで、これまで述べたような、よくも悪くも中央権力に対抗して独立的だった山形新聞社の歴史を分析することで、同社がそのような力をもちえた理由を明らかにしていこう。

山形県は、これまでみてきたとおり、庄内・最上・村山・置賜に大別でき、県庁所在地である山形市は村山地方に置かれている。「山形新聞」が誕生したのは一八七六年で九月一日に第一号を発行したとされている。発行者である遠藤慎七郎は山形近郊の豪農で、七三年に山形に出てきて山形県活版社という印刷業を始めた。七六年に山形・鶴岡・置賜の三県が合併して山形県が置かれると、県では部内に出す布達用に木版刷りができる業者を求めていた。そこへ遠藤らの印刷会社ができ、鉛活字を採用したため県は補助を交付して「山形新聞」を発行した。

山形県ではほかにも各地で新聞が発刊されるが、各紙が明治維新の動乱を契機として発生したことはほかの地方と変わらない。一方で維新後にいくつかの藩が合わさってできた県であるだけに、県内のそれぞれの地域で新聞が発行されたことは注目に値する。特に山形・鶴岡・置賜の三つの地域は、旧藩時代からの歴史があるため、それぞれで新聞が発行されることは自然だった。一九四一年の一府県一新聞制の通達がなされた際に県内に残存していた新聞は次のとおりだった。

山形　「山形新聞」「山形民報」
米沢　「米沢新聞」「よねざは」「米沢朝報」
酒田　「酒田新聞」「両羽朝日新聞」
鶴岡　「荘内新報」「鶴岡日報」

「山形新聞」は、一時休刊や改題を繰り返したのち、一八九〇年の第一回衆議院選挙で「山形自由新聞」と改題して自由党の政党機関紙として発展を遂げる。九三年に優秀な記者の招聘を図り、東北論壇に重きをなした芽原蓮太郎を迎え、一九〇六年には「日刊やまがた」を買収合併して「山形新聞」とした。また戦後、社長を務めることになる服部敬雄の父である服部敬吉は、芽原に声をかけられ、彼が「万朝報」に去ったあとを受けて入ることになる。

服部敬吉は一八七二年、新潟県新発田藩の儒家・湯浅保之進の息子として同藩服部家の養子になり、十五歳で新潟に出て新潟新聞社の記者を志し、文選工と活版工を経験、自由民権運動家の市島謙吉の紹介で改進党のリーダーに引き合わされ、党の県支部から「指導者を派遣してほしい」という要請があって機関紙「山形日報」に入った。八三年、敬吉二十一歳だった。県外からきた服部敬吉に対して、山形は「当時の地方の城下町には珍しく他国人だからといって排斥する気分が少なかった(85)」といい、新潟県新発田出身の敬吉にとっても住み心地が悪い土地ではなかったという。その後、サロン化した党支部と意見が合わず退社して、自由党の機関紙「山形自由新聞」(現・「山形新聞」)に迎えられて主筆・編集部長・営業部長になった。

一九一一年五月の山形大火で社屋が消失したものの、翌日から復刊して社を再建したが、一三年十一月、社内の追い出し運動にあって社を去る。その後は上京して貿易商社を創設するが、一九年に「山形民報」が創刊される際に山形に再び戻り、二一年秋に、再び「山形新聞」の常勤役員になる。二二年には株式会社化して二七年に「東京朝日新聞」の記者をしていた息子の敬雄を呼び寄せた。

一九二八年、「山形新聞」が政党機関紙としての新聞の性格から離脱したのは、服部敬雄によるものとされている。敬吉の息子である敬雄は、幼いときから新聞社の雰囲気のなかで育ち、早稲田大学在学中、高田早苗総長を説いて「早稲田大学新聞」を発刊、二五年に政経学部卒業後、大学院で新聞学を学んだ。そののち、山形生まれで早稲田大学の先輩でもある緒方竹虎の計らいで「東京朝日新聞」に入社するが、二七年に父敬吉からの要望で故郷に帰り、間もなく支配人になった。そして二八年の元旦新年号で、従来の政党の機関紙的性格から脱却して一般標準紙であるべき方針を明らかにした。政党機関紙からの脱却について、服部は次のように述べている。

山形新聞の場合、明治九年に自由民権を標榜して創刊、志を同じくするものとして、自由党と提携した。明治の諸政党の多くは、薩長藩閥政府の強大な〝官権〟に対して、〝民権〟の伸張に身を挺する結社だった。しかし、時代は移って、政友会と民政党の二大政党時代に入り、政党自体が権力集中の座を占めるようになった。これにともなって、政党は〝民衆の代弁者〟〝権力への抵抗者〟という結党の精神を失っていく。いわば権力機関そのものに変質、山形新聞の創刊の精神とは、相いれなくなりつつあった。一方、新聞界は全国的に変貌しつつあった。「朝日」「毎日」などが大きく伸長する。この趨勢は、中央の新聞界に身を置いている私に、ひしひしと感じとれた。加えて私は、政友会や民政党といった既成政党に、強い不信感をいだいていた。かつて、自由民権を掲げて戦い抜いた歴史があるにせよ、いまや政権の座をめぐっての党利党略に明け暮れし、苦悩する貧しい一般大衆のことは、ほとんど念頭にない。従って山形新聞の場合、その明日を構築するには、まずなによりも、政党をはじめ、あらゆる束縛から脱し、自主独立の言論をもって民権の伸張を図らなければならない、というのが、早稲田大学いらいの新聞研究と実践を経て固まった私の信念であった。(86)

加えて、服部は、早稲田大学の大山郁夫と安部磯雄を恩師と呼んで慕っている。

私にとって早稲田大学の恩師である大山郁夫は労働農民党、安部磯雄は社会民衆党の委員長になる（略）私自身はそれらと主義を異にするとはいえ、大正リベラリズムを精神基盤にしているだけに、〈あらゆる思想が自由でなければならない〉と信じていた。

在京中も、県内の労働運動家と親交を結んだ。その一人に、河北町谷地の青木明義がいる。谷地は当時、県内で最も激越な農民運動の地であり、青木は中心的指導者だった。その彼から昭和二年の早々、県内初のメーデーに大山郁夫をよんでほしいとの依頼が飛び込んできた。[87]

服部の著書『言論六十年の軌跡』は、戦前の新聞統制と交通業者の一社統制に関してもふれている。そこでは、服部が調整役としてどのように動いたかが記載されていて、戦後の放送免許の一本化調整との類似性があるのでみてみよう。

太平洋戦争突入後、十七年八月、鉄道省は全国の私鉄、バス、ハイヤーなどの交通業者を一県一社に統合する、との通達を布告した。とたんに県内業界はてんやわんやの大騒動。内陸、庄内の両地方を合わせると、四十余社ある。それまで角をつきあわせて過当競争を繰り広げてきただけに、感情的にも対立しており、なかなかまとまらない。着任早々の斎藤亮知事と岡崎英城県警察本部長は、本省からは矢の催促をうけ、ほとほと手を焼いてしまった。二ヶ月ほどして、岡崎が私のところにやってきた。七月に県警察本部長についたばかり。思い余って、前任者の高橋貢に相談したところ、「山形新聞の服部専務に頼め」といわれたという。高橋前警察部長とは、県内地方紙の統合問題で肝胆を照らし合った仲。相手の身が立つように合併工作を進めていく私のやり方を、高く評価しての推薦だった。知事も「服部さんなら業界の事情にも明るいし、公平な立場で取り仕切ってくれるだろう」とのことで、この斡旋懇請になったのだった。岡崎部長の話を聞くと、「このまま時日をすごすわけにいかない。この上は本省の方針通り、強制命令で山形県全域の業者の一本化を図る以外にない」という。それでは、内陸と庄内の地域性が失われ、将来うまくいくはずがない。それに政府の強権発動だけは、何としても阻止しなければならない。そんなことを考えた末に斡旋役を引き受けることにした。[88]（傍点は引用者）

このように、当時の警察部長と一緒になって県内の新聞統合をおこなったこと、そしてその手腕が警察部長に認められていたことが、交通統合で仕切り役に抜擢された理由として述べられている。こうして、県内の交通各社に対して調整をおこない、出資比率や役員構成を自ら裁断[89]した。この結果、服部による交通業界への影響力が確定的になるのだが、他県でもみられる新聞業と交通業を含めた複合企業体の形態は、戦時下でのこのような統合一本化工作にみられる交通業と新聞業の共通性が影響している可能性があり、注目すべき点である。

また服部は、戦中の用紙不足で紙面統合が迫られた際、「朝日新聞」との間で編集権をめぐって対立があったことも記している。これは、戦後の中央紙に対する拒否反応の芽生えともみることができるだろう。例えば次のような文章からも、服部の「朝日新聞」との距離感がうかがえる。

緒方（竹虎）が退社し、美土路が編集にかかわらなくなっていた朝日新聞は、往年とすっかり変わっていた。この際、一気に山形新聞の編集権を掌握しようとする（略）。難交渉の末に、やっとわれわれの主張を貫徹することができた。[90]

朝日側は私を取り囲むように席を占める。しかも、最初から高姿勢。北野は「編集局長のポストは朝日に渡してもらいたい。きのう、盛岡でもそのようにきめた」という（略）中央紙は地方紙より一段、格上だ――。そんな気持ちがみえみえだった。懐旧の念もあって、いささか〝はずむ〟思いで宿舎に訪ねていった私も、これにはムカッときた。それと同時に、はじめに編集局長の座を要求してきたところに、彼のなみなみならぬ〝戦略〟を感じ取った。[91]

編集の主導権を守り抜けたことは大きい。もしこのとき、安易にそれを譲り渡していたら、地域に根ざす地方紙の本道がゆがめられ、あとで回復するにしても、かなりの年月を要することになっただろう。事実、そのような苦汁を味わった地方紙も少なくない[92]。

　このように、服部は県外のメディア（特に「朝日新聞」）に対する拒否反応が強く、実際にマーケットから閉め出そうとしてきたことがうかがえる。同時に、県内各地域でも調整役としてのポジションを固め、中央とのパイプを強化して、同時に県選出の代議士とも関係[93]があった。

　なぜ県外出身の服部が、これほどまでに県内で影響力をもてたのか。「新聞研究」一九五一年十月号の「山形県新聞史」は、「山形新聞」が全国五番目に古い新聞である理由について、「常に言論弾圧に抗して戦ってきたことこそがその存続を永からしめた」とし、「地理的事情、具体的にいえば、山形県村山地方という、旧藩時代から十一代も県の為政者が変わり、そのたびごとに指向する道を失ったようなこの土地の人たちに、何とはない不偏不党の道しるべと、独立自尊の気風を打ち立てようと努めてきたことが、その永い存続の主たるそして唯一の理由であるように思える[94]」（傍点は引用者）と書いている。実際に、「不偏不党」を貫いていたかはともかく、「山形新聞」の所在地である村山地方（山形市）の住民風土が影響していると述べていることは注目に値する。集中排除運動をおこなった相澤へのインタビューでも、村山地方の住民風土について同様の指摘をしていて、住民の従属性が部外者だった服部一族の興盛の要因になったとみられる。

　県の庇護のもとで部数を伸ばした「山形新聞」をほかの土地から移り住んだ、土着ではない服部が県内トップの複合企業体へと成長させた。特に、戦時下の交通の統制や一県一紙統制のなかでの中央とのパイプを利用しながら、県内での指導的な立場を強めた。このような経緯が、戦後に県内のメディア独占企業体へと成長する下地を作ったものと考えられる。

　ここまで、「山形新聞」の歴史を詳細に分析することでいくつかの特徴をつかむことができた。独占が問題視されるほど影響力をもった「山形新聞」の事例であるからこそ、特徴が際立ってみえた。すなわち、「山形新聞」は戦時中から県内の交通会社（バスや鉄道）と関係をもち、交通の統合や新聞の統合で、その調整役として力を発揮していた。一方で、中央政府からみれば、「山形新聞」は言論だけでなく地域の流通に対する統制が容易におこなえることを意味している。いずれにしても、これは戦後の放送免許の獲得の下地が既に戦時中から存在していたことを示している。また、新聞統合の際には、戦時中の用紙不足のときに全国紙との間で編集権をめぐって対立を生じていたことが中央勢力に対する警戒心を強めていた。戦後民主主義の担い手として誕生したといわれる民間放送事業のなかでも、山形の事例のように戦中の一県一紙統制で生き残った地方新聞社が担い手になった放送局には、戦前からの調整役としての機能を引きずりながら再出発したものが多く存在している。その理由は民間放送が戦後制定された放送制度や理念からだけでは明らかにならないが、このような地方紙の歴史的経緯を経営基盤として存立しているからである。すなわち、NHKと異なって民放の事業は、地域での商業メディアとしての独立と安定をめぐって、地域によって対抗する産業資本と地方行政官僚との密接な提携、そして中央メディアとの対決（あるいは連携）という政治経済的要素を抱え込まざるをえなかったのである。

まとめ

ここまで、テレビ免許手続きの過程の実態をいくつかの県で確認した。特に、「県内―県外」と「県内―県内」という対立軸でどのような構図が生じていたのか、また、それらの勢力の結び付きがその県の特徴や権力構造とどのように関係しているのかを確認した。なかでも、県内の地域間の対立軸と県内―県外の資本の結び付き、そして県外（特に全国紙やキー局）同士の対立軸に注目しながら共通項をみてきた。

山形の事例からは、中央の資本に対して強く対立してきた歴史、また山形の住民意識や風土、複数の文化圏が背景にありながら、戦時下での統制によって頭角を現したメディア企業が戦後も県内で複合的に影響力をもち、それが民放の担い手の中心になったことがわかった。

このような事例は、表面的には「土着権力」と呼ばれ、県民の民意とは切り離されて語られがちではあるが、一県一紙統制がおこなわれた地方紙を中心にして中央政府との関係で力をつけながら戦時期に土台を作り上げてきたこと、そして、（本章では山形県という）県内の統治上の特徴（廃藩置県以降の県内の権力構造）がそのような新興勢力の拡大を許してきたこと――特に、県全体を放送エリアにするたった一つの免許を競い合うなかで、県内の各勢力が統治されていく様子が確認された。また、県外に対しては全国紙やキー局の攻勢に反発し続けていたことがわかった。一方で、社説放送の取り組みなど、独自のジャーナリズム活動がなされていたことも特徴的だった。そして、このような県域メディアの独占と集中化に対しては、多くの負の問題が指摘されてきた。しかし地域外に対しては、全国紙やキー局の進出を抑えながら、それがどのようなものであれ独立した編成方針を貫くことができるといった正の側面も持ち合わせていた。服部の死去やその後の全国四波化の免許方針によるローカル局の系列化、そして新たなメディアの登場による多元化によって、そのような側面はいずれも消え去ってしまったが、戦後、民主主義国家として再出発した日本が目指してきた放送のローカリティの理念を考えるうえで、貴重な論点を含んでいる。

注

（1）マスメディア集中排除原則の地元資本の要件（「放送局に係る表現の自由享有基準」第十五条〔平成二十年三月二十六日総務省令第二十九号〕）。
（2）原則的には、三事業支配は禁止されているが例外規定が存在する。
（3）日本の放送規制の特徴は、直接的な規制だけではなく、非公式な影響力の行使という間接的な規制も含めて考えなければならない（村上聖一『戦後日本の放送規制』日本評論社、二〇一六年、六ページ）。
（4）林茂樹『地域情報化過程の研究』日本評論社、一九九六年、九一ページ

(5) 美ノ谷和成『放送メディアの送り手研究』学文社、一九九八年
(6) 同書一一七ページ
(7) 同書一二一ページ
(8) 放送局は、もともと電波を送信する放送所（送信所）とスタジオなどの機能をもつ演奏所が一体のものだった。しかし、スタジオから送信所までの中継技術（ＳＴＬ）が確立すると、経済的・物理的要因からその機能は分離していった。
(9) 浜松の申請者の内容とかけ離れていたため、浜松地区での申請者の調整は最後まで難航している。
(10) 互いに足の引っ張り合いが激しさを増したため、静岡県知事や県議会も介入せざるをえなくなり、結果として「朝日新聞」陣営が静岡に本社を置き、「読売新聞」陣営がこれにひとまず協力することにして静岡県民放送がクロスネットの形態で開局した。しかし、静岡県民放送開局当初から、新設する第四局（静岡第一テレビ）が日本テレビ系列に内定していた。両グループ間でまず相乗りで新局を開局させ、その局の経営が軌道に乗ったところで別途新局を開局させて袂を分かつ開局手法が、以降各地で開局する三局目と四局目でおこなわれたという。その発端はこの静岡県民放送開局に至る一連の流れであり、この手法は「静岡方式」とも呼ばれていたとされる（なお、三局目と四局目の開局の経緯は、二十年史編集事務局編『明日へ翔ぶ――静岡朝日テレビ二十年史』〔静岡朝日テレビ、一九九八年〕、静岡第一テレビ社史編纂室編『静岡第一テレビ十年史』〔静岡第一テレビ、一九九一年〕に詳細が記されている）。
(11) 前掲『地域的情報メディアの実態』二三六ページ
(12) 同書二三六ページ
(13) 同書二三七ページ
(14) 篋島専／樋口喜昭／吉見憲二／木戸英晶／関野康治／深澤輝彦「県域放送制度と今後のローカル局の経営課題について」、慶應義塾大学メディア・コミュニケーション研究所編「メディア・コミュニケーション――慶応義塾大学メディア・コミュニケーション研究所紀要」第六十号、慶應義塾大学メディア・コミュニケーション研究所、二〇一〇年、一四一ページ
(15) 前掲『地域的情報メディアの実態』二三九ページ

(16)ＮＨＫ放送文化研究所編『現代の県民気質――全国県民意識調査』日本放送出版協会、一九九七年、一〇一ページ
(17)福島放送『社史 福島放送の20年』福島放送、二〇〇一年
(18)前掲『地域情報化過程の研究』一〇四ページでは、福島県の民放ローカル局の置局経過を分析しているだけでなく、ローカルメディアが一貫して県の行政施策と歩調を合わせて記事を作成し、キャンペーンを繰り返してきたことを内容分析で示している。また地元県紙を母体として発展してきたローカルメディアの戦後史は、資金面でも組織面でも地元権力（主役は県関係者）との密接な関係をもっていることを指摘している。
(19)前掲『地域情報化過程の研究』九七ページ
(20)同書九九ページ
(21)筆者が二〇〇九年に県内テレビ局に対しておこなったインタビューでは、「収入とのバランスの中でやっていくならば、郡山市を中心としたエリアを選んだ方が、県域全体のエリアを選ぶよりは生き残る可能性はある」といったコメントがある一方で、「県庁所在地からの情報はそこにいないと得られない」（福島放送）といった問題点も確認できた（吉見憲二／樋口喜昭／木戸英晶／篾島専「地理的要因から考える県域放送制度」「情報経営学会予稿集」二〇〇九年秋号、情報経営学会、八九―九二ページ）。
(22)中川一徳は、「産経新聞」の東京販売局作成の社内文書から、小沢一郎の支援を条件に「産経新聞」の岩手県下の作戦をめんこいテレビの本社所在地水沢地区を第一に展開したことを明らかにしている（中川一徳『メディアの支配者』下〔講談社文庫〕、講談社、二〇〇九年、三五〇―三五一ページ）。
(23)山陰放送は、ラジオ放送開局時に、その地理的な事情から両県の中心に近い米子市に本社・演奏所を置いた。鳥取県と島根県の放送局開局の経緯は、次のようになっている。初めに鳥取県米子市で山陰放送（当時はラジオ山陰）がラジオ放送を開始。県紙を母体とせず、無線技術者によって作られた。続いて、一九五九年三月三日に、日本海テレビ（本社は鳥取県鳥取市）が鳥取県をエリアとしてテレビ放送を開始。日ノ丸自動車（一九三六年十月十日、鳥取県のバス事業者統合）が母体。そして、五九年十二月十五日に山陰放送（本社は鳥取県米子市）が、本社は鳥取県に置きながら越境して島根県をエリアとしてテレビ放送を開始。これは当時の一県一局免許に従ったものとされる。このとき、山陰放送はＪＮＮ系列になり、そのため日本海テレビがＮＮＮ系列に加盟した。六九年一月十七日、山陰中央

テレビジョン放送が、島根エリア二局目としてテレビ放送を開始する。当時の名称は島根放送であり、本社は島根県松江市。フジテレビ・山陰合同銀行・山陰酸素工業・山陰中央新報社らによって設立。また、第二十三代・田部長右衛門元・島根県知事が関係している。七二年九月二十二日、鳥取・島根相互乗り入れ実施によって、いずれの局も島根・鳥取両県をエリアとしてスタートした。

(24) 富山市発祥のIT企業インテックや高岡市の三協立山（旧・三協アルミニウム工業と立山アルミニウム工業）などの非新聞系の持ち株比率が高い点に特徴がある。

(25) 村上聖一の前掲「民放開設期における新聞社と放送事業者の資本関係」によると、山形放送に対する「山形新聞」の資本構成は、一九五四年の七・四パーセントから六六年の三・一パーセントに下がっているが、関連会社や親族が運営する企業などによって実質的な独占状態だった。

(26) 前掲『NHK山形50年のあゆみ』一〇ページ

(27) 同書一三ページ

(28) 同書三〇ページ

(29) 山形新聞記者からNHK第一期放送記者になり、その後、山形放送に入局して編成局部長、山形テレビ常務、FM山形社長を務めた。

(30) 前掲『NHK山形50年のあゆみ』二〇ページから一番だけ抜粋。

(31) 米沢からの放送は一九六八年にそれを中止し、中継放送所になった。

(32) 山形放送が山形市から投資を得るにも、この件で最後まで苦労したという（高橋昭編『山形放送三十三年誌』山形放送、一九八七年、一七ページ）。

(33) インタビュー調査：小嶋重雄（山形放送元・専務取締役）。訪問日：二〇一五年二月二十六日十五時三十分―十七時。訪問局：山形放送（一九五三年十月十五日開局、AMラジオ・テレビ兼営局）。場所：山形県山形市旅篭町二丁目五番十二号、山形メディアタワー：山形県山形市印役町在住（住所・連絡先省略）。小嶋は五三年に山形放送入局（第一期）。開局当初からの業務全般を知るOB。インタビュー内容：設立準備期の様子。株主集め。出資者の属性。本人の入社の経緯。ラジオの自社制作、東京支社での番組購入と伝送、キー局のネット中継開始について。郵政省の政策の県メディアへの影響ほか。

(34) 前掲『山形放送三十三年誌』四〇ページ

(35) 同書四一ページ

(36) 山形市から鶴岡市まで専用線で結び、中継局として放送をおこなった。

(37) 一九五四年になると在京局と地方局（山形放送）の間で中継放送の話が浮上し、業界で話題になる。五四年、ニッポン放送の中継放送について示す記事が「朝日新聞」（東京版）一九五四年十一月二十一日付に掲載されている。

ニッポン放送は十一月二十日、「地方民間放送が継続的に中継放送するなら、一定の、まとまった番組を無料で提供する」と発表した。これはデフレで経営不振に陥った地方局を助け、放送網を拡大してスポンサーの便利を図ろうというねらいだが、これに対してラジオ東京や文化放送などでは「これでは地方放送の独自性が失われ、そのうえ放送料金の体系に大影響がある」として批判の声も上がっていて、この「爆弾提案」は民間放送界に大きな波紋を投げかけている。

ニッポン放送は、①地方民間放送局はデフレによるスポンサー不足の困難も少なくなり、金のかかるサス・プロを作らなくていいことになる。

②ニッポン放送としてはサービス地域が拡がるためスポンサーにも有利。このシステムが発展すれば従来どおりの料金だけで全国的に放送できる。

③したがって地方局はだんだん中継だけをおこなう設備会社になる。

といっている。この発表に対しラジオ東京、文化放送などではそれぞれ対策をねっているが、なかには「公共性をもつ放送事業としてこのような独占的な行き方は問題だ」という意見もあり、日本民間放送連盟でも成り行きを注目している。

山形放送の斎藤健太郎編成技術局長は、ニッポン放送との提携問題について「山形放送の首脳部が一丸になって、半年がかりでまとめあげた自慢話のひとつである」として、以下のように述べている。

「山形がニッポン放送の膝下に屈したと解釈する人もいるようだが、両者の立場はあくまで五分五分で、決して世間でいわれているようなそんな従属的契約ではない。（略）一日十七時間のプロを地方で組むのはこれは実際上大変な話。合理化の良い方法はないかと考えていたときに、浮かんできたのがこのギブ・アンド・テーク方式で、山形の方からニッポン放送へもちかけたところ、同社の方でも大いに譲る点は譲ってくれて、今度のような画期的な提携となった」「地方局が自力ではカンタンにできそうにない豪華プロも、この方式によれば容易に実現されようし、また、そのプロの放送をキイ・ステーションに当るニッポン放送から強制されるわけでもないから、世間でいわれているように、編成上の主動性をキイ・ステーションの手中に握られることもなく、地方の放送文化の高揚にも大いに役立つだろう」（傍点は引用者）。「山形放送がニッポン放送に買収されたとか、その経営傘下に入ったとの極説さえ耳にするが、これは山形放送にとっても、またニッポン放送によっても迷惑至極な憶説で、同社の鹿内専務なども、地方局の経営のむずかしさを十分折り込んだ上で、極めて協調的態度で協定取り決めに当たってくれ、文字通り互譲精神のなかから生まれたものといって過言ではないせいしつのものだ」（斎藤健太郎『民間放送』日本民間放送連盟、一九五五年、一四―一七ページ）

(38) 前掲『山形放送三十三年誌』六三ページ

(39) 浜谷英博「表現の自由とテレビの「社説放送」考――放送の自由・言論機関性をめぐる憲法学的視点」、国士舘大学日本政教研究所編「政教研紀要」第十九号、国士舘大学日本政教研究所、一九九五年

(40) 一九五八年十月三十一日の衆議院逓信委員会で、郵政省電波監理局の舘野繁放送業務課長が、社説放送は「非常にむずかしい、神様でないとできないだろう」と述べ、この発言が放送言論活動の足かせになったことは否定できないとしている（高橋昭『放送ジャーナリズムの道――「社説放送」の15年』宝文堂、一九九四年、二一ページ）。

(41) 前掲『放送ジャーナリズムの道』五一―五二ページ

(42) 前掲の小嶋元・専務へのインタビュー調査

(43) 前掲「表現の自由とテレビの「社説放送」考」八八ページ

(44) 山形テレビ社史編纂委員会編『時を刻んで――山形テレビの軌跡』山形テレビ、一九八七年、二一ページ

(45) 山形県第二区（中選挙区）選出の代議士で、当時、衆議院逓信常任委員長だった。

(46) 前掲『時を刻んで』五四ページ

(47) 同書五六ページ

(48) 百十九社のダミーのうち「日本経済新聞」のダミーが三十二社、「山形新聞」のダミーが五十二社とされる（相沢嘉久治『これでいいのか、山形県民!?――FMスキャンダル』いちい書房、一九九八年、七ページ）。

(49) 藤田稔「マスメディア集中排除原則の現状と課題――地方住民の視点で」「山形大学紀要 社会科学」第二十三巻第一号、山形大学、一九九二年、八六ページ

(50) 柿本義人「山形〝服部天皇〟メディア支配の崩壊――山形新聞を初めとした「山新・山交グループ」の地域支配は、いま音をたてて崩れ始めた」「創」一九八八年十一月号、創出版

(51) 田中哲『私の放送史――山形のメディアを駆け抜けた50年 3部 4部』（共同出版、一九九八年）では、当初、アンチ「山形新聞」で「日本経済新聞」を中心に集まっていた反対派の人たちは、「いつの間にか相澤君が疎外される形となり、次いで長沼、寒風沢氏の間にもヒビが入った」（七〇一ページ）と反対派が分裂していった様子を述べている。

(52) 田中哲は、自分がエフエム山形の社長への打診を服部から受けたことに関して次のように記している。「山形テレビ社長の今野君から呼ばれて社長室に行った。彼は極めて低くささやくように「実は近日中、県から先輩の所にエフエムの話があるかもしれない」と知らされた。彼の話によれば「過日、板垣（山形県）知事からエフエムの社長の件で、服部社長に相談があり、二人の間で田中ではどうか」となったらしい。三月に入って間もなく、こんどは服部さん（山形新聞社長）から呼び出しがあった。服部さんは、「エフエムの社長には君が最適任者だと思い、知事に推薦しておいた。正式の話があったら是非承諾して、いい会社を創って欲しい」といわれた」（同書六七八―六七九ページ）。山形テレビの部下の今野、板垣県知事、服部の間のやりとりが生々しくみえてくる。

(53) 「私が山形テレビの常務の時、近く山形県にも民放FM局の電波が割り当てられると知らされた。山形テレビは山形放送と違ってラジオをもっていない。この際、ラジオをもつことは絶対必要だとされていた。これは山形テレビ開局当初からの悲願にも似たもので、〔一九八〇年に：引用者注〕新しいスタジオを建設した時も、スタジオの西側の倉庫部分の二階は、マスターと報道の部屋。三階の大きな空間の部屋は将来はエフエム開局に備えようとまで考えていた」（同書六八〇ページ）

(54) 「山形新聞」系九・五パーセント、「日本経済新聞」系八・五パーセント、それ以外の「朝日新聞」「読売新聞」「産

経新聞」「河北新報」「米沢新聞」は各四・〇パーセントだった。
(55)前掲「マスメディア集中排除原則の現状と課題」八六ページ
(56)しかしこの会社は、「山形新聞」を中核として資本に電通が加わったもので、社長には「山形新聞」の広告部から出た斉藤博が就任し、幹部は「山形新聞」、山形放送、山形テレビからの出向社員だった(前掲『私の放送史――山形のメディアを駆け抜けた50年 3部 4部』七二八ページ)という。
(57)放送ジャーナル編集部編「月刊放送ジャーナル――ミニコミとマスコミの総合誌」一九八七年十一月号、放送ジャーナル社、三一ページ
(58)放送ジャーナル編集部編「月刊放送ジャーナル――ミニコミとマスコミの総合誌」一九八七年八月号、放送ジャーナル社、一四ページ
(59)前掲「月刊放送ジャーナル」一九八七年十一月号、三五ページ
(60)日本民間放送連盟編『日本民間放送年鑑1991』コーケン出版、一九九一年、二〇四ページ
(61)放送ジャーナル編集部編「月刊放送ジャーナル――ミニコミとマスコミの総合誌」一九九六年一・二月号、放送ジャーナル社、五一ページ
(62)放送ジャーナル編集部編「月刊放送ジャーナル――ミニコミとマスコミの総合誌」一九九六年四月号、放送ジャーナル社、五八ページ
(63)同誌五八ページ
(64)同誌五九ページ
(65)山形テレビが突然ネットチェンジをおこなった理由については、山形テレビの経営問題が関係しているといわれ、特に服部によって進められていた経営の多角化が本業を圧迫していたところをその救済にテレビ朝日(「朝日新聞」)が乗り出したからだとみられている(小田桐誠「山形テレビ、フジ〝絶縁〟の真相(下)」「創」一九九三年一月号、創出版)。実はその二年前、一九九一年三月十四日、「山形新聞」グループで絶大な力をもっていた服部敬雄が九十一歳で死去している。彼の死去によって、それまで微妙だった「朝日新聞」と山形テレビの関係が戻ったという見方もある。服部の自伝『言論六十年の軌跡』(山形県中央図書館、一九八七年)によれば、服部と「朝日新聞」の関係は

深く、服部が大学を卒業後、最初にジャーナリストとしてスタートを切ったのは「朝日新聞」だった。しかしその後、家業の「山形新聞」を継ぐために山形に戻った服部と「朝日新聞」の関係は良好なものとはいえなかった。全国紙に対する警戒感も「朝日新聞」に対しては特別のものだったようである。

(66) 前掲の小嶋元・専務へのインタビュー

(67) もっとも、郵政省の省令である「放送局の開設の根本的基準」第九条第三項には「ただし、当該放送対象地域において、ほかに一般放送事業者、新聞社、通信社その他のニュース又は情報の頒布を業とする事業者がある場合であって、その局が開設されることにより、その一の者（その一の者が支配する者を含む。）がニュース又は情報の独占的頒布を行うおそれがないときは、この限りではない」と規定して、三事業支配を例外的に認めている。この但書きはフジテレビジョンを念頭に置いたもので、郵政省には地方での三事業支配を是認する意図は、少なくとも当初はなかったとされている。

(68) 前掲「マスメディア集中排除原則の現状と課題」七六ページ

(69) この経緯については、前掲『時を刻んで』四八ページによる。

(70) 前掲「マスメディア集中排除原則の現状と課題」八五ページで県が介入したことによる問題点を、次のように指摘している。「仮に放送局の主導権争いが県の持ち株によって決まるとすれば、放送局は県政批判を控えるだろう。執筆当時のＹＢＣ社長も元・山形県総務部長であり服部、板垣と極めて親密な間柄であったことはよく知られている」

(71) 前掲「マスメディア集中排除原則の現状と課題」八五ページ

(72) 同論文

(73) 筆者の相澤へのインタビュー。詳細は注（75）を参照。

(74) 藤田稔は、「東京のキー局各社の担当者は、「山形には問題があった」と述べているが、系列局獲得の為に、各キー局が山形のマスメディア支配の問題の報道を抑制してきたことも事実だろう。これは、キー局間の競争が地方局のマスメディアの集中・独占を下支えする役割を果たすように機能することを示していよう」（前掲「マスメディア集中排除原則の現状と課題」八五ページ）と述べている。

(75) 相澤へのインタビュー日時：一回目：二〇一三年九月二十二日、十二時十五分―十八時、場所：山形市ホテルキャッスル。二回目：一五年二月二十六日、十八時―二十時、場所：山形市ホテルキャッスル。

(76) この雑誌の詳細情報は公開されていないが、筆者の相澤へのインタビューによれば、相澤が山形へ帰郷した一九七六年頃と考えられる。相澤によるミニコミ誌の出版はタイトルを「素晴らしい山形」に変えて二〇一六年十月現在も精力的に続いている。

(77) 前掲の相澤へのインタビュー

(78) 前掲の相澤へのインタビュー

(79) 民主主義科学者協会（民科）は、一九四六年一月に創立された民主主義を志向とする日本の自然科学者・社会科学者の連合。創立当時の会員は百八十人で、その後、民科の趣旨に賛成する自然科学者・社会科学者が会員になり大勢の知識人が集った。民科は、過去の戦争に対する悔恨と戦争を再び起こさせないという意図に基づく団体であり、必ずしもマルクス主義の団体ではなかった。特に、民科は一つの団体として、民主主義を強調する側面がきわめて強かった。民主主義と知識人の政治責任への強調こそが民科の発足の基礎だったという（邱静「戦後における知識人の思想と政治――憲法問題研究会を中心に」早稲田大学博士論文、二〇〇八年、二八―二九ページ）。

(80) 北海道出身。田中角栄の政務秘書を務め、その後、政治評論家になった。

(81) 前掲の相澤へのインタビュー

(82) 相澤嘉久治／内田雅夫／杉本時哉／須藤忠昭『メディア帝国の恐怖と貧困――マスコミの集中排除運動と早坂茂三』いちい書房、二〇〇七年、八四―八五ページ

(83) 同書八四―八五ページ

(84) 前掲の相澤へのインタビュー。相澤はさらに、かつて山形で起きていたことが、現在は日本で起きているとして、「日本のヤマガタ化」が進んでいるとも述べている。

(85) 前掲『言論六十年の軌跡』二七ページ

(86) 同書一五〇ページ

(87) 同書一五二ページ

(88) 同書二四六―二四八ページ

（89）服部は裁断の経緯を次のように述べている。「私が構想した内陸地方一本化の「山形交通株式会社」の母体は、私鉄の三山電鉄、高畠鉄道、尾花沢鉄道と、バスの山形交通自動車商会、今村自動車の五社合併である。まずは五社間の当事者交渉をさせたが、互いに対抗意識が強く、結局は私の出番となった。出資比率、ついで役員構成、これも私が裁断する以外になかった。合併会社というのは、どこもそうだろうが、旧会社の名残が強く、足の引っ張り合いが激しい。もともと素封家の出である設楽社長は人格円満で、それだからこそ私は社長に推したのだが、役員間の泥仕合に近い確執をまとめていく強烈な指導者にはとぼしい。結局、ことあるごとに内紛収拾のために出て行かざるを得なかった。私の山形交通へのかかわり合いは、まさしく同社創業時からはじまるのである」（同書二四六―二四八ページ）

（90）同書二六八ページ

（91）同書二七二ページ

（92）同書二七七ページ

（93）当時の県選出代議士の木村武雄、池田正之輔との関係については次のように述べている。「十七年〔一九四二年：引用者注〕の四月、翼賛選挙が行われる。その中で山形県内からは一区で木村武雄、二区で池田正之輔の二人が（大政翼賛会）非推薦で当選した。池田とは特に長い付き合いだ。／（略）私は二人を側面から応援した。各紙が官憲の意を迎えて、（大政翼賛会）推薦候補のことばかり取り上げるのに対して、山形新聞はすべて平等に取り扱った。結果は二人とも当選。県内二つの選挙区で、ともに非推薦議員が誕生したのは、全国でも例がない。翼賛政治不支持を貫いた山形新聞のバックアップがその陰にあったのである」（同書二五九―二六〇ページ）

（94）近藤侃一「山形県新聞史――地方別日本新聞史2」、日本新聞協会編「新聞研究」一九五一年十月号、日本新聞協会

第6章　制度・組織・番組

本章では、ここまでおこなってきた通時的分析と地域での特徴的な事例からの知見を踏まえて、制度・組織・番組の側面から放送のローカリティをあらためて考察する。特に制度では、戦後の民間放送の監理に際して事前調整や区域割りで戦前・戦中期との共通項がみられ、放送のローカリティを理念として掲げながらも実態との乖離があった点に着目する。また、組織では、戦後、地元企業や自治体との関係が深い局と、実質的にはキー局や全国紙の子会社と見なせる局の独立性や放送エリアの適合性について検討する。そして番組では、これまで問われてきた番組のローカリティを描く視点と対象（ローカル向け／全国向け）によって分類し、それらがどのように変化してきたのかを考察する。そしてこれら制度・組織・番組でみえたローカリティがそれぞれ関連しながら、日本の近代化の過程に沿って変容してきたことを以下で述べる。

1　制度からみた放送のローカリティ

放送のローカリズムの形成過程

これまで通時的に分析を試みた日本の放送のローカリティについて、制度面から振り返る。特に放送免許の行政手法を連続的に捉えると、戦前・戦中と戦後に多くの共通点がみられる。

戦前・戦中期の放送は当初、東京・大阪・名古屋の各放送局がそれぞれ別の事業体としてスタートしたが、ほぼ一年で日本放送協会として統合・一元化された組織が日本の放送を担うことになった。開局初期の申請者には、戦後に民間放送開局に参加する新聞社も多数含まれていた。また、一本化調整という行政手法も戦後始まったものではなく、大正時代の放送開始初期にもみられていて、免許交付では日本の伝統的な行政手法と捉えることができる。この当時、放送は、無線電信法によって電報や電話などの公衆電信とともに政府の一元的管理統制のもとに置かれていた。したがって、各地の番組でも統一的で均質的な放送がなされていたと考えられていたが、本書でこれまでに明らかにしたように、初期の放送では娯楽番組を中心に地域の特色をもつ多様な番組を制作していた。しかし、一九三四年の組織改革に伴って中央統制が強まり、質・量ともに全国的に共通化させられていった。

戦後、占領期に日本の放送の民主化は特に重要な占領政策の一部と見なされ、日本放送協会にはＧＨＱによる様々な指導がおこなわれていた。そのなかで、アメリカをモデルにした『ローカル・アワー』や『リージョナル・ショー』といった地域的番組が、ＧＨＱの指導のもとで制作され放送された。またＲＦＤ（農事放送担当者）を各地に配置して農業従事者向けの番組を放送するなど、農地改革による小作農に対する指導といった占領政策との連動もみられた。ＧＨＱによるこのような民主化政策と放送の連動は、放送（組織）の民主化を本当に進めたのかという点では疑問がある。本書で指摘したように、戦前の日本政府による指導・検閲体制からＧＨＱによる指導体制にスライドしただけだと受け取られるような日常業務の連続性がみられた。日本放送協会が解体されずに残ったことで、協会の業務手法や組織体質、そして戦前からの中央集権性は完全には一掃されなかった。また、ＧＨＱの放送の民主化に対する態度は、占領政策の進展とともに微妙に変化した。特に労働組合の左傾化と放送ストライキ、そして一九五〇年七月のレッドパージによる大量解雇は、その後の民放局への人材の流入なども含めて戦後の放送の再編に大きな影響があった。このGHQの逆コースによる締め付けは、戦前からおこなわれてきた放送の中央統制や官尊民卑的風土と重なって、協会での戦前からの組織的な体質が引き継がれ、放送の民主化の不徹底につながった。放送を地域のコミュニティの手に委ねて、言論機関として独立した組織にするといった放送のローカリズムの建前は、置き去りにされたのであった。

一九五〇年には、放送法、電波法、電波監理委員会設置法の三つの法律が制定された。法運用についての初期の設計では、独立行政機関である電波監理委員会が設置され、多くの裁量がこの機関に与えられていた。戦前に国家が監理していた放送の免許を、電波監理委員会という独立行政機関に委ねるようにしたことは画期的ではあった。また、放送法で初めて民間放送が許され、日本の放送がNHKと民間放送の二本立て体制になったことも、戦前の一元的な体制とは違い放送の多元性を基礎づけた。これによって、民間に放送免許が開放されることになった。初期の免許方針として示されたのは、富安謙二の談話による一地一局主義だった。初期の民放設立者は、各地の新聞社を筆頭にした地元資本が中心になった。新聞という言論機関が同じ言論機関である放送を所有できる点（二重支配）は多元性からみて問題はあったが、敗戦間もない当時の状況では、やむをえないものとされた。また、一局をめぐっては一本化調整という手法がとられた。これは、戦前の初期の免許申請時にもおこなわれた行政手法であり、それがそのまま踏襲されて透明化された明確な基準をもたなかったために、談合的な要素を含み、たびたび問題とされてきた。

一方で、電波監理委員会による行政は、大阪では公聴会が開かれるなど、放送免許をめぐる民主的な取り組みとして評価できる点もあった。予備免許が与えられた初期の十六社の特徴は、新聞社を中心に、経済界、地元有力者を網羅した無色の公益団体に近い性格をもつことだった。また、東京では新聞社の合弁の一社と別個の性格のもの一社、大阪では「毎日新聞」系と「朝日新聞」系の二社、名古屋、北海道、仙台などは地元紙による中立勢力一社になったこと、名古屋、大阪が東京に先んじて電波を出す体制になったためにネットワーク化が妨げられ、独自番組を制作する方針がとられていたこと、そして神戸、京都、北陸の三局のような経済圏が小さな地域であっても原則一県一局主義がみられたことも特徴だった。サンフランシスコ講和条約後、吉田茂内閣は電波監理委員会を解散させ、郵政省（郵政大臣）に電波行政の業務を移管させた。この結果、戦後に占領下で目指してきた放送の民主化は、制度的にも後戻りしたといえる。また、電波監理委員会を前提にしていたために曖昧だった免許基準も相まって、郵政省（郵政大臣）に多くの裁量が委ねられることも問題になった。

表30　日本のローカリズム原則の形成過程

出来事	方針
1950年：富安談話	一地一局主義
1951年：予備免許16社	一県一局主義（県域原則）
1957年：「テレビジョン放送局予備免許の付帯条件」	免許の条件として資本や役職員の制限が課せられる（マスメディア集中排除原則）

全国に分布した民間放送の組織形態にみられるローカリティは、テレビ放送の免許が全国に許可されるようになると明確さを増していく。特に重要なものは、一九五七年の「テレビジョン放送局予備免許の付帯条件」である。これは、免許交付の条件として資本や役職員の制限を課すもので、その後、マスメディア集中排除原則と呼ばれるものになった。第1章で述べたように、五二年の電波配分規則の制定がアメリカでのローカリズム原則の確立となった。その配分規則では、各コミュニティに対して最低一局のテレビ放送局を割り当て、それ以外は原則に基づいてチャンネル割り当てをおこなっていた。これを菅谷実はローカリズム原則と呼んでいた(1)。時期的にみて、アメリカのこれらの規則を参考にした可能性も考えられるが、富安談話による一地一局主義の流れを受けながら放送の集中排除を求める条件をつけたことで、その後のテレビ局置局の構造や企業の性格を決定づけた行政措置であり、これをもって日本の放送のローカリズム原則の端緒と見なしていいだろう。

このように、一九五〇年十二月に富安談話でその方針が示されて以降、放送企業への資本制限といった規制によって、民間放送と地域社会との結び付きをもたせるための制度が形成されてきた。また、地域をどの程度の単位とするかは、もともと明確に「県単位」とはされていなかった。だがその後、行政区域である「県」が単位になっていったことは、行政当局が電波監理委員会廃止ののちに郵政省になったこととも無関係ではない。戦前からの行政区域である県単位の監理によって、放送のローカリティの単位は、「行政単位＝

県」とする方向性が明確化したのであった。

戦前からの連続性という観点で免許方針をみると、いくつかの点で共通項がみられた。それは戦前の中央統制でも利用されてきた「県」という行政単位であり、また県内の利害の調整で使用された一本化調整だった。放送は、国家から国民の手に渡されたはずだったが、放送免許の許認可では、地域の申請者の間で一定の免許基準のもと民主的に決められたようにはみえない。各地域で民主的な合意形成が育っていなかった面もあるが、そのことが結果的に戦前からの中央と地方の権力構造を引き継いだ一本化調整を容認することになった。

規範論と実態論

では制度の規範論からみて、このような過程で形成されてきた実態的な日本の放送のローカリティは、どのように解釈できるのだろうか。日本の放送制度がモデルにしたアメリカの放送制度で、放送のローカリズムは放送の公共性の一部として扱われていて、そのために日本でもたびたび放送の公共性が語られてきた。一九五〇年代後半には、放送のローカリズムをめぐる論議でも同様に、放送の公共性の観点から語られることがあった。

花田達朗は、日本での放送の公共性に関する従来の論議の特質を、その後展開される「規範論的放送の公共性」論と対比して「実態的放送の公共性」論と命名している。[2] この論での主たる行使主体は、日本では国家行政と放送事業者に限られ、そこでの放送の公共性とは「放送事業の公共性」を意味したという。日本では、放送の規制根拠を「電波資源の有限希少性」と放送の「社会的影響力の大きさ」に置いているが、この意味合いは「実態的放送の公共性」論によって与えられていると述べている。すなわち「電波の希少性」は電波公物論という一種のフィクションと接続し、「社会的影響力の大きさ」という表現は民主主義社会形成のための放送というポジティブな能力の大きさのことを指しているのではなく、むしろネガティブな作用、それへの警戒心を示しているのだという。

日本の「実態的放送の公共性」論の意味や機能は、その公共性を主張する主体とその動機を吟味することではじめて明らかになると述べ、「誰が誰に対して放送のどのレベルにおける公共性を根拠として何を達成しようとしてきたかということをみることによって、「実態的放送の公共性」論のイデオロギー性が明らかになる」のだとしている。そして、「国家行政は、この「放送事業の公共性」を論拠に規制を強めて放送事業者の自由を抑制・制約してきた一方、放送事業者は、放送の公共性の名のもとに国家行政に対して、あるいは他の外部勢力に対して組織の自己保存と自己利益の確保を図ろうとしてきたようにみえる。そこには国家行政やそれと未分化の共同体社会の論理に取り込まれた「日本的公共性」をみることができる[3]」と総括し、戦後、放送の公共性の概念が規範と実態を分離して日本にローカライズした構図を明らかにしている。

また林香里によれば、公共性とは西欧思想で近代化プロセスと社会変動に応じて批判と修正を施されながら今日まで鍛えられ培われてきた社会科学の基礎的規範概念の一つで、近代的個人と行為の理念型や制度・組織の規範を引っくるめたパッケージ的属性を表現するものであって、日本国憲法でも「公共の福祉」という言葉で表されている。しかし、日本で公共性概念には、「日本の実情を反映しない西欧中心主義」だという保守派からの批判がついて回ったという。そして、公共性は便利な言葉として日本近代の発達史で多用され浸透していくうちに、いまや西欧言語にも逆にそのまま翻訳できないという自体にまで至り、西欧発公共性はいつのまにか「日本独特のセマンティーク」を獲得したのだという[4]。

花田がいう「日本的公共性」、そして林がいう「日本独特のセマンティークとしての「公共性」」、これら二つからもわかるように、それまでの日本での公共性論議が日本独特のものであるならば、その要素概念としての放送のローカリズムをめぐる論議も、同様の解釈が成り立つ。すなわち「実態的放送のローカリズム」論であり、また「日本独特のセマンティークとしての「放送のローカリズム」」である。

確かに、電波監理委員会という行政委員会が日本になじまないとした臨時放送法制調査会の答申も、チャンネルプランで実態化していったマスメディア集中排除原則による放送の地域性も、花田や林の論じるような「日本独特のセマンティーク」を必要としていた。すなわち、日本型の放送のローカリズムが必要とされたのである。

日本型の放送のローカリズム

では、日本型の放送のローカリズムの一つの特徴である一本化調整という行政手法を、日本の文化的特質として法社会学的にみた場合どのように解釈できるか。長谷川貴陽史は、放送免許の一本化調整と大型店の出店調整を事例に、日本の事前調整指導を法社会学的な立場から考察している。(5)

それによれば、事前調整指導は現代的側面と文化的(前近代的)側面との融合とみることができるという。まず、現代的側面では、一本化調整は政治の領域から実質的な要請を向けられた法的決定が、その要請の圧力を縮減するために取っていた対応策(6)として理解できるという。しかしその対応策が有していた限界として、政治的な圧力に対する決定の中立性が担保できず、法の規範性に対する信頼を損ないかねない事態になっていることを指摘した。また、文化的側面では特異な権力行使の手法として記述でき、権力者の権威と服従者の恭順といった「川島理論」(7)とも関係をもつとした。

長谷川は、川島のこうした日本的な秩序原理に基づく紛争解決を前近代的なものと見なすことに異議を唱える。その理由を、「近代/前近代という時間的な差異に固執し、前近代的な社会関係を権力や服従に基づく社会関係として位置づけるならば、近代社会において機能している権力の作用を見逃すことになりかねない」とした。そして、むしろルールへの志向(「西洋的秩序」)も、家父長的権威のような社会的な権力への志向(「日本的秩序」)も、社会に不可避的に発生する対立や紛争を終結させる「第三者の権力」の動員にほかならないことを認めたうえで、その機能上の差異を分析するほうが有益だとした。

「西洋的秩序」は、対立や紛争を匿名化されたルールの発動によって解決する。すなわち、西洋的自我は、自己を非人格的な規範に服従させることによって普遍性・抽象性を具備する自立的主体として完成された。実定法という複雑に組織されたルールが権利を有する自立的な法的主体を生み出してきたことも、西洋的な秩序原理の現れだとした。

これに対して、「日本的秩序」では、対立や紛争はそれを隠蔽し潜在化することによって解決する。このことは、日本人の自我が特定の他者の了解や期待を行動選択の規範とし、これに服従することによって形成されることと同期している。その結果、日本社会では日本的な自我を支えるような規範やコミュニケーションが発達したのだという。

日本では、非人格的規範は、対立や紛争を顕在化させ他者との関係を危うくする点で「容認できない」とされた。むしろ、特定の第三者という「上位あるいは隣接集団からの圧力[8]」によって紛争を解決するという方策がとられた。そこでは、西洋的秩序とは異なった様式で権力を動員して、秩序形成を図っていたのであった。

このように長谷川の論は、放送免許の取得をめぐって戦後繰り広げられてきた論議について多くの知見を与えてくれる。法社会学的にみれば、戦後の放送制度の不完全性は、郵政省主導の一本化調整や県という行政単位に従った県域原則という「家父長的ルール」と、敗戦によって外部からもたらされた近代的な秩序原理に基づく「非人格的ルール」との間の摩擦の結果として理解することができる。

一本化調整といった行政手法が利用された背景には、戦後の民主化政策のなかで作られた非人格的規範としての放送制度と、戦前から底流する秩序の実態との間のクッションとして機能してきた面がある。ここに、日本の放送制度の二重規範[9]がみられるのである。

しかし、このような実態的な行政手法は、一九九〇年代に入ると公にはおこなわれなくなっていく。もちろん、地上波テレビジョン放送の免許が二〇〇〇年以降出されなくなるといったこともあったが、その後の電波の割り当てでも地域での調整といった手法はたびたび問題視され、「家父長的ルール」が徐々に後退し、法律の整備が進むと同時に、「非人格的ルール」によって置き換えられていったのである。

2 組織からみた放送のローカリティ

次に、組織の面から日本の放送のローカリティをみてみよう。戦後、特にローカリティが求められてきた民間放送について分析し、地域社会に対する分散の仕方は適切だったのかについて考察する。

ローカル局の特徴

戦前の放送組織は、最も初期には、東京、名古屋、大阪の三局が独立していたが、一年ほどで日本放送協会へと一元化された。戦後、新たに制定された放送制度によって民間放送の免許が各地域へと交付され、全国的な組織のNHKとの二元体制になって放送の主体が各地に分散して多元的なものになった。特に民間放送は、戦後の放送の民主化政策、そして地域免許制に基づいた放送のローカリズムの理念を体現しているといっていい。しかし、各地に設立された民間の放送局は、地域の運営組織や設立のタイミング（何局目であるか）によって複数の共通した特徴を有していた。そこで、それらの設立の経緯に基づきいくつかのタイプに分類してみよう。脇浜紀子は、民放基幹局の営業利益率に基づく分析で民放のタイプを分類している。それによれば、民放ローカル局を大きく二つに分け、一つ目は「土管型」ローカル局と名づけ、自社制作を抑え、キー局の番組をそのまま放送する傾向を示す局としている。[10] 二つ目は「老舗型」ローカル局と名づけて「地域で最も早く開局した事業者や地元地方紙の資本で成立した局が多く、その自負や、従業員の安定雇用や伝統事業への固執といった「老舗」的なカルチャー等が存在する」[11] と述べている。

本書では、脇浜の分析結果を考慮してさらに各道府県での設立の経緯を分析した。すなわち、戦後、初期の民放ラジオローカル局は、大阪や名古屋が先発だったことや、東京の局が新聞各社の相乗りだったことから、ネットワーク化は早急に進まず、各局独自の番組を制作して送らざるをえなかった。そのため、当初から心配されたような全国ネットワーク化による均一な番組編成へはすぐには至らなかった。つまり、初期（一九五〇年代）の民間放送の組織は分散的だった。したがって放送のローカリティの組織的なあり方が本格的に問題とされるのは、テレビ免許が各地に出される第一次チャンネルプランからだが、ラジオとの兼営が許されることになり、初期のラジオ放送で構築された全国勢力図が急速に塗り替えられることはなかった。しかし、民放テレビ局がエリアに複数許される一九六〇年代後半になると、地元資本だけでなく全国紙やキー局を中心とした中央資本が参入して、複雑な資本構成をもつことになった。その結果、表31で示す次のような三つのタイプのローカル局が各県に乱立することになったとみることができる。

表31　民放ローカル局の分類

分類	特徴
①老舗型	地元の新聞社が中心になって設立された民間放送局（主に1局目のラジオ・テレビ兼営局）
②第2勢力型	第2勢力が中心になって設立された民間放送局（主に2局目に開局したテレビ局）
③系列型	全国紙またはキー局が中心になって設立された民間放送局（主に3、4局目のテレビ局）

表31の①は、設立時期が最も早く、地方紙と結び付いたラジオ・テレビの兼営局である。地元では、地方銀行や地元企業、県などの資本が入り、老舗の放送局になっている（老舗型）。②は、地方の中核都市で第二の地元資本や県内第二の都市が中心になった放送局である（第二勢力型）。比較的小さな県では、全国紙やキー局の影響が大きいと思われる。③は、主に全国紙やキー局が中心になって設立した放送局で、系列化が進行したあとで誕生した局である（系列型）。このように、設立時期や県内での設立順によって放送組織のあり方に差異が生じる。こうした差異は、マスメディア集中排除原則による資本や役員の規制が効いているものと思われ、放送組織の地域的な性格＝「放送組織のローカリティ」を特徴づけたとみていい。もちろん、関東、中部、関西の各広域県で事情は異なっていて、キー局と準キー局とともに、各県の独立局の存在を指摘する必要がある。また、鳥取、島根、岡山、香川についても県をまたいでいるため個別の事情が存在する。ここでの分類は、それ以外の地域についてである。

脇浜は、③の系列型の局について、なるべく番組を自局で制作せずにキー局の番組をそのまま放送したほうが営業利益率を高めることができるため、企業判断としては正しいが、マスメディア機関として免許を受けた放送局の使命として、一定量の自社制作番組を制作する必要はあるにもかかわらず、それを無視していると批判している。また、ローカル番組を制作しないことは、番組制作のノウハウや人材育成の機会がなくなり、結果的に外部変動に弱い体質を温存し、不安定な経営を生んでいるとも述べている。

本書での分析は、脇浜の指摘と共通する部分も多い。いずれにしても、組織面から分析してみえてきたのは、三つの分類でもわかるように各局の性質の違いである。資本関係による役員の交流によってキー局や新聞社と地方局、そして地元新聞社が多重に結び付いていて、そのような意味では各局が独立した局というよりも横のつながりが強い連合組織ともいえるだろう。

民放ローカル局と全国紙・キー局の結び付き

では、このように地方紙や全国紙、キー局との様々な結び付きのなかで形成された日本の民間放送のあり方は、言論機関としてどのような問題があるのか。

当初は、ラジオからスタートした民間放送の明確な系列化は進んでおらず、制度的にも民放同士の系列関係を制約する動きが目立った。番組の供給に関する協定に関して、規制当局は全国化の進展をコントロールするために地域性を要請し協定を制限してきた。放送法には、放送番組の供給に関する協定の制限という条項が存在している。放送法の第百十条では、「基幹放送事業者は、特定の者からのみ放送番組の供給を受けることとなる条項を含む放送番組の供給に関する協定を締結してはならない[12]」とされている。しかし、当局のこの方針への態度の曖昧さもあって[13]、実質上この条項の理念に反する現実を作り上げてきた。

一九六〇年代以降、ニュース分野からネットワークの固定化が進んで番組交換や広告営業の分野に拡大すると、テレビ局（UHF局）の大量免許に伴う各県での民放複数化によって、キー局による系列局の獲得競争が激しさを増した。エリア内の開局数が少なく、キー局の数よりも局数が下回るために複数のキー局の番組を選んで中継していたクロスネット局の場合はキー局に対して交渉力をもちえたが、七五年の大阪でのネットワークの整理とともに、ネットワーク系列（と全国紙）の結び付きが明確になるにつれて、キー局の優位性が高まっていった。また、どこの系列に収まるかに関しては、結び付きの強さよりも、周辺の競合する局とのすみ分けや回線の問題といった経済的・物理的事情が優先された。

辛坊治郎は、日本での民間放送のネットワーク化と新聞の結び付きについて、「全国を販売エリアとする日刊紙系列が、仲良く一つずつ、全国にテレビ・ネットワークを持つという形は、世界のテレビ業界で類例を見ない特異な業界秩序である」とし、行政が大手新聞資本に放送免許を与えた意図は「言論の自由を有する活字メディアとの接点の構築」であり、「放送局の許認可を通じて、活字メディアの言論に圧力をかけるまではできなくても、放送局というパイプを通して、新聞という、活字媒体を含むメディア全体に影響力を持つことは、行政にとって計り知れないメリットになる」[14]と述べている。確かに、各地の民放ローカル局開局の際に、多くの資本を投下してそれらを資産として保有する全国紙にとって、ローカル放送の行く末がどうなるかは彼ら自身にとって重要な問題になる。そこが行政当局に握られてしまっているという状態は、間接的に体を縛られているようなものだろう。全国紙が当初、ラジオやテレビへ乗り出して総合的なメディア企業になって経営の安定化を図ることで、政府やスポンサーに対しても屈しない強靭な経営母体を作ろうとしたと、その大規模化を好意的に捉えることもできる。だが、ラジオ・テレビという広告を収入源としたビジネスモデルが地盤沈下したことによって、体力が奪われ、結果的に政府に弱みを握られることになってしまった、とみることもできるだろう。

いずれにしても放送のローカリティという点からみれば、ネットワーク化が進行してキー局や全国紙への依存が高まると、ローカル局の独立性が低下し、独自番組をますます制作しにくくなることが懸念される。二〇〇〇年代中頃以降は、その傾向が特に強まっているのである。

また、そのような大きな転換が起こっているなかでも、積極的な改革に打って出ることは得策ではないと判断したのか、民間放送の動きは鈍く一見保守的にみえる。特にキー局では、新たなメディアへの参入やデジタル化に対して積極的に取り組む動機はあったが、これまでみてきたように、多くのローカル局へと資本参入している以上、それらの首を絞めるような行動をとるわけにはいかなかったのである。例えば、ローカル局が最も打撃を受けると予想された衛星放送がスタートするタイミングで、キー局や全国紙はいち早く衛星放送に参入して、これまでの地上波でおこなってきたネットワーク秩序を維持しながら、多元化を図ってきたのだった。

放送エリアの適合性

放送というメディアのエリア設定の適合性はどうだろうか。一九九〇年代以降、衛星放送やCATV、インターネットを利用した放送といった新たな類似的メディア[15]が登場して、視聴者は様々なメディアから情報を受け取ることができるようになった。そのため、技術的には地上波放送以外でも同様のサービスを提供することは可能になった。一方で、聴取者・視聴者の生活環境も変化し、地域の人口が流動化して、ローカリティそのものの意義が変容してきた。そのようななかで、これまでの活動も踏まえたうえで放送はどの程度のエリア規模が適正なのか。

本書では、はじめにいくつかの県でのテレビジョン免許の競願の実態を確認した。特に、「県内―県外」と「県内―県内」という対立軸でどのような構図が生じていたのか、また、それらの結び付きがその県の特徴や権力構造とどのように関係していたのかを、静岡県、長野県、福島県の事例で確認した。特に、県内の地域間の対立軸と県内―県外の資本の結び付き、そして、県外(特に全国紙やキー局)同士の対立軸に注目しながら共通項をみてきた。

その結果、県域を範囲とする放送のエリア設定が、県内の各地域の申請者間の対立を生むなどの不一致を起こし、一つの免許を奪い合う過程で全国紙や在京キー局といった中央の資本を必要とすることにつながっていた。つまり、一つの免許に対して県内の資本にまとまりやすさがある場合では外部資本の侵入を防ぎうる一方で、県内の資本にまとまりがなく文化的な対立などがみられる場合には、外部資本の侵入を受けやすかったのではないかということである。これは、県という行政区域のあり方の問題でもあり、根深い問題をはらんでいるため十分な検証が必要である。一方で、県内のまとまりを確認するには、この時期の一本化調整の対立軸を確認することが有効で、その対立の内容や度合いを確認することによって、メディア参入の意欲に限ってではあるがローカリティがみえるということである。特に、県庁所在地以外に本社や演奏所の設立を希望した地域は注目に値する。もちろん、これは放送免許争奪の際のまとまりにすぎないうえ、その時期特有の事情や個人的な理由も存在するだろうが、対象エリアとしての文化的・歴史的単位を考察し、放送やそれ以外のメディアでの対象地域を再構成する際には、このような競願の際に現れた対立軸を分析することは重要な指標になるだろう。

そして、事例からもう一つ浮かび上がったのは自治体である「県」の重要性である。前述の民間での対立に加えて「県」が間に入ることで、免許が与えられることがあった。これは結果的に、人事面でも県の参入を許すことにつながるなど、行政とマスメディアの関係として問題がある。これらも、その後の多局化にあっては（特に県内の後発局にとっては）、どうしても全国紙やキー局に頼らざるをえなくなるため、ローカル局が自立的に振舞うことは難しくなる。県庁所在地以外に立地したローカル局をみても、特に経済圏や取材体制で困難な場所はのちに県庁所在地へと移動した局もあることからもうかがえるように、文化的な意向で設置されたとしても経済面や業務面を優先せざるをえなくなることが見て取れるだろう。

これまで確認してきたように、戦後の民放ローカル局は半世紀以上の歴史を有し、地元新聞社との結び付きの強さをみても今後も各地のメディア企業として重要な役割を果たすものと思われる。一方で、放送区域の問題をあらためて考えてみると、今後も行政単位がふさわしいのかは疑わしい。そもそも、当初は地域に免許が交付され県単位ではなかった。ジャーナリズム機関としての取材エリアからみて、県単位としている警察の管轄や選挙区との整合性が指摘できるのなら、日本での「県」のあり方がどうなるか、そして県というエリアの規模が放送企業にどのような影響を与えるかが問題になるだろう。具体的には、選挙制度改革での合区といった現象が、ローカル放送のジャーナリズム活動とどのような関係があるのかという分析が今後なされる必要があるだろう。そして、県よりもさらに狭い範囲、つまり地域やコミュニティといった区分に対するサービスは、これまでコミュニティFMやCATVのコミュニティチャンネルとのすみ分けのなかでおこなわれてきたが、インターネットを利用した様々なサービスが出現したことで、それらとの差別化や協業をどのようにおこなうかが重要な論点になっていて、この点での組織のあり方が問題になるだろう。

ここまでみてきたように、放送組織は戦後、民間放送の免許が地域に交付されたことで多元化したが、その特徴を詳細にみるといくつかのタイプに分かれていた。そして、番組取り引きや取材協力関係の整理が進むにつれて、中央資本への依存が徐々に進行し、地方の資本による組織の独立性は段々と低下してきた。その影響が制作活動にどの程度出ているのかという関連は明確になっていないが、中央資本の参入による影響とそれによるローカリティの低下が常に問題視されてきたのであった。そもそも、ローカル番組を制作することは経済性だけから考えれば非合理であり、キー局からの番組配給があって二十四時間の放送が成立し、ローカルな取材活動もその庇護のもとでだけ可能であるという見方[16]もある一方で、「ローカル局は「地域密着」を放棄して在京キー局の中継局に成り下がり、合理化と称して、経費削減と人減らしに走ってきた[17]」という批判も常に受け続けてきた。前者は会社としての経営判断としては正しい見方であるし、後者は参入規制が強くかかった免許をあずかるローカル局の存立の根拠であるローカリティを放棄することは放送免許の理念に反しているという意味で正しい。

しかし、このようなローカリティ論議が空虚に響くほど、地域社会が流動化して土地と結び付いて語られるローカリティが希薄になってきたのが一九九〇年代以降の現象だった。時を同じくして、CATVやコミュニティFMといった都市単位の放送、衛星放送といった全国単位の放送が、県というエリアを挟み込むように登場するなかで、さらに、エリアに全く縛られることがない通信手段の普及が組織としての地域の放送局の意義をあらためて問い直すことになっているのである。

3　番組からみた放送のローカリティ

ローカル番組の特徴

次に、番組の面から放送のローカリティを考察しよう。まず手短に番組のローカリティの展開を振り返ろう。戦前期の初期のラジオ放送では、中継網の未整備と聴取者獲得という理由から、娯楽番組を中心に各地の聴取者の嗜好に沿った独自編成をおこなっていた。その結果、特に慰安項目の時間に当時の地理的な嗜好差を反映した番組編成がみられた。これはむしろラジオ創生期だったからこそ、各地の聴取者の嗜好に沿った番組編成をおこなうことができたとみることもできる。その後、昭和天皇の即位の礼を契機にした中継網の整備や、協会の組織改正によって全国的な統制が進められ、娯楽種目が減少して報道や講演講座といった指導的な番組の重要性が高まった。そのなかで、翼賛体制での地方文化運動などに呼応するように放送の郷土性がたびたび論じられるようになり、各局に対して郷土的番組が求められた。太平洋戦争が始まると、それまでの理念的な郷土性は戦時下の地方生活と乖離したものと批判を受け、空襲警報や農業生産性向上など実際的で性急な必要に応じた地方向け放送が求められるようになった。

戦後、NHKのローカル放送は、CIEの指導のもとで放送の民主化の観点から地方の時間を編成した。ここに、その後引き継がれる朝夕のローカル番組枠の原型を見て取れる。一方で、各地に誕生した民放ラジオローカル局は当初、東京、大阪で開局した局の資本構成が複雑だったという事情からそれらを中心にしたネットワーク化は遅く、各局の放送番組は単独放送をおこなっていた。山形県の事例で示したように、多くの番組が東京で制作されたテープを輸送して放送していたことを確認したが、編成権は基本的に地方局側にあったとみていい。

しかし一九六〇年代、全国ネットの中継網の整備が進んでテレビ放送を開始すると、番組制作にコストがかかることや全国スポンサーの意向もあって、キー局が制作する全国番組をローカル局でもそのまま放送するようになる。初期のテレビ番組にはローカル番組は非常に少なく、現在のような夕方のベルト番組、週一回のレギュラー番組（主に平日深夜、土日午前）、単発番組（特別番組）という編成になるのは、おおむね七〇年代に形成され、八〇年代以降に定常化したものだった。ローカル番組の編成時間は、準キー局、基幹局、ローカル局、また独立局で異なり、また系列によってもその自由度に差がある。特に、独立局は系列局と編成が大きく異なっていて、独自の編成をおこなっている。さらに八〇年代は、スタジオでの視聴者参加番組や深夜の若者向け番組が開発され、ローカル番組も一部「セグメント化」された。また、九〇年代に入るとグルメやイベントの情報番組が増加して、国内のサッカーリーグの人気に合わせて地元チームの番組が登場するなどの特徴がみられた。二〇〇〇年代以降、地元タレントや中央のタレントによる地元エリアのロケ番組が増え、類似のフォーマットに基づくローカル番組が増えた。一方で、地方発の番組がヒットして全国に認知されるといったこともあり、地元エリア向けとはかぎらない番組開発も少ないながらも存在した。

このようなローカル番組の変遷を観察すると、番組の編成では系列化の進行と比例するようにキー局からのネット受け番組が徐々に優先されるようになり、高視聴率の全国番組の同時間帯にはローカル番組は入れられないという問題も起こり、系列内でのローカル番組の枠がおのずと限定されるという事態になった。これは、視聴者側がローカル番組を望んでいない（ローカル番組は視聴率がとれない）ことが理由とされるが、一部のローカル局ではゴールデンタイムにローカル番組を放送して、そのような見立てに対する例外も指摘された。また、阪神・淡路大震災以降、災害情報を担うメディアとしての側面から、災害関連番組の充実が「地域密着性」という用語とともに強調されてきた。しかし、ローカル情報とは何かといった基本的な点で共通の認識が示されているわけではなく、各局が独自の判断でおこなっているものだった。

振り返れば、一九六〇年代の法改正論議のなかで地域密着性が主体的に求められ、放送局はローカリティをその存在理由の一つとして自主的な努力目標としてきた。その結果、経済的合理性という点ではなく、免許制度上の戦略的な意義からローカル番組に重きを置いていることを強調する必要があった。しかし、その内容を分析すると、九〇年代後半からは中央のタレントの地方進出とも重なって「ローカル番組のフォーマット化」が進行していった。また、一部のローカル番組がDVD化され全国的に販売されるといった成功事例が語られたこともあって、中央では作れない番組を作り、全国の視聴者に見てもらうという方向が模索されるようになった。これは、素材はローカルだが番組のフォーマットは全国的であり、ローカルな脈絡から離れた番組のローカリティが展開されていることを意味する。このような対象の全国志向が九〇年代後半から急速に進んでいるのは、二〇〇〇年に開局した「BSデジタル放送」への対策が背景にあるとも考えられるが、この時期を起点としたローカル番組がその後も定着したのであった。

ローカル番組の再埋め込み過程

番組のローカリティの解釈

　では、ここまでに確認したように各県で放送されてきた様々なローカル番組やローカルな素材を扱った地域的な番組を、どのように解釈すればいいのか。例えば、地元を離れた人が帰省時にテレビを見た際、地元の人にしか関心がもてないローカルニュースや地元のスーパーのコマーシャルに対して、テレビという全国共通の装置を見ているにもかかわらず、地元に戻ってきた感覚が強まることがある。また、地方出身者ではなくとも、旅先のテレビで見る全国番組の間の見慣れないローカル番組やコマーシャルにどことなくその土地の風土を感じることがある。わずか一〇パーセント程度とされる自社制作の番組から、このような番組のローカリティを感じるのはどのような理由か。重要なのは、視聴者が移動している点にある。例えば、ご当地グルメと同様にその土地に行かないと見ることができないという制限が前提にあってはじめてこのような感覚が生まれてくる。これはもちろん、ローカル局がそれぞれ空間（エリア）を分割しているというシステムによるものと考えられる。たとえ東京キー局の番組を中継していても、番組を自主編成してローカル番組やCMを挟み、ときにはローカル天気予報が画面上に現れれば、その「現場感」を醸し出すのだろう。

もし場所の縛りを感じないインターネットなどを利用し、ローカルなコンテンツをどこでも見ることができた場合、こうした感覚は残るのだろうか（近年、そのようなサービスが一部始まっている）。前述のような場所と結び付いた番組のローカリティは、場所とは切り離された情報空間のなかでコンテンツとして横並びになる。「その場所」よりも、情報空間のなかでの場所のほうが前面化するのである。つまり、再び別の意味での「場所」と結び付けて利用されることになる。例えば、ネットニュースが利用者の位置情報を活用してその場所に最適なローカルニュースを表示するサービスを提供するといったように、ばらばらにされた情報は再度、位置情報と結合して提供されていくのである。このような流れは、アンソニー・ギデンズが予想していたように、モダニティの特徴である「再埋め込み化」にほかならない。先ほど述べた地方のローカル番組に感じるローカリティは、ギデンズにならっていえばローカルな脈絡と結び付いたもの、剝奪され普遍化される以前のものなのである。そして、それに違和感やローカリティを感じるということは、感じる主体が脈絡から切り離され普遍化しているからこそ、脈絡とつなげられた番組を見てローカリティを感じるのである。一方、地元の脈絡から切り離されていない人は、そのような番組に特にローカリティなど感じない。ただの日常なのである。

中央からの視点と地方からの視点

ローカルからの切断という問題は、番組を作る際の視点の問題でもある。黒田勇によれば、「日本におけるこの半世紀の放送の発展もやはり、ローカルへの拡散ではなく、中央としての東京への収斂が一般的な姿だった」として、「「国民」的番組と呼ばれているものは、すべて東京＝中央で制作され、全国のローカル局がそれを享受してきた」とした。一方で、「全国向けテレビのなかには、確かにローカルも表現されていたが、例えば、『ふるさとの歌まつり』はローカル文化の発信であると同時に、中央によるローカル文化選抜試験であり、『日本列島ダーツの旅』は、東京のまなざしがダーツに象徴され、ローカルのある村は、そのダーツに当てられることで、東京で編集され全国に放送される。これは、テレビが生み出してきた「私とあなた」そして「私たち」の空間は、「われわれ＝東京」のものとして形成され、今やそれはごく自然な視聴者全体を巻き込む「視線」であり「空間」となっている[18]」と批判している。

そこで、「このナショナル（＝東京）からのまなざし」と対比するために「ローカル（＝地方）からのまなざし」を想定して、「ローカルからのまなざし／全国からのまなざし」×「ローカル向け／全国向け」のマトリクスのなかでローカル番組を整理すれば、表32のような分類が可能だろう。

表32　ローカル番組の分類

番組	ローカルからのまなざし	ナショナルからのまなざし
ローカル向け番組	①地域情報、地域ニュース（情報の地産地消）	②全国タレントを用いたローカル番組など（フォーマット化の進行）
全国向け番組	③ローカル情報の発信番組（地域おこし）	④ローカル素材を取り上げた番組（ローカル情報の再生産）

例えば、ローカルのワイドニュースは表32の①に入り、ローカルの音楽情報番組は②に入る。全国向けの番組で地方を歩き紹介するようなものは④に入る。あまりみられないのは③で、ローカルな視点で全国向けに作られているため、全国的な再解釈のなかで魅力があるのかが問題になる。ここで特に強調したい点は、①と④の差である。いずれもローカルな素材を取り扱った番組だが、番組で表象される地域のイメージは全くかけ離れている。このことは、地方へ旅して旅館のテレビで地元のワイドニュースを見たときに覚える「その土地らしさ」に現れている。全国放送では見られない（わからない）地元タレントやキャスターが、当たり前のように放送活動をおこなっていることに対する違和感、そしてそのなかで説明もなく飛び交う地元の土地やイベント名がさらにその「土地らしさ」を感じさせるのである。

黒田の指摘はローカル番組の作り方に示唆を与えてくれるが、「われわれ」は現実的な東京（＝中央）と厳密に等しいものではない。ローカルな素材は放送というシステムを通すことで、常に脈絡から切り離されると同時にそれと裏表で埋め込まれるのである。つまり、ローカル文化の様々なシーンは、番組のフォーマットに乗せられるなかで解釈可能な様式のなかに位置づけ直され放送される。そこではローカルなものは消されず、むしろ際立って埋め込まれるのである。そして、それを見た地元の人々は、何らかの違和感を覚えたとしても、我々はこのようなものであると意識する。さらにいえば、取り上げられる段階でそれ以前のイメージを参照して、ローカルな素材としてどのように演じればいいのか理解したうえで出演しているのである。これは、人間の相互行為を舞台上のドラマと見なしたアーヴィング・ゴフマンの演技の儀礼的構造に沿うものである。[19]

また中野収は、ローカルブランドであり、特定の地域や社会階層で飲まれていた焼酎・さつま白波がテレビコマーシャルで流れるやいなや、ナショナルブランドとして一般家庭に広がっていった過程を示している。そして、「ラジオ・テレビといった、本質的にナショナルでしかありえない媒体を利用したことが、もっとも支配的な前提条件だった」[20]と述べ、テレビを通して、新たな文化パターンが全国へと広まっていくことを示した。これは、一九八〇年代からローカル局が地域社会と足並みをそろえて観光に力を入れてきた流れとも連動している。

一方で、商品のなかでも時空間が分離しづらい郷土料理やご当地グルメはどうだろうか。これらは、むしろ消費者側に移動を促し、現地へと足を向かわせる。このような問題は、観光社会学で近年活発に議論されている。青木貞伸が述べていたイベント機能を思い出させるが、例えば現地に足を踏み入れた観光者は、そこでの体験が番組で感じたイメージと違った場合、〈偽物〉として批判するだろうか。このような古典的な問題は、ダニエル・J・ブーアスティンが「疑似イベント」現象として分析してきたもので、この解釈は素朴な実在論に基づいていて批判の対象とされた。[21]また、ディーン・マキァーネルによれば、観光対象の「リアリティ」は、観光のために用意された「体裁」＝「見せ物」（表局域）の背後に「内密の、リアルな」局域（裏局域）を想定することで得られるとし、観光者はその裏領域へのツアーを求め、また観光地ではたとえ演出されたものであっても裏を構成するものはリアルだと見なす。[22]このようななかでは、人々の社会的アイデンティティが常に再構築させられ、それは「ポランニー的不安のただ中」[23]に置かれる。そうだとすれば、「地域からの発信」は、この「ポランニー的不安」を同時に生み出しているとも考えられる。もちろん、このような過程に、ローカル的な番組がどのように寄与しているかは十分に分析されていないが、一九八〇年代以降の自主番組の方向が内から外へと向き、地域を取り上げた（主題とした）番組が観光とセットで単純に語られることには、慎重になる必要があるだろう。[24]

ここまで、番組の面から放送のローカリティを考察してきた。通時的にみると、個別に営まれてきた番組制作活動や番組内容は、中継網が発達して放送網が拡充されるとともに全国化した。これは放送という電子メディアの宿命でもあった。その全国化に抗うように、それぞれのローカル局が、それぞれのローカリズムの理念に基づく自主的な努力によってローカル番組を維持してきたことも重要な点である。そのようなローカル番組を分析するといくつかのタイプに分類できる可能性があった。特に、地元の視点で作られた地元向け番組は、地域社会の流動化が進むなかでも地元に根づいた人々にとっては重要な番組でもあった。一方で、地元のネタを外向きにしつらえて描く番組は、地域の観光との足並みをそろえた「地域貢献」として、その重要性が強調されていた。そのようななかで、ローカル局の制作者自身が地元の人間か外部からきた人間かという問題は、ほかの研究分野でも論議されているように、その活動のあり方に影響を与えるだろう。資本の関係上、キー局の支局的な扱いになっている局では、そのような問題が特に突きつけられている。東日本大震災での福島第一原子力発電所事故といった危機的な状況ではなおさら、制作者がその土地にどれだけ根ざしているのか、つまり出身かどうかといったことだけではなく、どれだけ責任がもてるのかといった問題が表面化した。「地域に貢献する」という言葉で、ローカリティを商品化して流通させることにとどまらず、そのことによって地域にもたらす影響を地元の視点から考えられるかどうかが重要になる。

注

（1）菅谷実『アメリカの電気通信政策――放送規制と通信規制の境界領域に関する研究』日本評論社、一九八九年、六一ページ

（2）花田達朗「「放送の公共性」から「放送による公共圏」へ」、日本公法学会編「公法研究」第五十四号、日本公法学

会、一九九二年、九二ページ
（3）同論文九二―九三ページ
（4）林香里『〈オンナ・コドモ〉のジャーナリズム――ケアの倫理とともに』岩波書店、二〇一一年、二〇七ページ
（5）前掲「事前調整指導の法社会学的考察」
（6）具体的な「対応策」には二つあり、第一に、法の規範の目的を一般化して決定の基準を不確定のまま維持することでその道具的機能を増大させる方策、第二に、法的決定を小集団ないしコミュニティの個別的決定へと還元する方策だとする。第一の対応策について、一本化調整を事例にみると、「公共の福祉を増進する」（電波法の目的規定）、「最も公共の福祉に寄与するもの」（「放送局の開設の根本的基準」第十一条）などが不確定概念であり、規制機関の裁量的決定の増大へとつながっている。第二の対応策では、キー局や地元企業を中心とする申請者が、株式配分や人事編成を「うちあわせ会」のような非公式な場で協議させることで「決定過程への参加を拡大し、決定が恣意的におこなわれた、という印象を弱め、顧客による決定の受容を促す」ことになる。ただし、これらの「対応策」が功を奏するのは、法の規範性に対する信頼を維持できる場合に限られるという（同論文二二五ページ）。
（7）川島武宜は、このように権利観念を欠如させた日本社会が、固有の家族的な構造をもっていて、その構造的な特質が裁判を含めた紛争処理の態様を規定しているという仮説を提示している（川島武宜「日本社会の家族的構成」『家族および家族法1　家族制度』〔「川島武宜著作集」第十巻〕所収、岩波書店、一九四八年、同「社会構造と裁判――明治以後の社会構造と裁判制度との関係」「思想」一九六〇年六月号、岩波書店）。川島によれば、日本の伝統的な家族制度は「封建武士的＝儒教的家族の制度」と「庶民家族の制度」という二つの理念型に還元される（前掲「日本社会の家族的構成」）。前者は、権力者の権威と服従者の恭順とを基本原理とし、後者は「協同体的な」雰囲気を基本原理とし、帰属外の様々な社会関係のなかに再生産され、日本社会の構造を特徴づけている。それらの特徴を要約すれば、①「権威」による支配と、権威への無条件的服従、②個人的行動の欠如と、それに由来する個人的責任感の欠如、③「ことあげ」を禁じる社会規範、④親分子分的結合の家族的雰囲気と、その外に対する敵対的意識との対立ということになる（同論文一三―一五ページ）。自分と同じ、社会関係に属する特定の第三者への志向が、日本社会を構成する秩序原理になっていることを指摘している。社会関係が家族的に構成されているとは、このような特定の第三者

に、個人が恒常的に拘束される形で社会が構造化されていることを示している（前掲「事前調整指導の法社会学的考察」二二九ページ）。
（8）中根千枝『タテ社会の力学』（講談社現代新書）、講談社、一九七八年、九四ページ
（9）このような二重のシステムが残存している理由について、丸山眞男の連続説にのっとれば「最高度の技術と最もプリミチヴな技術とが重層的に産業構造のなかに併存している。こういうように歴史的に段階を異にした生産様式が重なり合って、しかも相互に補強し合っている。このことが政治的には日本の民主主義的な力の成長を決定的に妨げた訳」である。アメリカに範をとった電波三法と、そこで示された集中排除原則などの民主主義的な基盤をなす最高度の法制度と、一本化調整という奇妙な方法によってまとめあげられた放送局の開局の過程やその後の展開は、まさに「相互に補強し合って」民主主義的な力の成長を妨げてきたものだったと考えられる（丸山眞男『現代政治の思想と行動 増補版』未來社、一九六四年）。
（10）脇浜紀子『「ローカルテレビ」の再構築――地域情報発信力強化の視点から』日本評論社、二〇一五年、一二四ページ
（11）同書一二七ページ
（12）「放送法第百十条 放送番組の供給に関する協定の制限」昭和二十五年法律第百三十二号、施行日：令和二年三月三十一日（令和元年法律第二十三号による改正）（https://elaws.e-gov.go.jp/document?lawid=325AC0000000132）［二〇二一年七月九日アクセス］
（13）前掲「民放ネットワークをめぐる議論の変遷」一九ページ
（14）辛坊治郎「メディアの吸収合併とジャーナリズム」、井上宏／荒木功編『放送と通信のジャーナリズム』（「叢書現代のメディアとジャーナリズム」第七巻）所収、ミネルヴァ書房、二〇〇九年、八九ページ
（15）新たに誕生したコミュニティレベルの放送とのすみ分けを考えてみよう。初期に誕生した各地の民間放送は地方紙と呼ばれる新聞社と結び付きが強く、地元銀行や地元企業、自治体が運営してきた。そして、その後の免許行政によっておおむね県域を放送対象地域として営まれてきた。この公共団体に近い運営組織と、県域をエリアとする行政区域との親密性を考慮すれば、県といった地方自治体に近い組織として位置づけるほうがいいだろう。もちろん、現状

を踏まえて今後も県域をエリアとすべきとはならないが、インターネットも含めれば様々なコミュニティをターゲットとしたサービスが乱立し、同じ放送でも市区町村といったレベルではコミュニティFMやCATVが地域情報に特化したサービスをおこなっている以上、県域を足場にしていかなければならないだろう。そうなれば、今後の自治体のあり方と足並みをそろえていかざるをえないことはおおむね間違いがないだろう。

(16) キー局からの番組供給は、「放送全時間について自力で番組制作と番組編成をおこなえないローカル局には経営上必須のもの」で「キー局依存がなければ、ローカル局の存立基盤は完全に崩壊し、結局ローカルなレベルでの放送ジャーナリズム、放送文化も成立しない」（市村元「過疎・高齢化地域におけるデジタル化への課題」、日本民間放送連盟編「月刊民放」二〇〇五年七月号、日本民間放送連盟）。

(17) 前掲『地方テレビ局は生き残れるか』二三一ページ

(18) 黒田勇「ローカル放送とは何か」、小野善邦編『放送を学ぶ人のために』所収、世界思想社、二〇〇五年、一二〇ページ

(19) E・ゴッフマン『集まりの構造――新しい日常行動論をもとめて』丸木恵祐／本名信行訳（「ゴッフマンの社会学」第四巻）、誠信書房、一九八〇年

(20) 中野収『コミュニケーションの記号論――情報環境と新しい人間像』（有斐閣選書）、有斐閣、一九八四年、八六ページ

(21) ダニエル・J・ブーアスティン『幻影《イメジ》の時代――マスコミが製造する事実』星野郁美／後藤和彦訳（現代社会科学叢書）、東京創元社、一九六四年

(22) D・マキァーネル『ザ・ツーリスト――高度近代社会の構造分析』安村克己／須藤廣／高橋雄一郎／堀野正人／遠藤英樹／寺岡伸吾訳、学文社、二〇一二年

(23) 須藤廣「再帰的社会における観光文化と観光の社会学的理論」、遠藤英樹／堀野正人編著『観光社会学のアクチュアリティ』所収、晃洋書房、二〇一〇年、一三ページ

(24) NHK連続小説や大河ドラマの誘致に関しては不透明な点が非常に多く、観光誘致との関係から十分検証する必要があるだろう。

第7章　三つの放送のローカリティ

本章は、ここまでおこなってきた通時的な分析、いくつかの事例の検証、そして、制度・組織・番組の考察を踏まえての総括である。戦前・戦中期、戦後に至る通時的な分析から、放送のローカリティのいくつかの特徴が浮かび上がり、それはある時期を境に変容してきたことをここでは述べる。その変容の背景にあるのは日本の社会変動であり、その変動と足並みをそろえて日本の放送のローカリティの制度・組織・番組が変容してきた。

1　戦前・戦中期の三つの放送のローカリティ

本書では、第3章で戦前・戦中期の放送をローカリティの側面から分析した。戦前・戦中期の放送は当初、東京・大阪・名古屋の各放送局がそれぞれ別の組織としてスタートしたが、一九二六年に日本放送協会として統合し、一つの組織が全国の放送局を束ねることになった。また、当時の制度では放送は国家によって管掌されていたため、戦後、民主主義体制下で求められるような制度的なローカリズムは存在していないが、組織や番組で各地に様々な特徴がみられた。

初期のラジオ放送では全国で画一的ではなく、多様な番組や編成がみられた理由には、①中継網の未整備という技術的な問題があったこと、②ラジオという新たなメディアになじみが薄い聴取者を獲得するため、各地の聴取者の嗜好に合わせた娯楽を中心に編成する必要があったことが挙げられる。これは、ラジオが新規のメディアだったからこそ生じた問題ともいえる。一九三〇年代に入り、中継網の整備や協会の組織改正による中央権限の強化によって全国的な統制が進められると、番組面では多様な娯楽種目が減少し、報道や講演講座といった中央からの指導的な番組が編成されていった。このようななかで、番組の内容で地方的なものが全く姿を消したということではなかった。翼賛体制での地方文化運動などに呼応するように放送の郷土性の重要性がたびたび論じられるようになり、各局に対して郷土的番組の制作が求められ、その結果、様々な郷土的番組が放送されることになった。四一年十二月に太平洋戦争が始まると、電波管制のもとで番組編成自体が見直され、戦時下の現実的な地方生活と中央が求めた郷土的番組が乖離し始め、不満の声が現場からも上がるようになった。また、それと同時に、戦争が長期化するにつれて地方番組のあり方が見直され、空襲警報や農業生産性向上など実際的で性急な必要に応じた地方向け放送が求められるようになった。このように戦前・戦中期に、放送のローカリティはそれぞれの時期で異なった様相をみせたともいえる。

以上のような分析を踏まえ、これらのローカリティの特徴を、それぞれ①開局初期に存在した放送のローカリティ、②中央集権的放送ネットワークのなかで求められたローカリティ、③非常時の放送のローカリティと名づけてまとめよう。

①開局初期に存在した放送のローカリティ

当初から日本放送協会は、放送を全国的なメディアとして確立しようとしていたが、初期には技術的な不完全さゆえに空間的な制約が生まれた。また、初期の普及率の低さから、聴取者の嗜好を重視した編成をおこなう必要があった。結果的に個別の嗜好に合わせた娯楽が重視され地域的な差異が生まれることになった。この点を踏まえると、技術的な不完全さや普及の初期的段階であるという条件が受け手側の意向を考慮することを優先させ、送り手側はそれに基づいて放送せざるをえない状況に陥ったともいえる。しかしこの状況は、技術の進展や規模の拡大とともに変化せざるをえないのである。

このように、放送というメディアが浸透する初期段階に現れた空間的な差異や放送番組の意味内容に対する解釈の風土的差異は、放送システムが成熟して浸透するにつれて均一化され消滅していったのである。放送を近代化装置と見なせば、この過程は「モダニティ」の一つの現れと考えうる。一方で、初期には存在していた放送のローカリティは、次第にみられなくなっていくということである。

②中央集権的放送ネットワークのなかで求められたローカリティ

戦時体制へ向けた日本の思想統制の手段の一つとして意図的に用いられた点で、同じローカリティであっても①とは意味合いが全く違う。ここでは、中央によって選別された「郷土性」が、ナショナリズムと接続され利用されていた。特に当時の研究や思想を後ろ盾に理論づけている点は、当時の国内の政治情勢に呼応したものだといえる。この段階では全国中継網も整備されていたことや、ラジオ放送が開始から十年以上たち国民に浸透したことで、ラジオを通して世界を認知し共通のイメージをもちうる状況ができあがっていた。そのなかで、各地方の個別の脈絡から語られる郷土性ではなく、中央の視点から確認された「郷土性」がラジオ番組を通して放送されることで、聴取者は自分たちの郷土を再認識することになった。番組のなかで郷土が語られるとき、その土地の者にとっては自分たちがどのように位置づけられているのかを再確認して、一方でその土地以外の者によって語られる郷土と自分たちにとっての郷土との差異を確認する。放送によって、ナショナルな視点からの自ら住まう郷土の位置取りを常に求められることになるのである。このような放送の郷土性の利用は、放送というメディア空間で郷土を再配置することを意味している。

③非常時の放送のローカリティ

非常時には、個別の脈絡に応じた放送が求められることがある。これは、むしろ現場の問題に対処するのに、各地の個別の問題が重視されるためである。戦時下にかぎらず、地震や台風といった自然災害時などでは、個別の問題の放送が現実的に求められる。この点は、戦後、放送の公共性を考えるなかで論議された「基本的情報」を考えるうえでも重要である。ただし、この時代に即時的な情報伝達が可能な電子的通信手段は、一般にはラジオしか存在しなかったことに注意する必要がある。メディアが多元化していくなかで、放送というメディアが「基本的情報」を扱うことに向いているのかといった視点で考え直す必要があるだろう。

以上のように、戦前・戦中期にみられる特徴的なローカリティを三つのタイプに分けた。これらは、すべて地域的な特色を有するものとして一括りに語られることが多い。しかし、このように発生過程を考慮することによって異なったタイプのものと見なすことができる。また、①と③は、地域の実情が優先されているという点では共通していて、ほかの地域や全国的な基準では位置づけられない〝現場からのローカリティ〟である一方、②は、国家的なまなざしのなかで求められたものであるため、ある基準から位置づけし直された〝外部からのローカリティ〟とみることもできる。このような国家によるローカリティの利用は、ドイツ民俗学のハンス・モーザー、ヘルマン・バウジンガーらによって概念化された民俗文化の二次利用を示すフォークロリズム[1]として説明できる。フォークロリズムは「民俗文化が本来のコンテクストを離れて見い出される現象」であり、それらの政治的・商業的な利用や改変、擬似的な民族の創出などを示すものとされる。戦中に復活をとげた各地の祭礼・民俗芸能は、政治的フォークロリズムとしてきわめて政策的に活用された[2]。郷土的な番組を放送することを通して、郷土性はその土地のコンテクストを離れ、ラジオというメディア空間のなかで再構築されたといえるだろう。これら三つのタイプは、戦前の日本の国家体制下でのラジオメディアのローカリティにみられたものであり一般化することは難しい。とはいえ、放送という電子メディアが普及していく際にみられる共通の特徴が潜んでいる可能性も十分にある。

2　戦後の三つの放送のローカリティ

次に、戦後の放送のローカリティでは、戦前にみられた放送のローカリティの三つの特徴は形を変えて現れる。そこで戦前と同様に三つの特徴から放送のローカリティをみていこう。

①開局初期に存在した放送のローカリティ

初期の民放ラジオローカル局はネットワーク化の進展が遅く、一九五〇年代に全国的なネットワークが構築されることはなかった。そのため、放送番組や編成面にローカリティが強く現れた。五〇年代後半に各地にテレビ免許が交付されると、番組制作にコストがかかることや全国スポンサーの意向もあって中継網の整備が進み、キー局が制作する全国番組がローカル局でもそのまま放送されるようになった。そのため、初期のテレビ番組にはローカル番組は非常に少なかったが、地元の食材を生かした料理番組や郷土芸能といった一部の番組でローカリティがみられた。このように、戦前の分析でみられた「開局初期に存在した放送のローカリティ」と同様のものが、戦後初期の民放ラジオ放送の番組や放送局の展開で確認できた。それはもちろん、ネットワークの未整備や放送局間の取り決めの不足、当時の地域社会の基幹産業が農業を中心にした一次産業だったことにも起因している。そのため、五〇年代は急速な放送の全国化が進行することはなかった。しかし、五〇年代末頃からのテレビ放送の普及と高度経済成長による国民生活の変化に伴って、放送をめぐる状況は徐々に転回していった。特に、初期の段階から全国番組を中心に編成されたローカルテレビの開局、それに伴うネットワークの進展が、放送の全国化を推し進めることになった。一方で、放送企業の運営主体に関しては、戦中の一県一紙統制によって体力を強めた地元新聞社が中心になっていたことや、集中排除原則といった中央資本を排除する規制が存在していたことも あって、中央への資本の集中が急速に進むことはなかった。

②中央集権的放送ネットワークのなかで求められたローカリティ

次に、戦前にみられた中央集権的放送ネットワークのなかで求められたローカリティだが、これも戦後にたびたび現れる。そこでそれをさらに三つのタイプに分け、順を追ってみていこう。

指導された放送のローカリティ

戦前には国土への愛着と結び付けられた放送の郷土性は、国家の意図によって強制的に求められたものだった。戦後には、このような放送の郷土性を求める志向性は、放送の民主化政策によって制度的には消滅する。しかし、GHQはアメリカ流の放送制度を規範とした放送のローカリズムを新たに求めた。それは、CIEの指導という形で初期のNHKの番組でも一部現れたし、地域免許制という民間放送の免許方針にも埋め込まれることになった。このような放送の民主化によってもたらされた放送のローカリティは、上からの指導という点では戦前・戦中の中央集権的な放送のローカリティと同じだった。日本に民主主義が定着するためには、上からの指導ではなく民主的な手続きで放送免許が各地に与えられ、主体的に放送をおこなえるようになる必要があった。しかし、そういった放送の民主化の理念を放送の側が十分に理解して生かしきることはできなかった。当時の状況は、経済をいち早く立ち直らせ近代化を進めることが「地方への貢献」であり、放送局の開局も同様に扱われていた。

存在意義としての放送のローカリティ

放送の民主化によってもたらされた理念的な放送のローカリズムは、その後、国情が変化するにつれてその意味合いが変わっていった。一九五〇年代後半に入ると、急速な経済成長に伴う地域社会の変容によって、放送の機能に対する認識が改められることになった。特に五〇年代後半になり、各地でテレビ放送が開局して、各家庭の居間にテレビが鎮座し娯楽の主役を占めるようになると、「一億総白痴化」といったテレビ批判と連動するように、中央から送り出される情報だけではなく地方独自の番組が求められるようになった。それまでの近代化をよしとするあり方から、地域社会の視点で放送を捉え直すことへの転換が求められる。六〇年代に入り、放送制度の見直しの論議でローカル番組の義務化が議題に上がると、放送事業者の自主的な努力として放送のローカリティが求められるようになる。その結果、以降はローカル放送の存在意義として放送のローカリティがたびたび強調されるようになった。しかし、これまで述べてきたように戦前・戦中期から引き継がれた地域の権力構造のなかで免許が交付された放送組織で、戦後の放送のローカリティの理念と実態は常に乖離していた。そしてその乖離が本質的に解消できないために、理念に対しての自主的な努力を強調する必要があったのである。

商品化された放送のローカリティ

戦前にみられた中央集権的な放送のローカリティでは郷土を取り上げる番組が求められ、地域の個別性を全国的に解釈可能な郷土性として祖国愛へと結び付けるロジックが国家の指導のもとで展開されていた。このような指導は戦後おこなわれることはなかったが、地域の個別性を全国的なものとして展開するといった放送の機能は商品化されて利用されていった。例えば、「方言」の事例でその現象を確認してみよう。田中ゆかりは、メディアが方言をどのように扱ってきたのかを調査し、方言の捉え方が一九七〇年代を境に変化したことを明らかにした。[3]田中は、六〇年代から七〇年代にかけてを「「方言」取り入れ方模索の時代」と名づけ、方言を採用することの是非が多く問われていたと述べている。[4]そして、八〇年代に入って、特にNHKで方言に対するスタンスが[5]おおむね固まり、方言ドラマでは方言指導が取り入れられ、クレジットロールでの掲出形式を含めたフォーマットが固まっていったという。そして「ことば」を「リードしよう」というスタンスから、視聴者の意向や志向に「あわせる」というスタンスへの移行があったとしている。その後、九〇年代以降の展開で、田中は特に若い層で方言をポジティブに捉え、おもちゃ化して用いる傾向（田中はこれを「方言コプスレ」と名づけている）がみられると指摘している。(6)このような傾向は、方言だけでなく、番組内で表現された様々なローカリティに対しても同様にあったと想像できる。ローカリティを強調する番組（県民性に特化したクイズ番組など）のように県を意識させるものが、実際には失われ剝奪された地域のイメージを上塗りするようになるのである。

このように、戦後に放送のローカリティがたびたび求められてきた。各地の脈絡のなかで保持されていたローカリティは、番組のフォーマットが整備されて全国化されるとそのなかで位置づけ直される。そして、ローカル情報の商品化が全面的に展開するなかで、ローカリティの求めに応じて番組が制作される比重が低下するだけでなく、送り手側の主体性は後退し、消費者であるところの聴取者・視聴者に好まれるコンテンツとして放送のローカリティが利用される。これらの現象は、ギデンズに倣っていえば「再埋め込み化される放送のローカリティ」と呼べるものである。

③非常時の放送のローカリティ

戦前にみられた三つ目の非常時における放送のローカリティも、戦後にたびたびみられる。例えば、一九五九年に発生した伊勢湾台風によってローカル放送の重要性の認識が高まり、いったん消滅した岐阜エリアのＡＭ放送が別会社によって再度設立されたことや、阪神・淡路大震災や東日本大震災を受けてコミュニティＦＭ放送を見直す論議があったことは、このような傾向が常に存在することを意味している。実務的な要請によるローカリティの要請は、災害や選挙報道といった「基本的情報」の担い手問題と関係が深い。

このような放送の公共性から求められるローカリティは、先に述べたようにアメリカでのマイノリティをめぐる問題とも通底していて、市場に任せると排除されてしまう情報ルートを確保するために、一定の番組枠を求めるはずのものだった。日本では、そのような内容規制は、民間放送局側からすれば表現の自由を妨げるものとして常に反対され、放送局側の自主的な努力に委ねられた。そのことは、放送局がローカル性を声高にアピールす

表33　3つの放送のローカリティ

3つのローカリティ	戦前・戦中期	戦後期
①開局初期に存在した放送のローカリティ	ラジオ放送初期に存在したローカリティ	民放開局初期に存在したローカリティ
②中央集権的放送ネットワークのなかで求められたローカリティ	指導された郷土的なローカリティ	1）指導された放送のローカリティ 2）存在意義としての放送のローカリティ 3）商品化された放送のローカリティ
③非常時の放送のローカリティ	空襲警報など性急な求めに応じたローカリティ	災害時のローカリティ

る動機ともなった。もちろん規制への慎重さの背景には、規制権限が独立行政機関から郵政省に移されたことで政府からの圧力が及びやすいという問題もあり、内容規制を防いできたことはジャーナリズム的な視点からは評価できるだろう。しかし地方局によっては、何らかの規制によってでも放送のローカリティを守るべきといった主張[7]もあるように、地域の生活を守るという公共的な側面を強調するようになった。これは、「地方分権」という政治的な潮流と足並みをそろえていて、これまで歴史的にみても地元の有力者とキー局や新聞資本によって大きな入れ替えもないなかで営まれてきた放送局の運営の民主性が問題になってくるだろう。

以上のように、戦後に特徴的なローカリティを三つ挙げた。これらを戦前との対比でみると表33のようになる。

これらの三つの放送のローカリティの通時的な特徴を挙げると、次のようになる。まず、開局初期に存在した放送のローカリティは、新規メディアが社会に導入される際に各地での差異が際立つことで現れるものである。初期のメディアは、その内容や利用形態でそれ以前のメディアを引き継ぐ。例えば初期のラジオの娯楽番組では、それまでの芸能の地域的な差異をそのまま引き継いだし、テレビの初期にも映画の影響を受けたり、生番組では地元の郷土芸能や発表会をそのまま放送したりした。このような初期の放送のローカリティは、放送が社会に浸透していくなかで次第に薄まっていく。

次に、戦前に中央集権的な放送のローカリティと呼ばれたものは、戦後には形を変えて現れる。放送というメディアを利用して誰が何をおこないたいかという政治的・経済的意思が影響し、その形を決定するからである。戦後、放送の民主化によって民間放送には特に強く地域性が求められた。まず、民主化政策のなかでＮＨＫにはＧＨＱの指導によって放送のローカリティがもたらされ、地方的な番組が制作されたのであった。その後、その放送のローカリティは、日本の主権回復と戦前からの行政風土との摩擦のなかで日本型の放送のローカリティとして実態化する。放送免許は、省庁や代議士、地元自治体を通して中央と地方を結び付ける重要な要素になったのであり、分配される利権だった。その利権を地方の利権に接続することが地域貢献であり、それが放送のローカリティを守ることでもあった。つまり、免許を与えられた当事者にとっては、放送のローカリティは自らの存在意義だった（存在意義としての放送のローカリティ）。その後、新たなメディアの登場や制度改革で揺らぐたびに放送のローカリティの重要性が強調されることになる。

しかし、地域社会が流動化し、またメディアが多元化してくると状況は変化していった。村おこしといった地域振興や観光によって地域の活性化が叫ばれるようになると、エリア内だけではなく全国に向けた番組が求められるようになる。全国の人々が興味をもつような地元の特色を、全国的に解釈可能な商品へと変えていくことが求められるようになるのである（商品化された放送のローカリティ）。ここでは、ローカル放送局の主体性とジャーナリズム性は後退し、消費者に引きがある商品をどのように作るかが判断基準になる。そこでは、地域貢献＝地元経済の活性化としている点で地元経済界や自治体と足並みをそろえているのである。

また、中央集権制からの移行が、放送のローカリティの意味合いを変化させていく。既存の放送局は財政的に厳しさが増しているにもかかわらず、「地方分権化」や「地域コミュニティの醸成」という政治的なスローガンのもとで自助努力が求められた。地域内のメディア同士による協力やボランティアなどの活用によってしのぎながら、地域の「基本的情報」をどのように守っていくかといった課題が、ローカル局をめぐって常に議論されることになるのである。

そして、最後の非常時の放送のローカリティと呼ばれたものは、戦前も戦後も変わらず、戦争や災害という危機的な状況下で現実的な要請として放送に求められるローカリティであり、前の二つのローカリティと区別された。そしてこれらは、時代によって個別の内容は異なるものの消え去らずにたびたび立ち現れるものである。非常時の要請を放送メディアが主に担うべきだという従来からの発想については、これまでの経験を踏まえながら十分に議論する必要があるだろう。

3　放送のローカリティの変容過程

日本における放送のローカリティの転換期

このようなローカリティの三つの側面は、常に等しく存在し続けていたわけではなかった。①の開局初期に存在した放送のローカリティは、放送が十分に普及していない初期に存在していたが、徐々にみられなくなっていった。②の中央集権的放送ネットワークのなかで求められたローカリティは、消え去らずに新しいローカリティとしてたびたび現れた。また、特に一九七〇年代にかけて地方の近代化に対する認識が変化して、放送のローカリティが消え去るものから生み出されるものへと捉え直された。③の非常時の放送のローカリティは、危機・災害が起こるたびに表出して公共的な側面からその重要性が強調されるが、日常的には存在していないという特徴がみられた。

このような放送のローカリティの変化は、日本の社会変動のなかでどのように位置づけられるのか。田中義久は、「テレビジョンは、一九四五年敗戦後の日本社会の復興と再生を振り返ってみるとき、明らかにその最も有力な導き手の一つであった」(8)として、戦後日本社会の歴史過程を、①一九四五年から五五年の欧米化・民主化、②五五年から七三年の産業化、③七三年から現在の情報化・管理化の三つの社会変動によって捉えた。そして、テレビジョンは「日本における〈近代〉の超克の技術的手段」だったとし、「②の時期こそ、日本の産業構造を大きく変貌させ、（略）人びとの社会意識のうちに私生活（中心）主義のかまえが成立し、新しい形での〈公〉と

表34　日本の放送での脱埋め込み化／再埋め込み化

1970年代以前	1970年代	1970年代以降
脱埋め込み	転換期	再埋め込み
ローカルな脈絡からの切り離し		全国的なローカルの氾濫

〈私〉の関係枠組みが生成してきた」[9]と説明した。確かに、産業構造の変化をみても、特に五五年から七三年までに、一次産業と三次産業は立場が入れ替わり、地方都市の生活環境も大きく変化し、戦前・戦中期から戦後へと続いてきた地域社会が変容した時期だった。本書で分析してきたように、近代化に対する放送組織の意識の転換点もこの時期と重なっている。

また、ギデンズの再帰的近代化の枠組みからも、この放送のローカリティの変化は解釈しうる。ギデンズは、視聴覚メディアを「脱埋め込み化しグローバル化する道具[10]」だと述べた。放送はまさにモダニティの現れであり、放送によってそこに現れた意味空間は「脱埋め込み化」されると同時に、「再埋め込み化」され、現実のローカリティを部分的に形成しているという。つまり、放送のローカリティで、一九六〇年代の地方の近代化をめぐる論議や地方文化の保存は、まさに脱埋め込み過程の文化的反動として出たものとみることができる。一方で、一九八〇年代以降、観光との協業やイベント化、外への発信という論調は、再埋め込み化の結果、それらが前面に躍り出てきたものと考えられるだろう。七〇年代以前に存在したローカリティは、土地と結び付いた脈絡から切り離され、放送という電子メディアの宿命として広く再埋め込みがおこなわれた。そして、切り離されたローカリティは、七〇年代以後、消滅することはなく全国的にみられるようになったのである。このように、七〇年代を日本の近代化の転換期として放送のローカリティは変容した。

転換後の放送のローカリティ

一九七〇年代以降は、世界的にみても、脱埋め込み化しグローバル化した社会によって国家と自治体の関係が変化した時期でもあった。特に「小さな政府」に代表される国の関与の縮小や様々な規制緩和は、日本にも押し寄せた。また、市場開放の波は情報通信業である放送の制度設計に影響を与えた。このような政治的・経済的な潮流は、行政機能的な側面が強い放送の地域的な機能にとっても無関係ではない。

小原隆治によれば、一九八〇年代以降、新自由主義的な理念のもとに小さな政府路線が追求されると、広い意味での分権改革、つまり自治体の権限強化と市民団体のエンパワーメントを目指す改革が多くの国々で推し進められた。(11) そうした流れは、ガバナンス（governance）、公民協働（public-private partnerships=PPPs）、市民社会（civil society）、「新しい公共」といった言説のもとで正当化されているという。(12) また、近年の「コミュニティ論議」には、福祉や雇用、そして会社主義の後退がみられるなかで、コミュニティにそういった後退を補うセーフティネットの役割を期待する考え方が色濃く含まれているとしている。この見立てに沿えば、放送のローカリティでローカル放送局にはセーフティネットの役割や公民協働の場としての役割が、これまで以上に求められるようになる。これは前に述べたように、これまで「基本的情報」の送り手として地域で営まれてきた放送を、より「公共的」なものとして位置づけ直し、物理空間との結び付きを意識したメディアとして再定義する必要が出てくる。そうなれば、もちろん制度面でも組織面でも修正が必要であり、これまで考察してきたような制度や組織での理念と実態の乖離をいずれ解消しなければならない。

現在は情報通信の発展によって放送の類似サービスが様々な形態で提供されていて、全国的（全世界的）な娯楽や広告という機能は放送メディアの独壇場ではなくなっている。そのようななかで、これまで放送のローカリティを存在意義とし、長年、地域情報の担い手として活動してきた放送組織が注力すべきなのは地域の視点で地域内に向けて番組（表32の①）を作ることであり、また、その活動を継続的に支えてさらに活性化させるための仕組み作りが急務だろう。

注

（1）河野眞『フォークロリズムから見た今日の民俗文化』創土社、二〇一二年

(2)金子直樹「勝ち抜く行事――翼賛文化運動における祭礼行事・民俗芸能の「活用」」、「郷土」研究会編『郷土――表象と実践』所収、嵯峨野書院、二〇〇三年、一一〇ページ
(3)田中ゆかり『「方言コスプレ」の時代――ニセ関西弁から龍馬語まで』岩波書店、二〇一一年
(4)同書一八四ページ
(5)NHKは方言に対して、一九五九年に制定された国内番組基準の第十項「表現」で、「わかりやすい表現を用い、正しいことばの普及に努める」として、原則、標準語を用いることを定めた。そして、方言の存在は否定しないが、「必要に方言を用いるときは、慎重に扱う」としていた。しかし、九五年九月の改訂で「標準語」を「共通語」と改め、「必要に方言を用いるときは、慎重に扱う」を「必要により方言を用いる」と変更した。
(6)前掲『「方言コスプレ」の時代』
(7)前掲「21世紀地方局の構想」四―九ページ
(8)田中義久「現代日本の社会変動とテレビ視聴」、田中義久／小川文弥編『テレビと日本人――「テレビ50年」と生活・文化・意識』所収、法政大学出版局、二〇〇五年、二〇四ページ
(9)同論文二〇五ページ
(10)前掲『モダニティと自己アイデンティティ』二七ページ
(11)小原隆治「地域と公共性」、齋藤純一編『公共性の政治理論』所収、ナカニシヤ出版、二〇一〇年
(12)続けて小原は、福祉国家から自治体や市民団体への分権は、公共性をもとのあるべき場所に埋め戻す意義をもっていると評価している。その一方で、公共政策の実現にあたって、国が全国で一律に最低限、さらに自治体が地域独自の制作水準を保障する役割は、これからも当然残ると述べている（同論文一六八ページ）。

おわりに

ここまでみてきたように、日本での放送のローカリティは、三つの特徴が時代によって変容し、消え去ることなく常に存在し続けているものと見なすことができた。番組の面では、ローカルな視点で対象のエリアに向けた番組（表32の①）を作ることが特にローカリティの理念にかなうことなのだが、実際は商品化によって、全国的に評価されるローカル情報に価値が置かれ、作り手も全国的な視点でどう地域へ貢献したかに目を奪われがちだった。地域内の地元向けの番組は、地味ではあるが放送のローカリティの理念に沿う重要なものである。しかし、実態は作るほど経済合理性に反するため非常に少なく、あったとしても日常的な営みであるがために意識されることもなく、現場の地味な努力と引き換えに粛々となされているものである。このような実態に対して、ローカリティの理念をかざすことが適当だとは思えない。この実態と理念の乖離の原因は現場にあるのではなく、本書で示したように戦前・戦中期から継続性をもって現在に通じる制度設計や組織運営の側にあるのである。それが修正されない以上、放送組織は常にローカリティの必要性を叫ぶスタンスをとることでその場をやり過ごすことに終始する。しかし現在、いくつかのローカル局で厳しい現実が突きつけられているような段階にあり、これまでのようなスタンスをとるだけではすまない状況になっているのではないか。現実的に放送というメディア自体の衰退が明らかにみられ産業規模が縮小せざるをえないなかで、本書で示したように、これまでふたをしてきた目に見える実態の背後にある構造を表面化し議論の俎上に載せることが、今後、地域と放送のあり方を考えるうえで重要である。また、そのことで、これまでのようなローカリティの必要性を叫ぶことに終始することから抜け出すことができるはずである。

さて、本書では、日本の放送のローカリティを開局から現在に至るまで、文献や史料に基づき通時的に分析してきた。そのことによって、放送のローカリティに関する総括的な考察を狙ったが、半面、個別の番組内容や放送業務に深く入り込んでの分析は避けざるをえなかった。加えて、放送メディアの特徴でもあるが、放送された音声や映像などの一次史料は限りがあり、各地で放送された多様な番組の営みを十分に拾い上げることはできなかった。特にローカルラジオ番組の蓄積は各地で多様性に富み、今後さらなる分析が必要である。また、本書では対象の地域を日本国内に限定したが、戦前・戦中期の外地の放送や戦後初期の沖縄県での放送のローカリティについては取り扱うことができなかった。ローカリティを扱う際に境界領域であるからこそみえてくることも多くあると予想されるため、さらに調査が必要である。また、戦後期に、日本の放送のローカリティ形成のなかでNHKが果たした役割や、民放とNHKの関係性についても十分に扱うことができなかった。広告収入が減少するなかで、地域のジャーナリズム活動の担い手であるローカル局の存続を語る際に、NHKの放送のローカリティと民放のローカリティの役割を詳細に分析することが今後必要になるだろう。

また、視聴者や聴取者といった受け手の分析は、放送開始以来、これまで多くの研究や調査が存在していて、本書で一部参考にしたところもあるが、本書にとっては中心的なものではなかった。本書の分析枠組みでも、地域の視聴者や聴取者といった受け手の嗜好や日常生活空間の変遷が、送り手の意識や作り出される番組内容と相互に作用し合っていることが見て取れるため、それらの分析結果に基づきながら全体像を明らかにする必要があるだろう。

本書で、すべての側面から放送のローカリティを考察し尽くしたわけではないが、これまで手がつけてこられなかった放送のローカリティそのものに対して通時的に研究するという枠組みは提示できたと思う。技術革新は次々に不可能を可能にしていく力があるが、社会がそれをどのように利用するか、また、何を選択するのかが常々問われてきたし、今後ますます問われるようになる。放送が誕生した当初から、一方向性という特徴が選ばれ多くの人々が同じ番組を見聞きし、イメージを共有するというメディア体験が普及したことも、あらゆる可能性のなかでの取捨選択なのである。ある情報を、ある地域（エリア）の受け手に対して送り届けるという放送の機能は、放送メディアの最大の特徴であり、従来の放送インフラがなくなったとしても放送と呼ばれて残り続けるだろう。そのようなときこそ、放送のローカリティが再び問われることになるのである。

あとがき

本書は、二〇一九年に早稲田大学大学院政治学研究科に提出した博士学位論文「日本における放送のローカリティ」に加筆・修正を加えたものである。一部読みやすいように修正したが、論旨や構成に大きな変更は加えていない。

まず、私が研究をスタートさせた経緯を述べたい。私は、早稲田大学理工学研究科を修了後、ＮＨＫに採用され放送技術職員として社会人生活をスタートした。しかし、制作業務に広く関わりたい気持ちがあって退職し、民放ローカル局や音楽専門チャンネルなどで契約ディレクターとして渡り歩いてきた（技術職とフリーディレクター職の両方から放送に関わった人間はかなり珍しいと思う）。その当時、若者を対象にした番組を作っていたことから番組の反響をじかに受け取ることも多く、日本で放送というメディアがとても親しまれ、よくも悪くも大きな存在だと感じていた。一方で、番組を送り出す側に目を転じれば、一部の放送局と多数存在する制作会社の格差、放送局と広告代理店、芸能事務所などとのつながりの強さ、そこに横たわる業界内の暗黙のルールが根深く存在していることを実感することができた。地方でも同様に新聞社を中心に代理店や会社が結び付き、地域社会に広く根を下ろしている現実を肌で感じることができた。そして、それらはいったいいつから、なぜ、どうしてそうなったのか、そして、それらを成り立たせている背後には何があるのかを明らかにしたいと漠然と考えるようになった。そのような時期に、出身大学である早稲田大学でジャーナリズム大学院ができることを知り、歴史や制度について日本の放送を正面から研究してみようと考えた。番組制作の仕事を続けながら修士課程でジャーナリズムの基礎、政治学、メディア論といった学問的な基礎を学ぶうち、放送という営みはきわめて文化的な産物であり、それを知るにはメディアが置かれてきた日本社会の歴史や政治・経済との関係をより深く知ることが必要だと思うようになった。そこで、膨大な放送研究分野のうち、私の出発点でもあったローカル放送の存立根拠である放送制度にターゲットを絞り研究を開始した。その成果の一部は二〇一〇年に修士論文としてまとめている。このテーマをより広く、歴史をさらにさかのぼって分析してみたいと考えるようになり、博士後期課程へと進学した。その間、生活費や学費を工面するため映像制作業を続けながらの研究でもあったため、博士論文を提出して学位を取得するまで修士課程を含めて十一年の歳月を要することになった。本書はその成果である。

研究は、できるだけ多くの当事者に会って直接話を聞き、また眠っている当時の史料を掘り起こしながら読み込むことで、その時代の状況を広く感じることに重点を置いて進めてきた。そのため、史料の沼にはまって出られなくなることもたびたびあったが、大学の潤沢な放送関係の史料に漬かれる環境はとてもぜいたくだった。予期していたことではあったが、仕事をすれば研究する時間がなくなり、研究に専念をすれば資金がなくなる。その繰り返しのなかで挫折しそうになったこともあった。そのような研究生活で多くの方の支えがなければここまで歩んではこられなかった。

特に、放送の地上デジタル化の住民調査では、市村元先生は高齢化が進む福島県昭和村へ連れ出してくださり、ローカルの現場をじかに見ることの大切さを教えていただいた。また、総務省の箙島専先生には、複雑な放送制度の成立の過程や現状を丁寧に指導していただいた。日本の放送史の史料収集に関しては、竹山昭子先生から地道な史料集めの姿勢の多くを学び、NHKのローカル局関連資料に関しては、村上聖一先生にご協力いただいた。放送ジャーナリズムの実践でも、ジャーナリズムコースの野中章弘先生、高橋恭子先生、さらには神保哲生先生、森達也先生の授業にアシスタントとして参加させてもらい多くを学ばせていただいた。そして、論文執筆にあたっては、情報産業の側面から西村吉雄先生のゼミでたびたび議論したことがベースになっていて、産業史としての捉え方に大きな影響を受けた。博士論文の審査の過程では、音好宏先生に戦後の民間放送史に関していくつもの助言をいただいた。さらに、ジャーナリズムコースで学ぶ機会を与えてくださった瀬川至朗先生には、大学を通してたくさんの仲間とジャーナリズム論議を交わす場を提供していただいたことで、卒業後の現在も大きな財産になったことに感謝を申し上げたい。

最後に、修士課程から博士課程の五年間をご指導いただき、逝去される直前まで博士論文に助言をくださった小林宏一先生には、論文の完成のご報告ができたことはせめてもの救いではあったが、恩返しができないことは悔やんでも悔やみきれない。そして、ときには泣き言にまで付き合ってくださった指導教官の土屋礼子先生には、最後まで粘り強くご指導いただいたことに感謝してもしきれない。ここには書ききれないが、ほかにもご指導くださった多くの研究者のみなさま、そしてゼミや勉強会で鋭いコメントをたびたび提供してくれたジャーナリズムコースの仲間たち、大学に通い一体何をやっているのかと気にかけてくれていた家族に感謝を申し上げたい。

本書刊行にあたっては、公益財団法人電気通信普及財団の二〇二〇年度学術出版助成を受けている。財団の出版助成がなければこのような形での出版はかなわなかっただろう。厚くお礼を申し上げる。そして、青弓社の矢野未知生氏には編集実務で大変お世話になった。感謝を申し上げたい。

二〇二一年三月十日

樋口喜昭

［著者略歴］
樋口喜昭（ひぐち よしあき）
1971年、カナダ・エドモントン生まれ（宮城県仙台市出身）
早稲田大学大学院政治学研究科博士後期課程修了。博士（ジャーナリズム）
東海大学文化社会学部広報メディア学科特任教授、タルタルビジョン代表取締役
専攻は放送史、メディア技術、映像制作
論文に「初期のラジオ放送にみるローカリティの多面性」（「マス・コミュニケーション研究」第84号）、「日本における放送のローカリティ」（博士論文、早稲田大学大学院政治学研究科）など

日本《に ほん》ローカル放送史《ほうそう し》　「放送のローカリティ」の理念と現実

発行――2021年8月5日　第1刷
定価――3000円＋税
著者――樋口喜昭
発行者――矢野恵二
発行所――株式会社青弓社
〒162-0801 東京都新宿区山吹町337
電話 03-3268-0381（代）
http://www.seikyusha.co.jp
印刷所――三松堂
製本所――三松堂

ISBN978-4-7872-3493-3　C0036